移动前端技术应用教程（初级）

杨海　主编

刘洪武　吴媚　王秀秀　于斌　毛玉明　副主编

清华大学出版社

北京

内 容 简 介

本书为教育部"1+X"5G移动前端技术应用职业技能等级证书(初级)指定教材。本书全面系统地介绍了网页设计、制作、开发的基本知识,在此基础上详细讲述了移动页面设计、响应式布局和弹性布局设计、JavaScript开发基础知识、jQueryMobile基础知识、微信小程序开发、微信公众号开发、5G环境下的视频处理技术、虚拟现实资源处理技术、3D模型的制作和处理等内容。本书以实例为引导,把知识讲解和实例设计融为一体,结构上点面结合,相辅相成。本书例题均采用案例驱动的方式,并配有运行效果图,能够有效地帮助读者理解理论知识和操作技巧。

本书共11章:第1章为HTML5概述、第2章为HTML5基础、第3章为CSS3层叠样式表、第4章为盒子模型与页面布局、第5章为JavaScript基础、第6章为jQuery Mobile的使用、第7章为微信小程序开发、第8章为微信公众号开发、第9章为5G环境下的视频处理、第10章为虚拟现实资源处理技术、第11章为虚拟现实3D模型资源处理。

本书适合作为高等学校、职业院校5G人才培养、计算机相关专业或培训班的教材使用,也可以作为移动前端开发、网页制作和信息技术爱好者的学习参考书。

图书在版编目(CIP)数据

移动前端技术应用教程:初级/杨海主编.—北京:清华大学出版社,2022.10
ISBN 978-7-302-61812-6

Ⅰ.①移… Ⅱ.①杨… Ⅲ.①移动终端-应用程序-程序设计-教材 Ⅳ.①TN929.53

中国版本图书馆CIP数据核字(2022)第167954号

责任编辑:张 弛
封面设计:刘 键
责任校对:刘 静
责任印制:宋 林

出版发行:清华大学出版社
网 址:http://www.tup.com.cn,http://www.wqbook.com
地 址:北京清华大学学研大厦A座 **邮 编**:100084
社 总 机:010-83470000 **邮 购**:010-62786544
投稿与读者服务:010-62776969,c-service@tup.tsinghua.edu.cn
质量反馈:010-62772015,zhiliang@tup.tsinghua.edu.cn
课件下载:http://www.tup.com.cn,010-83470410
印 装 者:北京同文印刷有限责任公司
经 销:全国新华书店
开 本:185mm×260mm **印 张**:18.75 **字 数**:534千字
版 次:2022年12月第1版 **印 次**:2022年12月第1次印刷
定 价:59.00元

产品编号:092825-01

编写委员会

主　任：张熠天

副主任：安晏辉　邓小飞　胡志齐　刘　丰

委　员：（排名不分先后）

刘洪武　徐硕博　杨　海　于　斌　吴　媚

王秀秀　毛玉明　张建群　韩　辉　廖天强

毛　辉　王耀宁　林江滨

前言

PREFACE

我国高职高专教育经历了十几年的发展，已经转向深度教学改革阶段。2017 年 6 月 13 日，中国信息通信研究院发布了《5G 经济社会影响白皮书》。2019 年 11 月，随着三大运营商 5G 套餐的上线，标志着国内 5G 正式商用。2020 年是 5G 大规模商用的元年，随着 5G 成为中国新基建的重要基础设施，5G＋数字化人才成为社会发展所急需的基础性、战略性资源。作为离生产、服务一线最近的职业教育，如何主动对接国家高端制造业的发展创新，支撑产业数字化转型升级，如何培养时代发展所需要的数字化人才，成为行业、高校与企业必须回答的“时代之问”。在接下来的几年中，随着 5G 技术的广泛应用，必将推动社会对 5G 人才的需求出现一个井喷式的爆发。

作为 5G 时代的高校学生，不仅要掌握基础性的信息处理技术，更应该具备较为全面的信息知识和 5G 应用能力，从而应对新时期信息化社会的需求。本书就是根据面向 5G 时代培养高技能人才的需求，结合高职高专、本科院校学生的学习特点，依据职业教育培养目标的要求，严格按照教育部提出的“以应用为目的，以‘必需、够用’为度”的原则而设计、开发的系列教材中的初级教程。

本书为教育部“1＋X”5G 移动前端技术应用职业技能等级证书（初级）指定教材，主要从 Web 标准的三大基础性技术（HTML5、CSS3 和 JavaScript）讲起，详细介绍了 5G 时代背景下网页开发设计的常用技术。其中，HTML5 负责网页内容和结构，CSS3 负责网页样式和布局，JavaScript 负责网页行为和交互功能。本书采用全新流行的 Web 标准，以 Visual Studio Code（VSCode）为编程开发工具，以 HTML5 技术为基础，由浅入深，系统、全面地介绍了 HTML5、CSS3 和 JavaScript 的基本知识和常用技巧。

本书全面系统地介绍了网页设计、制作、开发的基本知识，在此基础上，进一步详细讲述了移动页面设计、响应式布局和弹性布局设计、JavaScript 开发基础知识、jQuery Mobile 基础知识、微信小程序开发、微信公众号开发、5G 环境下的视频处理技术、虚拟现实资源处理技术、3D 模型的制作和处理等内容，可以作为新时期 5G 人才信息技术培养的基本教材使用。在内容讲解过程中，本书以实例为引导，把知识讲解和实例设计融为一体，结构上点面结合，相辅相成。本书所有例题均采用案例驱动的方式，并配有运行效果图，能够有效地帮助读者理解理论知识和操作技巧。

本书共包括 11 章，适合作为高等学校、职业院校 5G 人才培养、计算机相关专业或培训班的教材使用，也可以作为移动前端开发、网页制作和信息技术爱好者的学习参考书。

本书主编为杨海，副主编为刘洪武、吴媚、王秀秀、于斌、毛玉明；具体分工如下：杨海编写了第1～4章、第9～11章，吴媚编写了第5、6章，王秀秀编写了第7、8章，刘洪武、于斌和毛玉明进行了统稿。另外，耿锋、李金强、吴长德、刘春玲、考文君、白建国等参与了本书中部分实例设计、程序调试、校对和课件制作。

由于编者水平有限，书中疏漏和不足之处在所难免，敬请广大师生批评、指正。

编　者

2022年7月

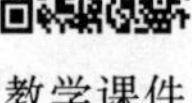

教学课件

电子资源

目录

CONTENTS

第1章

HTML5概述

1.1 HTML5 简介

1.1.1 HTML 及其功能

万维网(World Wide Web,WWW)是一种建立在互联网上的全球化、多平台、分布式的信息资源交互网络。WWW 主要由三部分构成:统一资源定位器(Uniform Resource Locator,URL)、超文本传输协议(Hypertext Transfer Protocol,HTTP)和超文本标记语言(Hypertext Markup Language,HTML)。

庞大的万维网不可能由单一的人员或者组织来管理和运作,其中起关键作用的是万维网联盟(W3C),它为万维网的发展提供了一系列的建议、技术模型以及指导方针,被业界称为"W3C 推荐标准",为 HTML 及其相关语言制定了标准。

那么,HTML 到底是一种什么语言呢?

HTML 最初由 Tim Berners-Lee 于 1989 年发明,是一种基于标准通用标记语言(Standard Generalized Markup Language,SGML)的标记语言。它由一系列标签构成,通过这些标签可以标记网页中的各个部分,统一网页信息的展示方式,能够使各类分散的万维网资源链接为一个逻辑整体。HTML 的主要功能包括以下几个。

(1) 出版在线的文档,其中包含了标题、文本、表格、列表以及照片等内容。

(2) 通过超链接检索在线信息。

(3) 为获取远程服务而设计表单,可用于检索信息、定购产品等。

(4) 在文档中直接包含电子表格、视频剪辑、声音剪辑以及其他的一些应用。

1.1.2 HTML 历史版本

随着互联网的飞速发展,HTML 重要程度日益显著,同样也推动其不断优化和更新,更是成为网站开发者的必学入门语言之一。HTML 的发展在历史上经历了如下版本。

(1) HTML1.0:于 1993 年 6 月作为互联网工程工作小组(IETF)工作草案发布。

(2) HTML2.0:于 1995 年 11 月作为 RFC 1866 发布。请求评议(Request For Comments,RFC)是一系列以编号排定的文件,这些文件收集了有关因特网相关资讯,以及 UNIX 和因特网社群的软件文件。

(3) HTML3.2:1997 年 1 月 14 日,W3C 推荐标准。

(4) HTML4.0:1997 年 12 月 18 日,W3C 推荐标准。

(5) HTML4.01:1999 年 12 月 24 日,W3C 推荐标准,作为 HTML4.0 的微小改进版本。

(6) HTML5:HTML5 是公认的下一代 Web 语言,极大地提升了 Web 在富媒体、富内容和富应用等方面的能力,被喻为终将改变移动互联网的重要推手。

2004 年,Opera、Mozilla 基金会、Apple、Chrome 等浏览器厂商为了推广 HTML5 标准,共同发起成立了一个名为 Web Hypertext Application Technology Working Group 的组织,即"网页超

文本应用技术工作组”。HTML5 的设计目的是在移动设备上支持多媒体。目前，HTML5 是 HTML 最新的修订版本，于 2014 年 10 月由万维网联盟完成了标准的制定工作。

1.2 HTML5 的新特性

HTML5 在兼容 HTML4 及早期版本的基础上，增加了许多令人欣喜的新特性，尤其是 HTML5 集成了 HTML＋CSS3＋JavaScript，这将促使 HTML5 实现从超文本标记语言向 Web 开发框架的转变。下面列出了 HTML5 的一部分具有代表性的经典特性。

1. 良好的语义特性

HTML5 支持微数据和微格式，增加的各种元素赋予网页更好的意义和结构，适于构建对程序、对用户都更加有价值的数据驱动的 Web 应用。HTML5 所做的一个比较重大的修改就是增加了很多新的结构元素，从而使文档结构更加清晰明确。新增的结构元素包括 section 元素、article 元素、nav 元素以及 aside 元素等。

2. 强大的绘图功能

HTML5 之前的版本没有绘图功能，在网页中只能显示已有的图片；而 HTML5 则通过新增的元素集成了强大的绘图功能。在 HTML5 中既可以通过使用 Canvas 动态地绘制各种效果精美的图形，也可以通过 SVG 绘制可任意缩放的矢量图形。

3. 增强的音频视频播放和控制功能

在之前 HTML4 版本中，如果需要播放音频或者视频资源时都要借助 Flash 等第三方插件。从 HTML5 开始，利用新增的 audio 和 video 元素，就可以在不依赖任何插件的条件下播放音频和视频资源。此外，audio 和 video 元素还有强大的播放控制功能，甚至可为音频和视频添加字幕。

4. 存储和处理数据的功能

HTML5 新增了一系列用来存储和处理数据的功能，极大地增强了浏览器及其他客户端处理数据的能力，足以颠覆传统 Web 应用程序的设计和工作模式。HTML5 中具有特色的数据存储和数据处理功能包括以下几点。

(1) 离线应用。传统 Web 应用程序严重依赖 Web 服务器，如果没有 Web 服务器的支持，用户不能完成任何工作。用 HTML5 则可以开发支持离线操作的 Web 应用程序。当与 Web 服务器脱离连接时，可以令 Web 应用程序切换到离线模式保证其正常运行。当与 Web 服务器恢复连通后，再进行数据同步，把离线模式下完成的工作提交到 Web 服务器。

(2) Web 通信。出于网络安全和数据安全的考虑，HTML4 通常不允许一个浏览器的不同框架、不同页面、不同窗口之间的应用程序相互通信，其目的是防止恶意攻击。如果要实现跨领域通信，就只能通过 Web 服务器来完成，增加了 Web 服务器的负担。HTML5 则提供了跨域通信的消息机制，实现数据通信将更加方便有效。

(3) 本地存储。HTML4 只能使用 Cookie 存储很少量的数据，比如用户名和密码等简单信息。HTML5 增强了文件的本地存储能力，可以存储多达 5MB 数据，甚至还支持 WebSQL 和 IndexedDB 等轻量级数据库，增强了数据存储和数据检索能力。

5. 获取地理位置信息

越来越多的 Web 应用程序需要获取用户的地理位置信息。在 HTML4 中，获取用户的地理位置信息需要借助第三方地址数据库或者专业的开发包。HTML5 新增了 Geolocation API 规范，可以通过浏览器获取用户的地理位置信息，该功能同样支持移动终端设备获取地理位置信息。

6. 提高页面响应的多线程

虽然像 C++、Java 等高级编程语言都已广泛支持多线程，但是传统的 Web 应用一直都是单线程的，只能完成一个任务后才能开始下一个任务，运行效率不高。HTML5 新增了 Web Workers 实现多线程功能。利用 Web Workers 将耗时较长的操作交给后台线程，从而降低 Web 服务的响应时间，提高用户的体验度。

7. 更加方便的文件访问和处理功能

HTML5 的文件 API 包括 FileReader API 和 FileSystem API。用户可以通过 FileReader API 从 Web 页面上访问本地文件系统或者服务器端的文件系统。通过 FileSystem API，应用程序将得到一个受浏览器保护的文件系统，其中的数据可以永久保存在客户端的计算机中。

当然，除了上面介绍的 HTML5 特性之外，还有其他一些新特性也是非常有用的。例如，通过 History API 管理浏览器历史记录，以及在不刷新页面的前提下显式地改变浏览器地址栏中的 URL 地址，或者利用 mousedown、mousemove、mouseup 等方法来实现拖放操作。

1.3 HTML5 的开发环境

1.3.1 常用的 HTML5 开发工具

HTML5 编码是由纯文本字符构成的，因此，任何纯文本编辑软件均可以编写 HTML5 代码。例如，EditPlus、UltraEdit、PSPad 和记事本，这些文本编辑软件一般用于编写简单的网页或应用程序。如果是用于专业的网站开发，通常选择 Dreamweaver、Visual Studio Code、WebStorm、IntelliJ IDEA、Eclipse 等，这些专业开发工具都提供了对 HTML5、CSS3、JavaScript 的支持，能显著提高开发效率。

1. 小而强大的 EditPlus

EditPlus 是一款由韩国 Sangil Kim（ES-Computing）出品的小巧但是功能强大的文本编辑软件，其最新版本是 EditPlus 5.3，不仅可以编辑纯文本、HTML 和多种编程语言源码的编辑软件，还具备无限制地撤销与重做、英文拼字检查、自动换行、列数标记、查找替换、同时编辑多文件、全屏幕浏览功能，可以完全取代记事本。另外，EditPlus 还是一个非常好用的 HTML 编辑器，它支持颜色标记、HTML 标记，内建了完整的 HTML 和 CSS 指令功能，还能够结合 IE 浏览器让开发人员直接预览编辑好的网页。

2. 可视化网页开发软件 Dreamweaver

Dreamweaver（简称 DW）的中文名为“梦想编织者”，是一款集网页制作和网站管理于一身的专业可视化网页开发软件。Dreamweaver 与 Flash、Fireworks 统称为“网页三剑客”。Dreamweaver 最初是由美国 MACROMEDIA 公司开发的，2005 年被 Adobe 公司收购。它提供了简洁高效的设计视图、代码视图和拆分视图，不同层次的开发人员和设计人员能够快速创建标准的网页、网站和应用程序。

3. 异军突起的 Visual Studio Code

Visual Studio Code（简称 VSCode）是 Microsoft 公司于 2015 年 4 月 30 日 Build 开发者大会上正式宣布一个跨平台的源代码编辑软件，可以运行在 Windows、Linux 和 Mac OS X 等操作系统上，可用其编写现代 Web 和云应用的跨平台软件。VSCode 具有对 HTML5、JavaScript、TypeScript 和 Node.js 的内置支持，并支持许多其他编程语言，如 Java、Python、C++、C＃、PHP、Go 等。

1.3.2 Visual Studio Code 安装与配置

1. 软件下载和安装

Visual Studio Code 是一款轻量级 HTML5 编码工具，其最新版本可以在官方网站 https://code.visualstudio.com/下载。根据操作系统平台选择 Windows 版本、Mac OS 版本或 Linux 版本。

当前 VSCode 的最常用版本是 VSCode 1.53.2，适用于 Windows 操作系统的 64 位版本安装文件名为 VSCodeUserSetup-x64-1.53.2.exe，下载完成后双击“安装”即可。官方网站下载的 VSCode 是英文版界面，安装成功后运行 VSCode 即可启动软件的初始界面，如图 1-1 所示。

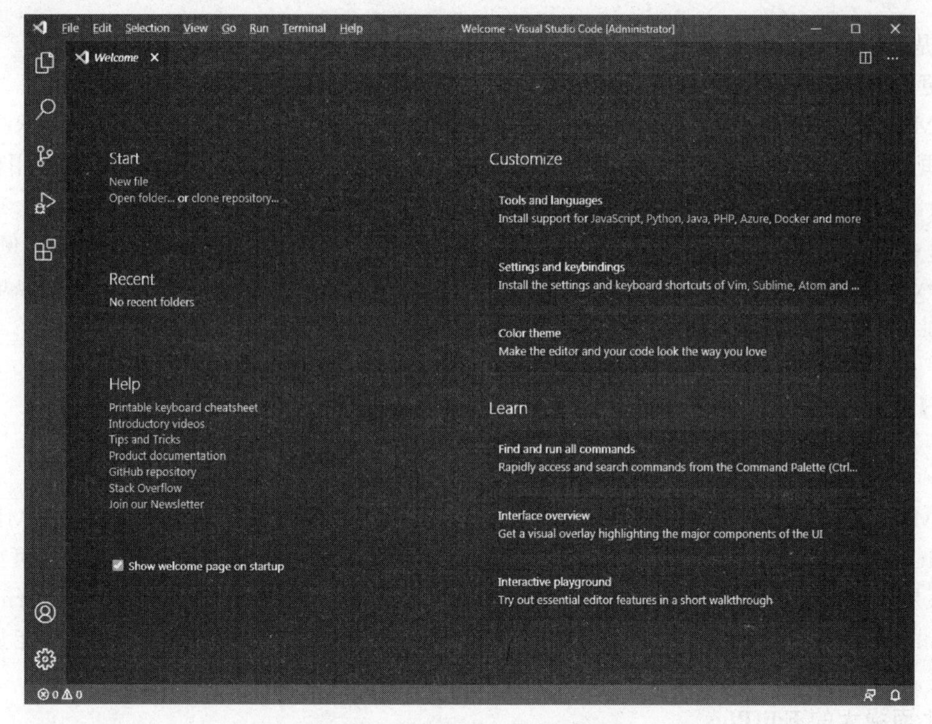

图 1-1　VSCode 启动后初始界面

2. 安装配置必要的拓展插件

为了提高 HTML5、CSS 和 JavaScript 代码的编写效率，在安装完成 VSCode 之后，通常还要安装和配置一些必要的拓展插件。

（1）Chinese (Simplified) Language Pack for Visual Studio Code 插件。单击软件界面左侧的“拓展”按钮（图 1-2 中方框圈出位置，或按 Ctrl＋Shift＋X 组合键），然后在搜索框中输入 Chinese，即可显示出相关的插件列表，从中选择 Chinese（Simplified）Language Pack for Visual Studio Code 1.54.0 进行安装，如图 1-2 所示。该插件安装成功后，重启 VSCode 即可切换为简体中文界面，如图 1-3 所示。

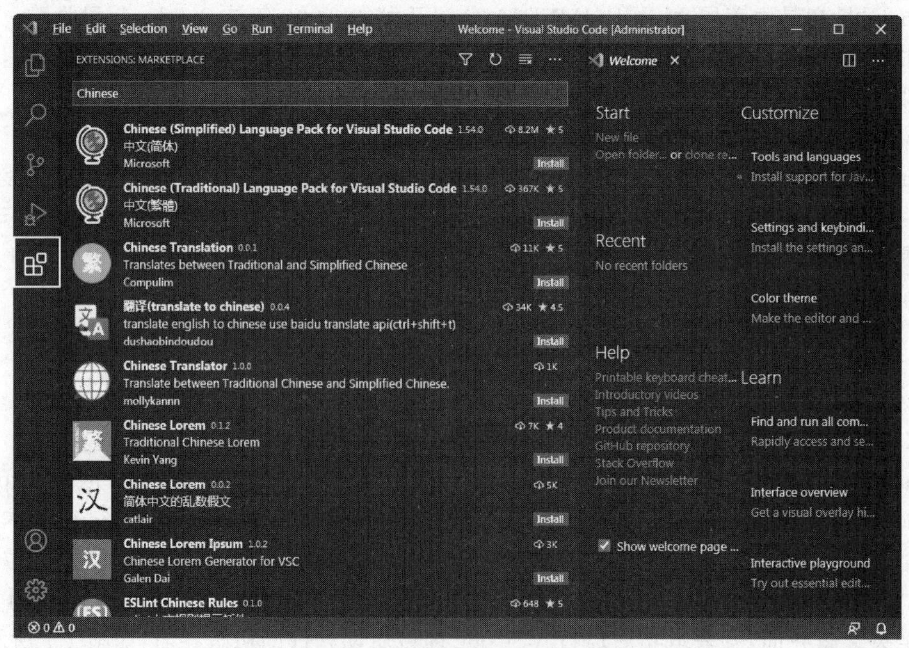

图 1-2　搜索简体中文拓展插件

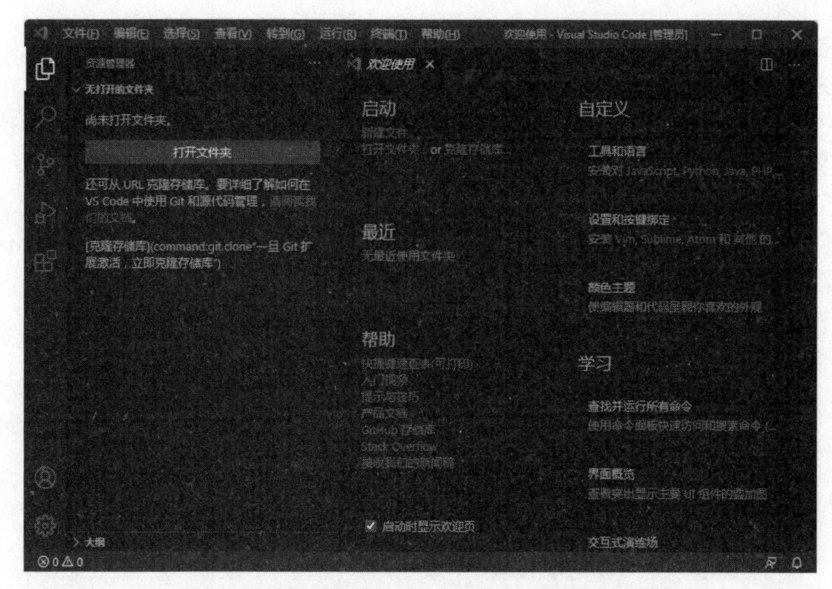

图 1-3 安装简体中文拓展插件后的 VSCode 界面

（2）Open In Default Browser 插件。当使用 VSCode 编写网页代码时，是无法直接在浏览器中运行调试 html 文件的。单击"拓展"按钮搜索并安装 Open In Default Browser 2.1.3 插件，该插件会在鼠标右键的快捷菜单中添加"在浏览器中打开"命令，可以实现在默认浏览器中直接运行当前编辑状态下的 HTML 代码，方便调试和纠错，如图 1-4 所示。

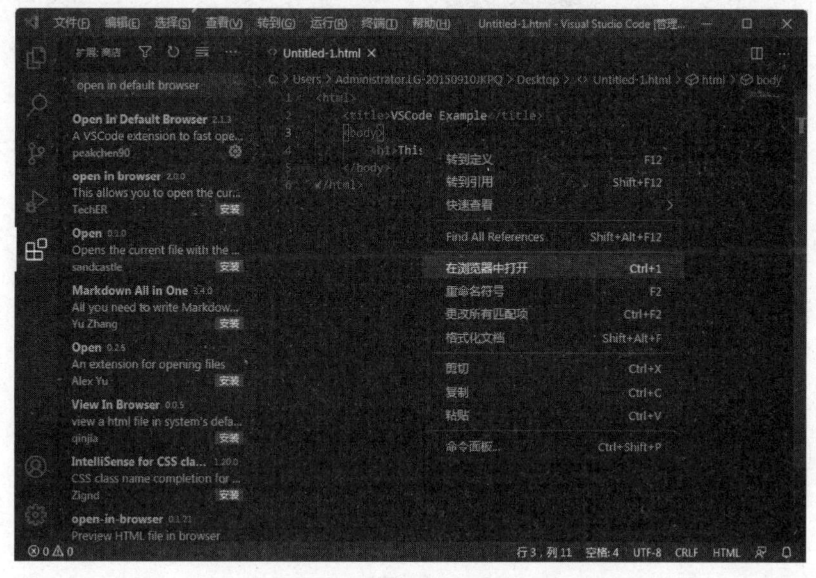

图 1-4 在浏览器中运行当前 HTML 源码

此外，与 Open In Default Browser 插件类似的还有 Open In Browser 插件和 Debugger for Chrome 插件，它们的功能也是将当前编辑的 HTML 代码直接在指定的浏览器(如 Chrome)运行，读者可以自行选择安装。

1.3.3 支持 HTML5 的浏览器和帮助文档

1. 支持 HTML5 的浏览器

网页浏览器品牌众多，常用的主要有 IE、Firefox、Chrome、Edge、360 浏览器、搜狗浏览器以及猎豹浏览器等。这些主流浏览器的最新版本都能很好地支持 HTML5，即使不能百分之百地支持全部特性和功能，也丝毫不会影响用户浏览 HTML5 网页的体验度。

本书示例主要是以 Chrome 浏览器作为运行测试环境。

2. HTML5 帮助文档

网页编程开发除了 HTML5 之外,还需要用到 CSS3、JavaScript、jQuery 等诸多技术。初学者面对如此种类繁多且又不断更新变化的知识点,很容易缺乏体系地学习,这就需要专业、易读的帮助文档。

W3school 网站中有全面细致的关于 HTML 和 CSS 的知识点讲解,网址是 https://www.w3school.com.cn/html5/html5_reference.asp,如图 1-5 所示。

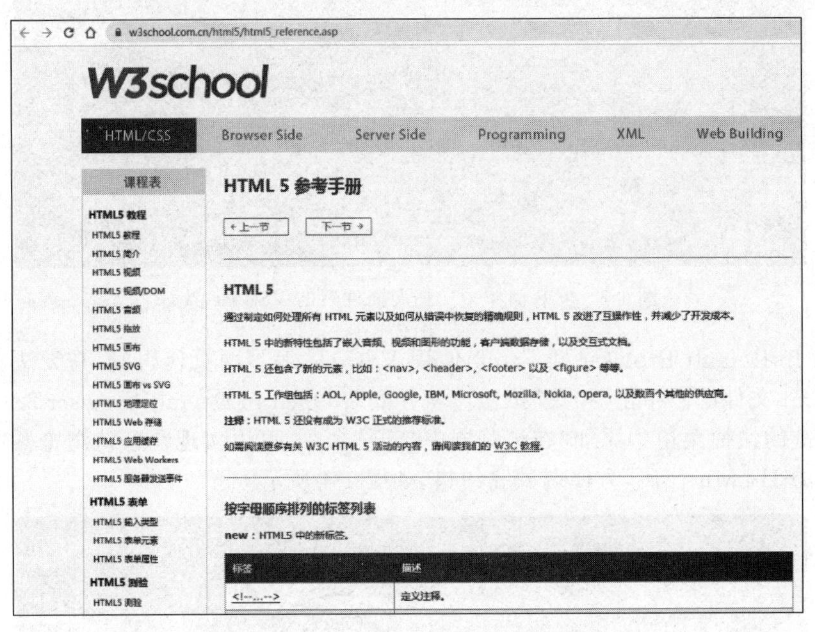

图 1-5　W3school 中 HTML5 的帮助文档

HTML5 中国产业联盟网站的"HTML5+规范"栏目中,提供了全面的 HTML5 API 参考资料,网址是 http://www.html5plus.org/doc/zh_cn/maps.html,如图 1-6 所示。

图 1-6　HTML5 中国产业联盟网站中 HTML5 API 的帮助文档

1.3.4 编写第一个 HTML5 网页

在前面的小节中，我们已经安装好了 VSCode 集成开发环境，接下来尝试着开始编写第一个 HTML5 网页，实现在浏览器中输出“5G 时代正式来临”的字样。

【示例 1-1】 打开 VSCode，新建一个空白文档，录入如下代码。

```
<!DOCTYPE html>
<meta charset = "UTF-8">
<title>第一个 HTML5 网页</title>
<p>5G 时代正式来临</p>
```

然后，选择“文件”菜单中的“保存”命令，在弹出的“另存为”对话框中将保存类型选择为 HTML，文件名命名为 ex01.html 并保存文件，如图 1-7 所示。

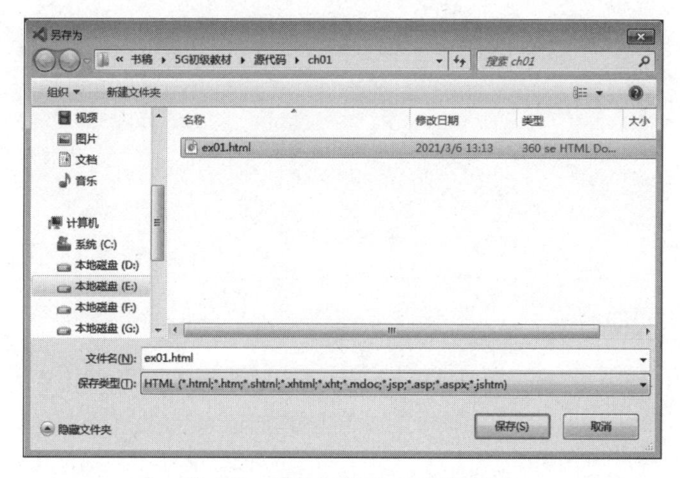

图 1-7 保存 HTML5 网页文件

接下来，在 VSCode 编辑界面的空白处右击，在弹出的快捷菜单中选择“在浏览器中打开”命令，如图 1-8 所示，即可在默认的 Chrome 浏览器中显示 ex01.html 网页文件的内容，显示效果如图 1-9 所示。

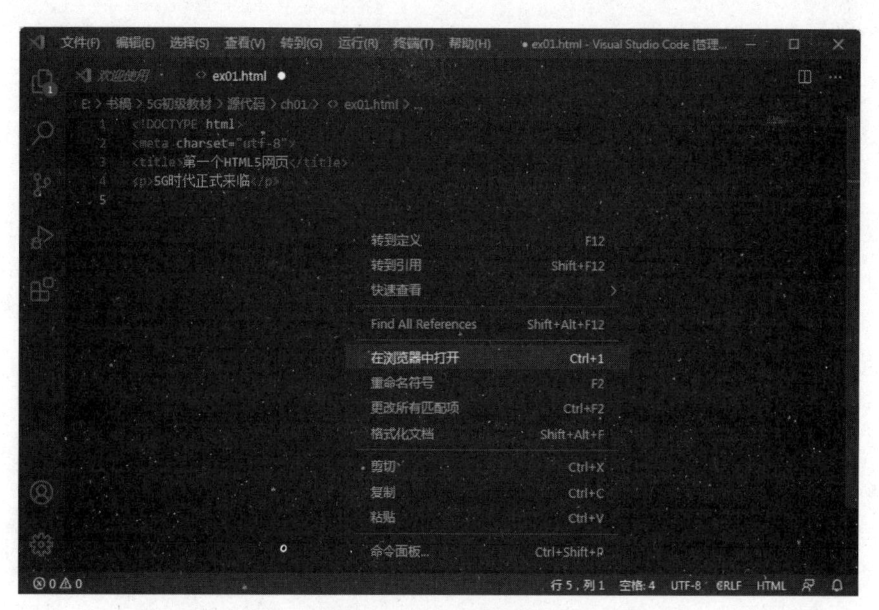

图 1-8 利用快捷菜单调用浏览器调试 HTML5 网页

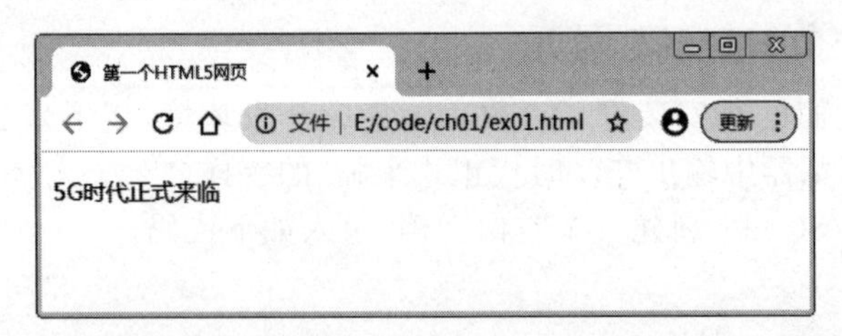

图 1-9　浏览器中显示的 HTML 网页效果

至此,我们就成功编写了第一个 HTML5 网页,并在浏览器 Chrome 正常显示了网页的效果。至于每一行代码是什么意思,我们将在后续的章节中详细讲解。

第2章

HTML5基础

2.1 HTML5 文档结构元素

2.1.1 HTML 的元素和属性

一个 HTML 文件是由一系列元素构成的,元素的特征则是通过其属性来描述的,属性是由属性名和属性值组成的。

1. HTML 元素标记

HTML 的元素通常是由一组成对出现的标记构成的,左侧为开始标记(Start Tag),右侧为结束标记(End Tag),中间的内容即为元素内容。

例如,1.3.4 小节编写的第一个 HTML5 网页源码中,要显示的内容“5G 时代正式来临”就是写在<p></p>之间的,其中<p>是开始标记,</p>是结束标记。在 HTML5 中,<p></p>表示一个段落,还有很多其他元素也采取这种成对标记的形式。因此,HTML 元素标记的基本格式可以概括如下:

```
<开始标记>...</结束标记>
```

其中,开始标记开头无斜杠,结束标记开头有斜杠。通常,具有开始标记和结束标记的元素称为双标记元素。但是,并非所有的 HTML5 元素都是双标记元素,少部分元素只有一个标记,称为单标记元素。例如,最常用的文本换行元素
就是单标记元素。

2. HTML 元素属性

HTML 元素可以具有一个或多个属性,属性是用来说明元素特征的,每个属性对应一个特定的属性值,称为“属性/值”对,其语法格式如下:

```
<tag properity1 = "value1" properity2 = "value2"...>...</tag>
```

一个元素标记可以包括多个“属性/值”对,属性对之间用空格隔开,没有顺序要求,可以按任意顺序排列。属性名不区分大小写,属性值两端可以加半角的双引号(或单引号),也可以不加引号。

HTML5 中主要是通过 style 属性控制元素的样式,如字体的大小、颜色、背景色、对齐方式等。style 属性的语法格式如下:

```
<tag style = "properity1:value1; properity2:value2;...">...</tag>
```

一个 style 属性中可以包含多个与样式相关的属性/值对,属性/值对之间用分号隔开。例如,下面的代码利用 style 属性将段落字体设置为红色:

```
<p style = "color:#ff0000">5G 时代正式来临</p>
```

其中,#ff0000 是红色的十六进制数值,也可以用对应的英文单词 red 表示红色。下面的代码同样也是将段落字体设置为红色,效果完全一样。

```
<p style="color:red">5G时代正式来临</p>
```

W3C 提倡在设置属性值时使用引号,这样书写代码更加规范,更加符合 HTML 的新标准。因此,初学者在编写 HTML 代码时应养成属性值加引号的好习惯。

3. HTML 字符实体

有些字符在 HTML 中具有特定的含义,无法直接在网页中显示出来。例如,<是书写元素标记的开始符号,如果要想在网页中显示小于号<,是无法直接将其写在输出内容里的。此时,就需要用到 HTML 的字符实体,其语法格式如下:

```
格式:&实体名;
```

例如,如果要想在网页中显示小于号<,可以利用字符实体"<"。HTML5 还可以通过实体编号来输入特殊字符,如"<"也表示小于号,但不如实体名利于记忆和使用。需要注意的是,实体名是区分大小写的。表 2-1 列出了常用特殊字符的实体名。

表 2-1 常用特殊字符的实体名

特殊字符	实体名	字符含义
		空格
<	<	小于号
>	>	大于号
&	&	和号
"	"	双引号
'	'	单引号(IE 不支持)
§	§	小节号
©	©	版权号
®	®	注册商标符号
×	×	乘号
÷	÷	除号

在实际编写网页 HTML 代码时,经常需要在显示的内容中连续输入多个空格,如果直接输入多个空格,则浏览器只会显示一个空格,而非多个空格。此时,就需要利用空格的实体名   来显示多个连续的空格字符。例如,在"网页"两个字中间显示连续的 3 个空格字符,可以利用下面的代码:

```
<p>网   页</p>
```

4. HTML 颜色值

计算机通常采用 RGB 色彩模式控制显示的颜色,通过对红(R)、绿(G)、蓝(B)三个颜色通道的变化以及它们相互之间的叠加来得到各式各样的颜色。

HTML5 中表示颜色的方法有两种:一种是用颜色的英文名称表示,如 red 表示红色,yellow 表示黄色;另一种是用十六进制数值表示 RGB 的颜色值。

RGB 颜色的表示方法为#RRGGBB,其中 RR、GG、BB 三种颜色对应的取值范围是 00~FF。例如,黑色的 RGB 值为#000000,白色的 RGB 值为#FFFFFF,灰色的 RGB 值为#CCCCCC,紫罗兰的 RGB 值为#8A2BE2。

2.1.2 HTML 文档基本结构

HTML 文档的主要结构如下:

```
<!DOCTYPE html>
<html>
```

```
<head>
…
</head>
<body>
…
</body>
</html>
```

其中，

(1) <!DOCTYPE html>是 HTML5 文档类型声明，书写时必须位于文档中的第一行，表面上该文档符合 HTML5 规范，从而使浏览器按照 HTML5 标准来解析和显示该文档。

(2) <html></html>标记表示该文档是 HTML 文档。如果文档保存为.html(或.htm)文件，那么浏览器会默认按照 HTML 标准解析该文档，此时也可以省略<html></html>标记。

(3) <head></head>标记表示的是网页头部信息，通常用来说明网页的标题、主题信息、字符集和关键字等信息。该部分信息除了网页标题外，均不会显示在网页正文中。

(4) <body></body>标记是网页的主体信息，也就是会显示在网页上的内容，包括文字、表格、图片、视频和超链接等。

2.1.3 HTML5 的结构元素

在 HTML5 中除了可以使用传统 HTML 的 div 元素描述文档结构和布局之外，还新增了 article、section、nav、aside、header、footer 等结构元素。

1. div 元素

div 是层叠样式表中的定位技术，全称为 DIVision，即区域划分。在 HTML5 之前，div 元素是 HTML 文档最重要的结构元素，可以为 HTML 文档内部块级(Block-Level)区域的内容提供结构和背景样式，也可以对网页内容进行布局。

【示例 2-1】 利用 div 元素对网页内容进行布局，区块之间用不同颜色加以区分。

```
<!DOCTYPE html>
<html lang="en">
<head>
    <meta charset="UTF-8">
    <title>用新布局元素代替 div 元素布局</title>
    <style>
    #div1{width: 380px;height: 180px;}
    #div2{height: 20%;background-color: red;}
    #div3{width: 30%;height: 70%;float: left;background-color:yellow;}
    #div4{width: 70%;height: 70%;float: left;background-color: #00BFFF;}
    #div5{height: 20%;clear: left;background-color: #705030;}
    </style>
</head>
<body>
    <div id="div1">
        <div id="div2">
            <p>这是头部</p>
        </div>
        <div id="div3">
            <p>这是侧边栏</p>
        </div>
        <div id="div4">
            <p>这是内容显示区</p>
        </div>
        <div id="div5">
            <p>这是底部</p>
```

```
        </div>
    </div>
</body>
</html>
```

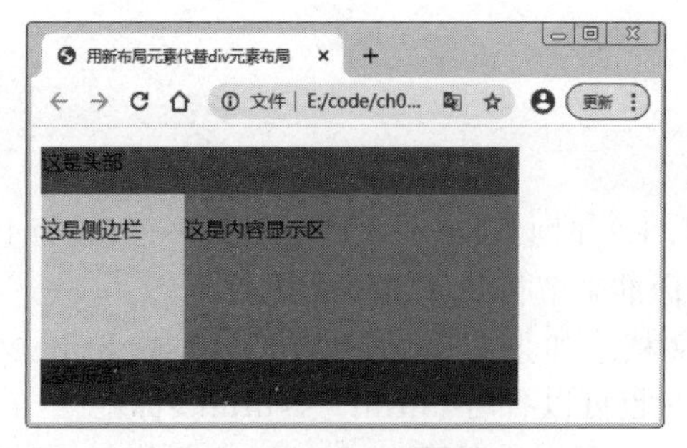

图 2-1 利用 div 元素对网页进行布局

在上述代码中，< style ></style >元素标记中定义的是不同 div 区块的尺寸大小、背景色等属性，本书后面将详细讲解网页样式的设置方法。在 VSCode 中输入上述代码并在浏览器 Chrome 中打开运行，可以看到如图 2-1 所示的效果。

2. article 元素

article 元素代表文档、网页或应用程序中独立的、完整的、可以独自被外部引用的内容。例如，网页中的一篇文章、一段用户评论等。网页中任何独立的内容都可以用 article 元素来描述。

通常，一个 article 元素会有自己的标题，有时还会有脚注。article 的标题一般放置在 header 元素里，如果内容中还包含不同层次的独立内容，那么 article 元素还可以嵌套使用。

【示例 2-2】 利用 article 元素定义网页独立内容。

```
<! DOCTYPE html >
< head >
    < meta charset = "UTF - 8">
    < title > article 元素举例</title >
</head >
< body >
< article >
    < header >
        < h1 >网站开发</h1 >
        < p > 5G 前端技术应用</p >
    </header >
    < p >< b >前端开发:涉及网站和 App,用户能够从 App 屏幕或浏览器上看到东西。</b ></p >
    < p >< b >后端开发:涉及搭建服务器、保存和获取数据,以及用于连接前端的接口。</b ></p >
    < footer >
        < p >< small >著作权归 × × × 公司所有。</small ></p >
    </footer >
</article >
</body >
</html >
```

在上述代码中，< header ></header >元素标记中定义的是 article 元素的标题，< footer ></footer >元素标记中定义的是脚注内容。在 VSCode 中输入上述代码并在浏览器 Chrome 中打开运行，可以看到如图 2-2 所示的效果。

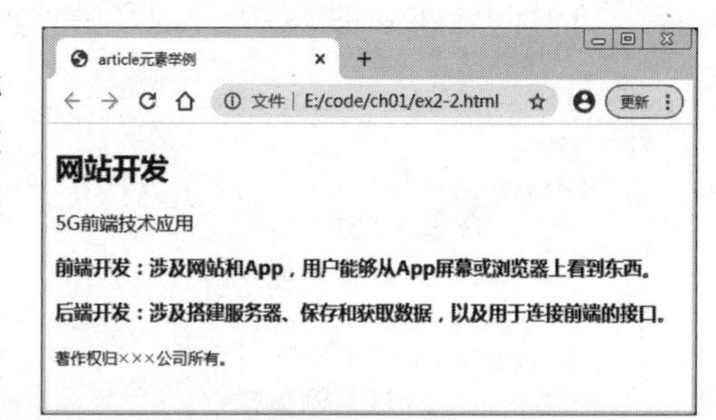

图 2-2 利用 article 元素定义网页独立内容

3. section 元素

section 元素用于定义和划分网页中的小节，如文章的章节、页眉、页脚等部分，一般用于成小节的内容。定义一个新的 section 元素，就会在文档中开始一个新的小节。section 元素可以用来表示文档内容或某一个特定的区块，一个 section 元素内可以同时包含内容和标题。section 元素的主要作用是对网页上的内容进行分块，或者是对文章进行分段，但其作用与 article 元素不同。

在设计网页时，article 元素主要强调其内容的独立性和整体性；而 section 元素主要强调其内容在结构上的分块或分段。

另外，section 元素不是一个普通的容器元素，如果一个容器需要被直接定义样式或通过脚本定义行为时，推荐使用 div 元素而非 section 元素。

【示例 2-3】 利用 section 元素将网页内容划分为多个小节。

```
<!DOCTYPE html>
<head>
    <meta charset="UTF-8">
    <title>section元素举例</title>
</head>
<body>
<article>
    <header>
        <h1>网站开发</h1>
        <p>5G前端技术应用</p>
    </header>
    <section>
        <h2>前端开发</h2>
        <p>涉及网站和App,用户能够从App屏幕或浏览器上看到东西。</p>
    </section>
    <section>
        <h2>后端开发</h2>
        <p>涉及搭建服务器、保存和获取数据,以及用于连接前端的接口。</p>
    </section>
    <footer>
        <p><small>联系电话:0531-12345678。</small></p>
    </footer>
</article>
</body>
</html>
```

在上述代码中，article 元素定义了一个独立的网页文档，其中嵌套了两个小节。<section></section>元素标记中定义的就是一个小节的内容。在 VSCode 中输入上述代码并在浏览器 Chrome 中打开运行，可以看到如图 2-3 所示的效果。

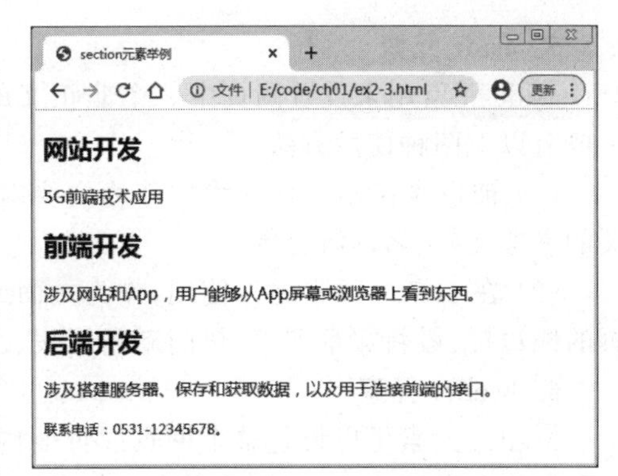

图 2-3 利用 section 元素划分多个小节

4. nav 元素

nav 元素可以为网页添加导航超链接组，其中的导航链接可以链接到其他网页或当前页面中的其他部分。在实际使用时，通常只是将比较重要的导航链接设置成 nav 元素。一个网页可以包含多个 nav 元素，作为页面整体或不同部分的导航。

【示例 2-4】 利用 nav 元素为网页设置导航链接组。

```
<!DOCTYPE html>
<head>
    <meta charset="UTF-8">
    <title>nav元素举例</title>
</head>
<body>
<article>
    <header>
        <h1>国内门户网站</h1>
```

```
        <nav>
            <ul>
                <li><a href="http://www.163.com">网易</a></li>
                <li><a href="http://www.sohu.com">搜狐</a></li>
                <li><a href="http://www.sina.com">新浪</a></li>
            </ul>
        </nav>
    </header>
<footer>
    <p><small>联系电话:0531-12345678。</small></p>
</footer>
</article>
</body>
</html>
```

在上述代码中,nav 元素定义了一个导航超链接组,其中包含了三个网站的地址链接。<a>元素可以定义超链接,<a>和</a>之间是超链接显示的内容。在 VSCode 中输入上述代码并在浏览器 Chrome 中打开运行,可以看到如图 2-4 所示的效果。

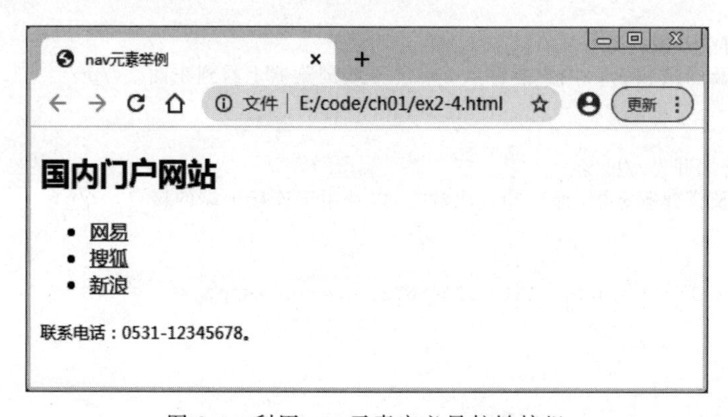

图 2-4 利用 nav 元素定义导航链接组

5. aside 元素

aside 元素用来设置网页中一个非正文的独立部分,如侧边栏、友情链接、广告等。aside 元素一般有以下两种使用方法。

(1) 被包含在 article 元素中作为主要内容的附属信息部分,其中的内容可以是与当前文章相关的参考文献、名称解释等。

(2) 在 article 元素之外使用,作为页面或网站全局的附属信息。这种方式的典型应用包括网页的侧边栏、最新文章列表、热门新闻列表、友情链接列表等。

6. header 元素

header 元素可以设置整个网页或页面内一个内容区域的标题,除了可以包含文字信息之外,还可以包含表格、logo 图片等内容。一个网页中的 header 元素个数是没有限制的,可以没有,也可以一个,还可以为每个内容区域都设置一个 header 元素,视情况而定。

header 元素一般按照下面的方式设置标题:

```
<header><h1>标题内容</h1></header>
```

其中,<h1>元素标记是对文本内容进行着重强调的一种标签,从<h1>、<h2>、<h3>到<h6>其重要性依次递减。<h1>到<h6>元素能够告诉搜索引擎这是一段文字标题。在使用 HTML 编写网页时,很多人习惯使用<h1>修饰网页的主标题,用<h2>修饰段落标题,用<h3>修饰小节标题。

7. footer 元素

footer 元素一般作为其所在容器元素的脚注，可以显示作者、邮箱、版权、联系方式等信息。

与 header 元素一样，一个网页中并不限制 footer 元素的数量，article 元素和 section 元素都可以添加 footer 元素。

2.2 文字与段落排版

2.2.1 段落标签

由于浏览器忽略用户在 HTML 编辑器中输入的回车符，为了使文字段落排列得整齐、清晰，常用段落标签<p>…</p>实现这一功能。段落标签<p>是 HTML 格式中特有的段落元素，在 HTML 格式里不需要在意文章每行的宽度，不必担心文字是不是太长了而被截掉，它会根据窗口的宽度自动转到下一行。段落标签的格式如下：

```
<p align="left |center| right">文字</p>
```

其中，属性 align 用来设置段落文字在网页上的对齐方式：left(左对齐)、center(居中)和 right(右对齐)，默认为 left。格式中的"|"表示"或者"，即多项选其一。

【示例 2-5】 利用<p>元素标签设置多种段落对齐方式。

在<p>元素标签中，可以利用 align 属性设置段落对齐方式，具体代码如下：

```
<html>
<head>
<title>段落 p 标签示例</title>
    </head>
<body>
<p align="center">段落标签</p>
    <p align="right">示例</p>
    <p align="left">为了使文字段落排列得整齐、清晰，常用段落标签实现这一功能。段落标签是 HTML
格式中特有的段落元素，在 HTML 格式里不需要在意文章每行的宽度，不必担心文字是不是太长了而被截掉，
它会根据窗口的宽度自动转到下一行。</p>
    <p align="center">段落</p>
</body>
</html>
```

在上述代码中，通过 align 属性可以设置段落的对齐方式。示例代码分别将段落居中、居右、居左对齐。在 VSCode 中输入上述代码并在浏览器 Chrome 中打开运行，可以看到如图 2-5 所示的显示效果。

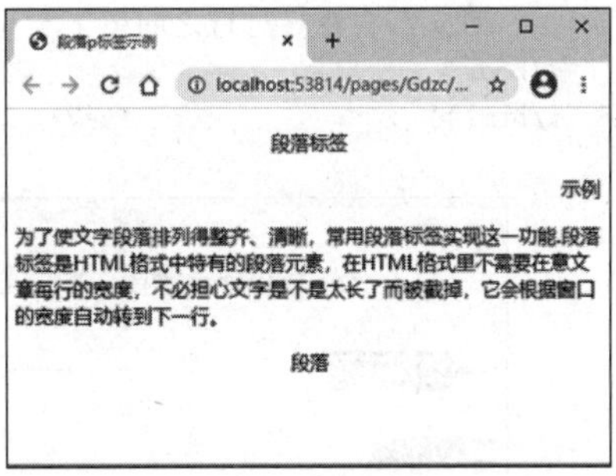

说明：段落标签<p>会在段落前后加上额外的空行，不同段落的间距等于连续加了两个换行标签
，用以区别文字的不同段落。

图 2-5 <p>标签段落对齐方式

2.2.2 标题标签

在页面中，标题是一段文字内容的核心，所以总是用加强的效果来表示。标题使用<h1>至<h6>标签进行定义。<h1>定义最大的标题，<h6>定义最小的标题，HTML 会自动在标题前后添加一个额外的换行。标题文字标签的格式如下：

```
<h# align="left|center|right">标题文字</h#>
```

其中，# 处为 1～6 的字号数字，属性 align 用来设置标题在页面中的对齐方式，包括 left(左对齐)、center(居中)或 right(右对齐)，默认为 left。

【示例 2-6】 网页中打印输出 HTML 中各级标题的字号效果。

```
<html>
<head>
    <title>标题示例</title>
</head>
<body>
    <h1>一级标题</h1>
    <h2>二级标题</h2>
    <h3>三级标题</h3>
    <h4>四级标题</h4>
    <h5>五级标题</h5>
    <h6>六级标题</h6>
</body>
</html>
```

上述代码在浏览器 Chrome 中打开运行，可以看到如图 2-6 所示的显示效果。

2.2.3 换行标签

网页内容并不都是像段落那样，有时没有必要用多个<P>标签去分割内容。如果编辑网页内容只是为了换行，而不是从新段落开始分，可以使用
标签。

标签将打断 HTML 文档中正常段落的行与行间距和换行。一行的末尾，可以使后面的文字、图像、表格等显示于下一行，而又不会在行与行之间留下空行，即强制文本换行。换行标签的格式如下：

```
文字<br/>
```

浏览器解释时，从该处换行。换行标签单独使用，可使页面清晰、整齐。

【示例 2-7】 制作实现文字换行的页面。本例的显示效果如图 2-7 所示。

```
<html>
<head>
    <title>换行标签示例</title>
</head>
<body>
    标签将打断 HTML 文档中正常段落的行与行间距和换行。<br/>
    一行的末尾，可以使后面的文字、图像、表格等显示于下一行<br/>
    而又不会在行与行之间留下空行，即强制文本换行。<br/>
</body>
</html>
```

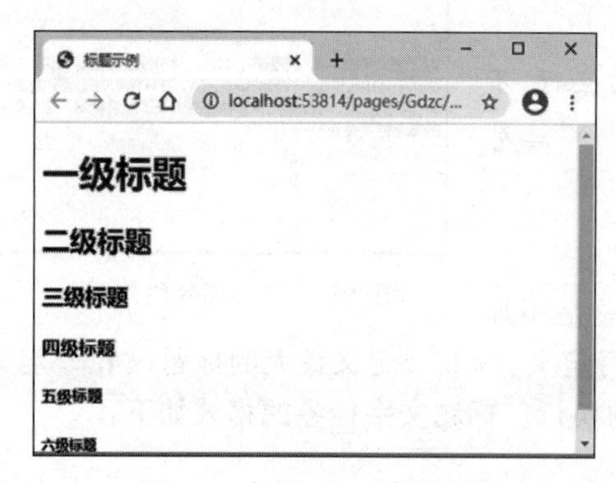

图 2-6 各级<h>标题示例

图 2-7 换行示例

说明： 用户可以使用段落标签<p>制作页面中行与行之间较大的空隙，也可以使用两个
标签实现这一效果。

2.2.4 水平线标签

水平线可以作为段落与段落之间的分隔线，使文档结构清晰，层次分明。当浏览器解释到 HTML 文档中的<hr/>标签时，会在此处换行，并加入一条水平线段。

水平线标签的格式如下：

```
<hr align="left|center|right" size= "横线粗细" width= "横线长度" color= "横线色彩" noshade= "noshade" />
```

说明：<hr/>标签强制执行一个简单的换行，将导致段落的对齐方式重新回到默认值设置（左对齐）。

其中，属性 size 设定线条粗细，以像素为单位，默认值为 2。

属性 width 设定线段长度可以是绝对值（以像素为单位）或相对值（相对于当前窗口的百分比）。所谓绝对值，是指线段的长度是固定的，不随窗口尺寸的改变而改变。所谓相对值，是指线段的长度相对于窗口的宽度而定，窗口的宽度改变时，线段的长度也随之增减，默认值为 100%，即始终填满当前窗口。

属性 color 设定线条色彩，默认为黑色。色彩可以用相应的英文名称或以＃引导的一个十六进制代码来表示，如表 2-2 所示。

表 2-2 色彩代码

色彩	色彩英文名称	十六进制代码	色彩	色彩英文名称	十六进制代码
黑色	black	＃000000	粉红色	pink	＃ffc0cb
蓝色	blue	＃0000ff	红色	red	＃ff0000
棕色	brown	＃a52a2a	白色	white	＃ffffff
青色	cyan	＃00ffff	黄色	yellow	＃ffff00
灰色	gray	＃808080	深红色	crimson	＃cd061f
绿色	green	＃008000	黄绿色	greenyellow	＃0b6eff
乳白色	ivory	＃fffff0	水蓝色	dodgerblue	＃0b6eff
橘黄色	orange	＃ffa500	淡紫色	lavender	＃dbdbf8

2.2.5 预格式化标签

<pre>标签可定义预格式化的文本。被包围在<pre>标签中的文本通常会保留空格和换行符，而文本也会呈现为等宽字体。<pre>标签的一个常见应用就是用来表示计算机的源代码，预格式化标签的格式如下：

```
<pre>文本块</pre>
```

说明：<pre>所定义的块里不允许包含可以导致段落断开的标签（如<h＃>、<p>标签）。

2.2.6 缩排标签

<blockquote>标签可定义一个块引用。<blockquote>与</blockquote>之间的所有文本都会从常规文本中分离出去，经常会在左、右两边进行缩进，而且有时会使用斜体。也就是说，块引用拥有它们自己的空间。缩排标签的格式如下：

```
<blockquote>文本</blockquote>
```

说明：浏览器会自动在 blockquote 标签前后添加换行，并增加外边距。

2.3 超链接

超链接，又称为“锚”，可以使用<a>标签定义。通常超链接有两种方式表示：一种是通过使用<a>标签的 href 属性来创建超文本链接，以链接到同一文档的其他位置或其他文档中。在这种情况下，当前文档就是链接的源，href 属性的值就是 URL 的目标。另一种是通过使用<a>标签的 name 属性或 id 属性在文档中创建文档内部书签。

1. 锚点标签<a>...</a>

HTML 使用<a>标签来建立一个链接，通常<a>标签又称为锚。建立超链接的标签以<a>开始，以</a>结束。锚可以指向网络上的任何资源，如一张 HTML 页面、一幅图像、一个声音或视频文件等。<a>标签的格式如下：

```
<a href="url" title="指向链接显示的文字" target="窗口名称">文本文字</a>
```

用户可以单击<a>和</a>标签之间的文本文字来实现网页的浏览访问，通常<a>和</a>标签之间的文本文字用颜色和下画线加以强调。

建立超链接时，href 属性定义了这个超链接所指的目标地址，也就是路径。如果要创建一个不链接到其他位置的空超链接，可用“#”代替 URL。

target 属性设定链接被单击后所要开始窗口的方式有以下 4 种。

- _blank：在新窗口中打开被链接的文档。
- _self：默认值。在相同的框架中打开被链接的文档。
- _parent：在父框架集中打开被链接的文档。
- _top：在整个窗口中打开被链接的文档。

2. 指向其他页面的超链接

创建指向其他页面的超链接，就是在当前页而与其他相关页面之间建立超链接。根据目标文件与当前文件的目录关系的写法有以下 4 种。注意，尽量采用相对路径。

1）链接到同一目录内的网页文件

格式如下：

```
<a href="目标文件名.html">热点文本</a>
```

其中，“目标文件名”是链接所指向的文件。

2）链接到下一级目录中的网页文件

格式如下：

```
<a href="子目录名/目标文件名.html">热点文本</a>
```

3）链接到上一级目录中的网页文件

格式如下：

```
<a href-"../目标文件名.html">热点文本</a>
```

其中，“../”表示退到上一级目录中。

4）链接到同级目录中的网页文件

格式如下：

```
<a href="/子目录名/目标文件名.html">热点文本</a>
```

表示先退到上一级目录中，然后进入目标文件所在的目录。

【示例 2-8】 制作页面之间的链接，链接分别指向注册页和登录页，如图 2-8 所示。

```
<html>
<head>
    <title>页面之间的链接</title>
</head>
<body>
    <a href="register.html">[免费注册]</a><!--链接到同一目录内的网页文件-->
    <a href="login.html">[会员登录]</a>
```

```
</body>
</html>
```

图 2-8 页面之间的链接

2.4 图像

2.4.1 图像标签

在 HTML 中，用< img >标签在网页中添加图像，图像是以嵌入的方式添加到网页中的。图像标签的格式如下：

```
< img src = "图像文件名" alt = "替代文字" title = "鼠标悬停提示文字" width = "图像宽度" height -= "图像高度" border = "边框宽度" align = "环绕方式|对齐方式" />
```

标签中的属性说明如表 2-3 所示，其中 src 是必需的属性。

表 2-3 图像标签的常用属性

属性	说明
src	指定图像源，即图像的 URL 路径
alt	如果图像无法显示，代替图像的说明文字
title	为浏览者提供额外的提示或帮助信息，方便用户使用
width	指定图像的显示宽度(像素数或百分数)，通常设置为图像的真实宽度。如果想改变图像显示尺寸，最好事先使用图像编辑工具进行修改。百分数是指相对于当前浏览器的百分比
height	指定图像的显示高度(像素数或百分数)
border	指定图像的边框大小，用数字表示，默认单位为像素，默认情况下图片没有边框，即 border=0
align	指定图像的对齐方式，设定图像在水平(环绕方式)或垂直方向(对齐方式)上的位置，包括 left(图像居左，文本在图像的右边)、right(图像居右，文本在图像的左边)、top(文本与图像在顶部对齐)、middle(文本与图像在中央对齐)或 bottom(文本与图像在底部对齐)

需要注意的是，在 width 和 height 属性中，如果只设置了其中的一个属性，则另一个属性会根据已设置的属性按原图等比例显示。如果对两个属性都进行了设置，且其比例和原图大小的比例不一致，那么显示的图像会相对于原图变形或失真。

1. 图像的替换文本说明

有时，由于网速过慢或者用户在图片还没有下载完全就单击了浏览器的停止键，用户不能在浏览器中看到图片，这时替换文本说明就十分有必要了。替换文本说明应该简洁且清晰，能为用户提供足够的图片说明信息，在无法看到图片的情况下也可以了解图片的内容信息。

说明：

(1) 当显示的图像不存在时，页面中图像的位置将显示出网页图片丢失的信息，但由于设置了 alt 属性，因此在未显示图片时会显示出替代文字；同时，由于设置了 title 属性，因此在替代文字附近还显示出提示信息。

(2) 在使用< img >标签时，最好同时使用 alt 属性和 title 属性，避免因图片路径错误带来的错误信息；同时，增加鼠标提示信息，方便浏览者的使用。

2. 调整图像大小

在 HTML 中，通过 img 标签的属性 width 和 height 来调整图像大小，其目的是通过指定图像的高度和宽度加快图像的下载速度。默认情况下，页面中显示的是图像的原始大小。如果不设置 width 和 height 属性，浏览器就要等到图像下载完毕才显示网页，因此延缓了其他页面元素的显示。

width 和 height 的单位可以是像素，也可以是百分比。百分比表示显示图像大小为浏览器窗口大小的百分比。例如，设置在页面中图像的宽度和高度。代码如下：

```
< img src = "图片路径" width =  "150" height = "174">
```

3. 图像的边框

在网页中显示的图像如果没有边框，会显得有些单调，可以通过 img 标签的 border 属性为图像添加边框，添加边框后的图像显得更醒目、美观。

border 属性的值用数字表示，单位为像素；默认情况下图像没有边框，即"border＝0；"图像边框的颜色不可调整，默认为黑色；当图片作为超链接使用时，图像边框的颜色和文字超链接的颜色一致，默认为深蓝色。

2.4.2 图文混排

图文混排技术是指设置图像与同一行中的文本、图像、插件或其他元素的对齐方式，在制作网页时往往要在网页中的某个位置插入一个图像，使文本环绕在图像的周围。img 标签的 align 属性用来指定图像与周围元素的对齐方式，实现图文混排效果，其取值如表 2-4 所示。

表 2-4 图像标签的 align 属性

align 取值	说　明
left	在水平方向上向上左对齐
center	在水平方向上向上居中对齐
right	在水平方向上向上右对齐
top	图片顶部与同行其他元素顶部对齐
middle	图片中部与同行其他元素中部对齐
bottom	图片底部与同行其他元素底部对齐

与其他元素不同的是，图像的 align 属性既包括水平对齐方式，又包括垂直对齐方式，align 属性的默认值为 bottom。

说明：如果不设置文本对图像的环绕，图像在页面中将占用一整片空白区域。利用< img >标签的 align 属性，可以使文本环绕图像。使用该标签设置文本环绕方式后，将一直有效，直到遇到下一个设置标签为止。

2.5 列表

在制作网页时，列表经常被用于写提纲和品种说明书。通过列表标记的使用能使这些内容在网页中条理清晰、层次分明、格式美观地表现出来。本节将重点介绍列表标签的使用。

列表的存在形式主要分为无序列表和有序列等。

2.5.1 无序列表

所谓无序列表，就是列表中列表项的前导符号没有一定的次序，而是用黑点、圆圈、方框等一些特殊符号标识。无序列表并不是使列表项杂乱无章，而是使列表项的结构更清晰、更合理。

当创建一个无序列表时，主要使用 HTML 的< ul >标签和< li >标签来标记。其中，< ul >标签标识一个无序列表的开始；<li>标签标识一个无序列表项。格式如下：

```
<ul type = "符号类型">
<li type = "符号类型 1">第一个列表项
<li type = "符号类型 2">第二个列表项
</ul>
```

从浏览器上看，无序列表的特点是，列表项目作为一个整体，与上下段文本间各有一行空白；表项向右缩进并左对齐，每行前面有项目符号。

<ul>标签的 type 属性用来定义一个无序列表的前导字符，如果省略了 type 属性，浏览器会默认显示为 disc 前导字符。type 取值可以为 disc（实心圆）、circle（空心圆）、square（方框）。设置 type 属性的方法有以下两种。

1. 在<ul>后指定符号的样式

在<ul>后指定符号的样式，可设定直到</ul>的加重符号。例如：

```
<ul type= "disc">          //符号为实心圆点
<ul type= "circle">        //符号为空心圆点
<ul type= "square">        //符号为实心方块
<ul img src= "文件路径">   //符号为指定的图片文件
```

2. 在<li>后指定符号的样式

在<li>后指定符号的样式，可以设置从该<li>起直到</ul>的项目符号，格式就是将前面的 ul 换为 li。

【示例 2-9】 无序列表示例，如图 2-9 所示。

```
<html>
<head>
    <title>无序列表</title>
</head>
<body>
    <h2 align = "center">水果类</h2>
    <ul type = "disc">
        <li>苹果</li>
        <li>香蕉</li>
        <li>橘子</li>
    </ul>
</body>
</html>
```

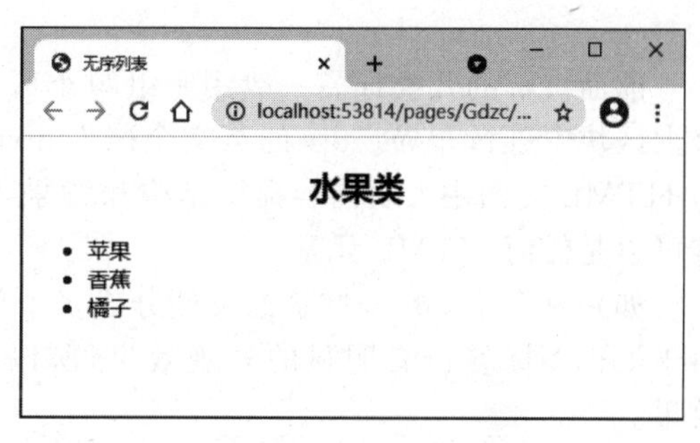

图 2-9 无序列表示例

2.5.2 有序列表

有序列表是一个有特定顺序的列表项的集合。在有序列表中，各个列表项有先后顺序之分，它们之间以编号来标记。使用<ol>标签可以建立有序列表，表项的标签仍为<li>。格式如下：

```
<ol type= "符号类型">
<li type = "符号类型 1">表项 1
<li type = "符号类型 2">表项 2
</ol>
```

在浏览器中显示时，有序列表整个表项与上下段文本之间各有一行空白；列表项目向右缩进并左对齐；各表项前带顺序号。

有序的符号标识包括阿拉伯数字、小写英文字母、大写英文字母、小写罗马字母、大写罗马字母。<ol>标签的 type 属性用来定义一个有序列表的符号样式，在<ol>后指定符号的样式可设定，直到</ol>的表项加重记号。语法格式如下：

```
<ol type= "1">        //效果:序号为数字
<ol type= "A">        //效果:序号为大写英文字母
<ol type= "a">        //效果:序号为小写英文字母
<ol type= "I">        //效果:序号为大写罗马字母
<ol type= "i">        //效果:序号为小写罗马字母
```

在<li>后指定符号的样式，可设定该表项前的加重记号。在格式上只需把上面的 ol 改为 li。

【示例 2-10】 有序列表示例，如图 2-10 所示。

```
<html>
<head>
    <title>有序列表</title>
</head>
<body>
    <h2 align="center">水果类</h2>
    <ol type="i">
        <li>苹果</li>
        <li>香蕉</li>
        <li>橘子</li>
    </ol>
</body>
</html>
```

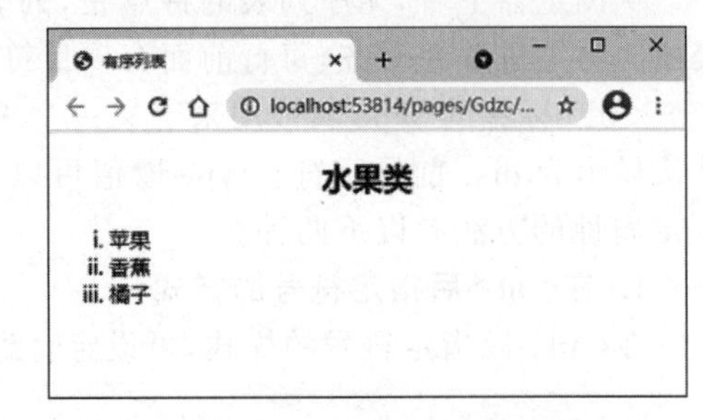

图 2-10 有序列表示例

2.6 <div>标签

前面讲解的几类标签一般用于组织小区块的内容，为了方便管理，许多小区块还需要放到一个大区块中进行布局。div 的英文全称为 division，译为“区分”。<div>标签是一个块级元素，用来为 HTML 文档中大块内容提供结构和背景，它可以把文档分割为独立的、不同的部分，其中的内容可以是任何 HTML 元素。

如果有多个<div>标签把文档分成多个部分，可以使用 id 或 class 属性来区分不同的<div>，由于<div>标签没有明显的外观效果，所以需要为其添加 CSS 样式属性，才能看到区块的外观效果。

<div>标签的语法格式如下：

```
<div align="left|center|right"> HTML 元素</div>
```

其中，属性 align 用来设置文本块、文字段或标题在网页上的对齐方式，取值为 left、center 和 right，默认为 left。

2.7 <span>标签

<div>标签主要用来定义网页上的区域，通常用于较大范围的设置，而<span>标签用来组合文档中的行级元素。

2.7.1 基本语法

<span>标签用来定义文档中一行的一部分，是行级元素。行级元素没有固定的宽度，根据<span>元素的内容决定。<span>元素的内容主要是文本，其语法格式如下：

```
<span>内容</span>
```

2.7.2 <span>标签与<div>标签的区别

<span>标签与<div>标签在网页上的使用，都可以用来产生区域范围，以定义不同的文字段

落，且区域间彼此是独立的。但是两者在使用上还是有一些差异。

1. 区域内是否换行

<div>标签区域内的对象与区域外的上下文会自动换行，而<span>标签区域内的对象与区域外的对象不会自动换行。

2. 标签相互包含

<div>标签与<span>标签区域可以同时在网页上使用，一般在使用上建议用<div>标签包含<span>标签；但<span>标签最好不包含<div>标签，否则会造成<span>标签的区域不完整，形成断行的现象。

2.8 表格

表格是网页中一个重要的容器元素，可以包含文字和图像。表格使网页结构紧凑整齐，使网页内容的显示一目了然。表格除了用来显示数据外，还用于搭建网页的结构，几乎所有 HTML 页面都或多或少地采用了表格。表格可以灵活地控制页面的排版，使整个页面层次清晰。学好网页制作，熟练掌握表格的各种属性是很有必要的。

2.8.1 表格的结构

表格是由行和列组成的二维表，而每行又由一个或多个单元格组成，用于放置数据或其他内容。

表格中的单元格是行与列的交叉部分，是组成表格的最基本单元。单元格的内容是数据，也称数据单元格，数据单元格可以包含文本、图片、列表段落、表单、水平线或表格等元素。表格中的内容按照相应的行或列进行分类和显示。

2.8.2 表格的基本语法

在 HTML 语法中，表格主要通过 3 个标签构成：<table>、<tr>和<td>。表格的标签为<table>，行的标签为<tr>，表项的标签为<td>。表格的语法格式如下：

```
<table border="n" width="x|x%" height="y|y%" cellspacing-"i"?cellpadding="j">
  <caption align="left|right|top|bottom valign=top|bottom>标题</caption>
  <tr><th>表头 1 </th><th>表头 2 </th><th>...</th><th>表头 n </th></tr>
  <tr><td>表项 1 </td><td>表项 2 </td><td>...</td><td>表项 n </td></tr>
⋮
  <tr><td>表项 1 </td><td>表项 2 </td><td>...</td><td>表项 n </td></tr>
</table>
```

在上面的语法中，使用 caption 标签可为每个表格指定唯一的标题。一般情况下标题会出现在表格的上方。caption 标签的 align 属性可以用来定义表格标题的对齐方式。在 HTML 标准中规定，caption 标签要放在打开的 table 标签之后，且网页中的表格多于一个。

表格是按行建立的，在每一行中填入该行每一列的表项数据。表格的第一行为表头，文字样式为居中、加粗显示，通过<th>标签实现。

在浏览器中显示时，<th>标签的文字按粗体显示，<td>标签的文字按正常字体显示。

表格的整体外观由<table>标签的属性决定。

- border：定义表格边框的宽度，单位是像素。设置 border="0"，可以显示没有边框的表格。
- width：定义表格的宽度。
- height：定义表格的高度。
- cellspacing：定义单元格之间的空白。
- cellpadding：定义单元格边框与内容之间的空白。

【示例 2-11】 在页面中添加一个 2 行 3 列的表格，本例在浏览器中显示的效果如图 2-11 所示。

```
<html>
<head>
    <title>2 行 3 列表格</title>
</head>
<body>
    <table border="3">
        <tr>
            <td>名称</td>
            <td>单价</td>
            <td>备注</td>
        </tr>
        <tr>
            <td>苹果</td>
            <td>7.0/kg</td>
            <td>无</td>
        </tr>
    </table>
</body>
</html>
```

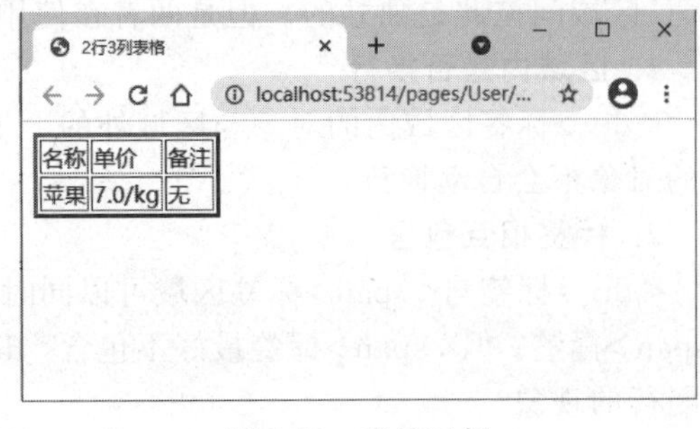

图 2-11　表格示例

说明:表格所使用的边框粗细等样式一般应放在专门的 CSS 样式文件中,此处讲解这些属性仅仅是为了演示表格案例中的页面效果,在真正设计表格外观时是通过 CSS 样式完成的。

2.8.3　表格修饰

表格是网页布局中的重要元素,具有丰富的属性,可以对其设置进而美化表格。

1. 设置表格的边框

可以使用 table 标签的 border 属性为表格添加边框并设置边框宽度及颜色。表格的边框按照数据单元将表格分割成单元格,边框的宽度以像素为单位,默认情况下表格边框 border 值为 0。

2. 设置表格大小

如果需要表格在网页中占用适当的空间,可以通过 width 和 height 属性指定像素值来设置表格的宽度和高度,也可以通过表格宽度占浏览器窗口的百分比来设置表格的大小。width 属性和 height 属性不但可以设置表格的大小,还可以设置表格单元格的大小,为表格单元设置 width 属性或 height 属性,将影响整行或整列单元的大小。

3. 设置表格背景颜色

表格背景默认为白色,根据网页设计要求,设置 bgcolor 属性,可以设定表格的背景颜色,以增加视觉效果。

4. 设置表格背景图像

表格背景图像可以是 GIF、JPEG 或 PNG 3 种图像格式。设置 background 属性,可以设定表格背景图像。同样,可以使用 bgcolor 属性和 background 属性为表格中的单元格添加背景颜色或背景图像。需要注意的是,为表格添加背景颜色或背景图像时,必须使表格中的文本数据颜色与背景颜色或背景图像形成足够的反差;否则,将不容易分辨表格中的文本数据。

5. 设置表格单元格间距

使用 ellspacing 属性可以调整表格的单元格和单元格之间的间距,使表格布局不会显得过于紧凑。

6. 设置表格单元格边距

单元格边距是指单元格中的内容与单元格边框的距离,使用 cellpadding 属性可以调整单元格中的内容与单元格边框的距离。

7. 设置表格在网页中的对齐方式

表格在网页中的位置有 3 种:居左、居中和居右,使用 align 属性设置表格在网页中的对齐方式,在默认的情况下表格的对齐方式为左对齐。语法格式如下:

```
<table align="left|center|right">
```

当表格位于页面的左侧或右侧时，文本填充在另一侧；当表格居中时，表格两边没有文本；当省略 align 属性时，文本在表格的下面。

8. 表格数据的对齐方式

1）行数据水平对齐

使用 align 可以设置表格中数据的水平对齐方式，如果在< tr >标签中使用 align 属性，将影响整行数据单元的水平对齐方式。align 属性的值可以是 left、center、right。默认值为 left。

2）单元格数据水平对齐

如果在某个单元格的< td >标签中使用 align 属性，那么 align 属性将影响该单元格数据的水平对齐方式。

3）行数据垂直对齐

如果在< tr >标签中使用 valign 属性，那么 valign 属性将影响整行数据单元的垂直对齐方式，这里的 valign 值可以是 top、middle、bottom、baseline，默认值为 middle。

【示例 2-12】 设计表格样式。本例在浏览器中显示的效果如图 2-12 所示。

```
< html >
< head >
    < title >表格修饰</title >
</head >
< body >
    < h1 align = "center">价格一览表</h1 >
    < table width = "720" height = "200" border = "3" bordercolor = "blue" align = "center" bgcolor =
"#66ccc" cellpadding = "3" cellspacing = "5">
        < tr bgcolor = "#6699ee">
            < th>名称</th >
            < th>单价</th >
            < th>备注</th >
        </tr >
        < tr >
            < td align = "center">苹果</td >
            < td align = "center"> 7.0/kg </td >
            < td align = "center">无</td >
        </tr >
        < tr >
            < td align = "center">香蕉</td >
            < td align = "center"> 4.0/kg </td >
            < td align = "center">促销</td >
        </tr >
    </table >
</body >
</html >
```

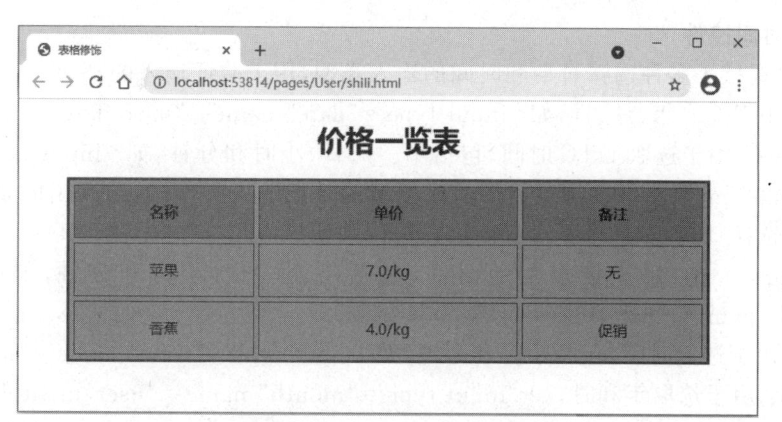

图 2-12 表格修饰示例

说明：<th>标签用于定义表格的表头，一般是表格的第 1 行数据，以粗体、居中的方式显示。

2.9 表单

在 Web 应用中，经常会用到表单来设计登录或注册页面。在 HTML5 中，表单的功能得到了加强，增加了一些属性及表单控件的类型，使表单的开发更快捷、更方便。

2.9.1 新增的表单控件

在 HTML5 中新增了一些表单的控件，主要是<input>标签中 type 属性值（即输入类型）的增加。表 2-5 列出了 HTML5 中新增的表单控件。

表 2-5 input 标签新增的输入类型

输入类型	描述
color	调色板控件，呈现为单行文本框，提供了一个颜色选择器
date	日期控件
datetime	日期和时间控件
datetime-local	本地日期和时间控件
time	时间控件
month	月份控件
week	星期控件
range	滑动刻度控件
search	搜索文本框，一般在文本框中显示一个关闭符号
tel	单行文本框，用来输入电话号码的文本框
email	一个单行文本框，呈现电子邮件
url	单行文本框，用来输入一个完整的 URL 地址，包括传输协议
number	表现为一个单行文本框，或带步进按钮

这些输入类型全部都是<input>标签中的 type 属性值，且都是 HTML5 中新增的输入类型。对于这些新增的表单控件，不管浏览器支持与否都可以使用。如果浏览器不支持，则会直接忽略，不会报错。

1. color 输入类型

控件用于设置颜色的选择框，如<input type="color"name="user_color">在 Chrome 浏览器中显示出一个具有默认值为#000000 的黑色颜色框，当单击这个颜色选择框后，弹出一个颜色选择器。用户可以在颜色选择器中选择自己需要的颜色。在不支持该输入类型的浏览器中则会被忽略，形成一个普通的单行文本输入框。

2. 日期和时间控件

HTML5 中提供了多种选择日期和时间的输入类型，用于验证输入的日期。

（1）date：用于选取年、月、日，如<input type="date" name="user_date">。

（2）datetime：用于选取 UTC 时间，包括年、月、日、小时和分钟，如<input type="datetime" name="user_datetime">。但在浏览器显示该类型的日期输入类型时，呈现出的是一个单行文本输入框，并不能选择日期，而且也不对日期格式进行验证。

（3）datetime-local：用于选取本地时间，包括年、月、日、小时和分钟，如<input type="datetime_local" name="datetime_local">。

（4）time：用于选取时间，包括小时和分钟，如<input type="time" name="user_time">。

（5）month：用于选取年和月，如<input type="month" name="user_month">。

（6）week：用于选取年和第几周，如<input type="week" name="user_week">。

其中，可以选择月和日的日期类型的输入框，虽然会验证日期的格式，但是不会验证日期的准确性，也就是不会判断月份的大小月以及二月是否是闰月，所有的月份都是31天。每个能够选取日期类型的输入框右侧都有一个删除图标按钮、一个附带步进按钮，单击后会弹出日期选择项的下拉框图标。选取的日期可以通过“删除图标”按钮删除，也可以通过步进按钮选择或者通过下拉框中的日期控件选择。

3. range 输入类型

用于设定一定范围内的数字值，通常表现为一个滑动条。可以用 min 属性设置最小值，用 max 属性设置最大值，如<input type="range" name="price" min="10" max="20">。

4. search 输入类型

用于设定搜索框，如关键词搜索<input type="search" name="key_words">，search 类型显示出一个单行文本框的形式。

5. tel 输入类型

用于定义一个电话号码的输入框，当鼠标光标移到输入框上面会显示一个信息提示框。但是电话号码的形式多种多样，很难有一个固定的模式。因此，仅仅用 tel 类型来定义电话号码是无法实现的，通常与 pattern 属性结合使用，利用 pattern 属性的正则表达式来规定电话号码的格式。如<input type="tel" name="phone_number" patterm="^\d{11} $">定义了一个必须具有11位数字的手机号码输入框，当格式不正确时，输入框的边框会显示为红色。

6. email 输入类型

用于设置一个输入邮箱地址的输入框，当鼠标光标移到输入框上面会显示一个信息提示框，如<input type="email" name="user_email">。当在设置为 email 类型的输入框中输入一个不是邮箱地址的字符时，输入框的边框会显示为红色。

email 输入类型输入框的验证只能简单验证用户在输入框中输入的电子邮件的地址是否包含了@符号且该符号不在第一个字符，不会真正验证电子邮件地址格式的正确性，即电子邮件地址写成123@会被判断成正确的。

7. url 输入类型

用于设置一个 URL 地址的输入框，当鼠标移到输入框上面会显示一个提示信息框。在该输入框中输入的内容必须是一个绝对的 URL 地址，否则输入框的边框就会显示为红色。

这个地址输入框在输入 URL 地址时必须输入一个完整的绝对 URL 地址，包括传输协议，否则就会报错。只要有传输协议就不会出任何问题。传输协议可以使用 HTTP 或者 FTP，本地的绝对 URL 地址也可以，即地址开头为“file:”。

8. number 输入类型

用于一个设置数值的输入框，当鼠标光标移到输入框上面会显示一个信息提示框。可以对输入的数值设定一个范围，分别用 min 属性设置最小数值，用 max 属性设置最大数值。

以上所列举的 tel、email、url 和 number 输入类型在 Firefox 浏览器中的验证错误都是以输入框失去焦点时，它的边框显示成红色为格式错误提示信息。在 Chrome 浏览器中则是以提交表单时验证输入值是否符合规范，如果不符合，提交时会在输入框位置弹出一个提示框显示规范要求信息。如果读者需要查看不同浏览器的运行效果，请自行运行示例2-13的代码以查看运行效果。

【示例 2-13】 HTML5 表单控件的使用。

```
<!DOCTYPE html>
<html>
<head>
    <meta charset="utf-8">
    <title>新增表单控件</title>
</head>
<body>
```

```
        <form>
            color 输入类型:<input type="color" name="user_color"><br>
            date 输入类型:<input type="date" name="user_date"><br>
            datetime 输入类型:<input type="datetime" name="user_datetime"><br>
            datetime-local 输入类型:<input type="datetime-local" name="datetime-local"><br>
            time 输入类型:<input type="time" name="user_time"><br>
            week 输入类型:<input type="week" name="user_week"><br>
            range 输入类型:<input type="range" name="price" min="10" max="20"><br>
            search 输入类型:<input type="search" name="key_words"><br>
            电话号码:<input type="tel" name="phone_number" pattern="^\d{11} $"><br>
            电子邮箱:<input type="email" name="user_email"><br>
            输入 URL 地址:<input type="url" name="user_url"><br>
            年龄:<input type="number" name="user_age" min="14" max="100"><br>
            <input type="submit">
        </form>
    </body>
    </html>
```

2.9.2 新增的表单属性

HTML5 新增的表单属性见表 2-6。

表 2-6 HTML5 新增的表单属性

属　　性	描　　述
placeholder	在输入型文本框中显示描述性说明或提示信息。输入框中一旦有用户的输入值后，描述性说明或提示信息就会消失
autocomplete	是否保存输入值以备将来使用。on 表示保存，off 表示不保存
autofocus	当页面打开时，确定表单控件是否获取光标焦点。一般一个页面只有一个表单控件可以设置该属性
list	为单行文本框增加的属性，属性值为某个 datalist 标签的 id 名，形成一个类似于下拉选择框的控件，可以直接从选择框中选择输入值。当选择列表中没有输入值时，用户可以自行输入
min/max	为 range 控件增加的属性，限定数值的输入范围，min 为设置的最小值，max 为设置的最大值
step	为 range 控件增加的属性，设置输入值递增或递减的梯度
required	设置输入型控件为必填项，否则无法提交表单。该属性是表单中一种最简单的验证方式

2.10 HTML5 音视频

在以往的网页中要播放音视频，浏览器都必须要安装相应的插件才能够播放，但是并不是所有的浏览器都有相应的插件。与 HTML4 相比，HTML5 新增了音频标签和视频标签，规定了一种包含音视频的标准方法，不需要浏览器再安装其他相应的插件。

2.10.1 音频标签

<audio></audio>标签是 HTML5 中新增的标签，用来播放声音文件，支持三种音频格式：ogg、mp3 和 wav。

如果要在 HTML5 页面中播放音频，需要使用<audio>标签的 src 属性指定要插入音频文件的源目标地址。<audio>标签的常用属性及描述见表 2-7。

表 2-7 <audio>标签的常用属性及描述

属　　性	值	描　　述
src	URL	目标音频文件的地址
autoplay	autoplay(自动播放)	音频就绪后马上播放

续表

属　性	值	描　述
controls	controls(控制)	提供添加播放、暂停和音量的控件
loop	loop(循环)	音频重复播放
preload	preload(加载)	音频在页面加载时进行加载,并预备播放
autobuffer	autobuffer(自动缓冲)	确定在显示网页时播放文件是由浏览器自动缓冲的,还是由用户使用相关 API 进行缓冲

<audio>标签还可以通过 source 属性添加多个音频文件。在<audio>与</audio>之间插入的内容是提供给不支持<audio>标签的浏览器显示的。

【示例 2-14】 音频标签在浏览器中的运行效果,如图 2-13 所示。

```
<!doctype html>
<html>
<head>
<meta charset = "utf - 8">
<title>ch8_8.html</title>
</head>
<body>
<h1>音频播放器</h1>
<audio src  = "hello.m4a" controls = "autoplay">
</audio>
</body>
</html>
```

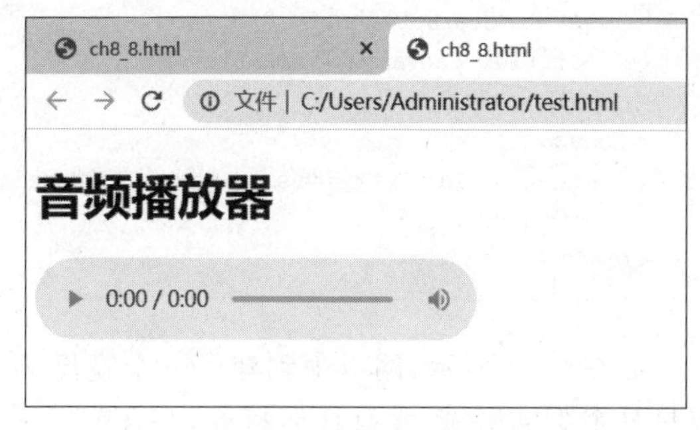

图 2-13　音频播放器

2.10.2　视频标签

<video>标签是用来定义播放视频文件的,支持三种视频格式:ogg、mp4 和 WebM。与<audio>标签的用法一致,可以通过 src 属性添加多个视频文件。在<video>与</video>之间插入的内容是为不支持<video>标签的浏览器显示的。<video>标签的常用属性及描述见表 2-8。

表 2-8　<video>标签的常用属性及描述

属　性	值	描　述
src	URL	目标视频文件的地址
autoplay	autoplay(自动播放)	视频就绪后马上播放
controls	controls(控制)	提供添加播放、暂停和音量的控件
loop	loop(循环)	视频重复播放
preload	preload(加载)	视频在页面加载时进行加载,并预备播放。如果使用 autoplay,则忽略该属性
width	宽度值	设置视频播放器的宽度
height	高度值	设置视频播放器的高度
poster	URL	当视频未响应或缓冲不足时,该属性值链接到一个图像。该图像将以一定比例显示

2.11　HTML5 画布

在 HTML5 中新增了很多的功能,其中最显著的功能就是可以直接在 HTML 页面中绘制图形。这里所说的绘制图形并不是用鼠标绘画,而是通过 HTML5 新增的<canvas>标签创建的一块矩形区域，然后通过 JavaScript 脚本语言添加图片或绘制线条、文字和图形，甚至可以加入动画。< canvas >标签创建出来的这块区域称为“画布”。

< canvas >标签是 HTML 5 中新增的一个很重要的标签，专门用来在页面上绘制图形。但实际上< canvas >标签自身并不绘制图形，它相当于一张空白的画布，如果需要绘制图形，必须使用 JavaScript 脚本语言进行绘制。创建一对< canvas ></canvas >标签，即在页面中放置了一个可以绘图的画布，可以通过样式来设置该画布区域的高度和宽度。

【示例 2-15】 < canvas >标签创建绘图画布。

```
<! DOCTYPE html >
< html >
< head >
    < meta charset = "utf - 8">
    < title > canvas 标签</title >
</head >
< body >
    < canvas id = " = canvas" width = "200" height = "200" style = "border:1px solid ＃808080;">
    </canvas >
</body >
</html >
```

如图 2-14 所示，网页中创建了一个宽度为 200 像素、高度为 200 像素的画布。由于创建的画布只是个矩形区域，没有任何特征，在浏览器中只会显示为空白，还看不到其他效果。因此，通过样式设置给它添加了一个黑色边框，使其能够展现在我们眼前，从而看见画布的区域范围。另外，为该< canvas >标签设置了一个 ID 名，主要是因为< canvas >标签内绘制图形都是通过 JavaScript 脚本进行控制的。如果没有 ID、JavaScript 程序代码，要找到< canvas >标签这个对象是很困难的，因此在创建< canvas >对象时都会给它添加一个 ID 名，以便通过 JavaScript 脚本查找到画布对象。

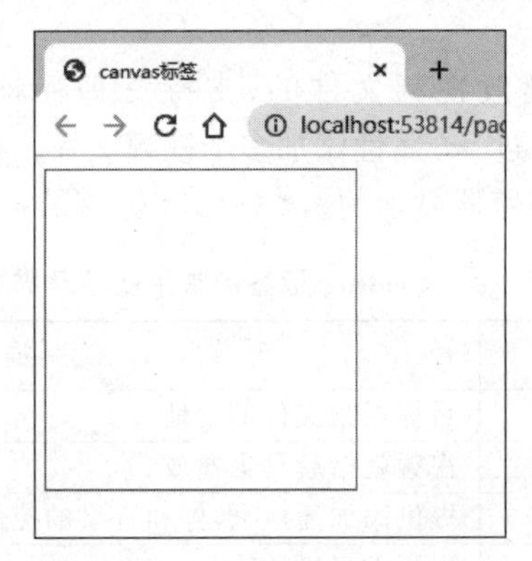

图 2-14 < canvas >标签创建画布

第3章

CSS3层叠样式表

为了更好地创造以及展示互联网内容，网页排版格式的要求越来越高，很多排版和布局的效果都需要借助CSS来实现。CSS是现代网页制作的核心技术之一，可以有效地对网页页面的布局、字体、颜色、背景和其他效果实现更加精确的控制，只要对相应的代码做一些简单的编辑，就可以改变同一页面中的不同部分或不同页面的外观和格式。使用CSS技术不仅可以做出美观、工整、令浏览者赏心悦目的网页，还可以给网页添加许多神奇有趣的效果。

3.1 CSS3简介

互联网从诞生到今天，已经历了三个发展阶段：第一个阶段是Web1.0，其特点是以内容为主的网络，前端技术主要是HTML和CSS；第二个阶段是Web2.0，其特点是融入了Ajax、JavaScript、DOM等异步数据请求技术；第三阶段是以HTML5和CSS3为主要代表，极大地提高了网页制作和内容展示的功能和效果。

层叠样式表(Cascading Style Sheets，CSS)是一种用来表现HTML或XML(标准通用标记语言的一个子集)等文件样式的计算机语言，可以用于对Web页面进行美化。

3.1.1 CSS的发展史

CSS的发展经历了CSS1、CSS2、CSS3三个不断渐进的版本。

CSS1是CSS的第一层次标准，它正式发布于1996年12月，在1999年1月进行了修改。该标准提供了简单的CSS样式表机制，使网页的编写者可以通过附属的样式对HTML文档的表现进行描述。

CSS2于1998年5月正式作为标准发布，CSS2是基于CSS1的，包含了CSS1的所有特点和功能，并在多个领域进行了完善，将样式文档与文档内容相分离。CSS2支持多媒体样式表，使网页设计师能够根据不同的输出设备为文档制定不同的表现形式。

CSS3是目前CSS的主流版本，也是最新版本。

- “层叠”是指多个样式可以作用在同一个HTML元素上，并能同时生效。
- “样式”是指Web页面上文字、表格、图片、超链接的显示效果或行为特性。从HTML4.0开始，通常采用样式与内容分离的模式，通常会将样式存储在样式表中。外部样式表通常存储在CSS文件中，多个样式定义可层叠为一个，可以极大提高工作效率。
- 3代表版本号，是CSS的升级版本。CSS3增加很多新特性，简化了代码，提高了页面展示的效率。

目前，主流的浏览器均已支持CSS3绝大部分属性和功能，即使个别CSS3新特性无法支持，在网页开发时也会采取备用方案，不会影响网页的正常显示效果。

3.1.2 CSS3的新特性

与之前的CSS1、CSS2相比，CSS3的变化是革命性的，虽然它的部分属性还不能被所有浏览器完美支持，但让人们领略到了网页样式发展的前景。CSS3 的新特性很多，主要体现在以下几个方面。

1. 强大的 CSS3 选择器

CSS3 能够利用选择器直接指定需要的 HTML 元素，而不需要在 HTML 中添加不必要的类名称、ID 名称等。使用 CSS3 选择器，还可以更完美地实现结构与表现分离，使网页开发者能够轻松地设计出简洁的轻量级 Web 页面。

2. 抛弃图片的视觉效果

网页中最常见的效果有圆角、阴影、渐变背景、半透明、图片边框等，而这样的视觉效果在 CSS3 发布之前都是依赖于网页开发者制作图片或者借助 JavaScript 脚本实现的。CSS3 的新增属性可以轻松地创建上述那些特殊的视觉效果。

3. 背景的变革

CSS3 不再局限于背景色、背景图像的运用，新增了许多与背景设置相关的新属性。例如，background-origin、background-clip、background-size。此外，还可以在一个元素上设置多个背景图像。

4. 颜色与透明度

CSS3 颜色模块的引入，实现了制作 Web 效果时不再局限于 RGB 和十六进制两种模式。CSS3 新增了 HSL、HSLA 几种新的颜色模式。在 Web 设计中，能够轻松地使某个颜色变亮或者变暗。其中 HSLA 和 RGBA 还增加了透明通道，能够轻松改变任何一个元素的透明度。另外，还可以使用 opacity 属性来设置元素的不透明度，从而使网页中的半透明效果不再依赖图片或者 JavaScript 脚本。

5. 阴影效果

网页中的阴影效果包括文本阴影（text-shadow）和盒子阴影（box-shadow）两种。文本阴影在 CSS 中已经存在，但没有得到广泛应用。CSS3 延续了这个属性，并进行了新的定义，该属性提供了一种新的跨浏览器方案，使文本看起来更加醒目。盒子阴影在之前的 CSS 版本中实现起来较为困难，需要额外借助标签、图片等，效果往往还不一定理想。CSS3 中新增的 box-shadow 属性打破了这种局面，可以方便地为任何元素添加盒子阴影。

6. 多列布局与弹性盒模型布局

当段落中一行文字太长时，人们阅读起来就比较费力，有可能读错行或者读串行。为了最大效率地使用大屏幕显示器，Web 页面设计中需要限制文本的宽度，让文本按多列显示，就像报纸、杂志上的新闻排版一样。此时，CSS3 的多列布局就可以派上用场。

7. 弹性盒模型

弹性盒模型(flexible box)是一种当页面需要适应不同的屏幕大小以及设备类型时确保元素拥有恰当的行为的布局方式。引入弹性盒模型的目的是提供一种更加有效的方式对一个容器里的子元素进行排列、对齐和分配空白空间。

8. 盒容器的变形

在 CSS 早期版本中，让某个元素变形是几乎不可能的，需要借助 JavaScript 代码来实现。CSS3 增加了变形属性，可以在 2D 或 3D 空间里操作盒容器的位置和形状，包括旋转、扭曲、缩放以及位移等。

9. CSS3 过渡与动画交互效果

CSS3 的过渡（transition）属性能够在网页中实现一些简单的动画效果，让某些效果变得更具流线性和平滑性。CSS3 的动画（animation）属性能够实现更加复杂的样式变化，并且无须 JavaScript 脚本代码就能实现一定的交互效果。

10. 媒体特性与响应式布局

CSS3 的媒体特性可以实现响应式（responsive）布局，该布局可以根据用户的显示终端或设备特征选择对应的样式，从而在不同的显示分辨率或设备下具有不同的布局效果，特别适合在移动端使用。

3.2 CSS3 基础知识

相对于传统 HTML 的表现而言，CSS3 能够对网页中对象的位置排版进行像素级的控制，支持几乎所有的字体字号样式，并能够实现一定程度的交互设计，是目前 Web 网页最优秀、最主要的内容表现方式之一。

3.2.1 为什么要使用 CSS

在 HTML 中，虽然< b >< u >< i >和< p >等标签可以控制文本、图像等内容的显示效果，但这些标签的功能非常有限，而且对于某些特定的网页需求，仅仅使用这些标签是不能完成的。因此，网页中引入 CSS 样式是必不可少的。

CSS 样式是对 HTML 的有效补充。例如，通过使用 CSS 样式来修改 HTML 中< h1 >标签样式，能够节省许多重复性的格式设置；可以利用 CSS 方便地设置文字的大小和颜色等；还可以轻松地设置网页元素的显示位置、格式和动画效果等，极大地提升了网页的美观性和交互性。

3.2.2 CSS3 样式表

使用 CSS3 的前提，必须首先在 HTML 中引入 CSS3 样式表。CSS3 样式表通常分为三种形式：内联样式表、内部样式表和外部样式表。在设计 Web 页面时，可以根据需要选择上述三种样式表中的一种或几种同时使用。

（1）内联样式表：直接将 CSS 代码写在 HTML 标签中。

（2）内部样式表：将 CSS 代码写在< style >标签中，并将< style >标签嵌入 HTML 文档的头部。

（3）外部样式表：将 CSS 代码保存在以. css 为扩展名的样式表文件中，并在< head >标签中使用< link >标签将外部 CSS 文件链接到 HTML 文档中。

1. 内联样式表

CSS3 的内联样式表是指利用 style 属性直接将 CSS 代码嵌入 HTML 标签中，其基本语法格式如下：

```
<元素名 style = "属性名:属性值">
```

对于一个标签需要同时设置多个属性，可以用分号(;)隔开，格式如下：

```
<元素名 style = "属性名 1:属性值 1;属性名 2:属性值 2;...;属性名 n:属性值 n">
```

例如，为某个标题标签< h1 >设置如下的样式：

```
< h1 style = " font - family: 宋体; font - size: 36px;
background - color:red"> CSS3 </h1 >
```

那么，该 CSS 代码将设置当前< h1 >和</h1 >标签之间的文本字体为宋体，字号大小为 36 像素，背景色为红色，如图 3-1 所示。

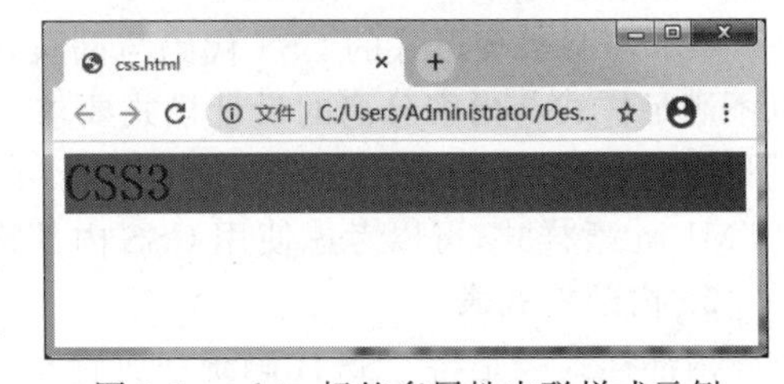

图 3-1 < h1 >标签多属性内联样式示例

除了上面例子中的 font-family、font-size、background-color 等属性之外，CSS3 中还有很多常用属性，表 3-1 中列出了其中的一部分。

表 3-1 部分常用的 CSS 属性和参考值

CSS 属性	含 义	参 考 值
background-color	背景色	背景色名称，例如，red 表示红色
color	前景色	设置字体颜色，例如，blue 表示蓝色

续表

CSS属性	含　义	参　考　值
font-size	字体大小	例如，16px 表示 16 像素大小的字体
border	边框	例如，3px solid blue 表示宽度为 3 像素的蓝色实线
width	宽度	例如，20px 表示 20 像素的宽度
height	高度	例如，100px 表示 100 像素的高度

【示例 3-1】 使用内联样式表为多个元素分别设置各自的样式。

```
<! DOCTYPE html >
< html >
< head >
    < title > CSS 内联样式表</title >
</head >
< body >
< h3 style = "color: red"> CSS 内联样式表</h3 >
< hr style = "border:3px dashed blue">
< p style = " font - size:40px; background  - color:yellow">
    欢迎来到 CSS 学习园地
</p >
</body >
</html >
```

运行效果如图 3-2 所示。

图 3-2　使用内联样式表设置不同标签的样式

在上述代码中，通过在标签中嵌入 style 属性，将< h3 >标签中的标题字体颜色设置成了红色；将< hr >水平线标签的线条设置为粗细为 3 像素的蓝色虚线；将< p >段落标签的字体大小设置为 40 像素、黄色背景色。

内联样式表由于是将 CSS 代码直接写在 HTML 元素标签的 style 属性内，在实际使用时存在明显的缺点。

(1) 不易于批量使用和维护。试想如果存在多个元素需要设置同样的样式效果，内联样式表并不能做到批量设置，只能分别为每一个元素的 style 属性编写代码，这显然不是一种简单高效的做法，还会造成代码的冗余。

(2) 控制表现形式的 CSS 代码与网页内容混杂在一起，不仅不利于网页内容的编辑和管理，也不满足样式与内容分离的设计模式要求。

因此，CSS 的内联样式表一般只适用于设置少量 HTML 元素样式。如果需要设置大量 HTML 元素样式，可以考虑使用 CSS 内部样式表。

2. 内部样式表

内部样式表是将 CSS 代码统一放置在页面中一个固定的位置，通常位于< head >和</head >内部的< style >...</style >之间，因此又称为嵌入样式表，其语法格式如下：

```
< style >
    选择器{属性名 1:属性值 1;属性名 2:属性值 2;...;属性名 N:属性值 N;}
</style >
```

这里的选择器可用于待指定样式的元素标签，例如，body、p、h1 至 h6 等均可。例如：

```
h1{color: red;}
```

该语句的作用是将整个 HTML 文档中的所有 h1 标题字体颜色都设置为红色。

需要注意的是，在 HTML4.01 版本中，<style>首标签需要写成<style type="text/css">的形式，而在 HTML5 中已简化为<style>。

如果属性内容较多，也可以分行写，语法格式如下：

```
<style>
    选择器{
            属性名 1:属性值 1;
            属性名 2:属性值 2;
            …
            属性名 N:属性值 N;
    }
</style>
```

其中，最后一个属性值后面是否添加分号均可。一般来说，属性之间的分号用于间隔不同的属性声明，因此最后一个属性值无须添加分号。但是，为了方便后续添加新的属性，也可以为最后一个属性值添加分号，这种做法不影响 CSS 样式表的正常使用。按照惯例，在最后一个属性值后面添加分号，是编写 CSS 代码的一个良好习惯。

【示例 3-2】 使用内部样式表为多个元素批量设置相同的样式。

```
<DOCTYPE html>
<html>
<head>
<meta charset = "utf - 8">
<title>CSS 内部样式表</title>
<style>
    h3 {color: purple;}
    p {background - color: yellow; color: blue; width: 300px; height: 50px;}
</style>
</head>
<body>
    <h3>CSS 内部样式表示例:第一段</h3>
    <p>内部样式表可以批量改变元素样式</p>
    <hr>
    <h3>CSS 内部样式表示例:第二段</h3>
    <p>欢迎学习 CSS3 </p>
    <hr>
    <h3>CSS 内部样式表示例:第三段</h3>
    <p>CSS3 令网页更加绚丽多彩!</p>
</body>
</html>
```

该段代码在 Chrome 浏览器中的运行效果如图 3-3 所示。

上述代码中，分别包含了三个标题元素<h3>和段落元素<p>。因为标签名称相同，使用内部样式表可以为其统一设置样式。在内部样式表中，为<h3>标签设置了字体颜色为紫色；为<p>标签设置了背景颜色为黄色、字体颜色为蓝色，宽度 300 像素和高度 50 像素。从图 3-3 中可以看出，内部样式表克服了内联样式表重复定义的弊端，同类元素标签可以同时使用相同的 CSS 样式定义，有利于网页开发的后期维护和扩展。

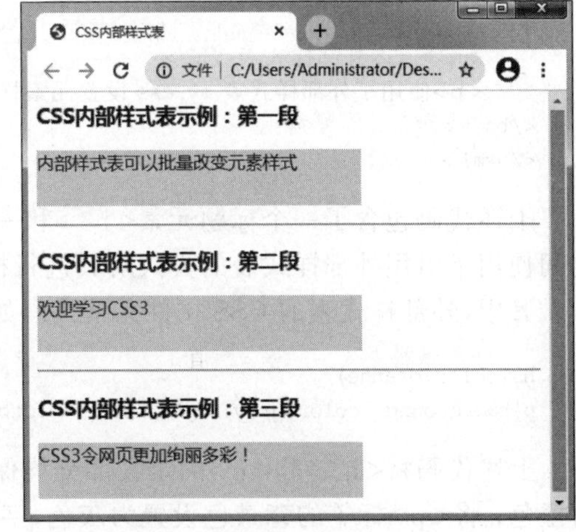

图 3-3 内部样式表的用法示例

注意：内部样式表是CSS的初级应用形式，它只针对当前Web页面有效，不能跨页面执行，因此达不到CSS代码重复利用的目的。在实际的大型网站开发中，很少用到内部样式表。

3. 外部样式表

外部样式表是指将CSS代码单独编写在一个.css文件中，然后在网页的head标签内，利用link标签将.css文件引入。外部样式表是目前CSS的主要应用方式，与前两种方式相比更为理想，也更加符合样式与内容相分离的设计模式要求。

在实际使用时，.css外部样式表文件放在与HTML页面同级的css文件夹中，多个网页可以调用同一个外部样式表文件，因此能够实现代码的最大化使用及网站文件的最优化配置。

外部样式表.css文件的引用语法格式如下：

```
<link rel = "stylesheet" href = "外部样式表文件的 URL">
```

其中，rel属性指定链接到CSS样式，其值为stylesheet；href属性指定所定义链接的外部CSS样式文件的路径，可以使用相对路径和绝对路径。

例如，引用本地css文件夹中的test.css文件：

```
<link rel = "stylesheet" href = "css/test.css">
```

注意：外部CSS文件中的内容无须使用<style></style>标签进行标记，其CSS代码格式与内部样式表<style>标签内部的内容格式完全相同。

外部样式表有其自身独有的优势：

- 独立于HTML文件，便于修改。
- 多个文件可以引用同一个CSS样式文件。
- CSS外部样式表文件只需要引用一次，就可以在其他链接了该文件的页面内使用。
- 浏览器会先显示HTML内容，然后再根据CSS外部样式表文件进行渲染，从而使访问者可以更快地看到页面内容，提高浏览体验度。

【示例3-3】 在本地磁盘的css文件夹中新建一个名为my.css的外部样式表文件，将样式代码写在该CSS文件中，并在HTML文档中对其进行引用。

```
<!DOCTYPE html>
<html>
<head>
    <meta charsetm"UTF-8">
    <title>CSS 外部样式表</title>
    <link rel = "stylesheet" href = "css/my.css">
</head>
<body>
    <h3>CSS 外部样式表</h3>
    <p>使用了外部样式表 my.css 设置元素样式</p>
</body>
</html>
```

上述代码包含了一个标题元素<h3>和一个段落元素<p>，并在头部标签<head>和<head>之间使用了引用外部样式表的方式对其进行样式的设定。

其中，外部样式表的CSS文件完整代码如下：

```
h3{color:orange}
p{background-color:gray; color:blue; width:300px; height:30px}
```

上述代码将<h3>和<p>的定义部分均保存在了my.css文件中，将<h3>标签设置字体颜色为橙色；将<p>标签的背景色设置为灰色，字体颜色为蓝色，宽度300像素和高度30像素。运行效果如图3-4所示。

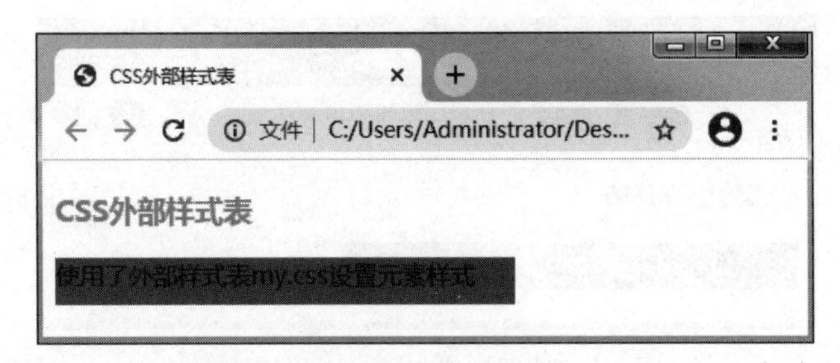

图 3-4 外部样式表的引入用法示例

同一个网页文档可以引用多个外部样式表。相反,当多个网页文档需要统一风格时,也可以引用同一个外部样式表,这样可以极大地提高网页开发效率。

注意:在实际使用 CSS 时,可以在同一个网页文档中同时引用内联样式表、内部样式表和外部样式表,它们会被层叠在一起形成一个统一的样式效果。如果其中有样式发生了冲突,CSS 会选择优先级别高的样式显示在网页上。三种样式表的优先级别为:内联样式表>内部样式表>外部样式表。

由样式表优先级别可以看出,在元素内部使用的内联样式表优先级别最高,内部样式表次之,引用的外部样式表优先级别最低。

3.2.3 外部样式表的导入

外部样式表文件除了使用 link 标签将.css 文件引入这种方式之外,还可以在 HTML 页面的 <style>与</style>标签中,利用@import 命令导入.css 文件,具体语法格式如下:

```
@import url(外部样式表.css 文件地址及文件名)
```

例如:

```
@import url("css/my.css")
```

【示例 3-4】 使用样式表导入方式实现示例 3-3 的运行效果。

分析:在本地磁盘的 css 文件夹中新建一个名为 my.css 的外部样式表文件,将样式代码写在该 CSS 文件中,并在 HTML 文档中对其进行导入。

```
<!DOCTYPE html>
<html>
<head>
<title>CSS 外部样式表</title>
<style>
    @import url("css/my.css")
</style>
</head>
<body>
    <h3>CSS 外部样式表</h3>
    <p>使用了外部样式表 my.css 设置元素样式</p>
</body>
</html>
```

外部样式表 my.css 文件保存在 css 文件夹中,完整代码如下:

```
h3{color:orange}
p{background-color:gray; color:blue; width:300px; height:30px}
```

程序代码的运行结果如图 3-5 所示。

可以看出,示例 3-4 与示例 3-3 的效果完全一致。也就是说,使用@import 导入和<link>链接

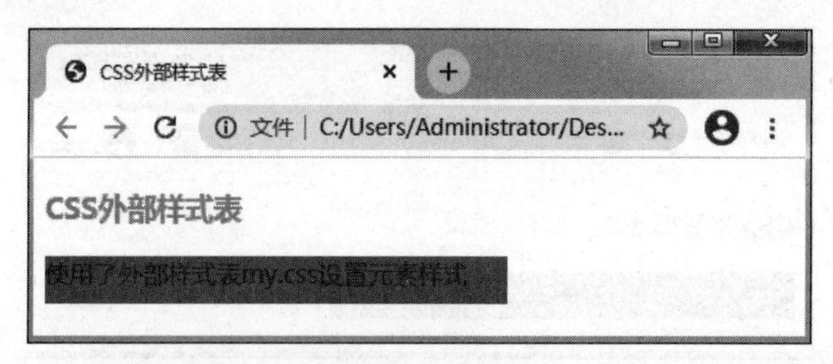

图 3-5 外部样式表的导入用法示例

引入这两种方式在一定程度上是具有相同功能的。然而，它们也有各自的特点，其主要区别如下。

（1）从属关系：link 是 HTML 的标签，不仅可以加载 CSS 文件，还可以定义 RSS、rel 连接属性等；而@import 是 CSS 的语法，只有导入样式表的作用。

（2）加载顺序：页面被加载时，link 会和 HTML 同时被加载而；@import 引入的 CSS 将在页面加载完毕后被加载。

（3）兼容性：@import 是 CSS2.1 才有的语法，所以只能在 IE5 以上才能识别；而 link 是 HTML 标签，所以不存在兼容性问题。

（4）DOM：JavaScript 只能控制 DOM 去改变 link 标签引入的样式，而@import 的样式不是 DOM 可以控制的。

（5）权重不同：link 方式的样式权重高于@import 的权重。

3.3 CSS 基础选择器

如果想使用 CSS3 对 HTML 页面中的元素实现一对一、一对多或者多对一的控制，就需要借助 CSS 选择器。那么，什么是选择器呢？根据前面章节内容的介绍，我们知道在 CSS3 中每一条 CSS 样式均由两部分组成，其一般形式如下：

```
选择器{样式声明块}
```

其中，{样式声明块}之前的部分就是“选择器”。选择器指明了{样式声明块}中样式的作用对象，即样式作用于网页中的哪些元素。样式声明块中包含一个或多个声明，每个声明的格式为：属性名：属性值，属性值后以分号（;）结尾。

3.3.1 元素选择器

元素选择器是 CSS3 中最常用的一种选择器，通常是用来设置某种 HTML 元素的样式效果。例如，p、h1、a、span、div 等都可以作为元素选择器。

利用元素选择器设置 CSS 格式的一般形式如下：

```
元素选择器{属性名 1: 属性值 1; 属性名 2: 属性值 2;...; 属性名 N: 属性值 N;}
```

例如：

```
html{background-color:black;}
p{font-size:30px; background-color:gray;}
h2{font-family:宋体; color:orange;}
```

上面的 CSS 代码会将整个 HTML 文档的背景色设置为黑色；将所有 p 元素字体大小设置为 30 像素、背景色为灰色；将所有 h2 元素的字体设置为宋体、字体颜色为橙色。

元素选择器还可以同时对多个 HTML 元素进行样式声明，其一般形式如下：

```
元素选择器 1, 元素选择器 2,..., 元素选择器 n{样式声明块}
```

例如：

```
h1,h2,h3,h4,h5,h6,p{font-family:宋体; color:red;}
```

上面的 CSS 代码会将 HTML 文档中所有的 h1 至 h6 以及 p 元素的字体设置为宋体，字体颜色设置为红色。

【示例 3-5】 使用元素选择器，将 a 元素的超链接取消下画线并设置成按钮样式，将 p 元素字体设置为黄色、灰色背景并限定宽度和高度。

```
<DOCTYPE html>
<html>
<head>
<title>CSS 元素选择器</title>
    <style>
        a {text-decoration: none;padding:10px 30px;background:blue;color:#fff;}
        p {background-color: gray; color: yellow; width: 260px; height: 30px}
    </style>
</head>
<body>
    <h3>CSS 元素选择器示例</h3>
    <a href="#">这是一个超链接</a>
    <p>这是一个段落</p>
</body>
</html>
```

该段代码在 Chrome 浏览器中的运行效果如图 3-6 所示。

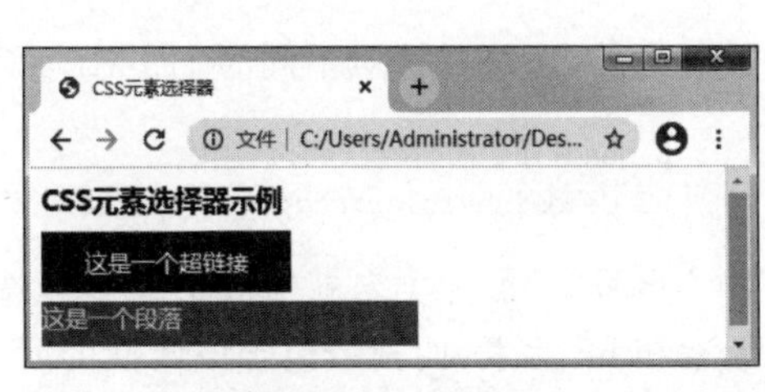

图 3-6 元素选择器设置 a 元素和 p 元素样式

3.3.2 类选择器

类选择器是针对一类内容进行样式设置的，该类内容可以是某种元素的全部或部分内容，也可以是多种不同元素控制的内容。例如，网页中某个公司名称需要加粗着重显示，该公司名称出现在网页的多个位置，可能出现在标题 h1 元素中，也有可能出现在段落 p 和超链接 a 元素中。此时，就可以借助类选择器来实现。

类选择器一般包括单类选择器和多类选择器两种。

1. 单类选择器

在 CSS 中，用属性名 class 表示“类”，首先需要定义一个 CSS 类，并为其取一个类名，其基本语法格式如下：

```
.类名{
        属性名 1:属性值 1;
        属性名 2:属性值 2;
        ...
        属性名 n:属性值 n;
    }
```

其中，类名表示类选择器的名称，具体名称由 CSS 的编写人员自行命名，类名是以英文字母开头的英文与数字的组合。在定义类选择器时，需要在类名前面加一个英文句点。

例如，定义一个名为 btnlink 的超链接按钮类，代码如下：

```
.btnlink { text-decoration: none;padding:10px 30px;background:blue;color:yellow;}
```

在定义元素 a 时，可以使用 class 属性将 btnlink 类引用到元素 a 的标签中，代码如下：

```
<a class="btnlink">按钮型超链接</a>
```

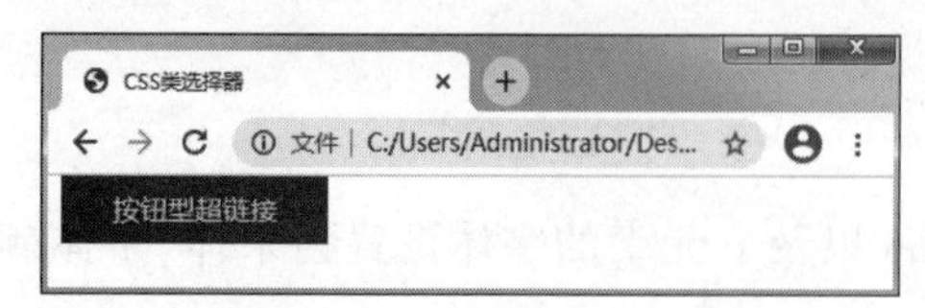

图 3-7　引用了 btnlink 类后的 a 元素效果

此时，元素 a 引用了 btnlink 类后的效果如图 3-7 所示。

上述定义单类选择器的方法，只是定义了一个 CSS 类，任何 HTML 元素都可以引用该类。有时，需要针对某一个特定的元素定义 CSS 类，其基本语法格式如下：

```
元素名.类名{
            属性名 1:属性值 1;
            属性名 2:属性值 2;
            ...
            属性名 n:属性值 n;
}
```

例如，将上面的 btnlink 类改写为仅对 a 元素起作用的 CSS 类，代码如下：

```
a.btnlink { text-decoration: none;padding:10px 30px;background:blue;color:yellow;}
```

另外，还可以针对不同的 HTML 元素定义相同类名的 CSS 类，例如：

```
p.deadline {color:red;}
h2.deadline{color:red;}
```

点号"."加上类名就组成了一个类选择器。以上两个选择器会选择所有包含 deadline 类的 p 元素和 h2 元素，而其余包含该属性的元素则不会被选中。

如果省略.deadline 前面的元素名，那么所有包含该类的元素都将被选中。

```
.deadline {color:red;}
```

通常情况下，会组合使用以上二者得到更加有趣的样式：

```
.deadline {color:red;}
span.deadline {font-style:italic;}
```

以上代码首先会对所有的包含 deadline 的元素字体设置为红色，同时会对 span 元素中的文本添加额外的斜体效果。这样，如果希望某处文本拥有额外的斜体效果，将它们放在<span></span>中就可以了。

2. 多类选择器

在实际开发网页时，元素的 class 属性往往包含不止一个类名，可能是多个类名。此时，多个类名彼此之间用空格隔开。

例如，某些元素包含一个 warning 类，某些元素包含一个 important 类，某些元素同时包含 warning important 类。在 class 属性中，类名出现的顺序是没有影响的。以下面的代码为例：

```
<p class = "warning important">
<p class = "important warning">
```

上述两种写法是等价的。假设 warning 类的元素字体被设置为红色，important 类的元素字体加粗，那么同时包含以上两种类名的元素将额外多设置一个蓝色背景，那么详细代码如下：

```
.warning{color:red;}
.important{font-weight:bold}
.warning.important{background:blue;}
```

当然，第三条代码也可以写成

```
.important.warning{background:blue;}
```

多个类名之间的顺序是没有区别的。这样,.warning 会匹配所有 class 属性包含 warning 的元素;.important 会匹配所有 class 属性包含 important 的元素。而.important.warning 会匹配所有 class 属性同时包含以上两种类名的元素,不管该元素还包含多少其他的类,也不管它们在类列表中出现的顺序,只要其中含有这两个类名,就会被选中。

与单类选择器类似,对于多类选择器,在前面加上元素名,则会匹配包含指定类名的指定元素。

3.3.3 id 选择器

id 选择器是基于 DOM(文档对象模型)的一种选择器类型,对于一个网页而言,其中的每个元素标签(或其他对象)均可以使用一个 id=" "的形式,对 id 属性进行一个名称的指派。其中,id 可以理解为一个标识,在网页中每个 id 名称只能使用一次。例如:

```
<p id = "article">文章正文<p>
```

上述代码中,一个<p>元素标签的 id 属性被设置为 article。

在 CSS3 中,id 选择器使用"#"进行标识,如果需要对 id 名称为 article 的元素标签设置样式,其代码格式如下:

```
# article{
            属性名 1:属性值 1;
            属性名 2:属性值 2;
            …
            属性名 n:属性值 n;
}
```

id 的基本作用是对每个 Web 页面中唯一出现的元素进行定义,如可以将导航栏命名为 nav,将网页头部和底部分别命名为 header 和 footer。类似的元素在页面中均只出现一次,使用 id 进行命名具有唯一性指派的含义。

在实际使用时,需要特别注意 id 选择器和类选择器的区别:

(1) 一个元素只能拥有一个唯一的 id 属性;

(2) 一个 id 属性值在一个 HTML 文档中只能出现一次;换句话说,一个 id 只能唯一标识一个元素,而不是一类元素。

例如:

```
# article{
            font - family: Times New Roman;
            font - weight:bold;
            text - transform:capitalize;
            text - decoration:underline;
}
<p id = "article"> This is a computer textbook for 5G talents. <p>
```

上述代码定义了一个名为 article 的 id 选择器,在<p>元素标签中利用 id 属性将 article 引入,能够将<p>中的字体设置为 Times New Roman,字形加粗,每个单词首字母大写以及添加下画线等效果,如图 3-8 所示。

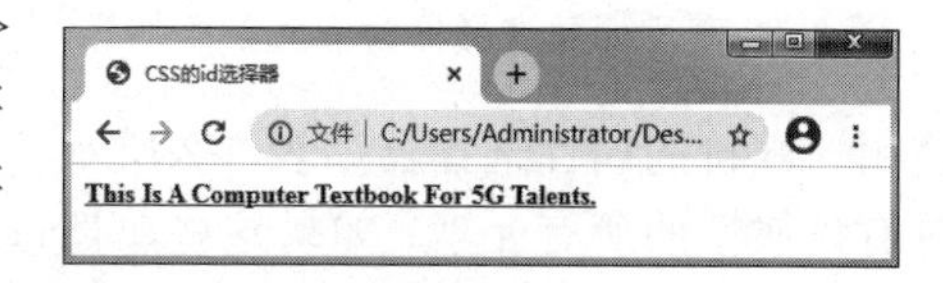

图 3-8 利用 id 选择器为 p 元素添加样式

3.3.4 通配选择器

通配是指使用字符替代不确定个数的字符。通配选择器是指对象可以使用模糊指定的方式进行选择。在 CSS3 中,可以使用 * 作为通配选择符,具体使用方法如下:

```
* {
    属性名 1:属性值 1;
```

```
    属性名 2:属性值 2;
    ...
    属性名 n:属性值 n;
}
```

其中，* 表示所有对象，包含所有不同的 id、不同类的 HTML 的所有元素标签。使用通配选择器设置样式，页面中所有对象将使用相同的属性设置。

3.3.5 属性选择器

属性选择器是用来为所有具有某个特定属性的元素标签设置样式的工具，其功能在一定程度上与通配符类似，具体使用方法如下：

```
[属性名]{
        属性名 1:属性值 1;
          属性名 2:属性值 2;
          ...
          属性名 n:属性值 n;
}
```

【示例 3-6】 使用属性选择器为 p 元素添加样式。

```
< DOCTYPE html >
< html >
< head >
< title > CSS 属性选择器</title >
< style >
[article]{
            font - family:微软雅黑;
            font - weight:bold;
            text - transform:capitalize;
            text - decoration:underline;
}
</style >
</head >
< body >
< p article = "a01"> This is a computer textbook for 5G talents. < p >
< p article = "a02">中文效果< p >
</body >
</html >
```

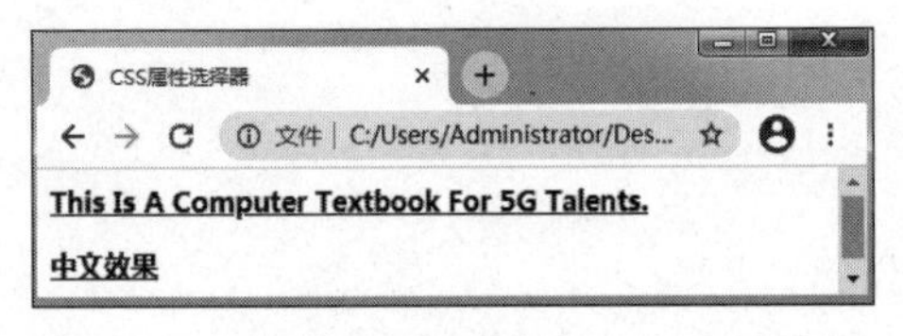

图 3-9 利用属性选择器为 p 元素添加样式

上述代码首先定义一个名为 article 的属性选择器，接下来的两个< p >标签中均添加了 article 属性，因此两行< p >标签的内容均会被设置成 article 属性选择器中的 CSS 样式。程序在 Chrome 浏览器中的运行效果如图 3-9 所示。

属性选择器还可以使用^、$ 和 * 这三个通配符。使用通配符的属性选择器如表 3-2 所示。如果属性选择器前未指定绑定元素，则该选择器作用于具有该属性的所有元素；如果这些属性选择器前指定具体的绑定元素，则该选择器只作用于具有该属性的绑定元素。

表 3-2 属性选择器及通配符

选 择 器	说 明
[att * ="value"]	匹配属性包含特定值的元素。例如，a[href * ="sohu"]，匹配< a href="http://www.sohu.com">包含匹配</a>

续表

选 择 器	说 明
[att^="value"]	匹配属性包含以特定值开头的元素。例如，a[href^="ftp"]，匹配< ahref="ftp://computer. tech. edu. cn">头匹配</a>
[att $="value"]	匹配属性包含以特定值结尾的元素。例如，a[href $ ="cn"]，匹配< a href="ftp://icourses. edu. cn">尾匹配< a >
[att="value"]	匹配属性等于某特定值的元素。例如，[type="text"]，匹配< input type="text" name="username" />

【示例 3-7】 属性选择器及通配符示例。

本示例中，如果 href 属性以 http 开头，则增加显示内容“超文本传输协议”；如果 href 属性以 jpg 或 png 结尾，则增加显示内容“图像”。

```
<! DOCTYPE html >
< html >
< head >
< style type = "text/css">
 * {                                          /* 网页中所有文字的格式 */
     text - decoration: none;
     font - size:16px;
}
a [href = http]:before{                       /* 在指定属性之前插入内容 */
content:"超文本传输协议: ";
color: red;
}
a[href $ = jpg]:after,a[href $ = png]:after{  /* 在指定属性之后插入内容 */
content:"图像";
color: green;
}
</style >
</head >
< body >
  < ul >
  < li >< a href = "http://dltravel. html"> Welcome to DL </a ></li >
  < li >< a href = "firework. png"> Firework 素材</a >
</li >
  < li >< a href = "photoShop. jpg"> Photoshop 素材</a >
</li >
  </ul >
</body >
```

属性选择器的显示效果如图 3-10 所示。

图 3-10 利用属性选择器及通配符添加样式

3.4 关系选择器

每个选择器都有它的作用范围。前面介绍的几种基本选择器，它们的作用范围都是一个单独的集合，如 id 选择器是基于 DOM(文档对象模型)的一种选择器类型，类选择器的作用范围是自定义的某类元素的集合。有时希望对几种选择器的作用范围取交集、并集、子集后，再对选中的元素定义样式，这时就要用到关系选择器了。

关系选择器也称为复合选择器，即两个或多个基本选择器通过不同方式组合而成的选择器，可以实现更强、更方便的选择功能。关系选择器主要包括交集选择器、并集选择器、子选择器和兄弟选择器等。

3.4.1 交集选择器

交集选择器是由两个选择器直接连接构成的，其结果是选中两者各自作用范围的交集。其中，第一个必须是标记选择器，第二个必须是类选择器或 id 选择器。交集选择器的基本语法格式如下：

```
tagName.className {
        属性名:属性值;
}
```

例如：

```
div.class1 {
        color:red;
        font-size:10px;
        font-weight:bold;
}
```

交集选择器将选中同时满足前后两者定义的元素，也就是前者定义的标记类型，并且指定了后者的类别或 id 的元素。

【示例 3-8】 交集选择器的使用，显示效果如图 3-11 所示。

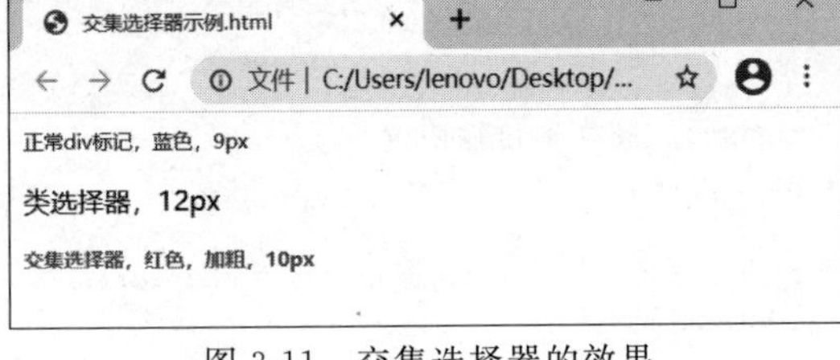

图 3-11 交集选择器的效果

```
<!DOCTYPE html>
<head>
<style>
div {
    color:blue;
    font-size:9px;
}
.class1 {
    font-size:12px;
}
div.class1 {
    color:red;
    font-size:10px;
    font-weight:bold;
}
</style>
</head>
<body>
    <div>正常 div 标记，蓝色，9px</div>
    <p class="class1">类选择器，12px</p>
    <div class="class1">交集选择器，红色，加粗，10px</div>
</body>
</html>
```

从图 3-11 可以看出，第一行文本的样式是由<div>标记定义的；第二行文件的样式是由 class1 类选择器定义的；第三行文本是它们的交集，即由交集选择器来定义的，显示的是红色、粗体、10px 大小的文字。

3.4.2 并集选择器

所谓并集选择器就是对多个选择器进行集体声明，多个选择器之间用“,”隔开，每个选择器可以是任何类型的选择器。如果某些选择器定义的样式完全相同，或者部分相同，这时便可以使用并集选择器。下面是并集选择器的语法格式。

```
selector1, selector2,... {
    property:value;
}
```

下面给出的是一个并集选择器的定义，显示效果如图 3-12 所示。

```
p,td,li {
    line-height:20px;
    color:red;
}
```

【示例 3-9】 并集选择器的基本使用。

```
<!DOCTYPE html>
<head>
    <meta charset="utf-8">
    <style>
div,hl,p {
    color:blue;
font-size:9px;
}
div.classl,classl, #idl {
    color:red;
    font-size:10px;
    font-weight:bold;
}
</style>
</head>
<body>
    <div>正常 div 标记,蓝色,9px</div>
    <p>p 标记,和 div 标记相同</p>
    <div class="classl">红色,加粗,10px</div>
    <span id="idl">红色,加粗,10px</span>
</body>
</html>
```

代码中首先通过 CSS 集体声明 div、hl、p 的样式，这些样式格式相同，均为蓝色，9px；另一组集体声明 div. classl. classl. #idl，均为红色、10px、粗体，显示效果如图 3-12 所示。

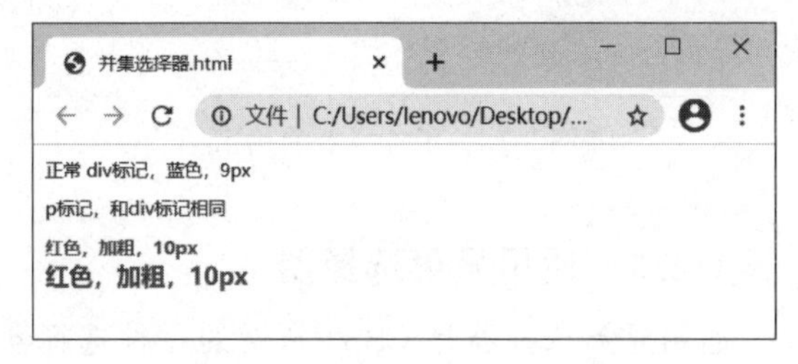

图 3-12 并集选择器显示效果

3.4.3 子选择器

子选择器只能选择某元素的子元素，如“X>Y”，X 为父元素，Y 为子元素，X>Y 表示选择元素中包含的所有 Y 元素，它的定义符号是大于号(>)。子选择器语法格式如下：

```
selector1 > selector2
```

【示例 3-10】 子选择器的使用示例。

```
<ul class="food">
  <li>水果
     <img sec="路径">
  </li>
  <li>蔬菜
    <ul>
     <li>白菜</li>
     <li>油菜</li>
     <li>卷心菜</li>
```

```
        </ul>
      </li>
    </ul">
```

其中,"food"是指 class 属性值,是 food 的 dom 对象;li 是该对象容器中的一个标签名,即通过指定对象查找指定的标签,显示效果如图 3-13 所示。

3.4.4 相邻兄弟选择器

相邻兄弟选择器是另一个很有用的选择器,它的定义符号是加号(+),可以选中紧跟在它后面的一个兄弟元素(这两个元素具有共同的父元素)。

【示例 3-11】 相邻兄弟选择器的基本使用。

```
<style type="text/css">
    li + li {
        color:red;
    }
</style>

<div>
  <ul>
    <li>第一元素</li>
    <li>第二元素</li>
    <li>第三元素</li>
  </ul>
</div>
```

上述代码在 Chrome 浏览器中的显示效果如图 3-14 所示。

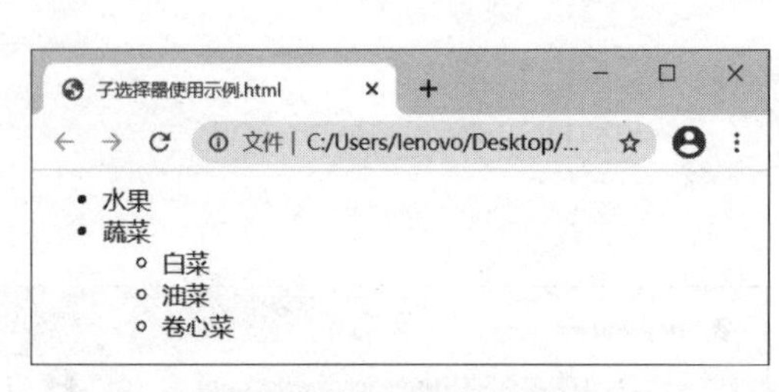

图 3-13　子选择器使用示例

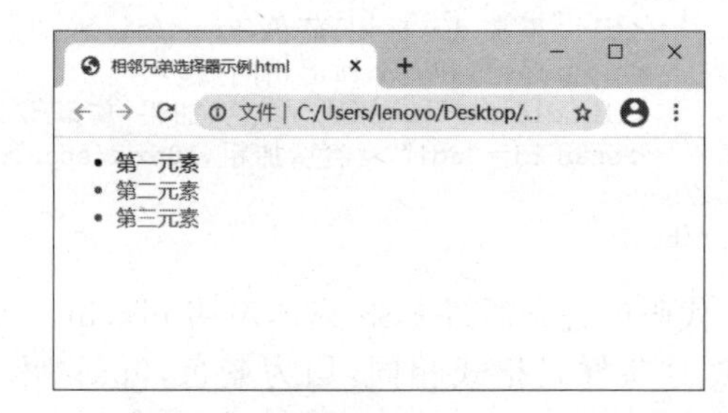

图 3-14　相邻兄弟选择器应用示例

3.4.5 通用兄弟选择器

通用兄弟选择器是 CSS3 新增的一种选择器,用于选择某个元素的所有兄弟元素。它和相邻兄弟选择器类似,需要 X 元素和 Y 元素在同一个父元素中。通用兄弟选择器将选中 X 元素之后的所有 Y 元素,作用于多个元素,用"~"隔开。

【示例 3-12】 通用兄弟选择器的基本使用。

```
<style type="text/css">
    h1 ~ p{
        color:red;
    }
</style>
</head>
<body>
    <p>第一个元素</p>
    <h1>第二个元素</h1>
    <p>第三个元素</p>
    <p>第四个元素</p>
```

运行效果如图 3-15 所示。

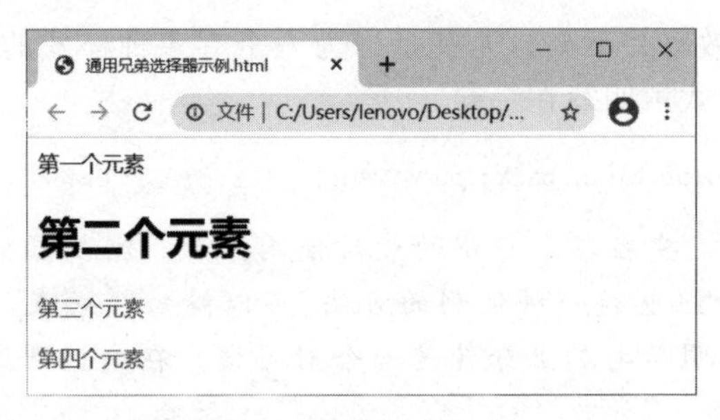

图 3-15 通用兄弟选择器应用示例

综合本节的内容可知,关系选择器是一种非常好用的选择器,也是开发 HTML 页面时经常使用的选择器,其语法说明如表 3-3 所示。

表 3-3 关系选择器各类型语法、功能说明

选择器	类 型	语 法	功能描述
XY	包含选择器(后代选择器)	XY{/ * CSS 样式设置代码 * /}	选择匹配的 Y 元素,且匹配的 Y 元素被包含在匹配的 X 元素内
X>Y	子选择器	X>Y{/ * CSS 样式设置代码 * /}	选择所有 X 元素的直接子元素 Y
X+Y	相邻兄弟选择器	X+Y{/ * CSS 样式设置代码 * /}	选择匹配的 Y 元素,且匹配的 Y 元素紧位于匹配的 X 元素后面
X~Y	通用兄弟选择器	X~Y{/ * CSS 样式设置代码 * /}	选择匹配的 Y 元素,且位于匹配的 X 元素后的所有匹配的 Y 元素

注意:后代选择器与子选择器是比较常用的,而相邻兄弟选择器和 CSS3 新增的通用兄弟选择器则并不常使用。

3.4.6 分组选择器

1. 选择器分组

假设希望将 h2 元素和段落 p 元素都设置为灰色。为达到这个效果,最容易的做法是使用以下声明代码:

```
h2,p{
    color:gray;
}
```

其中,h2 和 p 是选择器,花括号中的属性定义了颜色为灰色。

该例中,将 h2 和 p 选择器放在规则左边并用逗号分隔,就定义了一个规则。其右边的样式"color:gray;"将应用到这两个选择器所引用的元素上。逗号告诉浏览器,规则中包含两个不同的选择器。如果没有这个逗号,那么规则的含义将完全不同。

注意:网页开发者可以利用选择器分组,将某些类型的样式"压缩"在一起,这样就可以得到更加简洁的样式表。分组其实是将具有相同样式的各个选择器组合在一起同时定义,其效果和每个元素分开定义一样,其定义方法并不唯一。

2. 声明分组

假设希望将所有 h1 元素都设置为红色背景,并使用 28 像素的 Verdana 字体显示蓝色文本,样式代码如下:

```
h1{font:28px Verdana;}
h1{color:blue;}
```

```
h1{background:red;}
```

但是上面这种做法的效率并不高。尤其是当为一个有多种样式的元素创建这样一个列表时会很麻烦。相反，可以将样式声明写在一起：

```
h1{font:28px Verdana; color:blue; background:red;}
```

注意：对声明分组，一定要在各个声明的最后使用分号。浏览器会忽略样式表中的空白符。与选择器分组一样，声明分组也是一种便利的方法，可以缩短样式表，使之更清晰，也更易维护。另外，在规则的最后一个声明后也加上分号是一个好习惯。在向规则增加另一个声明时，就不必担心忘记再插入一个分号。

3. 选择器和声明的结合分组

可以在一个规则中结合选择器分组和声明分组，就可以使用很少的语句定义相对复杂的样式。其实质上就是将用于相同声明的样式的选择器都写在一起，同时定义。

下面的规则为所有标题指定了一种复杂的样式：

```
h1,h2,h3,h4,h5,h6{
color:gray;
background:white;
padding:10px;
border:1px solid black;
font - family:Verdana;
}
```

上述样式代码设置了带有白色背景的灰色文本，其内边距是 10 像素，并带有 1 像素的实心边框，文本字体是 Verdana。

3.5 伪类选择器

对于熟悉 HTML 编程的开发者来说，最常见的伪类选择器应该是超链接的 4 种伪类，即:link、:hover、:visited 和:active。而 CSS3 的伪类选择器通常包括动态伪类选择器、结构伪类选择器、否定伪类选择器、状态伪类选择器、目标伪类选择器、语言伪类选择器。

伪类选择器的语法与其他 CSS 选择器的语法有所区别，需要以英文冒号(:)开头，语法规则如下：

```
E:pseudo - class {
    属性名:属性值;
}
```

其中，E 为 HTML 中的元素；pseudo-class 是 CSS 的伪类选择器名称。

3.5.1 动态伪类选择器

动态伪类选择器早在 CSS1 中就有，并不是 CSS3 独有的。动态伪类选择器分为两种：①在超链接中经常看到的锚点伪类；②用户行为伪类。动态伪类选择器的语法如表 3-4 所示。

表 3-4 动态伪类选择器的语法说明

选择器	类型	语法	功能描述
E:link	超链接伪类选择器	E:link{/ * CSS 样式设置代码 * /}	选择匹配的 E 元素，而且 E 元素被定义了超链接并未被访问过
E:visited	超链接伪类选择器	E:visited {/ * CSS 样式设置代码 * /}	选择匹配的 E 元素，而且 E 元素被定义了超链接并且已被访问过
E:active	用户行为伪类选择器	E:active {/ * CSS 样式设置代码 * /}	选择匹配的 E 元素，且匹配元素被激活

续表

选择器	类　型	语　法	功能描述
E:hover	用户行为伪类选择器	E: hover {/* CSS 样式设置代码 */}	选择匹配的 E 元素,且用户鼠标经过元素 E 上方时
E:focus	用户行为伪类选择器	E: focus {/* CSS 样式设置代码 */}	选择匹配的 E 元素,且匹配的元素获得焦点

【示例 3-13】 使用选择器 E:hover、E:active 和 E:focus。

```
<!DOCTYPE html>
<html>
<head lang="en">
   <title>选择器 E:hover、E:active 和 E:focus</title>
  <style>
      input[type="text"]:hover{
            background: green;
        }
      input[type="text"]:focus{
            background: #ff6600;s
            color: #fff;
        }
      input[type="text"]:active{
            background: blue;
        }
      input[type="password"]:hover{
            background: red;
        }
    </style>
</head>
<body>
<h1>选择器 E:hover、E:active 和 E:focus</h1>
<form>
    姓名:<input type="text" placeholder="请输入
姓名">
    <br/>
    <br/>
    密码:<input type="password" placeholder="请输
入密码">
</form>
</body>
</html>
```

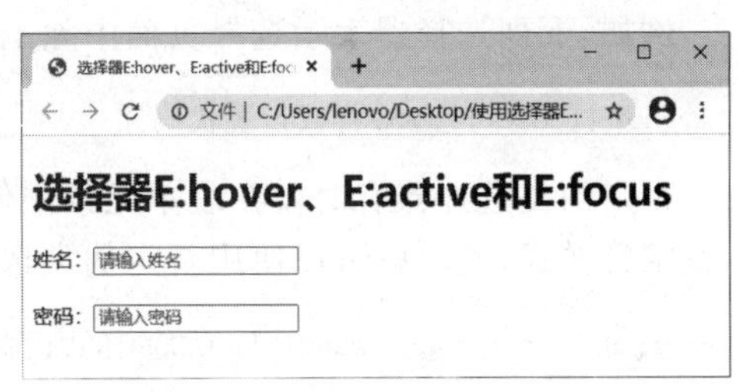

图 3-16 使用选择器 E:hover、E:active 和 E:focus 的显示效果

代码在浏览器中的运行效果如图 3-16 所示。

3.5.2 结构伪类选择器

CSS3 中新增了结构伪类选择器,这种选择器可以根据元素在 HTML 文档树中的某些特性(如相对位置)定位到它们。在使用结构伪类选择器之前,务必要理清 HTML 文档的树状结构中元素之间的层级关系。结构伪类选择器的语法说明如表 3-5 所示。

表 3-5 结构伪类选择器的语法说明

选　择　器	功能描述
E:first-child	匹配父元素中包含的第一个名称为 E 的子元素,与 E:nth-child(1)等同
E:last-child	匹配父元素中包含的最后一个名称为 E 的子元素,与 E:nth-last-child(1)等同

续表

选　择　器	功能描述
E:root	选择匹配元素 E 所在文档的根元素。所谓根元素就是位于文档结构中的顶层元素。在 HTML 文档中，根元素就是 HTML 元素，此时该选项与 HTML 类型选择器匹配的内容相同
EF:nth-child(n)	选择父元素 E 中所包含的第 n 个子元素 F。其中 n 可以是整数(1、2、3)关键字(even、odd)，也可以是公式(如 2n+1、-n+5)，并且 n 的起始值为 1，而不是 0
EF:nth-last-child(n)	选择父元素 E 中所包含的倒数第 n 个子元素 F。该选项器与 E F:nth-child(n)选择器计算顺序刚好相反，但使用方法都是一样的，其中，nth-last-child(1)始终匹配的是最后一个元素，与:last-child 等同
E:nth-of-type(n)	选择父元素中所包含的具有指定类型的第 n 个 E 元素
E:nth-last-of-type(n)	选择父元素中所包含的具有指定类型的倒数第 n 个 E 元素
E:first-of-type	选择父元素中所包含的具有指定类型的第一个 E 元素，与 E:nth-of-type(1)等同
E:last-of-type	选择父元素中所包含的具有指定类型的最后一个 E 元素，与 E:nth-last-of-type(1)等同
E:only-child	选择父元素中所包含的唯一一个子元素 E
E:only-of-type	选择父元素中所包含的唯一一个同类型的同级兄弟元素 E
E:empty	选择不包含任何子元素的 E 元素，并且该元素也不包含任何文本节点

表 3-5 中所介绍的结构伪类选择器中，只有:first-child 是在 CSS2 中就已经定义了，其他的结构伪类选择器都是 CSS3 新增的，这些结构伪类选择器提供了定位到元素的新方式。

3.5.3 否定伪类选择器

否定伪类选择器是 CSS3 新增的选择器，可以起到过滤内容的作用，其语法格式如下：

```
E:not(F){ CSS 样式设置代码 }
```

该否定伪类选择器是指匹配所有除元素 F 以外的 E 元素。

例如，下列选择器表示选择页面中除 footer 元素外的所有元素：

```
:not (footer) { CSS 样式设置代码 }
```

否定伪类选择器有时候在表单元素中使用，如需要为表单中除 submit 按钮外的所有<input>标签定义样式，此时就可以使用否定伪类选择器，具体代码如下：

```
input :not ([type = submit]) { CSS 样式设置代码 }
```

【示例 3-14】 否定伪类选择器从一组元素中将符合要求的元素剔除出去。

```
<! DOCTYPE html >
< html >
< head >
    < style type = "text/css">
    / * 从 p 的元素中去掉 class 为 p3 的元素 * /
    p:not(.p3){
      background - color: yellowgreen;
            }
</style >
</head >
< body >
    < div >
        < p class = "p1">丁香一样的颜色</p>
        < p class = "p1">丁香一样的芬芳</p>
        < p class = "p3">丁香一样的忧愁</p>
```

```
        </div>
    </body>
</html>
```

否定伪类选择器运行效果如图 3-17 所示。

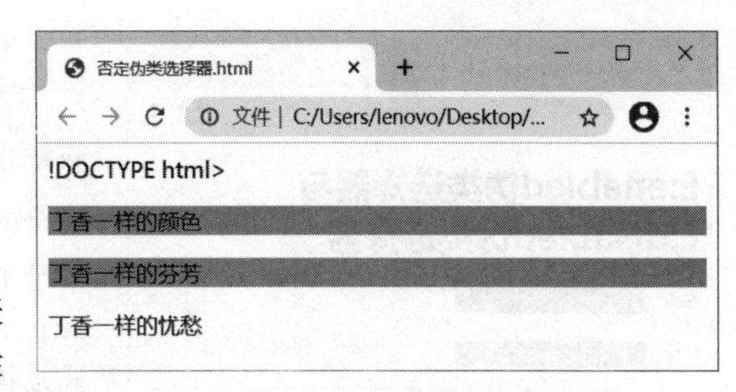

图 3-17 否定伪类选择器显示效果

3.5.4 状态伪类选择器

状态伪类选择器主要用于网页中的 form 表单元素，以提高网页的人机交互水平、操作逻辑性及页面的整体美观性，使表单页面更加具有个性与品位，并且使用户操作表单更加简便。

元素的状态一般包括启用、禁用、选中、未选中、获得焦点、失去焦点、锁定、可用和不可用等。这些状态都是 CSS3 中常用的元素状态伪类选择器，其语法说明如表 3-6 所示。

表 3-6 元素状态伪类选择符语法说明

选择符	类　型	语　法	功能描述
E:checked	选中状态伪类	E:checked{/ * CSS 样式设置代码 * /}	匹配选中的复选按钮或单选按钮的表单元素
E:enabled	启用状态伪类	E:enabled{/ * CSS 样式设置代码 * /}	匹配所有启用的表单元素
E:disabled	不可用状态伪类	E:disabled {/ * CSS 样式设置代码 * /}	匹配所有禁用的表单元素

【示例 3-15】 E:enabled 伪类选择器与 E:disabled 伪类选择器举例。

(1) E:enabled 选择器被用来指定当元素处于可用状态时的样式。

(2) E:disabled 选择器被用来指定当元素处于不可用状态时的样式。

```
<!DOCTYPE html>
<html>
<head lang = "en">
    <title>E:enabled 伪类选择器与 E:disabled 伪类选择器</title>
    <style>
        input[type = "text"]:enabled{
            background: green;
            color: #ffffff;
        }
        input[type = "text"]:disabled{
            background: #727272;
        }
  </style>
</head>
<body>
<h1>E:enabled 伪类选择器与 E:disabled 伪类选择器</h1>
<form>
    姓名:<input type = "text" placeholder = "请输入姓名" disabled>
    <br/>
    <br/>
    学校:<input type = "text" placeholder = "请输入学校">
</form>
</body>
</html>
```

上述代码在 Chrome 浏览器中的显示效果如图 3-18 所示。

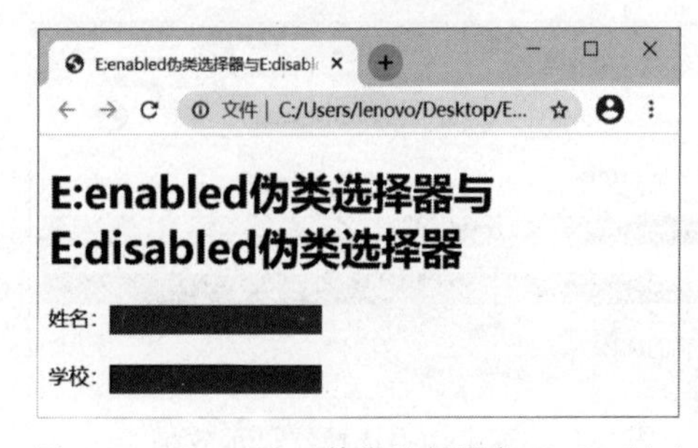

图 3-18　E:enabled 伪类选择器与 E:disabled 伪类选择器

3.5.5　目标伪类选择器

目标伪类选择器:target 是用来匹配页面的统一资源标识符(Uniform Resource Identifier,URI)中某个标识符的目标元素。具体来说,URI 中的标识符通常会包含一个“#”号,后面带有一个标签符名称,如“#contact:target”就是用来匹配 ID 名称为 contant 的元素的。也就是说,在 Web 页面中一些 URI 拥有片段标识符,它由一个#号后跟一个锚点或者元素 ID 组合而成,可以链接到页面的某个特定元素。:target 伪类选择器选取链接的目标元素,然后为该元素定义相应的 CSS 样式。

目标伪类选择器是动态选择器,只有存在 URI 指向该匹配元素时,样式效果才会生效。

【示例 3-16】 针对以下文档,当在浏览器地址栏中输入 URL,并附加#red,以锚点方式链接到<div id="red">时,该元素会立即显示为红色背景,如图 3-19 所示。

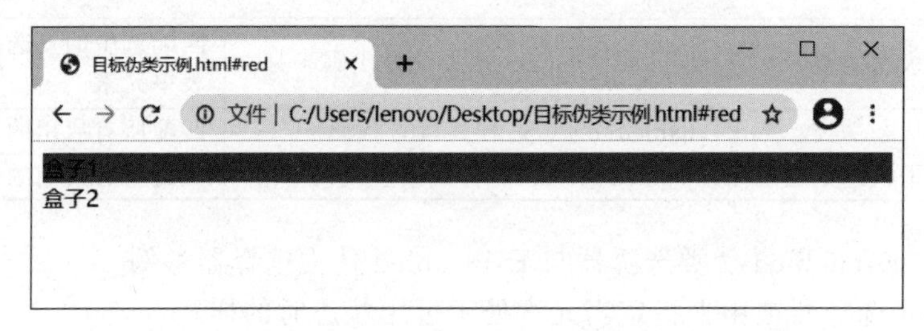

图 3-19　目标伪类选择器显示效果

```
<style>
    div:target { background:red; }
</style>
<div id = "red">盒子 1 </div>
<div id = "blue">盒子 2 </div>
```

3.6　CSS 特性

3.6.1　CSS 继承性

在 CSS 语言中继承并不那么复杂,所谓继承性是指编写 CSS 样式表时,子标签会继承父标签的某些样式,如文本颜色和字号。子标签还可以在父标签样式的基础上再加以修改,产生新的样式,而子标签的样式完全不会影响父标签的样式。想要设置一个可继承的属性,只需将它应用于父元素即可。

常用的具有继承性的 CSS 属性有 color、font- 开头的、list- 开头的、text- 开头的、line- 开头的属性等。

注意:恰当地使用继承可以简化代码,降低 CSS 样式的复杂性。

3.6.2　CSS 特殊性

特殊性规定了不同的 CSS 样式的权重,当多个样式都应用在同一元素时,权重越高的 CSS 样式会被优先采用。例如,有下面的 CSS 样式设置:

```
.font01{color: red;}
p{color: blue;}
<p class = "font01">内容</p>
```

那么，<p>标签中的文字颜色究竟是什么颜色呢？根据CSS规范，标签选择器(如<p>)具有特殊性1，而类选择器具有特殊性10，id选择器具有特殊性100。因此，本例中p标签中的字体颜色应该为红色。而继承的属性，具有特殊性0。因此，后面任何的定义都会覆盖掉元素继承来的样式。

特殊性还可以叠加，如下面的CSS样式设置：

```
h1 {
    color: blue;                    /* 特殊性 = 1 */
    }
p i {
    color: yellow;                  /* 特殊性 = 2 */
.font01 {
    color : red;                    /* 特殊性 = 10 */
    }
#main {
    color:black;                    /* 特殊性 = 100 */
    }
* {
      属性 : 属性值;
    }
```

3.6.3 CSS层叠性

层叠就是指在同一个网页中可以有多个CSS样式存在，当拥有相同特殊性的CSS样式应用在同一个元素时，根据前后顺序，后定义的CSS样式会被应用，如颜色、字体大小等，能够保持整个HTML统一的外观。CSS样式为设计制作网页带来了很大的灵活性，网页开发人员可在设置文本之前就指定整个文本的属性。

CSS层次优先级为：内联CSS样式>内部CSS样式>外部CSS样式。

样式冲突是指多种CSS样式的叠加。如果一个属性通过两个相同选择器设置到同一个元素上，那么此时其中一个属性就会将另一个属性层叠掉。例如，先给某个标签指定了内部文字颜色为红色，接着又指定了颜色为蓝色，此时出现一个标签指定了相同样式不同值的情况，这就引起了样式冲突。一般情况下，如果出现样式冲突，则会按照CSS书写的顺序，由最后的样式起作用。

3.6.4 CSS重要性

不同的CSS样式具有不同的权重，对于同一元素，后定义的CSS样式会替代先定义的CSS样式。但有时网页开发人员需要某个CSS样式拥有最高的权重，此时就要需要标出此CSS样式为“重要规则”，样式方法如下：

```
.font01{
    color:red;
}
p{
    color:blue;!important
}
<p class = "font01">内容</p>
```

此时，<p>标签CSS样式中的color:blue将具有最高权重，<p>标签中的文字颜色为蓝色。需要注意的是，用important声明的规则将高于本地样式的定义，需谨慎使用。

3.6.5 CSS优先级

定义CSS样式时，经常出现两个或更多规则应用在同一元素上，这时就会出现优先级的问题。在考虑权重时，初学者还需要注意以下特殊的情况。

(1) 继承样式的权重为0。即在嵌套结构中，不管父元素样式的权重多大，被子元素继承时，其权重都为 0。也就是说，子元素定义的样式会覆盖继承来的样式。

（2）行内样式优先。应用 style 属性的元素，其行内样式的权重非常高，可以理解为远大于 100。总之，它拥有比上面提到的选择器都大的优先级，遵循就近原则。也就是说，靠近元素的样式具有最大的优先级，或者说排在最后的样式优先级最大。

（3）CSS 定义了一个！important 命令，该命令被赋予最大的优先级。也就是说，不管权重如何以及样式位置的远近，！important 都具有最大优先级。

3.7 使用 CSS 美化页面效果

3.7.1 控制网页的背景

进行网页设计时，使用 CSS 控制网页中的背景是很常用的一种方法。一个优秀的页面，背景颜色要能够和网页中的内容搭配，从而吸引浏览者的目光，使浏览者在浏览网页时得到视觉享受。在网页中除了可以使用纯色作为背景之外，还可以使用图像作为整个页面或页面上其他元素的背景，使页面的视觉效果更加丰富多彩。

1. 设置背景颜色

CSS 中控制网页背景颜色的属性主要是 backgroud-color，如表 3-7 所示。

表 3-7 背景颜色的属性、功能及注释

属　性	功　能	参数/注释
background-color	用来设置背景颜色	color-RGB RGB 颜色格式 color-HEX HEX 颜色格式 color-name 颜色英文名称 color-transparent 颜色的透明度

【实例 3-17】 为网页设置径向渐变背景。

新建一个 HTML 文档，输入下面的代码并保存为.html 类型文件：

```
<!DOCTYPE HTML>
<html>
<head>
<title>径向渐变</title>
<style type="text/css">
div {
width:400px;
height:200px;
background-color:#F90;
background:-webkit-gradient(radial,200 100,10,200 100, 100, from(#f90),
to(#0f0),color-stop(50%,blue));
background:-moz-radial-gradient(200px 100px,circle,#f90 10px,blue,#0f0 100px);
}
</style>
</head>
<body>
<div></div>
</body>
</html>
```

上述代码在 Chrome 浏览器中的显示效果如图 3-20 所示。

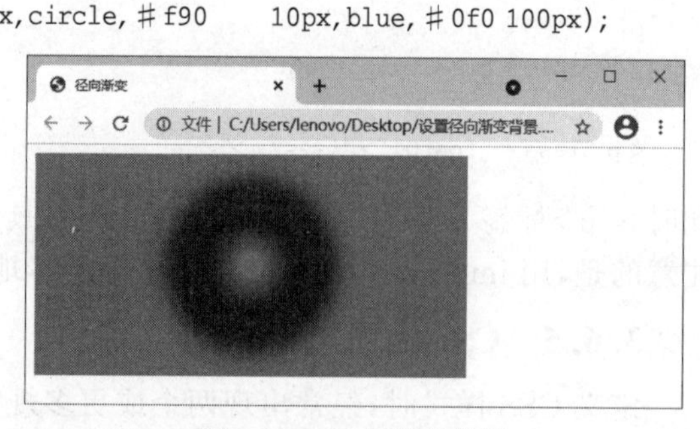

图 3-20 径向渐变背景

2. 设置背景图片

在设计网站页面时，除了可以使用纯色作为背景，还可以使用图片作为背景。借助 CSS 可以对页面中的背景图片进行精确地控制，包括位置、重复方式、对齐方式等。CSS 中控制背景图片的属性如表 3-8 所示。

表 3-8 设置背景图片的属性及参数说明

<table>
<tr><th>属　性</th><th>含　义</th><th colspan="3">参数说明</th></tr>
<tr><td>background-image</td><td>用来设置背景图片</td><td>URL 图片地址</td><td>none 无</td><td>inherit 继承</td></tr>
<tr><td rowspan="2">background-repeat</td><td rowspan="2">用来设置图片的平铺方式</td><td>repeat 平铺</td><td>inherit 继承</td><td>repeat-x 横向平铺</td></tr>
<tr><td>repeat-y 纵向平铺</td><td colspan="2">no-repeat 不重复</td></tr>
<tr><td>background-attachment</td><td>用来设置背景图片的滚动方式，如固定或随内容滚动等</td><td>scroll 背景滚动</td><td>fixed 背景固定</td><td>inherit 继承</td></tr>
<tr><td rowspan="11">background-position</td><td rowspan="11">设置背景图片的位置</td><td colspan="3">top left 垂直居上、水平居左对齐</td></tr>
<tr><td colspan="3">top center 垂直居上、水平居中对齐</td></tr>
<tr><td colspan="3">center left 垂直居中、水平居左对齐</td></tr>
<tr><td colspan="3">center center 垂直居中、水平居中对齐</td></tr>
<tr><td colspan="3">center right 垂直居中、水平居右对齐</td></tr>
<tr><td colspan="3">bottom left 垂直居下、水平居左对齐</td></tr>
<tr><td colspan="3">bottom center 垂直居下、水平居中对齐</td></tr>
<tr><td colspan="3">bottom right 垂直居下、水平居右对齐</td></tr>
<tr><td colspan="3">x% y%图片靠左上方百分比距离</td></tr>
<tr><td colspan="3">x-单位 y-单位图片靠左上方绝对距离</td></tr>
<tr><td colspan="3">inherit 继承</td></tr>
</table>

【实例 3-18】 设置页面背景滚动效果。

新建一个 HTML 文档，输入下面的代码并保存为.html 类型文件：

```
<!DOCTYPE HTML>
<html>
<head>
<title>背景滚动</title>
<style>
body{
    background-color: #F90;
    background-position: top center;
    background-repeat: no-repeat;
    background-attachment: fixed;
    }
#box{
    height: 1000px;
    }
</style>
</head>
<body>
<div id="box"></div>
</body>
```

上述代码在 Chrome 浏览器中的显示效果如图 3-21 所示。

3. 背景大小

在 CSS 中新增了 background-size 属性，通过该属性可以自由控制背景图片的大小。background-

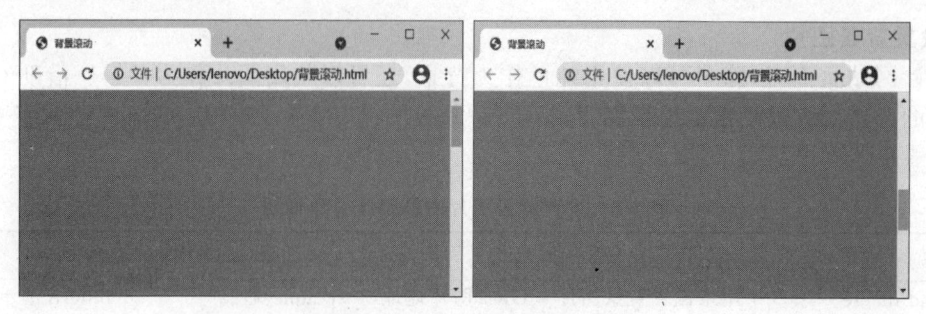

图 3-21　设置背景页面滚动

size 属性的语法格式如下：

```
background-size:<length>|<percentage>|auto|cover|contain;
```

background-size 属性的相关说明如表 3-9 所示。

表 3-9　背景大小属性的相关说明

属　性	说　明
length	规定背景图的大小。第一个值为宽度，第二个值为高度
Percentage	以百分比为值设置背景图大小
cover	把背景图像扩展至足够大，以使背景图像完全覆盖背景区域
auto	默认值，将保持背景图片的原始尺寸大小
contain	保持背景图片本身的宽高比，将背景图片进行等比例缩放

4. 多重背景图像

CSS3 中的多重背景图像属性的语法和 CSS 中的背景图片属性的语法其实并没有本质上的区别，只是在 CSS3 中可以给多个背景图像设置相同或不同的相关属性。其中，最重要的是在 CSS3 多重背景图像中，相邻背景图像设置之间必须使用逗号隔开。background 属性的语法格式如下：

```
background:[background-image]|[background-repeat]|[background-attachment]|[background-position]|[background-size]|[background-origin]|[background-clip]
```

其中，background 属性的相关说明如表 3-10 所示。

表 3-10　background 属性的相关说明

属　性	说　明
background-image	设置元素的背景图像，可使用相对地址或绝对地址的图像文件
background-repeat	设置元素背景图像的平铺格式，默认值为 repeat
background-attachment	设置元素的背景图像是否为固定的，默认值为 scroll
background-position	设置元素背景图像的定位，默认值为 left top
background-size	设置元素背景图像的尺寸大小，默认值为 auto
background-origin	设置元素背景图像定位的默认起始点，默认值为 padding-box
background-clip	设置元素背景图像的显示区域大小，默认值为 border-box

3.7.2　控制文字样式

1. 控制文字字体

在设置网页时，通常会在样式表中通过对 body 标签的 font-family 属性进行设置来控制正文的字体，例如，如下格式会将字体设置为宋体：

```
body{
    font-family:"宋体";
}
```

2. 控制文字大小

在 CSS3 中,可以通过设置 font-size 属性来控制文字大小,既可以控制文字的绝对大小,也可以控制文字的相对大小。相关属性如表 3-11 和表 3-12 所示。

表 3-11 文字绝对大小的单位及示例

单 位	描 述	示 例
in	英寸(inch)	font-size: 12in
cm	厘米(centimeter)	font-size: 10cm
mm	毫米(millimeter)	font-size: 3mm
pt	点/磅(point),印刷的点数	font-size: 32pt
pc	派卡(pica),印刷上用的单位	font-size: 64pc

表 3-12 文字相对大小的单位及示例

单 位	描 述	示 例
px	像素	font-size: 24px
%	百分比	font-size: 200%
em	相对长度单位,默认 1em=16px	font-size: 2em

3. 控制文字颜色和粗细

在 CSS3 中,可以利用 color 属性来设置文字颜色,其方法如表 3-13 所示。

表 3-13 设置文字颜色的几种方法

属 性	方 法	示 例
color	color: RGB	color: RGB(0、0、125) color: RGB(0%、0%、12%)
	color: HEX	color: #09F color: #0099FF
	color: name	color: red

例如,利用多种方式设置文字颜色,具体代码如下:

```
.font01{
color:RGB(0,0,255);              <!-- 设置 RGB 格式文字颜色 -->
}
.font02{
color:RGB(100%,0%,100%);         <!-- 设置十六进制文字颜色 -->
}
.font03{
color:#C30;                      <!-- 设置 RGB 格式文字颜色 -->
}
.font04{
color:#0099FF;                   <!-- 设置十六进制文字颜色 -->
}
.font05{
color:red;                       <!-- 设置英文代码文字颜色 -->
}
```

另外,还可以利用 font-weight 属性对文字粗细进行设置,如表 3-14 所示。

表 3-14 控制文字粗细的几种方法

参　数	方　法	说　明
normal	font-weight：normal	正常的字体，相当于参数为 400
hold	font-weight：bold	粗体，相当于参数为 700
bolder	font-weight：bolder	特粗体
lighter	font-weight：lighter	细体
inherit	font-weight：inherit	继承
100～900	font-weight：100～900	通过 100～900 间的数值控制文字粗细

例如，设置文字为粗体，具体代码如下：

```
.font01{
        font - weight:bold;
}
```

4. 控制段落样式

段落是由成段的文字组合而成的，所以设置文字的方法同样适用于段落。但在大多数情况下，控制文字样式只能对少数文字起作用，对于段落来说，还需要通过专门的段落样式进行控制。各种段落设置代码如下：

```
.font01{
text - align:left;                <!-- 设置段落左对齐 -->
}
.font02{
text - align:center;              <!-- 设置段落水平居中对齐 -->
}
.font03{
text - align:right;               <!-- 设置段落右对齐 -->
}
.font04{
text - align:justify;             <!-- 设置段落两端对齐 -->
}
.font05{
vertical - align:top;             <!-- 设置段落顶端对齐 -->
}
.font06{
vertical - align:middle;          <!-- 设置段落垂直居中对齐 -->
}
font07{
vertical - align:bottom;          <!-- 设置段落底端对齐 -->
}
font08{
line - height:1.5em;              <!-- 设置相对行距 -->
}
font09{
letter - spacing:1em;             <!-- 设置字间距 -->
}
font10{
font - size:30px;                 <!-- 设置其他文字大小 -->
}
font11{
font - size:2em;                  <!-- 设置首字大小 -->
float:left;                       <!-- 设置文字左浮动 -->
}
```

5. 控制文字阴影及模糊

text-shadow：h-shadow 属性用于设置对象中文字的阴影及模糊效果，可以设置多组效果，方式是用逗号隔开。另外，也可以用于伪类：first-letter 和 first-line，对应的属性为 text-shadow，其定义的语法如下：

```
text-shadow:h-shadow | v-shadow | blur | color;
```

其中，

- h-shadow：必选。水平阴影的位置，允许为负值。
- v-shadow：必选。垂直阴影的位置，允许为负值。
- blur：可选。模糊的距离。
- color：可选。阴影的颜色。

【示例 3-19】 设置网页中文字的阴影效果。

```
<!DOCTYPE HTML>
<html>
<head>
<title>text-shadow</title>
<style type="text/css">
#box{
font-family: 黑体;
font-size: 36px;
font-weight: bold;
color: #438DF1;
text-shadow: 5px 2px 6px #000;
}
</style>
</head>
<body>
<div id="box">使用 text-shadow 属性实现文字阴影效果</div>
</body>
</html>
```

上述代码在 Chrome 浏览器中的显示效果如图 3-22 所示。

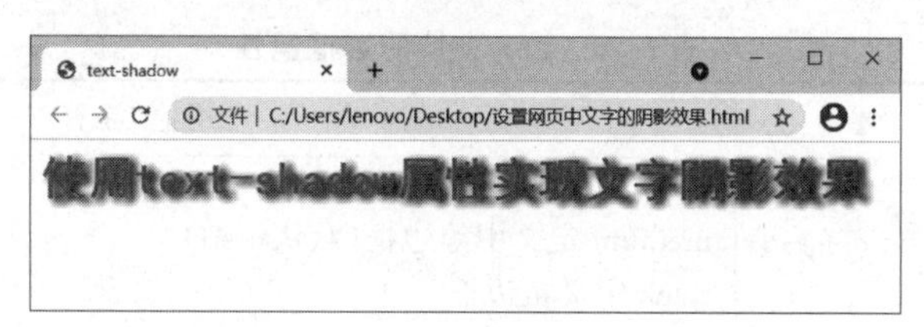

图 3-22　页面文字阴影显示效果

6. 控制文字溢出

在 CSS3 中，可以利用 text-overflow 属性设置是否使用一个省略标记标示对象内溢出的文字，其语法格式如下：

```
text-overflow:clip | ellipsis | string;
```

其中，

- clip：不显示省略标记，而是简单的裁切。
- ellipsis：当对象内文字溢出时显示省略标记。
- string：使用给定的字符串来代表被修剪的文字。

7. 控制文字断开转行

浏览器自身都带有让文字断开转行的功能。当浏览器显示文字时，会让文字和浏览器或者文字容器的右端自动实现转行。word-wrap 属性用于设置当前行超过指定容器的边界时是否断开转行，其语法格式如下：

```
word - wrap: normal | break - word;
```

其中，

- normal：控制连续文本转行。
- break-word：内容将在边界内转行，如果需要，词内转行也会发生。
- word-break 属性用于设置指定容器内文本的字内转行行为，在出现多种语言的情况非常有用。

```
word - break: normal | break - all | keep - all;
```

word-break 属性的属性值与使用的文本语言有关系，其属性值说明如表 3-15 所示。

表 3-15 word-break 属性值说明

属性值	说　明
normal	默认值，根据语言自身的规则确定容器内文本转行的方式，中文遇到容器边界自动转行，英文遇到容器边界整个单词转行
break-all	允许强行截断英文单词，达到词内转行效果
keep-all	如果内容为英文，则整个单词转行；如果出现某个英文字符长度超出容器边界，后面的部分将撑破容器；如果边框为固定属性，则后面部分无法显示

3.7.3 控制图片样式

图片的样式可以在 HTML 页面中直接进行控制，但如果在 HTML 页面中直接对图片样式进行控制，不仅过程烦琐，而且在后期对图片属性修改时也会非常麻烦。使用 CSS 控制图片样式完全可以解决这个问题，更可以实现一些 HTML 无法实现的特殊效果。

1. 控制图片样式

在 CSS 中可以通过 border 属性为图片添加边框，并且可以调整边框的粗细、样式及颜色。CSS 支持的边框属性，如表 3-16 所示。

表 3-16 CSS 支持的边框属性

属　性	描　述	可用值/注释
border-width	用于设置元素的边框粗细	thin 定义细边框 medium 定义中等边框(默认粗细) thick 定义粗边框 length 自定义边框宽度(如 1px)
border-style	用于设置元素的边框样式	one 定义无边框 hidden 与 none 相同，对于表，用于解决边框冲突 dotted 定义点状边框，在大多数浏览器中显示为实线 dashed 定义虚线，在大多数浏览器中显示为实线 solid 定义实线 double 定义双线，双线宽度等于 border-width 的值 groove 定义 3D 凹槽边框，其效果取决于 border-color 的值 ridge 同上，inset 同上，outset 同上
border-color	用于设置元素的边框颜色	color_ name 规定颜色值为颜色名称的边框颜色(如 red) hex_ number 规定颜色值为十六进制值的边框颜色(如＃110000) rgb_ number 规定颜色值的 rgb 代码的边框颜色[如 rgb(0,0,0)] transparent 默认值，边框颜色为透明

2. 控制图片水平对齐方式

当图片与文字同时出现在页面上时，图片的对齐方式就显得尤为重要。能否合理地将图片对齐到理想的位置，成为页面是否整体协调、统一的重要因素。图片的水平对齐方式与文字的对齐方式类似，也是通过对 text-align 属性进行设置，以实现图片左、中、右三种对齐效果。不同的是，图片的水平对齐需要通过为其父元素设置的 text-align 样式来达到效果。

【示例 3-20】 设置图片的水平对齐方式。

```
<!DOCTYPE html>
<html>
<head>
<title>设置图片的水平对齐方式</title>
<style>
img{
    width: 300px;
    height: 150px;
}
</style>
</head>
<body>
<div class = "img01"><img src = "chongwu.jpg" border = "0"></div>
<div class = "img02"><img src = " chongwu.jpg" border = "0"></div>
<div class = "img03"><img src = " chongwu.jpg" border = "0"></div>
</body>
</html>
```

上述代码在 Chrome 浏览器中的显示效果如图 3-23 所示。

如果在示例 3-20 代码的基础上，在 style 标签中增加下列 CSS 代码，可以分别控制图片的左、居中、右三种对齐方式，具体代码如下：

```
.img01{
      text-align:left;          <!-- 设置图片左对齐 -->
}
.img02{
      text-align:center;        <!-- 设置图片居中对齐 -->
}
.img03{
      text-align:right;         <!-- 设置图片右对齐 -->
  }
```

上述代码在 Chrome 浏览器中的显示效果如图 3-24 所示。

图 3-23　图片的水平对齐

图 3-24　控制图片的左、居中、右三种对齐

3. 控制图片垂直对齐方式

图片垂直对齐方式可以通过 vertical-align 属性进行控制。vertical-align 的相关属性值，如表 3-17 所示。

表 3-17 vertical-align 属性值及其描述

属性值	描　述
baseline	默认元素放置在父元素的基线上
sub	垂直对齐文本的下标
super	垂直对齐文本的上标
top	把元素的顶端与行中最高元素的顶端对齐
text-top	把元素的顶端与父元素字体的顶端对齐
middle	把此元素放置在父元素的中部
bottom	把元素的顶端与行中最低的元素的顶端对齐
text-bottom	把元素的底端与父元素字体的底端对齐
%	使用 line-height 属性的百分比值来排列此元素，允许使用负值
inherit	规定应该从父元素继承 vertical-align 属性值

图片垂直对齐方式除了使用英文代码来设置，还可以通过具体数值来进行设置，可以使用正值与负值，CSS 样式代码如下：

```
.img01{
        vertical-align:10px;            <!-- 设置图片垂直对齐距离 -->
}
.img02{
        vertical-align:-10px;           <!-- 设置图片垂直对齐距离 -->
}
```

4. 控制图片边框样式

图片边框样式可以利用 border-image 进行控制，通过使用该属性能够模拟出 background-image 属性的功能，且比 background-image 更加强大。通过 border-image 属性不仅能够为图片添加边框效果，还可以用来制作圆角按钮效果等。图片边框属性的语法格式如下：

```
border-image:none | <image> [ <number> | <percentage> {1,4} [ / <border-width>{1,4} ]? [stretch | repeat | round {0,2}
```

border-image 属性的参数说明如表 3-18 所示。

表 3-18 border-image 属性的参数说明

参　数	说　明
none	默认值表示无图像
<image>	用于设置图像边框，可以使用绝对地址或相对地址
<number>	是一个数值，用来设置边框或边框背景图片的大小，其单位是像素，可以使用 1～4 个值表示 4 个方位的值，可以参考 border-width 属性设置方式
<percentage>	也用来设置边框或边框背景图片的大小，与<number>的不同之处是，<percentage>使用的是百分比值
<border-width>	由浮点数字和单位标识符组成的长度值，不可以为负值，用于设置边框宽度
stretch、repeat、round	这 3 个属性参数用来设置边框背景图片的铺放方式，类似于 background-position 属性。其中，stretch 可以拉伸边框背景图片；repeat 可以重复边框背景图片；round 可以平铺边框背景图片。stretch 为默认值

5. 控制边框圆角

圆角能够让页面元素看起来不那么生硬，能够增强页面的曲线之美。因此，在 CSS 中专门针对边框的圆角效果新增了 border-radius 属性，其相关属性值说明如表 3-19 所示。

表 3-19　边框圆角属性值及说明

属性值	说　明
none	默认值，表示不设置圆角效果
<length>	由浮点和单位标识符组成的长度值，不可以为负值

border-radius 属性的语法格式如下：

```
border - radius:none | <length>{1,4} [ / <length>{1,4} ]
```

6. 控制边框阴影

通过 box-shadow 属性，可以为网页中的元素设置一个或多个阴影效果，如果要同时设置多个阴影效果，则设置多个阴影的代码之间必须使用英文逗号隔开。

box-shadow 属性的语法规则如下：

```
box - shadow: none | [inset x - offset y - offset blur - radius spread - radius color],[inset x - offset y
- offset blur - radius spread - radius color];
```

box-shadow 属性的参数说明如表 3-20 所示。

表 3-20　box-shadow 属性的参数说明

参　　数	说　明
none	默认值，表示元素没有任何阴影效果
inset	可选值，如果不设置该参数，则默认的阴影方式为外阴影；如果设置该参数，则可以为元素设置内阴影效果
x-offset	阴影的水平偏移值，其值可以为正值，也可以为负值。如果取正值，则阴影在元素的右边；如果取负值，则阴影在元素的左边
y-offset	阴影的垂直偏移值，其值可以为正值，也可以为负值。如果取正值，则阴影在元素的底部；如果取负值，则阴影在元素的顶部
blur-radius	可选参数，表示阴影的模糊半径，其值只能为正值。如果取值为 0，表示阴影不具有模糊效果，取值越大，阴影边缘就越模糊
spread-radius	可选参数，表示阴影的扩展半径，其值可以为正值，也可以为负值。如果取正值，则整个阴影扩大；如果取负值，则整个阴影缩小
color	可选参数，表示阴影的颜色。如果不设置该参数，浏览器会取默认颜色作为阴影颜色，但是各浏览器的默认阴影颜色不同，如在以 Webkit 为核心的浏览器中将会显示透明，建议在设置 box-shadow 属性时不要省略该参数

7. 控制边框颜色

border-color 属性在早期 CSS 就已经写入了 CSS 语法规范，但是为了避免与 order color 属性的原生功能（也就是在最初 CSS 中定义边框颜色的功能）发生冲突，如果需要为边框设置多种色彩，直接使用 border-color 属性并在该属性值中设置多个颜色值是不起任何作用的。必须将这个 border-color 属性拆分为 4 个边框颜色子属性，使用多种颜色才会有效果。

```
border - top - colors:[<color> | transparent]{1,4} | inherit;
border - right - colors:[<color> | transparent]{1,4} | inherit;
border - bottom - colors: [<color> | transparent]{1,4} | inherit;
border - left - colors: [<color> I transparent]{1,4} | inherit;
```

注意：这 4 个属性与前面介绍的 border-color 属性的 4 个基础子属性是不同的，这里的属性中 color 是复数 colors。如果在编写过程中少写了字母 s，则无法实现多种边框颜色的效果。

3.7.4 控制列表样式

网页列表是网页中最主要也是最常用的元素。其中，网页列表可以有序地编排一些信息资源，使其结构化和条理化，并以列表的样式显示出来，以便浏览者能更加快捷地获取相应信息。

1. 无序列表

无序列表的项目排列没有顺序，只以符号作为分项标识，其结构如下：

```
<ul>
    <li>无序列表项</li>
    <li>无序列表项</li>
    <li>无序列表项</li>
<ul>
```

【示例 3-21】 创建无序列表。

```
<!DOCTYPE html>
<html>
<head>
<title>嵌套无序列表的用法</title>
</head>
<body>
    <h1>网站建设流程</h1>
    <ul>
        <li>项目需求</li>
        <li>系统分析</li>
        <li>网站的定位</li>
        <li>收集内容</li>
        <li>规划项目</li>
        <li>设计网站目录</li>
        <li>设计网站标志</li>
        <li>网站风格</li>
        <li>网站导航系统</li>
    </ul>
</li>
<li>伪网页草图
    <ul>
        <li>制作网页草图</li>
        <li>将草图转换为网页</li>
    </ul>
</li>
<li>站点建设</li>
<li>网页布局</li>
<li>网站测试</li>
<li>站点的发布与站点管理</li>
</ul>
</body>
</html>
```

上述代码在 Chrome 浏览器中的显示效果如图 3-25 所示。

2. 有序列表

有序列表类似于 Word 中的自动编号功能。有序列表的使用方法和无序列表的使用方法基本相同。其结构如下：

```
<ol>
    <li>第 1 项</li>
    <li>第 2 项</li>
    <li>第 3 项</li>
<ol>
```

【示例 3-22】　有序列表的使用。

```
<!DOCTYPE html>
<html>
<head>
<title>有序列表的用法</title>
</head>
<body>
<h1>本讲目标</h1>
<ol>
    <li>网页的相关概念</li>
    <li>网页与 HTML 代码</li>
    <li>Web 的标准</li>
    <li>网页设计与开发</li>
    <li>HTML 简介</li>
</ol>
</body>
</html>
```

上述代码在 Chrome 浏览器中的显示效果如图 3-26 所示。

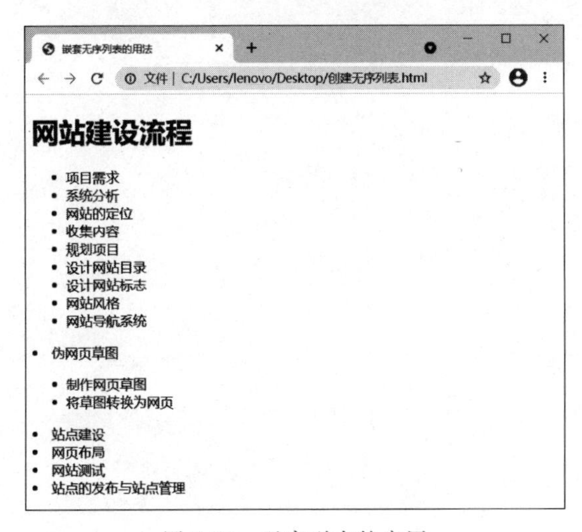

图 3-25　无序列表的应用

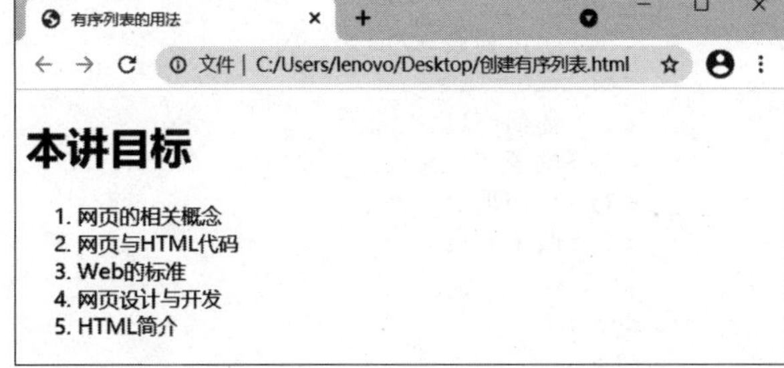

图 3-26　有序列表的应用

3. 不同类型的无序列表

通过使用多个<ul>标签，可以建立不同类型的无序列表。

【示例 3-23】　建立不同类型的无序列表。

```
<!DOCTYPE html>
<html>
<body>
    <h4>动物项目符号列表:</h4>
    <ul type = 'disc'>
        <li>猴子</li>
        <li>熊猫</li>
        <li>公鸡</li>
        <li>鹦鹉</li>
    </ul>
    <h4>水果项目符号列表:</h4>
    <ul type = 'circle'>
    <li>葡萄</li>
    <li>桃子</li>
    <li>哈密瓜</li>
```

```
        <li>西瓜</li>
    </ul>
    <h4>运动项目符号列表:</h4>
    <ul type='square'>
        <li>跑步</li>
        <li>打篮球</li>
        <li>踢足球</li>
        <li>跳高</li>
    </ul>
</body>
</html>
```

上述代码在 Chrome 浏览器中的显示效果如图 3-27 所示。

4. 不同类型的有序列表

通过使用多个<ol>标签,可以建立不同类型的有序列表。

【示例 3-24】 建立不同类型的有序列表。

```
<!DOCTYPE html>
<html>
<body>
    <h4>数字列表:</h4>
    <ol>
        <li>猴子</li>
        <li>熊猫</li>
        <li>公鸡</li>
        <li>鹦鹉</li>
    </ol>
    <h4>字母列表:</h4>
    <ol type='A'>
    <li>葡萄</li>
    <li>桃子</li>
    <li>哈密瓜</li>
    <li>西瓜</li>
    </ol>
</body>
</html>
```

上述代码在 Chrome 浏览器中的显示效果如图 3-28 所示。

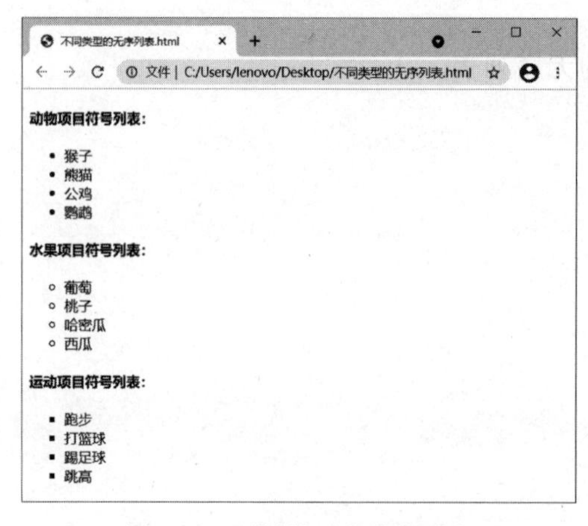

图 3-27 不同类型的无序列表

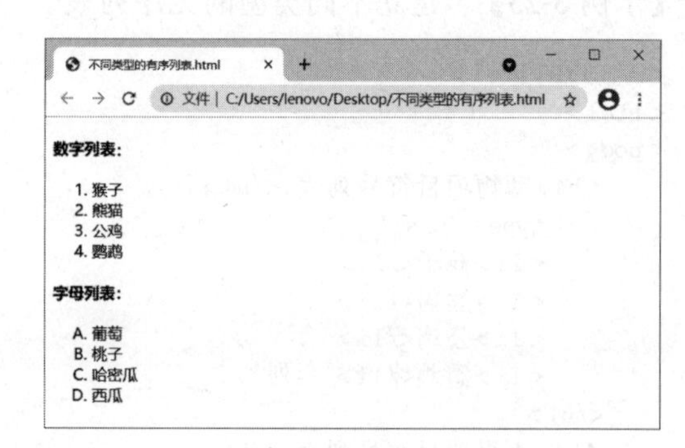

图 3-28 不同类型的有序列表

5. 嵌套列表

嵌套列表是网页中常用的元素,使用<ul>标签可以制作网页中的嵌套列表。

【示例 3-25】 建立嵌套列表。

```
<!DOCTYPE html>
<html>
<body>
    <h4>嵌套列表</h4>
    <ul>
        <li>咖啡</li>
        <li>茶
            <ul>
        <li>绿茶</li>
        <li>红茶
            <ul>
                <li>中国茶</li>
                <li>日本茶</li>
            </ul>
        </li>
    </ul>
</li>
 <li>奶茶</li>
    </ul>
</body>
</html>
```

上述代码在 Chrome 浏览器中的显示效果如图 3-29 所示。

6. 自定义列表

CSS3 中可以利用标签<dl>来创建自定义列表。

【示例 3-26】 自定义列表的使用。

```
<!DOCTYPE html>
<html>
<body>
    <h2>自定义列表</h2>
<dl>
    <dt>手机</dt>
    <dd>是可以进行多方通信的设备</dd>
    <dt>电子设备</dt>
    <dd>现在的品牌有很多,国产品牌值得我们信赖</dd>
</dl>
</body>
</html>
```

上述代码在 Chrome 浏览器中的显示效果如图 3-30 所示。

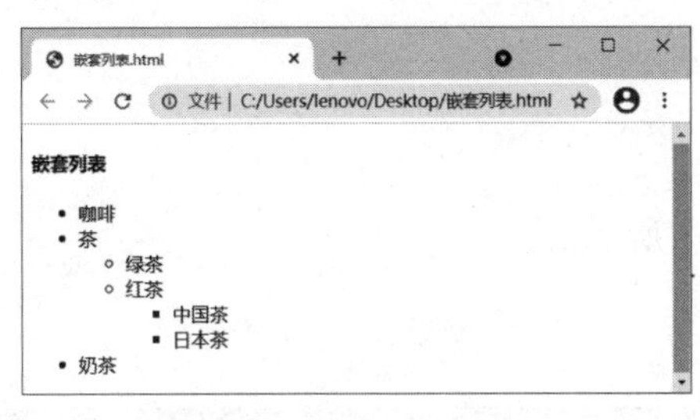

图 3-29 建立嵌套列表

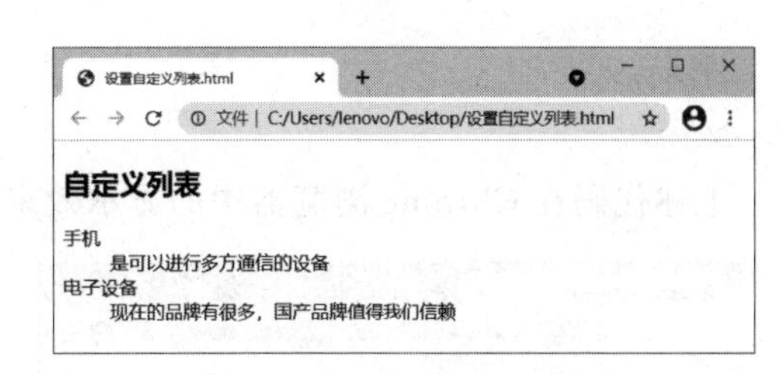

图 3-30 设置自定义列表

3.7.5 控制表单样式

在网页中,通常利用表单采集浏览者的相关数据,例如,常见的注册表、调查表、留言表等。在 HTML5 中,表单拥有多个表单输入类型,这些新特性提供了更好的输入控制和验证功能。

在 CSS3 中,表单是通过标签<form></form>创建的。下面介绍几种表单的常规用法。

1. 文本框

文本框是一种让浏览者自己输入内容的表单对象,通常用来填写简单的字符信息。例如,用户姓名、地址、电子邮箱等。代码格式如下:

```
<input type="text" name=控件名 size=大小 maxlength=最大字符数 value=数值>
```

【示例 3-27】 文本框的使用方法举例。

```
<!DOCTYPE html>
<html>
<body>
    <h2>自定义列表</h2>
<dl>
    <dt>手机</dt>
    <dd>是可以进行多方通信的设备</dd>
    <dt>电子设备</dt>
    <dd>现在的品牌有很多,国产品牌值得我们信赖</dd>
</dl>
</body>
</html>
```

上述代码在 Chrome 浏览器中的显示效果如图 3-31 所示。

2. 密码框

密码框是一个特殊的文本域,主要用于输入和保存密码信息。当网页浏览者输入密码文本时,并非直接显示文本信息,而是以黑点、星号或者其他符号代替,从而起到保密的作用。其代码格式如下:

```
<input type="password" name=控件名 size=大小 maxlength=最大字符数>
```

【示例 3-28】 密码框的使用。

```
<!DOCTYPE html>
<html>
<head><title>输入用户姓名和密码</title></head>
<body>
    <form>
      姓名:
      <input type="text" name="yourname">
      <br>
      密码:
      <input type="password" name="yourpw"><br>
    </form>
</body>
</html>
```

上述代码在 Chrome 浏览器中的显示效果如图 3-32 所示。

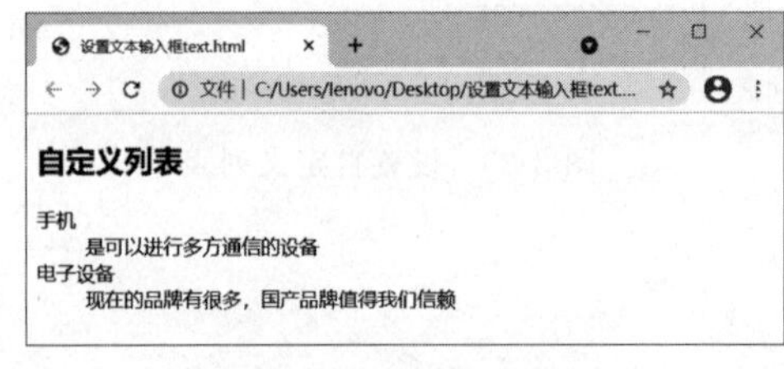

图 3-31 文本输入框 text

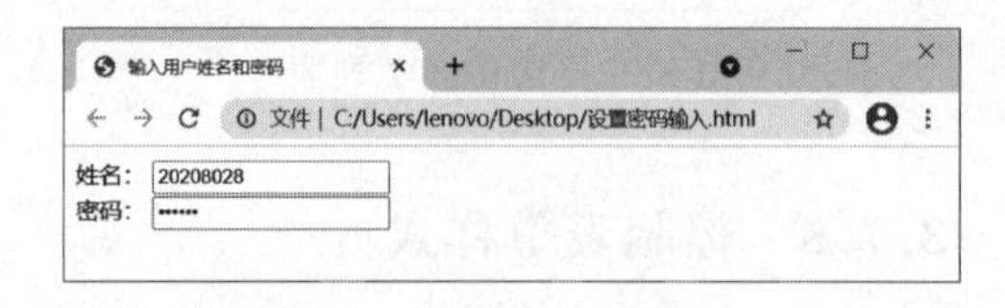

图 3-32 设置密码输入显示效果

3. 单选按钮

单选按钮主要是让网页浏览者在一组选项中只能选择其中一个，其代码格式如下：

```
< input type = "radio" name = 控件名 value = 数值>
```

【示例 3-29】 设置单选按钮，代码示例如下：

```
<! DOCTYPE html >
< html >
< head >< title >选择感兴趣的运动</title ></head >
< body >
    < form >
            请选择您感兴趣的运动:
    < br >
    < input type = "radio" name = 'sport' value = 'Sport1'>篮球< br >
    < input type = "radio" name = 'sport' value = 'Sport1'>足球< br >
    < input type = "radio" name = 'sport' value = 'Sport1'>网球< br >
    < input type = "radio" name = 'sport' value = 'Sport1'>排球< br >
</form >
</body >
</html >
```

上述代码在 Chrome 浏览器中的显示效果如图 3-33 所示。

4. 复选框

复选框(checkbox)又称为多选按钮，主要是让浏览者在一组选项中可以同时选择多个选项，其代码格式如下：

```
< input type = "checkbox" name = 控件名 value = 数值>
```

【示例 3-30】 复选框的使用举例。

```
<! DOCTYPE html >
< html >
    < head >< title >选择感兴趣的运动</title ></head >
    < body >
        < form >
            请选择您感兴趣的运动:
        < br >
        < input type = "checkbox" name = 'sport' value = 'Sport1'>篮球< br >
        < input type = "checkbox" name = 'sport' value = 'Sport1'>足球< br >
        < input type = "checkbox" name = 'sport' value = 'Sport1'>网球< br >
        < input type = "checkbox" name = 'sport' value = 'Sport1'>排球< br >
    </form >
    </body >
</html >
```

上述代码在 Chrome 浏览器中的显示效果如图 3-34 所示。

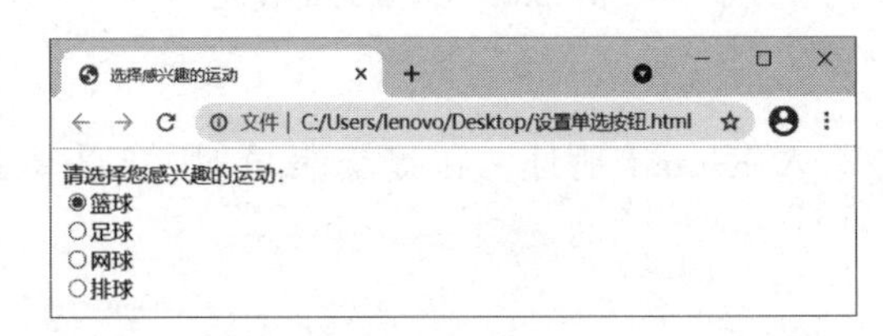

图 3-33 设置单选按钮

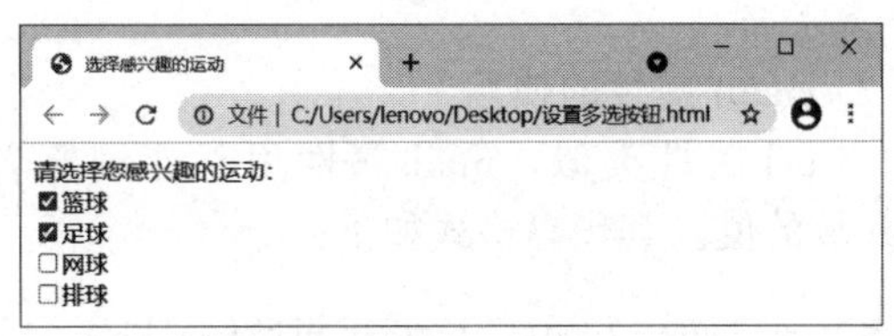

图 3-34 设置多选框

5. 重置按钮

重置按钮又称为复位按钮，用来重置表单中输入的信息，其代码格式如下：

```
< input type = "reset" name = 控件名 value = 数值>
```

【示例 3-31】 重置按钮的使用举例。

```
<! DOCTYPE html >
< html >
< body >
        < form >
            请输入用户名称:
            < input type = "text">
        </br >
        请输入用户密码:
        < input type = "password">
        < br >
        < input type = "submit" value = "登录">
        < input type = "reset" value = "重置">
        </form >
</body >
</html >
```

上述代码在 Chrome 浏览器中的显示效果如图 3-35 所示。

6. url 属性的使用

url 属性是用于说明网站网址的,显示为一个文本段输入 URL 地址。在提交表单时会自动验证 url 的值,其代码格式如下:

```
< input type = "url" name = "用户的 URL"/>
```

【示例 3-32】 url 的使用举例。

```
<! DOCTYPE html >
< html >
< body >
< form >
    < br/>
    请输入网址:
    < input type = "url" name = "userurl"/>
</form >
</body >
</html >
```

上述代码在 Chrome 浏览器中的显示效果如图 3-36 所示。

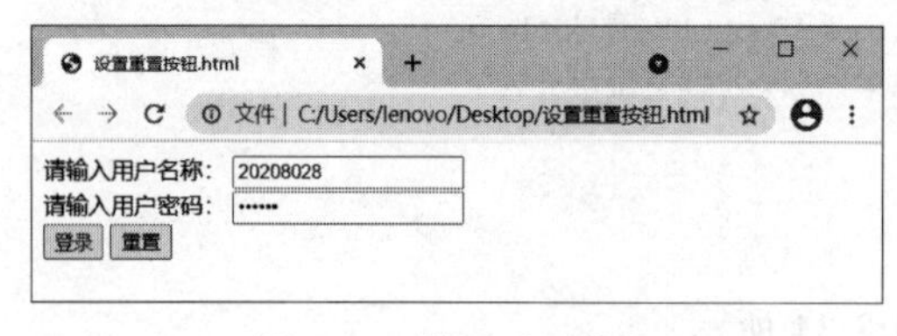

图 3-35 设置重置按钮

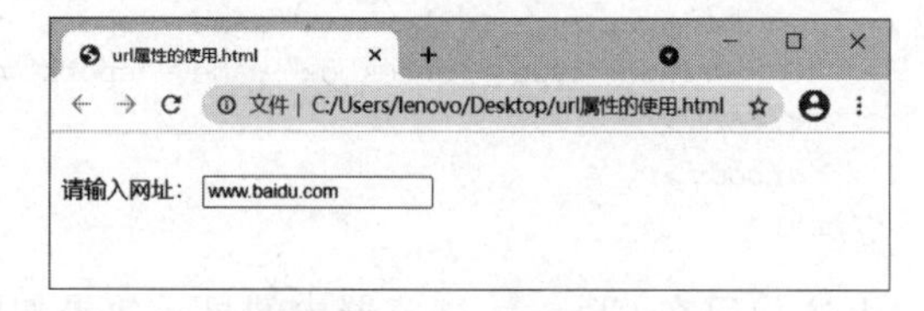

图 3-36 url 属性的使用

7. email 属性的使用

与 url 属性类似,email 属性用于让浏览者输入 E-mail 地址。在提交表单时,会自动验证 email 域的值。其代码格式如下:

```
< input typy = "email" name = "用户 email"/>
```

【示例 3-33】 email 属性的使用举例。

```
<! DOCTYPE html >
< html >
```

```
<body>
        <form>
            <br/>
            请输入您的邮箱地址:
            <input type="email" name="user_email"/>
            <br>
            <input type="subit" value="提交">
        </form>
    </body>
</html>
```

上述代码在 Chrome 浏览器中的显示效果如图 3-37 所示。

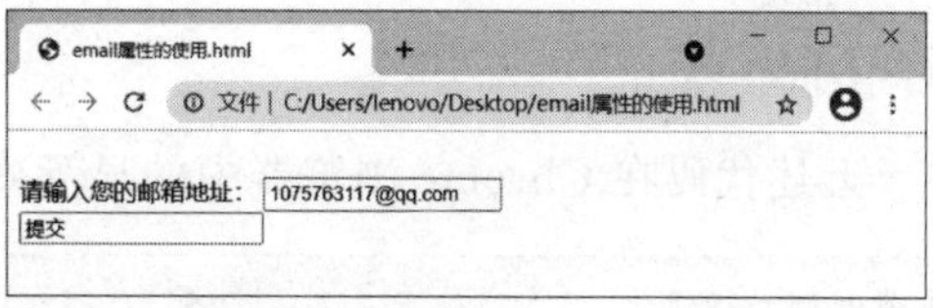

图 3-37 email 属性的使用

8. date 和 time 属性的使用

在 CSS3 中,有一组与日期和时间相关的输入类型,包括 date、datetime、datetime-local、month 和 time,其具体含义如表 3-21 所示。

表 3-21 date 和 time 属性与含义

属 性	含 义
date	选取日、月、年
month	选取月、年
week	选取周和年
time	选取时间
datetime	选取时间、日、月、年
datetime-local	选取时间、日、月、年(本地时间)

上述属性的代码基本相似,以 date 属性为例,其代码格式如下:

```
<input type="date" name="user_date"/>
```

【示例 3-34】 date 和 time 属性的使用。

```
<!DOCTYPE html>
<html>
<body>
    <form>
        请输入购买日期:
        <br>
        <input type="date" name="user_date">
    </form>
</body>
</html>
```

上述代码在 Chrome 浏览器中的显示效果如图 3-38 所示。

9. number 属性的使用

number 属性提供了一个输入数字的输入类型。用户可以直接输入数值,或者通过单击微框中的向上向下按钮来选择数值。其代码格式如下:

```
<input type="number" name="具体数值"/>
```

【示例 3-35】 number 属性的使用举例。

```
<!DOCTYPE html>
<html>
<body>
```

```
<form>
        <br/>
        这个网站我来过
        <input type=" = number" name="shuzi"/>次了!
</form>
</body>
</html>
```

上述代码在 Chrome 浏览器中的显示效果如图 3-39 所示。

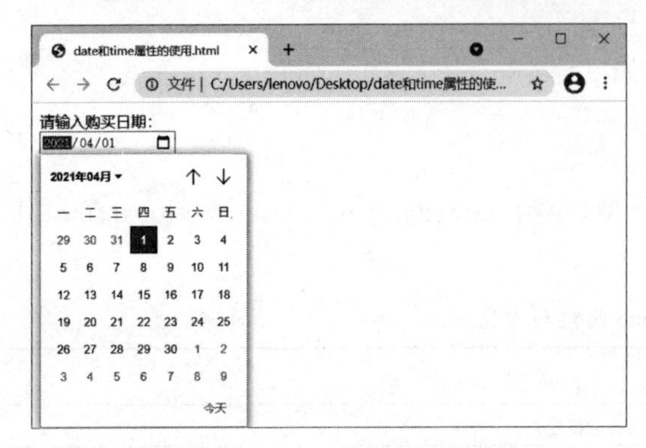

图 3-38 date 和 time 属性的使用

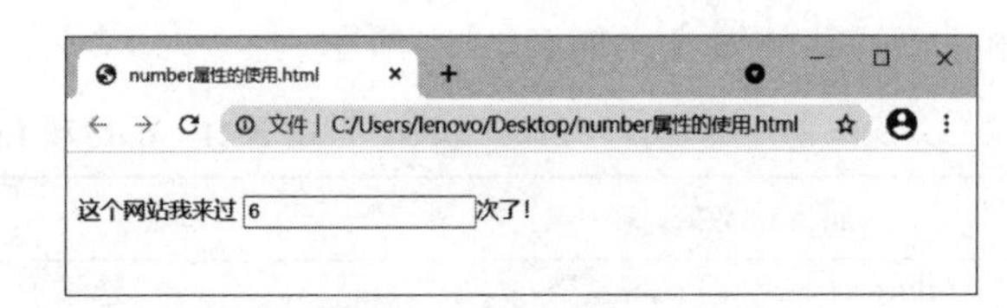

图 3-39 number 属性的使用

10. range 属性的使用

range 属性显示为一个滑条控件。与 number 属性一样，用户可以使用 max、min 和 step 属性来控制控件的范围。其代码格式如下：

```
<input type="range" name="控件名" min="最小值" max="最大值"/>
```

【示例 3-36】 range 属性的使用举例。

```
<!DOCTYPE html>
<html>
    <body>
        <form>
            <br/>
            运动会成绩出来了!我的名次为:
            <input type="range" name="ran" min="1" max="8"/>
        </form>
</body>
</html>
```

上述代码在 Chrome 浏览器中的显示效果如图 3-40 所示。

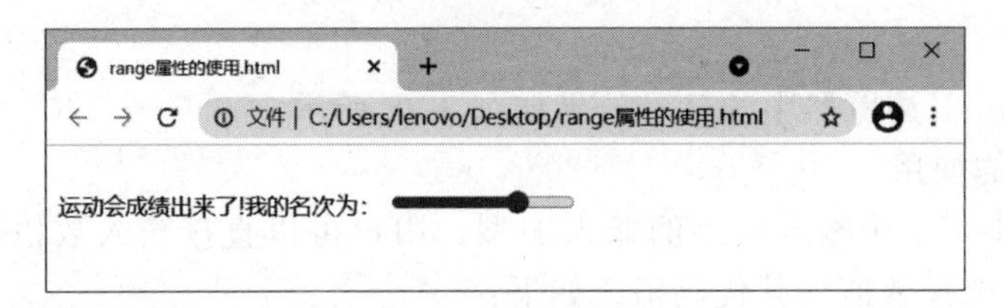

图 3-40 range 属性的使用

第4章

盒子模型与页面布局

4.1 盒子模型简介

在利用 HTML 设计网页时，页面上的每个元素都包含在一个矩形框内，这个矩形框可以看成是一个盒子，占据着一定的页面空间，并借助 CSS 来控制这个盒子的样式和显示效果，这样的矩形框就称为“盒子模型”。

设计 Web 页面时，可以通过 CSS 定位页面中的所有盒子实现页面的布局，这也是最主要的 Web 页面局部方式。只有很好地掌握了盒子模型以及其中每个元素的用法，才能真正地控制好页面中的各种元素。

盒子模型具体是什么样子呢？盒子模型外观上是一个矩形框，是由元素内容(content)、外边界(margin)、边框(border)、内边界(padding)组成的，如图 4-1 所示。其中，内容(content)区域是用来显示文字或者图片的，可以是一张图片、标题(h1～h6)、段落(p)、区块(div)等。

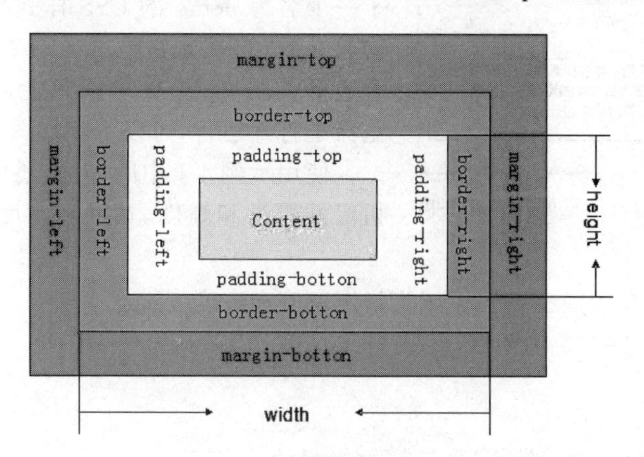

图 4-1　盒子模型的组成

一个 Web 页面由许多盒子模型组成，这些盒子模型之间相互影响。因此，学习 CSS 页面局部时，既要理解一个单独的盒子模型的内部结构，又要理解多个盒子模型之间的相互关系。

盒子模型最里面的部分就是元素内容，内边距紧紧包围在内容区域的周围。如果给某个元素添加背景色或者背景图像，那么该元素的背景色或背景图像也将出现在内边距中。在内边距的外侧边缘是边框，边框以外是外边距。边框的作用就是在内边距和外边距之间添加一个隔离带，从而避免视觉上的混淆。

默认情况下，盒子模型的边框宽度属性是“无”，背景色是透明的，内边距、外边距的值是 0，所以在默认情况下盒子模型是不会直接显示在网页上的。

4.1.1 内容区域的宽和高

盒子模型中的内容区域是分别通过 width 属性和 height 属性来设置宽度和高度的。宽度 width 和高度 height 的取值可以是具体的数值,也可以是关键字 auto(自动)。如果取值为 auto,这时内容区域的宽度或高度将根据其中内容的宽度和高度而决定。

【示例 4-1】 盒子模型内容区域的自动宽度和高度。

```
<! DOCTYPE html >
< html >
< head >
< title >内容(content)区域的自动宽度与高度</title >
< style >
.demo{
    width:auto;
    height:auto;
    border:2px solid ＃777;
}
</style >
</head >
< body >
    < p class = "demo">花和人都会遇到各种各样的不幸,但是生命的长河是无止境的。我抚摸了一下那小小的紫色的花舱,那里满装生命的酒酿,它张满了帆,在这闪光的花的河流上航行。它是万花中的一朵,也正是一朵朵花,组成了万花灿烂的流动的瀑布。</p >
</body >
</html >
```

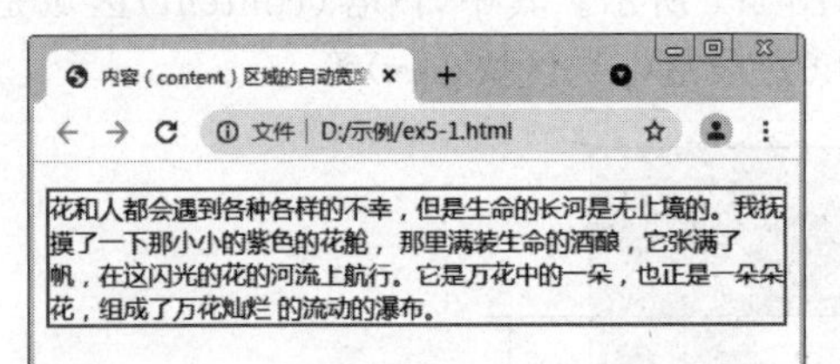

图 4-2 设置内容区域的自动宽度与自动高度

在上述代码中,< style ></style >元素标记中定义了一个名为 demo 的 CSS 样式类,定义了宽度和高度均为 auto(自动),边框 border 样式为宽度为 2px 的实线边框。在 VSCode 中输入上述代码并在 Chrome 浏览器中打开运行,可以看到如图 4-2 所示的效果。

使用示例 4-1 中的方法,还可以将内容区域设置为指定的宽度和高度,宽度和高度可以是 px 值,也可以是百分比值。

【示例 4-2】 设置盒子模型内容区域为指定宽度和高度。

```
<! DOCTYPE html >
< html >
< head >
< title >内容(content)区域的指定宽度与高度</title >
< style >
.demo{
    width:360px;
    height:60px;
    border:2px solid ＃777;
}
</style >
</head >
< body >
  < p class = "demo">花和人都会遇到各种各样的不幸,但是生命的长河是无止境的。我抚摸了一下那小小的紫色的花舱,那里满装生命的酒酿,它张满了帆,在这闪光的花的河流上航行。它是万花中的一朵,也正是一朵朵花,组成了万花灿烂的流动的瀑布。</p >
</body >
</html >
```

在 VSCode 中输入上述代码并在 Chrome 浏览器中打开运行，可以看到如图 4-3 所示的效果。

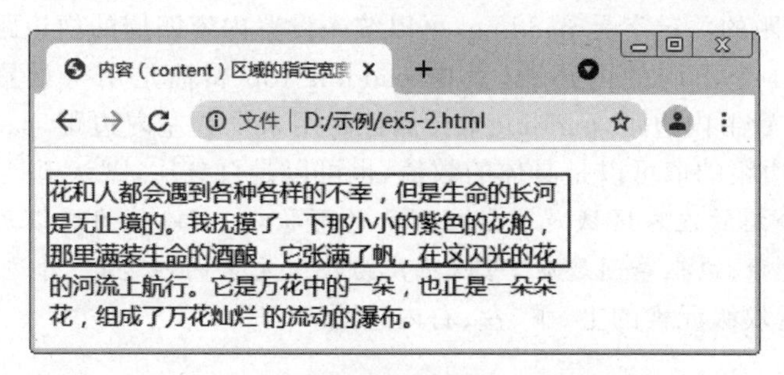

图 4-3 设置内容区域为指定宽度与高度

示例 4-2 中，将内容区域的宽度和高度分别设置 360px 和 60px，由于内容过多，超过指定高度的文字将溢出内容区域的边框。为了避免这种溢出的情况，可以在设置内容区域尺寸时，只指定宽度而不指定高度就可以轻松解决该问题了。

此外，CSS 中可以使用 max-width 属性设置元素的最大宽度，使用 min-width 属性设置元素的最小宽度。如果元素的 width 属性值是默认的 auto，且元素的宽度超过了 max-width 的值，那么元素的实际宽度等于 max-width 属性的值。同理，可以使用 max-height 属性设置元素的最大高度，使用 min-height 属性设置元素的最小高度。

【示例 4-3】 设置盒子模型内容区域的指定宽度和最小高度。

```
<!DOCTYPE html>
<html>
<head>
<title>设置内容区域的指定宽度和最小高度</title>
<style>
.demo{
    width:360px;
    min-height:100px;
    font-size:18px;
    border:2px solid #777;
}
</style>
</head>
<body>
    <p class="demo">第一段:花和人都会遇到各种各样的不幸,但是生命的长河是无止境的。我抚摸了一下那小小的紫色的花舱,那里满装生命的酒酿,它张满了帆,在这闪光的花的河流上航行。它是万花中的一朵,也正是一朵朵花,组成了万花灿烂的流动的瀑布。</p>
<p class="demo">第二段:不管远方如何声讨你是背信的人,月光下总有一扇青窗,坚持说你是唯一被等待的人。</p>
</body>
</html>
```

在 VSCode 中输入上述代码并在 Chrome 浏览器中打开运行，可以看到如图 4-4 所示的效果。

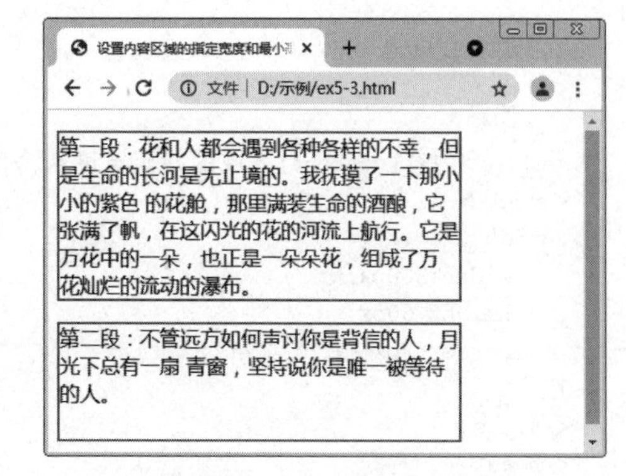

图 4-4 设置内容区域为指定宽度与最小高度

示例 4-3 中，内容区域的宽度设置为 360px，最小高度设置为 100px。当内容过多，也不会出现溢出的现象；当内容过少时，内容区域也会按照最小高度显示，从而占据一定的区域。

4.1.2 内边距

在网页内容排版时，适当地在内容的四周留白，不仅能使内容更加醒目，而且会令网页布局看起来更加大气。这种留白就称为内边距。

在 CSS3 中，内边距的关键字是 padding，可以统一设置内容四周的内边距，也可以根据需要分别设置上、下、左、右 4 个不同的内边距，其中 padding-top 属性是用来设置上内边距，padding-bottom 属性是用来设置下内边距，padding-left 属性是用来设置左内边距，padding-right 属性是用来设置右内边距。内边距的值可以是具体的数值，也可以是百分比，默认值是 0。

注意：4.1.1 中介绍的内容区域是一个矩形块的形状，也可以称为块级元素。此后，在讨论矩形区域的内边距、外边距、边框等问题时，可以推广为块级元素的内边距、外边距、边框等。

【示例 4-4】 设置块级元素的上、下、左、右内边距。

```
<!DOCTYPE html>
<html>
<head>
<title>设置块级元素的内边距</title>
<style>
  .box{ width:400px;
        height:220px;
        border:2px solid #0000FF;
  }
  .my_padding{ width:260px;
               padding-top:5%;
               padding-bottom:10px;
               padding-left:30px;
               padding-right:10%;
               border:2px solid #9932CC;
  }
</style>
</head>
<body>
  <div class="box">
    <p class=" my_padding ">花和人都会遇到各种各样的不幸，但是生命的长河是无止境的。我抚摸了一下那小小的紫色的花舱，那里满装生命的酒酿，它张满了帆，在这闪光的花的河流上航行。它是万花中的一朵，也正是一朵朵花，组成了万花灿烂的流动的瀑布。</p>
  </div>
</body>
</html>
```

在上述代码中，<style></style>元素标记中分别定义了名为 box 和 my_padding 的矩形区域样式。其中，my_padding 的上、下、左、右内边距都指定了具体的属性值。在 VSCode 中输入上述代码并在 Chrome 浏览器中打开运行，可以看到如图 4-5 所示的效果。

除了像上例中那样分别设置块级元素的上、下、左、右内边距外，还可以使用 padding 属性统一设置四周的内边距。同样地，padding 属性值既可以是具体的数值，也可以是百分比。

【示例 4-5】 设置盒子模型内容区域为指定宽度和高度。

```
<!DOCTYPE html>
<html>
<head>
<title>内容(content)区域的指定宽度与高度</title>
<style>
.demo{
    width:360px;
    height:60px;
    border:2px solid #777;
}
</style>
</head>
<body>
```

```
<p class = "demo">花和人都会遇到各种各样的不幸,但是生命的长河是无止境的。我抚摸了一下那小小的紫色的花舱,那里满装生命的酒酿,它张满了帆,在这闪光的花的河流上航行。它是万花中的一朵,也正是一朵朵花,组成了万花灿烂的流动的瀑布。</p>
</body>
</html>
```

在 VSCode 中输入上述代码并在 Chrome 浏览器中打开运行,可以看到如图 4-6 所示的效果。

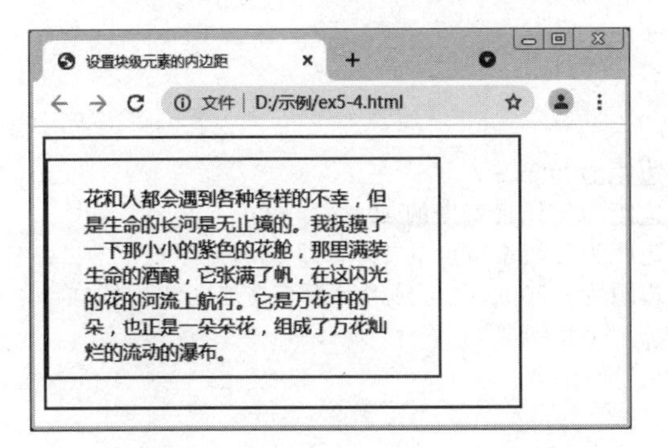

图 4-5　设置块级元素的上、下、左、右内边距

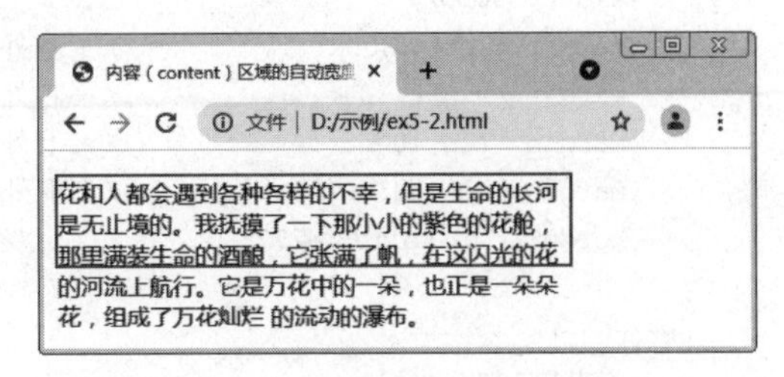

图 4-6　设置内容区域为指定宽度与高度

示例 4-5 中,将内容区域的宽度和高度分别设置 360px 和 60px,由于内容过多,超过指定高度的文字将溢出内容区域的边框。为了避免这种溢出的情况,可以在设置内容区域尺寸时,只指定宽度而不指定高度就可以轻松解决该问题了。

使用单独的 padding 属性可以同时设置上、下、左、右四个内边距。padding 属性的值和 palling-left 属性的值类似,可以是一个长度值或者百分比。两者的区别在于,padding 属性的参数数量是可变的,最少一个参数,最多 4 个参数,参数之间以空白符分隔。不同数量的参数意义分别如下。

如果提供全部 4 个参数值,第一个作用于上内边距,第二个作用于右内边距,第三个作用于下内边距,最后一个作用于左内边距。

【示例 4-6】 padding 属性的值为 4 个参数值。

```
.demo{
    border: 1px solid #777:
    padding: 20px 15px 5px 10px:/* 上内边距 padding-top 为 20px */
                                /* 右内边距 padding-right 为 15px */
                                /* 下内边距 padding-bottom 为 5px */
                                /* 左内边距 padding-lift 为 10px */
}
```

4.1.3　外边距

内边距是介于元素边线与内容之间的留白,相对于内边距的外边距则是本元素与兄弟元素和父元素之间的留白。外边距的关键词是 margin。

可以单独为块级元素的每条边设置外边距,4 个外边距的属性分别是 margin-top(上外边距)、margin-bottom(下外边距)、margin-left(左外边距)、margin-right(右外边距)。外边距的取值可以是长度数值、百分比或者关键字 auto,默认值是 0。与内边距不同的是,外边距的值允许为负数。

当取值为百分比时,将根据当前元素的父元素的宽度进行计算。当 margin-left 或 margin-right 的值为 auto 时,取值将根据当前元素、父元素和兄弟元素的宽度、外边距等因素进行计算。当 margin-top 或 margin-botom 的值为 auto 时,一般相当于 0。

【示例 4-7】 块级元素的外边距。

```
<!DOCTYPE html>
```

```
<html>
<head>
  <meta charse = "utf - 8" />
  <title>块级元素的外边距</title>
  <style>
    .parent{
        width:500px;
        border:1px solid #777;
    }
    .demo{
        width:300pox;
        margin - left: 30px;              /* 左外边距为 30px */
        margin - right:10 %;              /* 右外边距为父元素宽度的 10 %, 即 50px */
        margin - top:10 %;                /* 上外边距为父元素宽度的 10 %, 即 50px */
        margin - bottom: - 20px;          /* 下外边距为 - 20px, 会与兄弟元素有叠加区域 */
        border: 1px solid #777;
    }
    .brother{
        width:100 %;
        height:80px;
        background - color: #aaa;
    }
  </style>
</head>
  <body>
    <div class = "parent">
      <p class = "demo">花和人都会遇到各种各样的不幸,但是生命的长河是无止境的。我抚摸了一下那小小的紫色的花舱,那里满装生命的酒酿,它张满了帆,在这闪光的花的河流上航行。它是万花中的一朵,也正是一朵朵花,组成了万花灿烂的流动的瀑布。</p>
      <div class = "brother "></div>
    </div>
  </body>
</html>
```

在 VSCode 中输入上述代码并在 Chrome 浏览器中打开运行,可以看到如图 4-7 所示的效果。

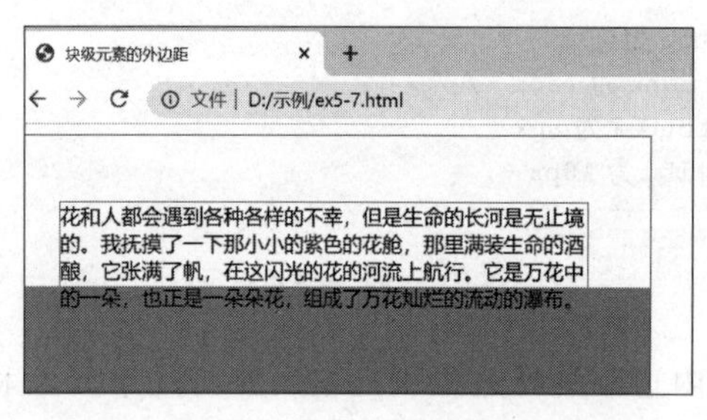

图 4-7 块级元素的外边距

当元素本身的宽度 width 属性值为默认的 auto,而父元素设置了固定的宽度时,元素的实际宽度相当于父元素的宽度减去本身的左、右外边距。若示例 4-7 中的 p 元素将 width 属性值设为 auto,则其实际宽度(含边线)=500px−30px−50px=420px。

使用单独的 margin 属性可以同时设置上、下、左、右 4 个外边距。margin 属性的值可以是一个长度值或者百分比,并且其参数数量是可变的,最少一个参数,最多 4 个参数,参数之间以空白符分隔。不同数量的参数意义分别为:如果提供全部 4 个参数值,第一个作用于上外边距,第二个作用于右外边距,第三个作用于下外边距,最后一个作用于左外边距。

【示例 4-8】 margin 属性的值为 4 个参数值。

```
.demo{
    margin: 10px 30px 20px 0:/* 上外边距 margin - top 为 10px */
                             /* 右外边距 margin - right 为 30px */
                             /* 下外边距 margin - bottom 为 20px */
                             /* 左外边距 margin - lift 为 0 */
```

```
        border: 1px solid #777;
    }
```

当左外边距和右外边距的值均为 auto 时，左、右外边距的计算值将相等。在实际项目中，这个特性经常被用于块级元素在父元素中的水平居中。

【示例 4-9】 左、右外边距均为自动值时，元素水平居中，如图 4-8 所示。

```
<!DOCTYPE html>
<html>
<head>
    <meta charset = "UTF-8"/>
    <title>块级元素的外边距</title>
    <style>
        .parent{
            width:500px;
            border: 1px solid #777;
        }
        .demo{
            width:500px;
            margin:10px auto;           /* 左外边距 margin-left 为 150px */
            /* 右外边距 margin-right 为 150px */
            background-color: #ccc;
        }
    </style>
    <body>
    <div class = "parent">
        <p class = "demo">花和人都会遇到各种各样的不幸，但是生命的长河是无止境的。</p>
    </div>
    </body>
</html>
```

图 4-8 左、右外边距均为自动值时，元素水平居中

4.1.4 边框

介绍了内边距和外边距之后，下面来介绍元素的边框。边框属性的关键字是 border，边框可以设置宽度、样式和颜色三个属性，每个方向的边框属性都能单独设置。本节将详细介绍边框的设置方法（注：为更清晰地表现样式结构，本节中的“示例”部分均仅显示边框样式核心代码）。

CSS 中用 border-width 来设置一个元素边框的样式。这个属性的值必须是关键字，默认的值是 none（无边框）。可用的关键字如表 4-1 所示。

表 4-1 border-style 属性可用的关键字

关 键 字	说 明
none	无边框。默认的边框样式
hidden	隐藏边框。和关键字 none 类似，不显示边框，在应用于表格单元格的边框时，优先值为最高，相邻单元格的重叠边框不会显示
solid	实线边框
dotted	点线边框
dashed	虚线边框
double	双实线边框
groove	雕刻效果的边框，样式与 ridge 相反
ridge	浮雕效果的边框，样式与 groove 相反
inset	陷入效果的边框，样式与 outset 相反
outset	凸出效果的边框，样式与 inset 相反

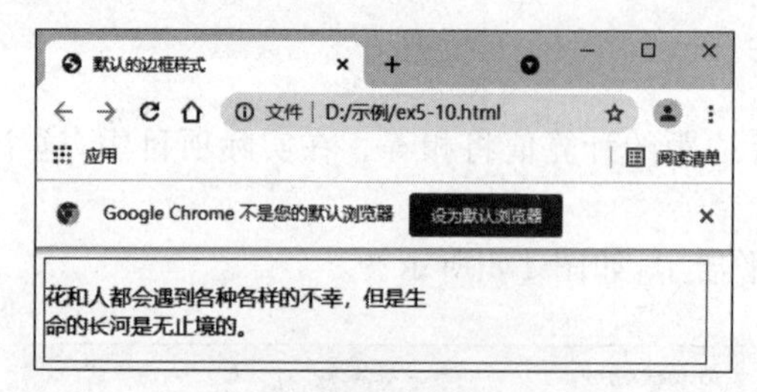

图 4-9　默认的边框样式

【示例 4-10】 默认的边框样式,其显示效果如图 4-9 所示。

```
.demo{
    width:300px;
    border-style:none; /* none 可更换为表 4-1 中
                          需要的关键字 */
}
```

CSS 中用 border-width 来设置一个元素边框的粗细。这个属性的值可以是关键字,共有 thin(细边框)、medium(中等宽度边框)、thick(粗边框)三个关键字可供选择;也可以是一个长度数值,如 1pm 或 1em。边框宽度不允许为负数值,未设置时默认值为 medium。

CSS 允许为元素的四边单独设置各边宽度。设置各边宽度的属性分别 border-top-width(上边框宽度)、border-bottom-width(下边框宽度)、border-left-width(左边框宽度)、border-right-width(右边框宽度)。

【示例 4-11】 边框样式。

```
.demo{
    width:300px;
    border-style: solid;
    border-top-width:1px;          /* 上边框宽度为 1px */
    border-right-width:0.25em;     /* 右边框宽度为 0.25em */
    border-bottom-width:0;         /* 下边框宽度为 0 */
    border-left-width: -10px;      /* 负数值无效,左边框宽度为默认值 medium */
}
```

CSS 允许为元素四边单独设置颜色。设置各边颜色属性分别为 border-top-color(上边框颜色)、border-bottom-color(下边框颜色)、border-left-color(左边框颜色)、border-right-color(右边框颜色)。

【示例 4-12】 单独设置各边的边框颜色。

```
.demo{
    width:300px;
    border-width:3px;
    border-top-color:#777;         /* 上边框颜色为灰色 */
    border-bottom-color:blue;      /* 下边框颜色为蓝色 */
    border-left-color:red;         /* 左边框颜色为红色 */
    border-right-color:green;      /* 右边框颜色为绿色 */
}
```

CSS 的 border 属性是一个用于设置各种单独的边界属性。该属性可以用于同时设置边框宽度、边框样式和边框颜色的值。几种属性值的排列次序可以交换,一般的顺序依次为 border-width、border-style、border-color。若有默认值则会被设置成对应属性的初始值。因为 border-style 属性的默认值为 none,所以一般都要设置边框样式。

【示例 4-13】 单独设置各边的边框。

```
.demo{
    width:300px;
    border-top:1px solid #777;     /* 上边框颜色为灰色,宽度为 1px,样式为实线 */
    border-bottom:dashed;          /* 下边框样式为虚线 */
    border-left:solid red;         /* 左边框颜色为红色,样式为实线 */
    border-right:none;             /* 没有右边框 */
}
```

4.2 使用弹性盒布局

CSS 3 引入了新的盒模型处理机制——弹性盒模型。引入弹性盒布局模型的目的是实现盒元素内部的多种布局，包括排列方向、排列顺序、空间分配和对齐方式等。现在大多数的主流浏览器还不支持弹性盒布局，基于 WebKit 内核的浏览器，需要加上前缀-webkit-，基于 Gecko 内核的浏览器，需要加上前缀-moz-。CSS3 为弹性盒布局样式，新增了 8 个属性，如表 4-2 所示。

表 4-2 CSS3 新增盒子模型属性

属 性 名	说 明
box-orient	定义盒子分布的坐标轴
box-align	定义元素在盒子内垂直方向上的空间分配方式
box-direction	定义盒子的显示顺序
box-flex	定义子元素在盒子内的自适应尺寸
box-flex-group	将自适应元素分配到柔性分组
box-lines	定义子元素分布显示
box-ordinal-group	定义子元素在盒子内的显示位置
box-pack	定义子元素在盒子内水平方向上的空间分配方式

4.2.1 定义盒内元素的排列方向

box-orient 属性用于定义盒子元素内部的流动布局方向，包括横排(horizontal)和竖排(vertical)两种，语法格式如下：

```
box - orient: horizontal | vertical | inline - axis | inherit
```

box-orient 属性值如表 4-3 所示。

表 4-3 box-orient 属性值

属 性 值	说 明
horizontal	盒子元素从左到右在一条水平线上显示它的子元素
vertical	盒子元素从上到下在一条垂直线上显示它的子元素
inline-axis	盒子元素沿着内联轴显示它的子元素
block-axis	盒子元素沿着块轴显示它的子元素

【示例 4-14】 使用 box-orient 属性设置盒子水平并列显示 1，其显示效果如图 4-10 所示。

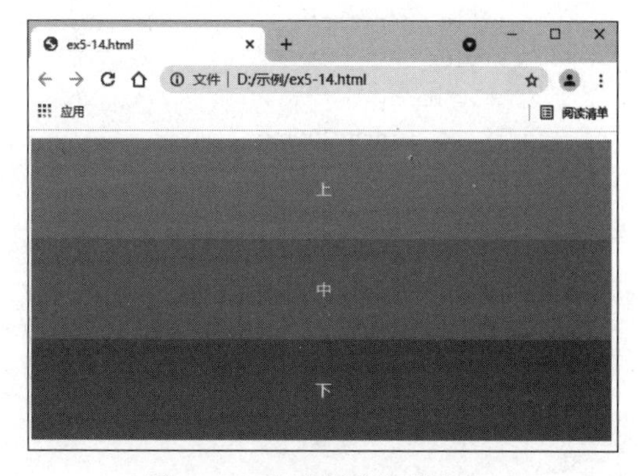

图 4-10 盒子水平并列显示 1

```
<!DOCTYPE html>
<html>
<head>
    <meta charset = "utf - 8"/>
    <title></title>
    <style>
        div{
            high:100px;text - align:center;.font
 - size: 50px;
            color: white; line - height: 100px;
width:600px;
        }
        .div1 {background - color:#00F5FF;}
        .div2 {background - color:#00FF7F;}
```

```
        .div3 {background-color:#FF69B4;}
        body{
            display:box;                      /* 标准声明,盒子显示 */
            display:-moz-box;                 /* 兼容 Mozilla Gecko 引擎浏览器 */
            box-orient:vertical;              /* 定义元素为盒子显示 */
            -moz-box-orient:vertical;         /* 兼容 Mozilla Gecko 引擎浏览器 */
        }
    </style>
</head>
<body>
<div class="div1">上</div>
<div class="div2">中</div>
<div class="div3">下</div>
</body>
</html>
```

4.2.2 控制换行

在默认情况下，项目都排在一条线（又称“轴线”）上。flex-wrap 属性定义，如果一条轴线排不下，如何换行。

flex-wrap 属性用于指定弹性盒子的子元素换行方式，语法如下：

```
flex-wrap: nowrap | wrap | wrap-reverse
```

flex-wrap 属性值如表 4-4 所示。

表 4-4 flex-wrap 属性值

属 性 值	说 明
nowrap	默认情况，弹性容器为单行，这种情况下弹性子项可能会溢出容器
wrap	弹性容器为多行，弹性盒子溢出的部分被放置到下一行，子项内部会发生断行
wrap-reverse	与 wrap 相反的排列方式

【示例 4-15】 使用 flex-wrap 属性设置盒子水平并列显示 2，其显示效果如图 4-11 所示。

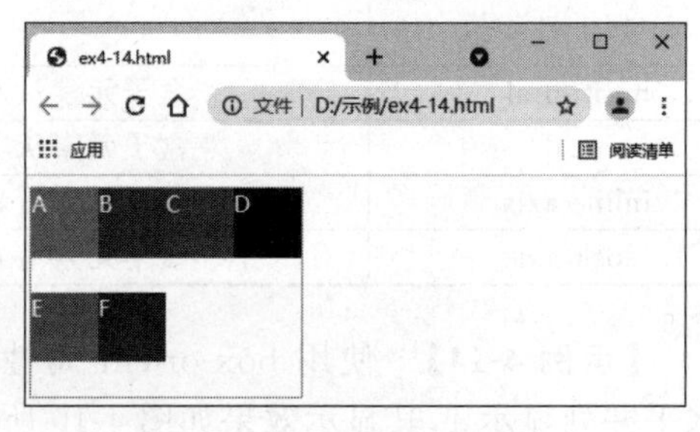

图 4-11 盒子水平并列显示 2

```
<!DOCTYPE html>
<html>
<head>
    <meta charset="utf-8"/>
    <title></title>
    <style>
        #main{
            width:200px;
            height:150px;
            color:white;
            border:1px solid #c3c3c3;
            display:flex;                 /* 声明弹性盒模型 */
            display:-webkit-box;          /* 兼容 WebKit 引擎浏览器 */
            flex-wrap:wrap;               /* 设置弹性容器为多行显示 */
            -webkit-flex-wrap:wrap;
        }
        #main div{
            width:50px;
            height:50px;
        }
```

```
    </style>
</head>
<body>
<div id="main">
    <div style="background-color:#5cff3f">A</div>
    <div style="background-color:#4583e6">B</div>
    <div style="background-color:#f051ec">C</div>
    <div style="background-color:#232e6c">D</div>
    <div style="background-color:#fd8320">E</div>
    <div style="background-color:#d3092f">F</div>
</div>
</body>
</html>
```

4.2.3　定义元素显示顺序

在盒布局下，box-direction 可以设置盒元素内部的排列顺序为正向或者反向。语法如下：

```
box-direction: normal | reverse | inherit
```

box-direction 属性值如表 4-5 所示。

表 4-5　box-direction 属性值

属　性　值	说　　明
normal	正常显示顺序，即如果盒子元素的 box-orient 属性值为 horizontal，则其包含的元素按照从左到右的顺序显示，即每个子元素的左边总是靠近前一个子元素的右边；如果盒子元素的 box-orient 属性值为 vertical，则其包含的元素按照从上到下的顺序显示
reverse	反向显示，盒子所包含的子元素的显示顺序将与 normal 相反
inherit	继承上级元素的显示顺序

【示例 4-16】 定义元素显示顺序，其显示效果如图 4-12 所示。

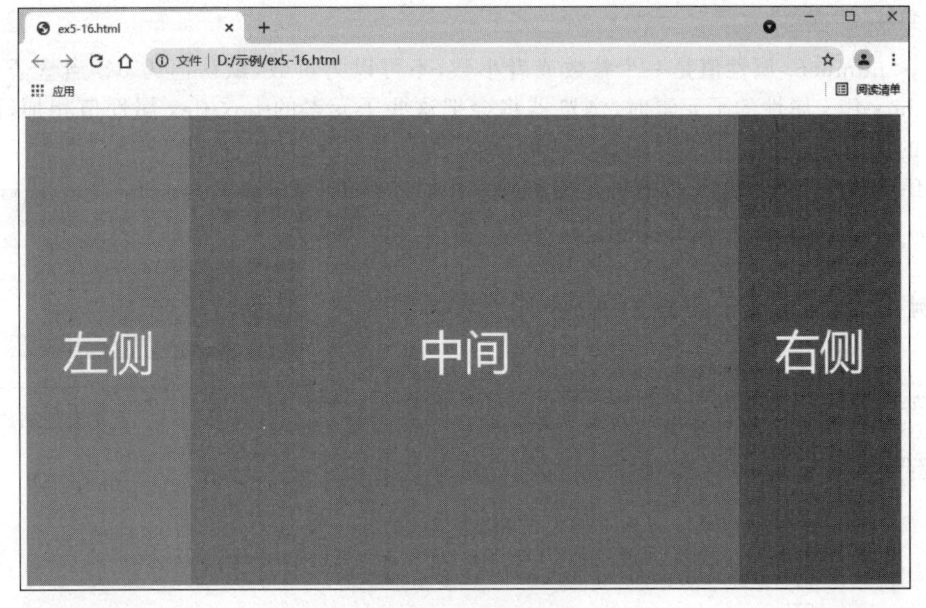

图 4-12　元素显示顺序

```
<!DOCTYPE html>
<html>
```

```
<head>
    <meta charset = "utf - 8"/>
    <title></title>
    <style>
        div{
            height:50px;text - align:center;font - size:50px;
            color:white;line - height:500px;
        }
        .div1 {background - color: #00F5FF;width:180px;height:500px}
        .div2 {background - color: #00FF7F;width:600px;height:500px}
        .div3 {background - color: #FF69B4;width:180px;height:500px}
        body{
            display:box;            /* 声明弹性盒模型 */
            display: - webkit - box;
            box - direction:reverse;   /* 设置元素反向排列 */
            - webkit - box - direction:reverse;
        }
    </style>
</head>
<body>
<div class = "div1">左侧</div>
<div class = "div2">中间</div>
<div class = "div3">右侧</div>
</body>
</html>
```

4.2.4 定义子元素的缩放

box-flex 定义了子元素的空间弹性，能够灵活地控制子元素在盒子中的显示空间。显示空间包括子元素的宽度和高度，也可以说是子元素在盒子中所占的面积。当弹性盒元素尺寸缩小或变大时，子元素也会随之缩小或变大；弹性盒元素多出的空余空间，子元素会扩大来填补空余空间。语法如下：

```
box - flex:<number>
```

其中，<number>属性值是一个整数或者小数，不可以为负数，默认值为 0。当盒子中包含多个定义了 box-flex 属性的子元素时，浏览器将会把这些子元素的 box-flex 属性值相加，然后根据它们各自的值占总值的比例来分配盒子的剩余空间。

box-flex 属性只有在盒子拥有确定的空间大小时才能够正确运用，所以弹性盒子需有具体的 width 和 height 属性值。

图 4-13 子元素的缩放

【示例 4-17】 定义子元素的缩放，其效果如图 4-13 所示。

```
<! DOCTYPE html>
<html>
    <head>
        <meta charset = "utf - 8">
        <title></title>
        <style>
            body{margin: 0;padding: 0;text - align: center;}
            .box{
                width: 600px;font - size: 40px;color: white;
                text - align: center;overflow: hidden;
                border: 1px solid red;
                display: box;
```

```
            display: -webkit-box;
        }
        .box1{
            width: 800px;font-size: 40px;color: white;
            text-align: center;overflow: hidden;
            border: 1px solid red;
            display: box;
            display: -webkit-box;
            margin-top: 15px;
        }
        .div1{background-color: #F6F; -webkit-box-flex: 2; -webkit-box-flex: 2;}
        .box > div{margin-left: 5px;height: 150px;line-height: 150px;}
        .div2{ -webkit-box-flex: 4; -webkit-box-flex: 4;background-color: #3F9;}
        .div3{ -webkit-box-flex: 2; -webkit-box-flex: 2;background-color: #FCd;}
    </style>
    </head>
  <body>
    <div class = "box">
    <div class = "div1">左侧</div>
    <div class = "div2">中间</div>
    <div class = "div3">右侧</div>
    </div>
    <div class = "box1">
        <div class = "div1">左侧</div>
        <div class = "div2">中间</div>
        <div class = "div3">右侧</div>
        </div>
  </body>
</html>
```

4.2.5 定义对齐方式

box-pack 属性和 box-align 属性分别用于定义弹性盒元素内子元素的水平方向和垂直方向上的富余空间管理方式，对弹性盒元素内部的文字、图形以及子元素都是有效的。

box-pack 属性可以用于设置子容器在水平轴上的空间分配方式。语法如下：

```
box-pack: start | end | center | justify
```

box-pack 属性值如表 4-6 所示。

表 4-6 box-pack 属性值

属 性 值	说 明
start	所有子容器都分布在父容器的左侧，右侧留空
end	所有子容器都分布在父容器的右侧，左侧留空
center	平均分配父容器剩余的空间(能压缩子容器的大小，全局居中)
justify	所有子容器平均分布(默认值)

box-align 属性用于管理子容器在竖轴上的空间分配方式。语法如下：

```
box-align: start | end | center | baseline | stretch
```

box-align 属性值如表 4-7 所示。

表 4-7 box-align 属性值

属 性 值	说 明
start	子容器从父容器顶部开始排列，富余空间显示在盒子底部
end	子容器从父容器底部开始排列，富余空间显示在盒子顶部

续表

属性值	说明
center	子容器横向居中，富余空间在子容器两侧分配，上面一半下面一半
baseline	所有盒子沿着它们的基线排列，富余的空间可前可后显示
stretch	所有子容器和父容器保持同一高度

【示例 4-18】 定义对齐方式，其效果如图 4-14 所示。

```
<!DOCTYPE html>
<html>
    <meta charset = "UTF - 8">
    <title> box - pack, box - align </title>
    <style>
        body, html {
            height: 100 % ;
            width: 100 % ;
        }
        body {
            margin: 0;
            padding: 0;
            display: box;
            display: - webkit - box;
            box - pack: center;
             - webkit - box - pack: center;
            box - align: center;
             - webkit - box - align: center ;
        }
        .box {
            width: 200px;
            height: 200px;
            background: red;
        }
    </style>
</head>
<body>
<div class = "box"></div>
</body>
</html>
```

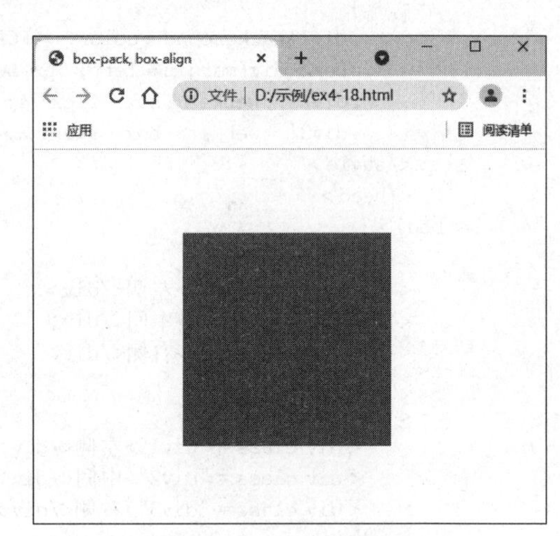

图 4-14 居中对齐显示

4.3 响应式网页布局

响应式布局是在 2010 年 5 月提出的一个概念，简而言之，就是一个网站能够兼容多个终端，而不是为每个终端做一个特定的版本。这个概念是为解决移动互联网浏览而诞生的。响应式布局可以为不同终端的用户提供更加舒适的界面和更好的用户体验，而且随着大屏幕移动设备的普及，用“大势所趋”来形容也不为过。随着越来越多的设计师采用这个技术，我们不仅看到很多的创新，还看到了一些成形的模式。

为了更好地创造以及展示互联网内容，网页排版格式的要求越来越高，很多排版和布局的效果都需要借助 CSS 来实现。CSS 是现代网页制作的核心技术之一，可以有效地对网页页面的布局、字体、颜色、背景和其他效果实现更加精确的控制，只要对相应的代码做一些简单的编辑，就可以改变同一个页面中的不同部分或不同页面的外观和格式。使用 CSS 技术不仅可以做出美观、工整、令浏览者赏心悦目的网页，还可以给网页添加许多神奇有趣的效果。

优点：面对不同分辨率设备，灵活性强，能够快捷解决多设备显示适应问题。

缺点：兼容各种设备工作量大，效率低下，代码累赘，会出现隐藏无用的元素，加载时间加长。其实这是一种折中性质的设计解决方案，由于多方面因素影响，导致达不到最佳效果，一定程度上改变了网站原有的布局结构，会出现用户混淆的情况。

【示例 4-19】 响应式布局演示，其效果如图 4-15 所示。

效果：最初 4 部分都在一行显示，当最大宽度为 700px 时，只有两部分在一行显示，当最大宽度为 360px 时，一行只显示一部分，代码如下：

结构代码：

```
<div class = "box">
    <ul>
        <li>加油</li>
        <li>加油</li>
        <li>加油</li>
        <li>加油</li>
    </ul>
</div>
```

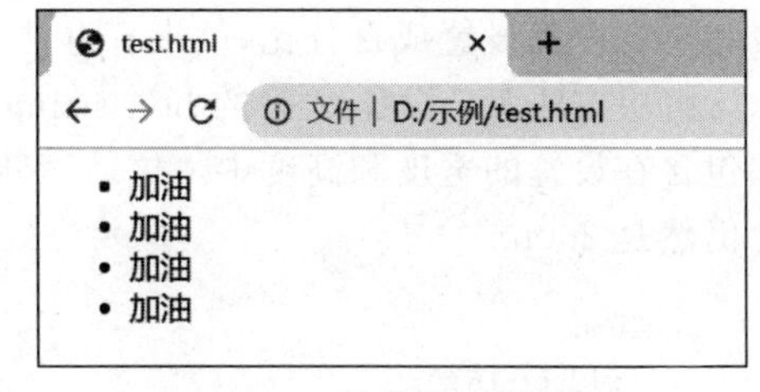

图 4-15　结构代码效果图

显示效果如图 4-15 所示。

4.3.1　多栏布局

多栏布局是将一个元素中的内容分为两栏或多栏显示，并且确保各栏中内容的底部对齐。

如果两个块区域是各自独立的，如果在其中一个区域加入一些内容，将会使两个元素的底部不对齐，导致页面多出一块空白区域。使用多栏布局可以将一个元素中的内容分为两栏或多栏显示，并且确保各栏中内容底部对齐。

多栏布局的相关属性如下。

- column-count：将一个元素中的内容分为多栏进行显示。
- column-width：单独设置每一栏的宽度而不设定元素的宽度(需要在元素外面单独设立一个容器元素，指定容器元素的宽度)。
- width：元素的宽度，即多个栏目的总宽度。
- column-gap：设定多栏之间的间隔距离。
- column-rule：在栏与栏之间增加一条间隔线，并且设定该间隔线的宽度、颜色等。

以上的各个属性，在 Firefox 浏览器中要添加前缀-moz-。在 Safair、Chrome 或 Opera 浏览器中需要添加前缀-webkit-。在 IE 浏览器中，不需要添加浏览器供应商前缀。

代码如下：

```
Div#div1{
    width:40em;
    -moz-column-count:2;
    -webkit-column-count:2;
}
```

与 float、position 的区别：使用这两个属性时，只需单独设定每个元素的宽度即可，而使用多栏布局时需要设定元素中多个栏目相加后总的宽度。

```
//使用 column-width 属性单独设置每一栏的宽度而不设定元素的宽度
Div#container{
    Width:42em;
    }
    Div#div1{
    -moz-column-count:2;
    -webkit-column-count:2;
```

```
    -moz-column-width:20em;
    -webkit-column-width:20em;
    -moz-column-gap:2em;                    //设定多栏之间的间隔距离
    -webkit-column-gap:2em;                 //设定多栏之间的间隔距离
    -moz-column-rule:1px solid red;         //在栏与栏之间增加一条间隔线
    -webkit-column-rule:2px solid red;      //在栏与栏之间增加一条间隔线
```

4.3.2 边框图像

响应式布局中一般设置宽度为百分比，如果不设置边框，很容易就能实现；但如果给每一列元素和总宽度都设置成百分比，就没有办法决定边框的宽度。

解决方法为：设置 CSS 的 box-sizing 属性值为 border-box，这样就会把 border 和 padding 全都包含在设置的宽度和高度中。这就意味着一个带有 2px 边框和 10px 内边距的 200px 的 div 宽度仍然是 200px。

```
.column {
    width: 16%;
    margin: 2% 2%;
    float: left;
    background: #03a8d2;
    padding: 10px;
    border: 2px solid black;
    box-sizing: border-box;
    -webkit-box-sizing: border-box;
    -moz-box-sizing: border-box;
}
```

4.3.3 响应式媒体查询

媒体查询功能(Media Queries)是实现响应式布局的方法之一，使用媒体查询，用户可以针对不同的媒体类型(简单理解屏幕尺寸)定义不同的样式。在用户重置浏览器大小的过程中，页面也会根据浏览器的宽度和高度重新渲染页面，特别是如果需要设置设计响应式的页面时。media 用来指定特定的媒体类型，如屏幕(screen)、打印(print)和支持所有媒体介质的 all。

媒体类型如表 4-8 所示。

表 4-8 媒体类型

screen	计算机屏幕(默认值)
tty	电传打字机以及使用等宽字符网格的类似媒介
tv	电视类型设备(低分辨率、有限的屏幕翻滚能力)
projection	放映机
handheld	手持设备(小屏幕、有限的带宽)
print	打印预览模式/打印页
braille	盲人用点字法反馈设备
aural	语音合成器
all	适合所有设备

媒体属性是 CSS3 新增的内容，多数媒体属性带有 min-和 max-前缀，用于表达“小于或等于”和“大于或等于”，这样就避免了使用与 HTML 和 XML 冲突的<和>字符。媒体属性必须用小括号括起来，否则无效。

所有的媒体属性如表 4-9 所示。

表 4-9　媒体属性

width	min-width	max-width
height	min-height	max-height
device-width	min-device-width	max-device-width
device-height	min-device-height	max-device-height
aspect-ratio	min-aspect-ratio	max-aspect-ratio
device-aspect-ratio	min-device-aspect-ratio	max-device-aspect-ratio
color	min-color	max-color
color-index	min-color-index	max-color-index
monochrome	min-monochrome	max-monochrome
resolution	min-resolution	max-resolution
scan	grid	

【示例 4-20】 简单的代码演示。

```
<!DOCTYPE html>
<html>
    <head>
        <meta charset = "utf - 8">
        <title>media</title>
        <style>
            div{
                width:100px;
                height:100px;
                background: orange;    /* (500,1000)显示橘色 */
            }
            /* 浏览器宽度在 500px 内,div 显示红色 */
            @media screen and (max - width: 500px) {
                div{
                    background: red;
                }
            }
            /* 浏览器宽度大于或等于最小宽度 1000px,div 显示蓝色 */
            @media screen and (min - width: 1000px) {
                div{
                    background: blue;
                }
            }
        </style>
    </head>
    <body>
        <div></div>
    </body>
</html>
```

效果显示如下。

- 500px 以下：红色如图 4-16 所示。
- 500～1000px：橘色如图 4-17 所示。

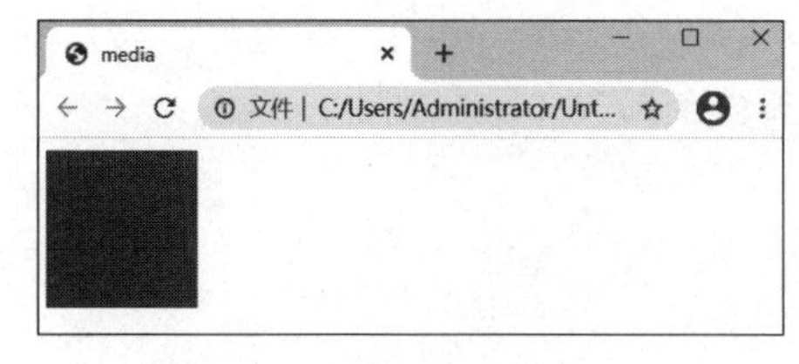

图 4-16　媒体属性为红色

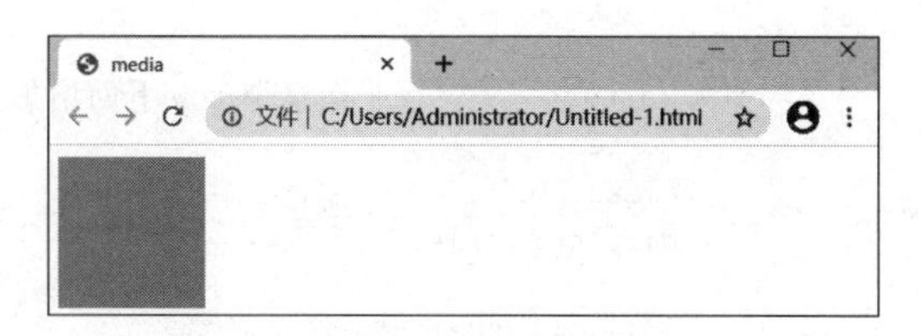

图 4-17　媒体属性为橘色

- 1000px 以上：蓝色如图 4-18 所示。

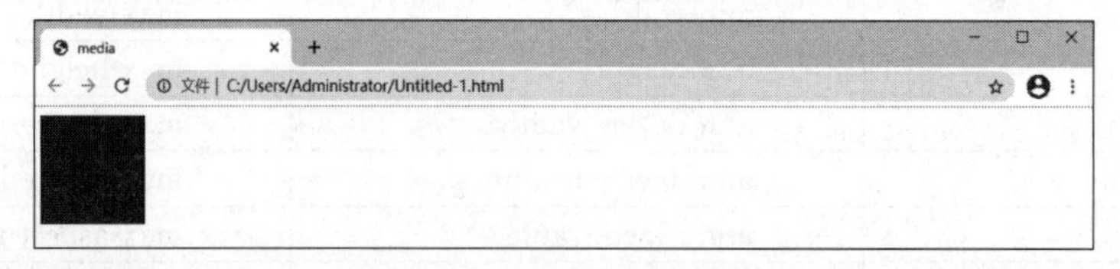

图 4-18 媒体属性为蓝色

媒体查询器中还包含并不常用的相关功能，具体如下。

- width：浏览器可视宽度。
- height：浏览器可视高度。
- device-width：设备屏幕的宽度。
- device-height：设备屏幕的高度。
- orientation：检测设备目前处于横向还是纵向状态。
- aspect-ratio：检测浏览器可视宽度和高度的比例(如 aspect-ratio:16/9)。
- device-aspect-ratio：检测设备的宽度和高度的比例。
- color：检测颜色的位数(如 min-color:32 就会检测设备是否拥有 32 位颜色)。
- color-index：检查设备颜色索引表中的颜色(其值不能是负数)。
- monochrome：检测单色帧缓冲区域中的每个像素的位数。
- resolution：检测屏幕或打印机的分辨率(如 min-resolution:300dpi 或 min-resolution:118dpcm)。
- grid：检测输出的设备是网格的还是位图设备。

4.3.4 响应式网页设计

对于响应式网页而言，主要掌握的原则如下。

(1) 使用 HTML 设计网页内容。

(2) 为手机浏览屏幕设计 CSS 样式表，让网页可在手机屏幕完美呈现。

(3) 为平板电脑浏览屏幕设计 CSS 样式表，让网页可在平板屏幕完美呈现。

(4) 为 PC 屏幕设计 CSS 样式表，让网页可在 PC 屏幕完美呈现。

将 CSS 样式表读入程序，就可以完成响应式网页设计了，接下来将介绍一个响应式网页实例。

【示例 4-21】 响应式网页，其效果如图 4-19 所示。

```
<!DOCTYPE html>
<html>
    <head>
        <meta charset = "utf - 8">
        <meta name = "viewport" content = "width = device - width, initial - scale = 1.0">
        <title>响应式网页设计</title>
        <style>
        * {                     /* 确定 padding 和 border 已经包含在元素宽度和高度内 */
            box - sizing: border - box;

        }
        .row::after{           /* 在整个 row 下面增加空格内容 */
            content: "";
            clear: left;
            display: table;
        }
           [class * = "col - "]{
            float: left;
            padding: 15px;
```

```
        width: 100%;
    }
    /*默认是手机屏幕*/
    @media only screen and (min-width:481px){
        .col-s-25{width: 25%;}
        .col-s-75{width: 75%;}
        .col-s-100{width: 100%;}
    }
    @media only screen and (min-width:769px){
        .col-s-25{width: 25%;}
        .col-s-50{width: 50%;}
    }
    html{
        font-family: Helvetica, sans-serif;
    }
    header{
        background-color: aqua;
        color: blue;
        padding: 15px;
    }
    .menu ul{
        margin: 0;
        padding: 0;
        list-style-type: none;
    }
    .menu li {
        background-color: deepskyblue;
        color: white;
        padding: 5px;
        margin-bottom: 5px;
        box-shadow: gray 1px 2px 2px;
    }
    .menu li:hover{
        background-color: darkblue;
    }
    aside{
        background-color:deepskyblue;
        color: white;
        padding: 15px;
        text-align: center;
        font-size: 15px;
        box-shadow: gray 3px 3px 3px;
    }
    footer{
        background-color: lightgray;
        color: blue;
        text-align: center;
        font-size: 18px;
        padding: 15px;
    }
    img{
        max-width: 100%;
        height: auto;
    }
    </style>
</head>
<body>
<header>
    <h1>深度学习</h1>
    <p>Deep Learning</p>
</header>
```

```
    <div class = "row">
        <nav class = "col - 25 col - s - 25 menu">
            <ul>
                <li> SEE Certificate </li>
                <li> JobExam </li>
                <li>计算机类书籍出版</li>
                <li>机器学习类书籍出版</li>
            </ul>
        </nav>
        <article class = "col - 50 col - s - 75">
            <h1>动手学深度学习</h1>
            <p>这是一本基于 Apache MXNet 的深度学习实战书籍,可以帮助读者快速上手并掌握使用深
度学习工具的基本技能。</p>
            <img src = "book.png" width = "300">
        </article>
        <div class = "col - 25 col - s - 100">
            <aside>
                <h2> SSE </h2>
                <p> Silicon Stone Education 国际认证领导品牌</p>
                <h2> JobExam </h2>
                <p>劳动部、金融研训院专业认证</p>
                <h2>信息图书</h2>
                <p>人工智能、计算机、深度学习、机器学习</p>
            </aside>
        </div>
    </div>
    <footer>
        <p>北京市丰台区成寿寺路 11 号</p>
    </footer>
        </body>
</html>
```

在 VSCode 中输入上述代码并在浏览器 Chrome 中打开运行，可以看到如图 4-19 所示的效果。

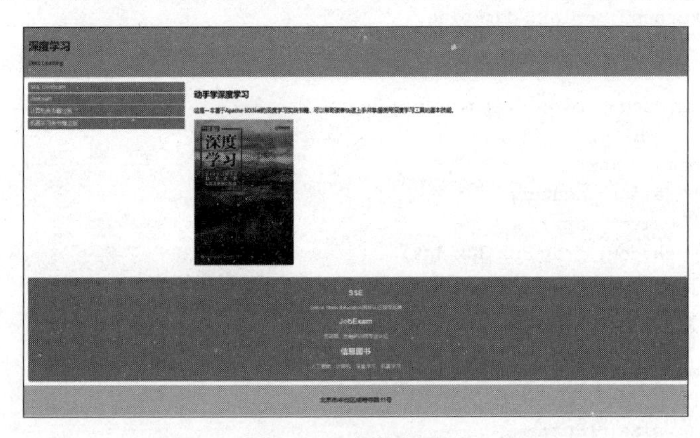

图 4-19 响应式网页

viewport 指的是屏幕分辨率，会因为所使用的设备而又不同的值。在设计响应式网页时，必须在< meta >元素内进行以下设定：

```
< meta name = "viewport" content = "width = device - width, initial - scale = 1.0">
```

其中，

- < meta >的值 viewport 将告诉浏览器如何控制页面尺寸和比例。
- width＝device-width，可以获得浏览设备的宽度分辨率。
- initial-scale＝1.0，可以设定在网页插入图案时的初始缩放比例。

第5章

JavaScript基础

在万维网发展的早期，HTML相当简单，所以对于网站开发者比较容易就能掌握设计网页的一般技能。随着Web的发展，页面设计人员还希望他们的页面能够与用户进行交互，很快HTML就显得不足以满足这一需求。JavaScript是由Netscape公司开发的介于Java与HTML之间、基于对象事件驱动的编程语言，因为它的开发环境简单，不需要Java编译器，而是直接运行在Web浏览器中，因而倍受Web设计者的喜爱。JavaScript的出现使得信息和用户之间不仅只是一种显示和浏览的关系，而是实现了一种实时的、动态的、可交互式的表达能力。

本章将继续循序渐进地介绍关于网页的基本技术，读者将了解JavaScript语言的一些基础知识，为后续的学习打下基础。如果读者已经对HTML、CSS和JavaScript相当熟悉，可以考虑跳过本章继续学习。

5.1 初识JavaScript

5.1.1 什么是JavaScript

1. JavaScript简介

对于一名即将开始学习Web前端技术的开发人员，不管你之前是否从事过其他编程语言的开发，都应至少听说过一门热门的开发语言称为Java。首先要搞清楚的一个问题就是：虽然JavaScript与Java有紧密的联系，并且名字中都有Java，但实际上却是不同公司开发的两个不同的产品。

Java是SUN公司推出的新一代面向对象的程序设计语言，特别适合于Internet应用程序开发，Java已经成为一种在服务器端编写代码的流行语言。JavaScript是Netscape公司的产品，其目的是扩展Netscape Navigator功能而开发的一种可以嵌入Web页面中的基于对象和事件驱动的解释性语言，它的前身是Live Script。用JavaScript可以做许多事情，比如借助它可以实现以下场景。

(1) JavaScript使用户可以创建活跃的用户界面，当用户在页面间导航时向他们提供反馈。例如，用户可能在一些站点上体验过，当鼠标指针停留在按钮上时，按钮会呈现突出的效果。

(2) 可以使用JavaScript来确保用户以表单形式输入有效的信息，从而可以节省业务时间和开支。如果表单需要进行计算，那么可以在用户本机上用JavaScript来完成，而不需要到任何服务器端进行处理。

(3) 使用JavaScript，根据用户的操作可以创建自定义的Web页面。假设正在访问一个旅行指南站点，当单击塞班作为旅游目的地时，可以在一个新窗口中显示最新的塞班旅游指南。JavaScript可以控制浏览器，所以可以实现打开新窗口、显示警告框以及在浏览器窗口的状态栏中显示自定义的消息等效果。

(4) JavaScript还可以处理表单，设置cookie，即时构建HTML页面以及创建基于Web的应用程序。

JavaScript是一种客户端语言，所以设计它的目的是在用户的机器上而不是在服务器上执行任务。因此JavaScript的开发有一些固有的限制：

(1) JavaScript 不允许写服务器机器上的文件。尽管写服务器上的文件在许多方面是很方便的(比如存储页面单击数或用户填写的表单数据),但是 JavaScript 不允许这么做。而是需要用服务器上的一个程序处理和存储这些数据,这个程序可以使用 Java、Perl 或 PHP 等其他语言编写。

(2) JavaScript 不能关闭不是由它自己打开的窗口。这是为了避免一个站点关闭其他任何站点的窗口,从而独占浏览器。

(3) JavaScript 不能从来自另一个服务器的已经打开的网页中读取信息。换句话说,网页不能读取已经打开的其他窗口中的信息,因此无法探察访问这个站点的冲浪者还在访问其他哪些站点。

2. JavaScript 基本特点

JavaScript 的基本特点如下。

(1) 解释性：JavaScript 不同于一些编译性的语言,如 C、C++等,它是一种解释性的语言,它的源代码不需要经过编译,而是在浏览器中运行时被解释。

(2) 基于对象：JavaScript 是一种基于对象的语言,它内置了多种对象并允许用户自己创建对象。

(3) 事件驱动：JavaScript 可以直接对用户的输入做出响应,无须经过 Web 服务程序,它对用户的响应,是以事件(如鼠标事件、键盘事件)驱动的方式进行的。

(4) 跨平台：JavaScript 是一种跨平台的语言,它依赖于浏览器本身,与操作系统无关。只要计算机能运行浏览器,并且浏览器支持 JavaScript 就可执行。

实现一个完整的 JavaScript 由 3 个不同的部分组成。

(1) 核心(ECMAScript)。它规定了 JavaScript 这门语言的一些组成部分：语法、类型、语句、关键字、保留字操作符、对象。它与 Web 浏览器之间没有依赖关系。

(2) 文档对象模型(DOM)。W3C 发布了一套 HTML 与 XML 文件使用的应用程序编程接口,即文档对象模型,其定义了网页文档结构的呈现。DOM 把整个页面映射为一个多层节点结构。DOM 通过创建树来表示文档,从而使开发者对文档的内容和结构具有空前的控制力。用 DOM API 可以轻松地删除、添加和替换节点。

(3) 浏览器对象模型(BOM)。BOM 提供了与网页无关的浏览器功能对象,可以对浏览器窗口进行访问和操作,由于没有相关的 BOM 标准,每种浏览器都有自己的 BOM 实现。

3. JavaScript 的开发工具

JavaScript 中可以使用的开发工具主要有两大类,一类是基本的文本编辑工具,另一类是专业可视化开发工具。

(1) 文本编辑工具：UltraEdit、Sublime Text、NodePad++等。

(2) 可视化的集成开发工具：Dreamweaver、NetBeans 等。

本章继续延续之前所采用的开发工具 VSCode(版本 1.53.2),浏览器使用 Google Chrome(版本 84.0.4147.89),相关安装及基本操作不再赘述。

4. 编写第一个 JavaScript 程序

你可能常会看到这样一种说法,JavaScript 被称为“脚本语言”(scripting language),这暗示着它更适合编写脚本而不是程序。实际上两者并没有本质的差异。JavaScript 脚本也是一种程序,它是包含在 HTML 页面内部(原先编写脚本的方式),或者驻留在外部文件中(现在的首选方法)。在 HTML 页面上,因为脚本文本包围在< script >标签中,所以它不会显示在用户的屏幕上,而 Web 浏览器知道应该运行 JavaScript 程序。

本章将不再介绍 HTML 的基本概念,如果你只需要简单回顾一下,请参考上一章提供的“目前需要了解的 HTML 基础知识”,其中列出的相关 HTML 标签,< script >标签常常放在 HTML 页面的< head >部分中,如示例 5-1 所示。但是也可以将脚本放在< body >部分中。

【示例 5-1】 在浏览器窗口中输出“Hello,World!”。

```
<! DOCTYPE html >
< html >
```

```
<head>
    <title>ch05-1</title>
    <script type="text/javascript"> window.onload = function()
    {
    document.getElementById("myMessage").innerHTML = "Hello,World!";
    }
    </script>
</head>
<body>
    <h1 id="myMessage">
    </h1>
</body>
</html>
```

最简单的方法将上述代码书写到记事本中并保存为htm或html文件，使用浏览器打开就能看到窗口中实现的效果，建议读者自行测试。执行后的效果如图5-1所示。

图5-1　示例5-1执行结果

5.1.2　JavaScript结构

JavaScript是Web开发人员必须学习的3门语言中的一门，这3门语言主要包括以下几项。

(1) HTML，定义了网页的内容。

(2) CSS，描述了网页的布局。

(3) JavaScript，实现了网页的行为。

在本节中将学习把脚本放在HTML中的什么位置，如何在脚本中编写注释，以及如何使用脚本与用户进行通信。将要涉及的HTML相关基础知识如表5-1所示。

表5-1　HTML5常用标签及描述

属　性	描　述	属　性	描　述
<!DOCTYPE>	定义文档类型	 	定义简单的折行
<html>	定义一个HTML文档	<a>	定义一个链接
<title>	为文档定义一个标题	<link>	定义文档与外部资源的关系
<body>	定义文档的主体	<head>	定义关于文档的信息
<h1>to<h6>	定义HTML标题	<meta>	定义关于HTML文档的元信息
<p>	定义一个段落		

1. 如何在网页中插入JavaScript代码

在书写JavaScript代码之前，首先要了解脚本基本结构，代码可以放在HTML页面上的两个位置：<head>和</head>标签之间(称为头脚本，header script)，或者<body>和</body>标签之间(体脚本，body script)。其次要知道，在HTML里书写JavaScript代码需要用<script>标签嵌入代码即可。基本结构如下：

```
<script>
…
</script>
```

JavaScript程序代码可以顺序执行或通过事件驱动，分别通过实例展示。

1) 顺序执行

【示例5-2】 程序代码放在<head>和</head>标签内。

```
<html>
<head>
```

```
<meta charset="utf-8">
<title>ch5-2</title>
    <script>
    alert("Hello,World!");
    </script>
</head>
<body>
    欢迎来到 JavaScript 的世界!
</body>
</html>
```

上述代码执行的结果如图 5-2 所示。

单击“确定”按钮后，浏览器页面显示如图 5-3 所示。

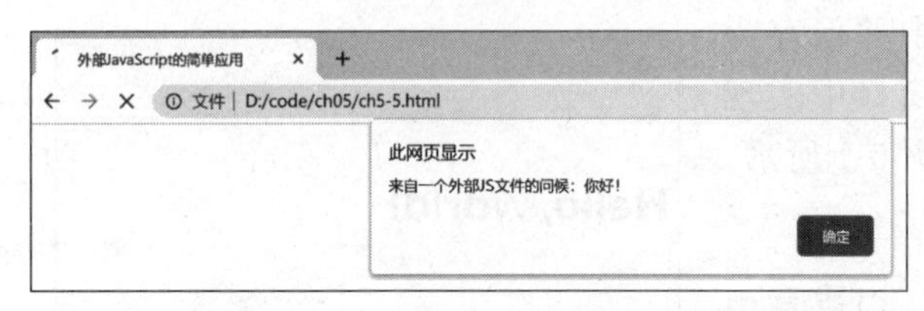

图 5-2 示例 5-2 执行结果 1

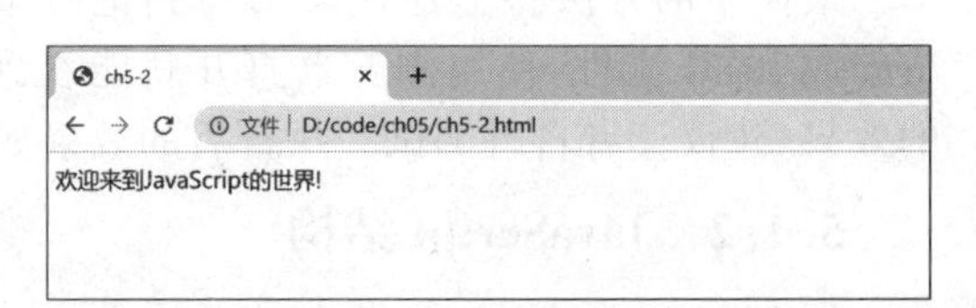

图 5-3 示例 5-2 执行结果 2

观察示例 5-2 的代码，有一个标出脚本的 HTML 容器标签，这个标签以< script >开头，这是 script 开始标签，告知浏览器后面的代码是 JavaScript 而不是 HTML；中间部分 JavaScript 的语句 alter("Hello, World!");实现的功能是弹出信息窗口，窗口会有说明信息和“确定”按钮，单击“确定”按钮后才能继续执行。

再来看第二种情况，将脚本放置在< body >和</body >标签之间。

【示例 5-3】 程序代码放在< body >和</body >标签内。

```
<html>
<head>
<meta charset="utf-8">
<title>ch5-3</title>
</head>
<body>
欢迎来到 JavaScript 的世界!
<script>
    alert("Hello,World!");
</script>
</body>
</html>
```

通过浏览器执行后的效果如图 5-4 所示。

图 5-4 示例 5-3 执行结果

在示例5-3中，程序代码被放到<body>标签里会按照网页加载顺序执行，浏览器先执行“欢迎来到JavaScript的世界！”，然后跳出“Hello，World！”的对话窗口。

2）事件驱动

有一种实际情况是这样的：浏览器读入网页后就会加载JavaScript程序代码，不过必须等到用户单击事件（如单击链接、单击鼠标左键、单击按钮）才会触发JavaScript程序的执行，可参考下面的示例5-4。

【示例5-4】 添加事件。

```
<html>
<head>
<meta charset = "utf - 8">
<title> ch5 - 4 </title>
    <script>
        function txt(){
            alert("欢迎来到 JavaScript 的世界!");
        }
    </script>
</head>
<body>
    <input type = "button" value = "打开窗口" onclick = "txt()">
</body>
</html>
```

在上述脚本中放置了一个按钮，并添加了onclick事件。当用户单击按钮时就会调用并执行txt()函数。当载入网页后并单击“打开窗口”按钮后，才会显示出对话窗口。浏览器执行结果如图5-5所示。

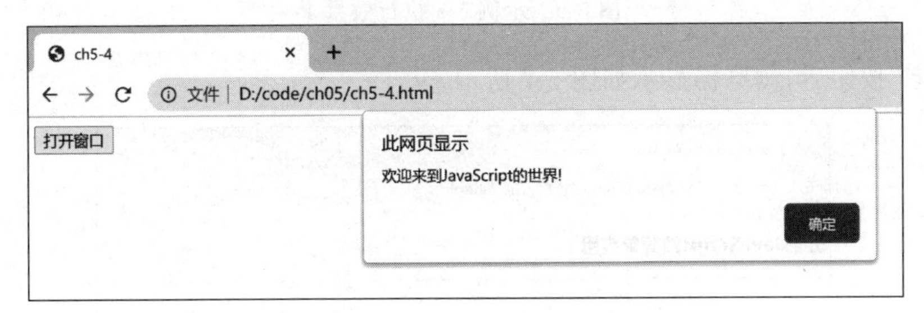

图5-5 示例5-4执行结果

2. 链接外部JS文件

在实际的开发网页过程中，经常会在不同文件中使用同一段程序代码，这时可以将程序代码保存成扩展名为js的文件，各个页面只需在script标签中添加src属性，就可以调用JS文件直接使用了。当需要对脚本进行修改时，只需修改.js文件，所有引用这个文件的HTML页面会自动响应修改。链接外部JS文件有以下3个优点。

(1) 程序代码可重复使用。

(2) HTML和JavaScript代码分离让文件更容易阅读和维护。

(3) 高速缓存的JavaScript文件有利了网页加载。

嵌入外部样式文件的语句如下：

```
<script src = "js 文件的路径/文件名"></script>
```

被嵌入的JS文件不加入<script></script>标签，同样可以利用记事本类的文字编辑工具编写程序。可参考下面的实例：在第一个外部脚本中，示例5-5中标注了引用外部文件的HTML，示例5-6是外部的JS文件。

【示例 5-5】 外部 JavaScript 的简单应用。

```
<!DOCTYPE html>
<html>
<head>
<meta charset="utf-8">
<title>外部 JavaScript 的简单应用</title>
<!-- 外部 JavaScript 文件引用的部分 -->
<script src="js/myFirstScript.js"></script>
</head>
<body>
<h3>外部 JavaScript 的简单应用</h3>
<hr />
</body>
</html>
```

【示例 5-6】 一个外部 JavaScript 文件——myFirstScript.js。

```
alert("来自一个外部 JS 文件的问候：你好!");
```

执行示例 5-5 后的结果如图 5-6 所示。

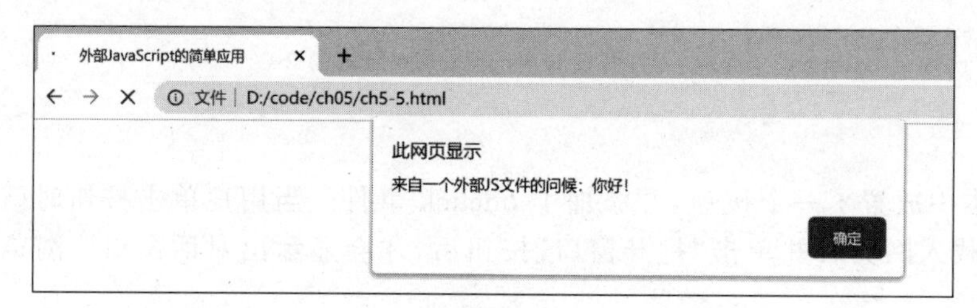

图 5-6 示例 5-5 执行效果 1

单击“确定”按钮后，浏览器显示如图 5-7 所示。

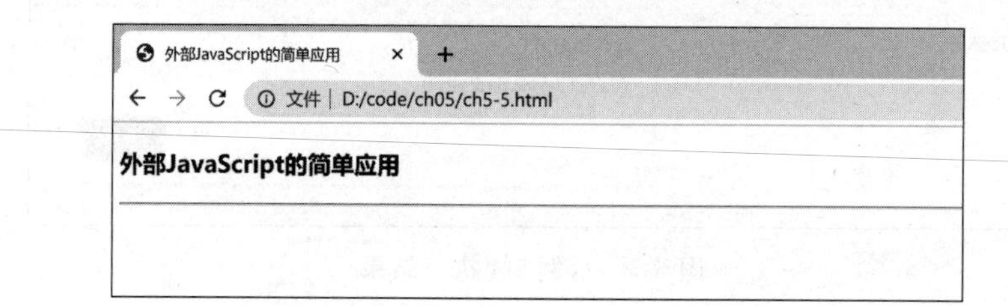

图 5-7 示例 5-5 执行效果 2

5.2 JavaScript 语言基础

简单来说，“程序”就是告诉计算机用哪些数据按照指令完成操作。这些数据会存储在内存中，为了方便识别，称其为“变量”。为了避免浪费内存空间，每个数据会按照需求给定不同的内存大小，因此有了“数据类型”的分类从而加以规范。本节学习 JavaScript 的相关语法内容。

5.2.1 语法

编写 JavaScript 程序有以下 3 个注意事项。

1. 英文字母区分大小写

JavaScript 区分大小写，无论是函数还是变量都要区分，例如 hello、Hello 和 HELLO 对 JavaScript 来说是不同的。大部分语句都使用小写，有些函数会使用大写，例如日期声明 new Date() 不能写成 new date()。

2. 结尾分号

编写 JavaScript 程序时一般会在每行语句结尾加上分号(;),表示一条完整语句的结束,不过这不是硬性规定,程序结尾不加分号仍可以正常执行,为了程序的易读性以及后续网站的维护,建议在每一行语句结尾加上分号。一种情况除外,即将程序语句写在同一行时必须用分号(;)隔开,例如 x=1; y=2。

3. 注释

JavaScript 的注释分为“单行注释”和“多行注释”。单行注释使用双斜线(//),多行注释则使用斜线星号(/ * …… * /)。例如:

```
<script>
//这是单行注释
/* 这是多行注释
程序编写者:××
编写日期:20200228
功能:××××
 */
</script>
```

5.2.2 变量与常数

程序设计语言的数据类型按照类型检查方式可区分为静态类型与动态类型。静态类型在编译时会检查类型,因此使用变量前必须进行明确的类型声明,执行时不能任意更改变量的类型,像 Java、C 语言就属于这类语言。例如,声明变量 number 为 int 整数类型,默认值是 10,当 number 的值改为字符串“world”时,在编译阶段就会因类型不符而造成编译失败。动态类型在编译程序不会事先进行类型检查,而是在执行时按照具体的值决定类型,因此变量使用前不需声明类型,同一个变量还可以指定不同类型的值,JavaScript 就属于这种动态类型。例如,声明变量 number 的默认值是 10,当 number 的值改为字符串“world”时,自动转换类型。几乎在学习所有计算机语言之初需要了解的就是变量的概念。

在代数中,使用字母来保存值,如“x=5,y=6”。通过表达式“z=x+y”,我们能够计算出 z 的值为 11。与代数一样,JavaScript 变量可用于存放值(如 x=5)和表达式(如 z=x+y)。变量可以使用短名称(如 x 和 y),也可以使用描述性更好的名称(如 age、sum、totalnum)。JavaScript 使用关键词 var 定义变量,用 const 定义常数。

变量与常数都会有独一无二的名称,称为“标识符”。标识符通常具有描述性,最好能“见名知意”。标识符需注意的命名规则如下。

(1) 可以包括字母(大小写均可)、数字 0~9 和下划线。

(2) 不能有空格和其他标点符号。

(3) 第一个字符必须是字母或者下划线。

(4) 对大小写敏感(如 Num 和 num 是不同的变量)。

(5) 长度没有限制,但必须放置在一行内。

变量与常数的区别如下。

1. 常数

常数是指在程序里不变的值(如税率、圆周率),名称通常以大写命名,以便与变量区分。常数的值一旦被定义就无法改变。声明常数使用关键词 const,语句如下:

```
const 常量名称;
```

常数同样可以在声明时指定初始值,例如:

```
const PI = 3.1415926
```

2. 变量

声明变量使用关键词 var，语句如下：

```
var 变量名称;
```

声明变量后，变量是空的，可以在声明变量时指定初始值，语句如下：

```
var number = 10;
```

下面来看一个例题。

【示例 5-7】 JavaScript 变量的简单应用。

```
<!DOCTYPE html>
<html>
<head>
<meta charset="utf-8">
  <title>JavaScript 变量的简单应用</title>
</head>
<body>
    <h3>JavaScript 变量的简单应用</h3>
    <hr/>
  <script>
    var msg = "Hello JavaScript!";          //声明变量 msg
    alert(msg);                             //在 alert()方法中使用变量 msg
  </script>
</body>
</html>
```

执行结果如图 5-8 所示。

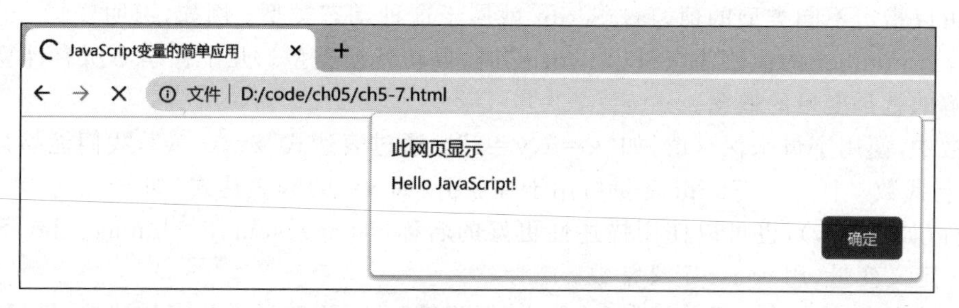

图 5-8 示例 5-7 执行效果 1

单击“确定”按钮后，浏览器显示如图 5-9 所示。

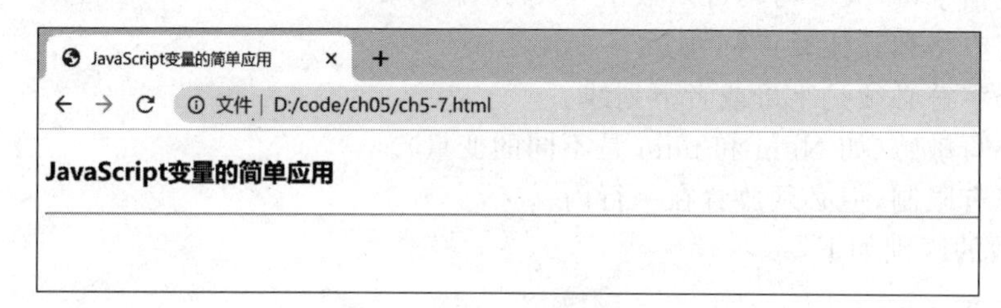

图 5-9 示例 5-7 执行效果 2

5.2.3 基本数据类型

虽然 JavaScript 不需要声明变量的数据类型，但是自动转换类型有时会造成不可预期的错误，类型悄无声息地转换会让调试更加困难。所以必须首先熟悉 JavaScript 的数据类型，才能避免出现类型转换的错误。

JavaScript 中的基本数据类型：数值、字符串、布尔、Null、Undefined；特殊的复合类型 Object 类型，基本对象类型又包括函数、数组、日期和自定义对象。

首先来认识基本数据类型，它是学习 JavaScript 的基础。

1. Number（数值）

JavaScript 不区分整数与浮点数，所有数字都采用 IEEE754 双精确度 64 位格式存储，IEEE754 标准的浮点数不能精确地表示小数，所以在进行小数点运算时必须小心，例如，“vara＝0.1＋0.2;”a 的值不等于 0.3，而是 0.30000000000000004。这不是 JavaScript 独有的问题，是所有程序设计语言的浮点数运算都会存在的精确度问题。这是因为，计算机只认识“0”和“1”，在将十进制转换成二进制运算时会产生精确度误差，大多数程序设计语言已经针对精确度问题进行了处理，而 JavaScript 必须手动排除这个问题。当然这对运算结果的影响微乎其微，如果想避免这样的问题，有两种方式可以尝试。

（1）将数值比例放大，变成非浮点数，运算后再除以放大的倍数，例如：

```
var a = (0.1 * 10 + 0.2 * 10) / 10;
```

（2）使用内建的 toFixed 函数强制取得小数点的指定位数，例如：

```
a. toFixed(1);
```

经过上述处理之后得到的值就会是 0.3。

当然也可以利用内建的 parselnt()函数将字符串转换成整数。字符串以“0x”开头，parselnt()会解析为十六进制的整数；字符串以 0 开头会解析为八进制的整数；1～9 开头则解析为十进制的整数。函数的第二个参数可设置进位制，例如将字符串 19 强制转换为十进制的整数：

```
parseInt("19",10);
```

【示例 5-8】 JavaScript 转换整数类型的简单应用。

```
<!DOCTYPE html>
<html>
<head>
<meta charset = "utf - 8">
<title>JavaScript 转换整数类型的简单应用</title>
</head>
<body>
  <h3>JavaScript 转换整数类型的简单应用</h3>
  <hr />
<p>
  var x = "3.99";
</p>
<script>
  var x = "3.99";                                               //初始化变量 x
  var result1 = x + 1;                                          //直接使用 + 号
  var result2 = parseInt(x) + 1;                                //转换为整数后使用 + 号
  alert("x + 1 = " + result1 + "\nparseInt(x) + 1 = " + result2); //输出结果
</script>
</body>
</html>
```

浏览器执行后的结果如图 5-10 和图 5-11 所示。

2. 字符串

简单来说，字符串就是字符的组合，用一对双引号（“”）或单引号（‘’）把字符括起来，例如‘Hello’“test”“123”“执行者 turbo”等都是字符串。我们可以把字符串当作字符串对象来使用，JavaScript 会自动把字符串转换成字符串对象，这样就可以使用对象的属性和方法，例如：

图 5-10　示例 5-8 执行效果 1

图 5-11　示例 5-8 执行效果 2

```
var mystring = "Hello,World!";
document. write(mystring. length);        //Length 是字符串对象的属性,用来得知字符串的长度
```

【示例 5-9】 JavaScript 获取字符串长度。

```
<!DOCTYPE html>
<html>
    <head>
        <meta charset = "utf - 8">
        <title>JavaScript 获取字符串长度</title>
    </head>
    <body>
        <h3>JavaScript 获取字符串长度</h3>
        <hr />
        <script>
            var msg = "Hello JavaScript!你好,JS!";
            var len = msg. length;
            alert("Hello JavaScript! 你好,JS!的字符串长度为:" + len);
    </script>
    </body>
</html>
```

浏览器执行后的结果如图 5-12 所示。

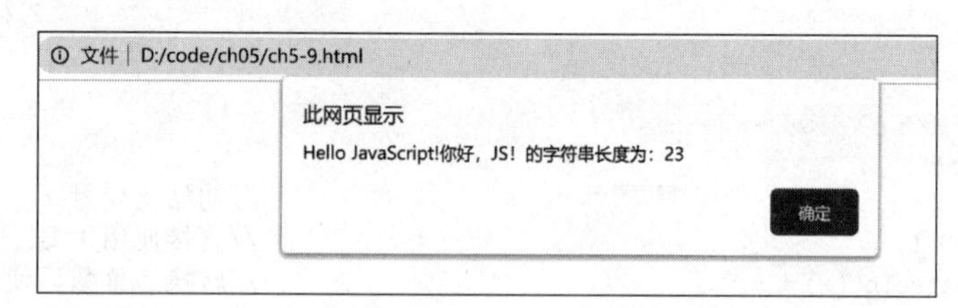

图 5-12　示例 5-9 执行效果

字符串对象常见的属性和方法分别如表 5-2、表 5-3 所示。

表 5-2　字符串对象的属性

属　　性	描　　述
constructor	对创建该对象的函数的引用
length	字符串的长度
prototype	允许向对象添加的属性和方法

表 5-3 字符串对象的常见方法

方 法	描 述
charAt()	返回指定索引位置的字符
charCodeAt()	返回指定索引位置字符的 Unicode 值
concat()	连接两个或多个字符串,返回连接后的字符串
indexOf()	返回字符串中检索指定字符第一次出现的位置
lastIndexOf()	返回字符串中检索指定字符最后一次出现的位置
search()	检索与正则表达式相匹配的值
slice()	提取字符串的片断,并在新的字符串中返回被提取的部分
split()	把字符串分割为子字符串数组
valueOf()	返回某个字符串对象的原始值

3. 布尔

Boolean 只有两个值：true(真)或 false(假),任何值都可以被转换成布尔值。

注意：false、0、空字符串("")、NaN、null 及 undefined 都会成为 false,其他值会成为 true。

【示例 5-10】 用 Boolean()函数将值转换成布尔值。

```
<!DOCTYPE html>
<html>
<head>
<meta charset="utf-8">
<title>JavaScript Boolean类型的简单应用</title>
</head>
<body>
    <h3>JavaScript Boolean类型的简单应用</h3>
    <hr/>
    <script>
    var x1 = Boolean("hello");
    var x2 = Boolean(999);
    var x3 = Boolean(0);
    var x4 = Boolean(null);
    var x5 = Boolean(undefined);
    alert("hello:" + x1 + "\n999:" + x2 + "\n0:" + x3 + "\nnull:" + x4 + "\nundefined:" + x5);
    </script>
</body>
</html>
```

执行结果如图 5-13 所示。

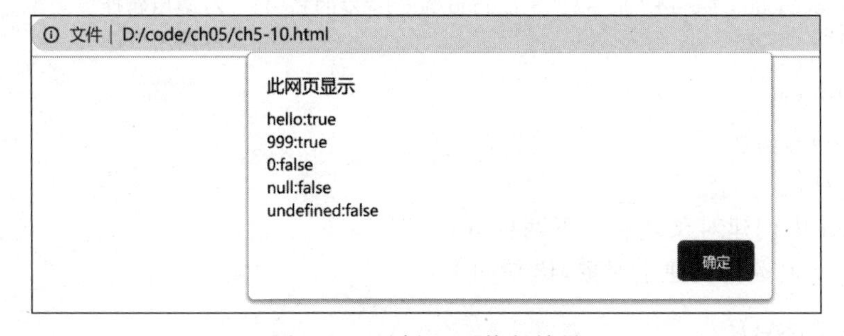

图 5-13 示例 5-10 执行效果

4. null 和 undefined

在 JavaScript 里,null(空)与 undefined(未定义)看起来都表示无值,事实上差异很大。null(空)是 object 类型的对象,表示无值；undefined(未定义)是 undefined 类型的对象,表示不存在的变量或未初始化的值。

例如，声明一个变量而未指定值，该变量类型就是 undefined。使用 typeof()函数可以得知对象的类型，语句如下：

```
typeof(null);           //返回 object
typeof(undefined);      //返回 undefined
```

5.2.4 基本对象类型

对象是 JavaScript 中特殊的数据类型，JavaScript 的对象可分为以下 3 类。

(1) 内建的对象，例如 Date(日期)、Math(数学)、Array(数组)、String(字符串)。

(2) 根据 HTML 文件结构创建的文档对象模型(Document Object Model，DOM)，如 window、document。

(3) 用户自定义的对象。

对象是一堆"名称与数值的组合"，对象的外观、特征可以使用属性(Attribute)描述，方法(Method)能让对象产生特定的行为(动作或操作)，理解对象的概念对于学习编程语言有着重要的意义。举例来说，我们想要制作一个名称为 cat(猫)的对象，并且定义两个属性名称(Name、Age)和一个方法(run)：

```
var cat = function(catName,catAge){
this.Name = catName;                                  //属性
this.Age = catAge;                                    //属性
this.run = function(){
document.write("<br>它跑走了!");                      //方法
};
};
```

其中，function 称为构造函数，var cat＝function()和 function cat()的作用相同，this 关键词代表当前的对象，对象创建完成后可以使用 new 关键词对对象进行实例化操作。例如，实例化一只名为"火锅"的 2 岁的小猫：

```
varhuoguo = new cat("huoguo",2);
```

需要注意的是，"new"与"this"这两个关键词经常一起使用。"new"的作用是创建一个新对象并调用构造函数，函数里的 this 指向新对象。这样无论构造函数被谁调用，都增强了程序编写的方便性和可读性。huoguo 对象实例化完成后就可以使用点(.)来调用对象的属性与方法。由于方法是匿名函数，因此必须用对括号调用，语句如下：

```
document.write(huoguo.Name + "是一只" + huoguo.Age + "岁的猫");  //调用属性
huoguo.run();                                                   //调用方法
```

执行结果如下：

```
huoguo 是一只 2 岁的猫
huoguo 它跑走了!
```

在 JavaScript 中创建对象还有以下两种方式。

(1) 使用 new 关键词创建空对象，语句如下：

```
var obj = new Object();
```

其中，Object 的 O 必须大写，空对象创建完成后同样可以访问其属性和方法。

下面同样以 cat 为例加入 name 属性和 run 方法，写法如下：

```
var cat = new Object();
cat.name = "huoguo";
```

```
cat.run = function(){
return"<br>它跑走了!";      //return 关键词,用途是返回值给调用者
};
```

对象的属性也可以用下面的方式存取:

```
cat ["name"] = "huoguo";var name = cat ["name"];
```

(2) 使用大括号{}创建空对象,语句如下:

```
var obj = {};
```

也可以一次把对象初始化,例如:

```
var cat = {
name:"huoguo",
details:{                    //details 属性也是对象,并有自己的属性 color 和 age
colour:"gray",
age:2}
};
```

1. 日期

JavaScript 并没有现成的日期函数可供使用,必须在声明日期对象(Date)后,调用方法设置、获取日期和时间,声明方式如下:

```
var today = new Date();
```

括号内可以输入多种参数,如果没有提供参数,就直接获取计算机当前的日期与时间,参数可以是下面任意一种形式。

(1) 月、日、年、时:分:秒(字符串),例如 new Date("February 20,2020 13:30:00")。

(2) 月份可用缩写,例如 February 可用 Feb 代替。

(3) 年-月-日(字符串),例如 new Date("2020-02-20")。

(4) 年/月/日(字符串),例如 new Date("2020/02/20")。

(5) 年、月、日(整数),例如 new Date(2020,1,20)。

(6) 年、月、日、时、分、秒(整数),例如 new Date(2020,1,20,13,30,0)。

创建 Date 对象后就可以用 set 方法与 get 方法设置与获取时间。Date 对象有许多种方法可以使用,常用方法如表 5-4 所示。如需具体使用方法请参考 JavaScript 官网的相关文档。

表 5-4 Date 对象常用方法表

方法	描述
getDate()	从 Date 对象返回一个月中的某一天 (1～31)
getDay()	从 Date 对象返回一周中的某一天 (0～6)
getFullYear()	从 Date 对象以四位数字返回年份
getHours()	返回 Date 对象的小时 (0～23)
getMinutes()	返回 Date 对象的分钟 (0～59)
getMonth()	从 Date 对象返回月份 (0～11)
getSeconds()	返回 Date 对象的秒数 (0～59)
setDate()	设置 Date 对象中月的某一天 (1～31)
setFullYear()	设置 Date 对象中的年份(四位数字)
setHours()	设置 Date 对象中的小时 (0～23)
setMinutes()	设置 Date 对象中的分钟 (0～59)
setMonth()	设置 Date 对象中月份 (0～11)
setSeconds()	设置 Date 对象中的秒钟 (0～59)

【示例 5-11】 Date 对象的简单应用。

```
<!DOCTYPE html>
```

```
<html>
<head>
<meta charset = "utf - 8">
<title> JavaScript Date 对象的简单应用</title>
</head>
<body>
<h3> JavaScript Date 对象的简单应用</h3>
<hr />
<script>
  var date  = new Date();                //获取当前日期时间对象
  var year  = date.getFullYear();        //获取年份
  var month  = date.getMonth() + 1;      //获取月份
  var day = date.getDate();              //获取天数
  var week  = date.getDay();             //获取星期数
  alert("当前是" + year + "年" + month + "月" + day + "日,星期" + week);
</script>
</body>
</html>
```

执行结果如图 5-14 所示。

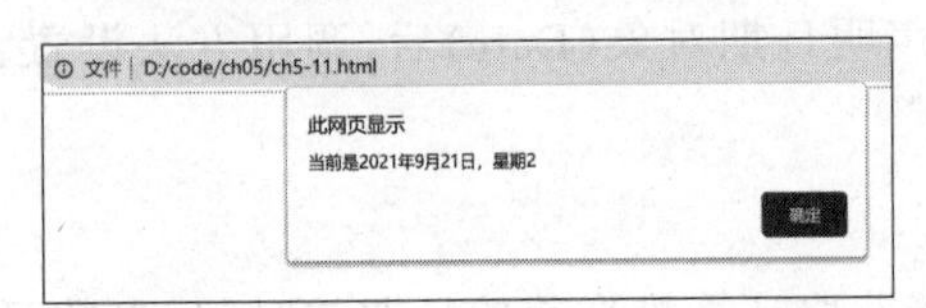

图 5-14　示例 5-11 执行效果

2. 数学

在 JavaScript 已经预先定义好了 Math 对象，提供了许多数学常数、函数的属性和方法，使用时不需要使用 new 关键词创建对象，直接在开头加上 Math 就可以操作 Math 的属性和方法。表 5-5 和表 5-6 分别是 Math 对象的属性和方法。

表 5-5　Math 对象的属性

属　性	描　述
E	返回算术常量 e,即自然对数的底数(约等于 2.718)
LN2	返回 2 的自然对数(约等于 0.693)
LN10	返回 10 的自然对数(约等于 2.302)
LOG2E	返回以 2 为底 e 的对数(约等于 1.4426950408889634)
LOG10E	返回以 10 为底 e 的对数(约等于 0.434)
PI	返回圆周率(约等于 3.14159)
SQRT1_2	返回 2 的平方根的倒数(约等于 0.707)
SQRT2	返回 2 的平方根(约等于 1.414)

表 5-6　Math 对象的常用方法

方　法	描　述	方　法	描　述
abs(x)	返回 x 的绝对值	round(x)	四舍五入
acos(x)	返回 x 的反余弦值	log(x)	返回数的自然对数(底为 e)
asin(x)	返回 x 的反正弦值	max(x,y,z,…,n)	返回 x,y,z,…,n 中的最高值
sin(x)	返回数的正弦	min(x,y,z,…,n)	返回 x,y,z,…,n 中的最低值
cos(x)	返回数的余弦	pow(x,y)	返回 x 的 y 次幂
tan(x)	返回角的正切	random()	返回 0～1 的随机数

通过下面的示例可以更清楚地了解 Math 对象的用法。

【示例 5-12】　avaScript Math 对象的简单应用。

```
<!DOCTYPE html>
<html>
<head>
<meta charset = "utf - 8">
<title> JavaScript Math 对象的简单应用</title>
```

```
</head>
<body>
  <h3>JavaScript Math 对象的简单应用</h3>
  <hr />
  <p>
  已知球体半径为 100m,使用 Math 对象计算球体的体积。
  <br>
  公式:V = 4/3πR<sup>3</sup>
  </p>
<script>
    var R = 100;                                                  //初始化球体半径
    var V = 4/3 * Math.PI * Math.pow(R,3);                        //计算球体的体积
    alert("半径为 100 的球体体积是:" + Math.round(V) + "m?");     //四舍五入后显示计算结果
</script>
</body>
</html>
```

执行结果如图 5-15 所示。

单击“确定”之后,浏览器的执行效果如图 5-16 所示。

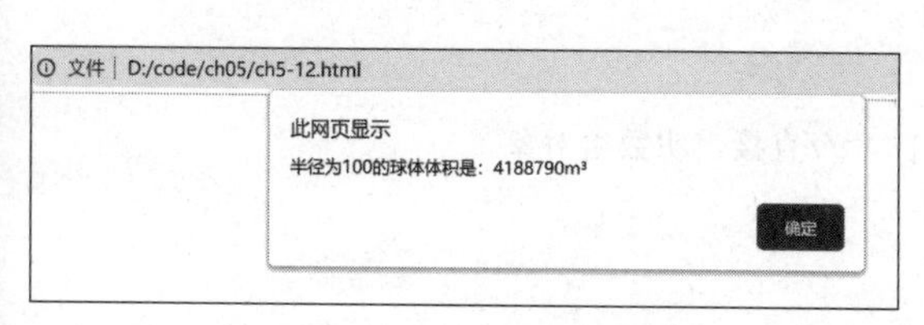

图 5-15　示例 5-12 执行效果 1

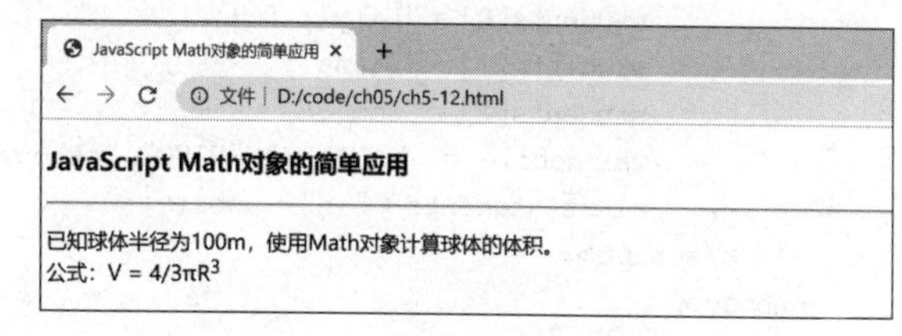

图 5-16　示例 5-11 执行效果 2

3. 数组

数组可以用来存储数据,数组内的数据为该数组的元素(element),数组内的数据项数为该数组的长度(length)。对 JavaScript 来说,数组是一种特殊的对象,数组和对象的处理方式几乎相同,都可以有属性和方法。数组的声明方式可以使用数组实体或 Array 构造函数创建,以下 3 种方式都可以创建数组:

```
var animals = ["cat","dog","rabbit"];
var animals = new.Array("cat","dog","rabbit");
var animals = Array("cat","dog","rabbit");
```

在声明数组之后就可以存取数组内的数据,取得数组中数据的方式如下:

数组名[下标值]

其中,下标值(index,也称为索引值)是指数组内数据的位置,从 0 开始。例如,想取得 animals 数组中的第二项数据 dog,可以这样表示:animals[1]。数组对象常用的方法如表 5-7 所示。

表 5-7　Array 对象的常用方法

方　法	描　述
concat()	连接两个或更多的数组,并返回结果
copyWithin()	从数组的指定位置复制元素到数组的另一个指定位置中
fill()	使用一个固定值来填充数组
filter()	检测数值元素,并返回符合条件所有元素的数组
find()	返回符合传入测试(函数)条件的数组元素
findIndex()	返回符合传入测试(函数)条件的数组元素索引

续表

方　　法	描　　述
indexOf()	搜索数组中的元素，并返回它所在的位置
map()	通过指定函数处理数组的每个元素，并返回处理后的数组

【示例 5-13】 Array 对象的简单应用。

```
<!DOCTYPE html>
<html>
<head>
<meta charset="utf-8">
<title>JavaScript Array 对象的简单应用</title>
</head>
<body>
        <h3>JavaScript Array 对象的简单应用</h3>
    <hr />
    <script>
        var students = new Array();                    //使用 new Array()构建数组对象
        students[0] = "Lily";
        students[1] = "Diana";
        students[2] = "Sam";
        var mobile = [" HUAWEI","VIVO","iPhone"];   //直接声明数组对象
        alert(students + "\n" + mobile);
    </script>
</body>
</html>
```

执行结果如图 5-17 所示。

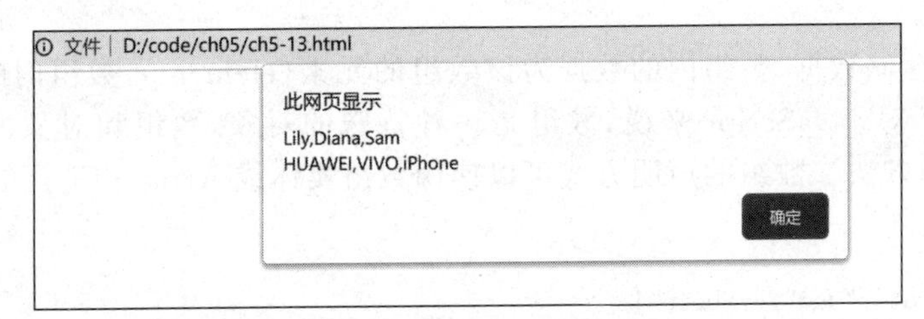

图 5-17　示例 5-13 执行效果

5.2.5　表达式和运算符

程序在执行过程中默认会以编写的顺序执行，我们可以通过一些逻辑改变程序执行的流程。流程控制需要进行一些逻辑运算，需要用到运算符，而表达式是变量、常量、布尔及运算符的组合。

运算符可以分为算术运算符、比较运算符、赋值运算符、逻辑运算符等。表 5-8～表 5-11 中列出了 JavaScript 中的运算符和相关表达式的运算及结果。

表 5-8　算术运算符

运　算　符	描　　述	举　　例	x 运算结果	(给定 y=5)y 运算结果
+	加法	x=y+2	7	5
−	减法	x=y−2	3	5
*	乘法	x=y * 2	10	5
/	除法	x=y/2	2.5	5
%	取模(余数)	x=x%2	1	5
++	自增	x=++y	6	6
		x=y++	5	6

续表

运 算 符	描 述	举 例	x 运算结果	(给定 y=5)y 运算结果
--	自减	x=--y	4	4
		x=y--	5	4

表 5-9 赋值运算符

运 算 符	举 例	等 价 于	(给定 y=5,y=10)运算结果
=	x=y		x=5
+=	x+=y	x=x+y	x=15
-=	x-=y	x=x-y	x=5
*=	x*=y	x=x*y	x=50
/=	x/=y	x=x/y	x=2
%=	x%=y	x=x%y	x=0

表 5-10 比较运算符

运 算 符	描 述	比 较	(给定 x=5)返回值
==	等于	x==8	false
		x==5	true
===	绝对等于(值和类型均相等)	x==="5"	false
		x===5	true
!=	不等于	x!=8	true
!==	不绝对等于(值和类型有一个不相等,或两个都不相等)	x!=="5"	true
		x!==5	false
>	大于	x>8	false
<	小于	x<8	true
>=	大于或等于	x>=8	false
<=	小于或等于	x<=8	true

表 5-11 逻辑运算符

<table>
<tr><th>运 算 符</th><th>描 述</th><th>举例(给定 x=6,y=3)</th></tr>
<tr><td>&&</td><td>and</td><td>(x < 10 && y > 1) 为 true</td></tr>
<tr><td>||</td><td>or</td><td>(x==5 || y==5) 为 false</td></tr>
<tr><td>!</td><td>not</td><td>!(x==y) 为 true</td></tr>
</table>

5.3 函数

在 5.2 节中已经介绍了构造函数创建对象的方法。事实上,JavaScript 函数被视为第一级对象(First-ClassObject),因为该函数拥有属性与方法,也可以传入参数或返回结果。

通常,我们将可以重复使用的程序代码写成函数,这样不但可以使程序变得更精简,而且不必重复编写程序代码,节省程序开发的时间。函数的操作有定义函数和调用函数两个步骤。函数由关键字 function 加上函数名组成。函数名后面是圆括号,再后面是左花括号。组成函数内容的语句出现在后面的行上,然后用右花括号结束这个函数。

函数的语法形式如下:

```
function 函数名([参数 1,参数 2,...])
{
...//JavaScript 语句
```

```
…
[return(返回值)]//有返回值时才需要
}
```

每个函数必须有一个名称(除了一个非常少见的例外)，并可被脚本的其他部分调用。在脚本运行期间，可以根据需要调用函数任意次。使用 function 关键字声明函数在执行时就产生与函数同名的对象，函数声明后不会立即执行，会在需要时调用函数。使用括号()运算符就可以调用函数，语法格式如下：

```
函数名(传入值 1,传入值 2,...)
```

【示例 5-14】 函数的简单调用。

```
<html>
<head>
    <meta charset = "utf - 8">
    <title>ch5 - 14 </title>
    <script>
        function sum(x, y)
        {
            return x + y;
        }
    alert(sum(7,7));
    </script>
</head>
</html>
```

在执行网页时会调用 sum()函数并传入 x=7、y=7，返回值等于 14。执行后的结果如图 5-18 所示。

【示例 5-15】 带返回值的函数调用。

```
<!DOCTYPE html>
<html>
    <head>
        <meta charset = "utf - 8">
        <title>JavaScript 带有返回值函数的应用</title>
    </head>
    <body>
        <h3>JavaScript 带有返回值函数的应用</h3>
        <hr />
        <p>
            在 JavaScript 中自定义 max 函数用于比较两个数的大小并给出较大值。
        </p>
        <script>
        function max(x1, x2){
            if(x1 > x2) return x1;
            else return x2;
        }
        alert("10 和 99 之间的最大值是:" + max(10,99));
        </script>
    </body>
</html>
```

在脚本中自定义 max 函数，该函数用于比较两个数值之间的大小，返回其中较大的数。执行后的结果如图 5-19 所示。

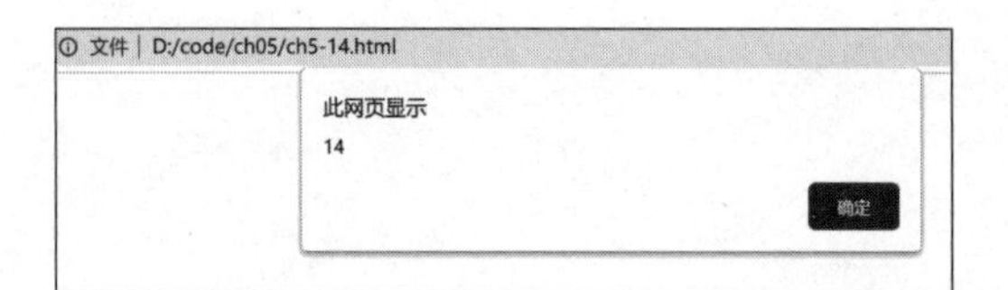

图 5-18　示例 5-14 执行效果

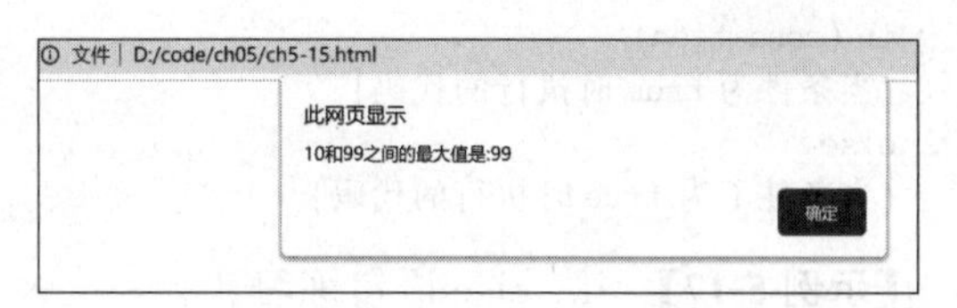

图 5-19　示例 5-15 执行效果

5.4　JavaScript 语句

5.4.1　条件语句

在 JavaScript 中使用条件语句实现的是在不同的情况时执行不同的操作。通常在写代码时总是需要为不同的决定来执行不同的动作，这种情况下可以在代码中使用条件语句来完成该任务。在 JavaScript 中，可以使用以下条件语句。

(1) if 语句：只有当指定条件为 true 时，使用该语句来执行代码。基本语法格式如下：

```
if(condition)
{
当条件为 true 时执行的代码
}
```

提示：务必使用小写的 if。使用大写字母(IF)会生成 JavaScript 错误！请注意，在这个语法中，没有...else...，且浏览器只有在指定条件为 true 时才执行代码(该脚本的实际效果和此刻你执行它的时间有关)。

【示例 5-16】 if 语句练习。

```
<!DOCTYPE html>
<html>
<head>
<meta charset = "utf-8">
<title>ch5-16</title>
</head>
<body>
    <p>如果时间早于 20:00,会获得问候“Good day”。</p>
    <button onclick = "myFunction()">点击这里</button>
    <p id = "demo"></p>
    <script>
        function myFunction(){
            var x = "";
            var time = new Date().getHours();
        if (time < 20)
        {
        x = "Good day";
        }
    document.getElementById("demo").innerHTML = x;
    }
    </script>
</body>
</html>
```

执行结果如图 5-20 所示。

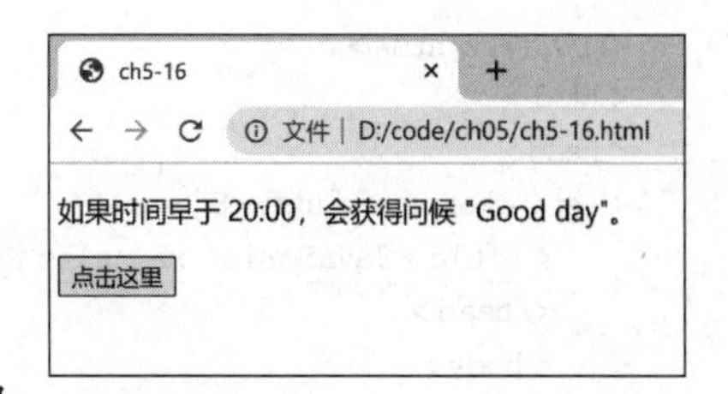

图 5-20　示例 5-16 执行效果

(2) if...else 语句：当条件为 true 时执行代码，当条件为 false 时执行其他代码。基本语法格式如下：

```
if (condition)
{当条件为 true 时执行的代码}
else
{当条件不为 true 时执行的代码}
```

【示例 5-17】 if...else 语句练习。

```
<! DOCTYPE html >
< html >
< head >
< meta charset = "utf - 8">
< title > ch5 - 17 </title >
</head >
< body >
    < p >单击这个按钮,获得基于时间的问候。</p >
    < button onclick = "myFunction()">单击这里</button >
    < p id = "demo"></p >
        < script >
            function myFunction()
        {
            var x = "";
            var time = new Date().getHours();
            if (time < 20){
            x = "Good day";
        }
            Else
            {
            x = "Good evening";
            }
            document.getElementById("demo").innerHTML = x;
        }
</script >
</body >
</html >
```

执行结果如图 5-21 所示。

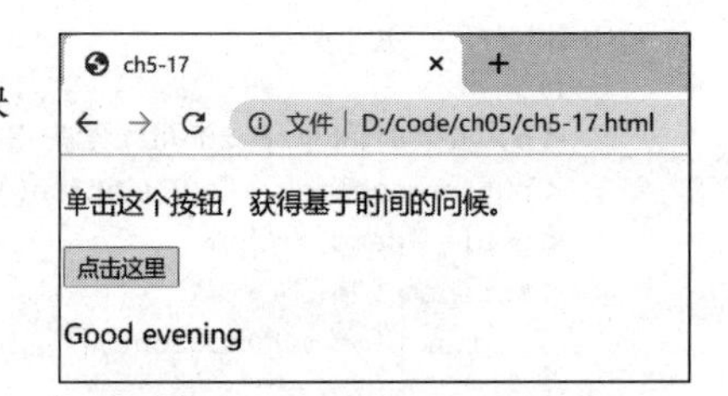

图 5-21　示例 5-17 执行效果

(3) if...else if...else 语句：使用该语句选择多个代码块之一来执行。基本语法结构如下：

```
if (condition1)
{当条件 1 为 true 时执行的代码}
else if (condition2)
{当条件 2 为 true 执行的代码}
else
{当条件 1 和条件 2 都不为 ture 时执行的代码}
```

【示例 5-18】 if...elseif...else 语句的简单应用。

```
<! DOCTYPE html >
< html >
< head >
< meta charset = "utf - 8">
    < title > JavaScript if - else 语句的简单应用</title >
    </head >
    < body >
    < h3 > JavaScript if - else 语句的简单应用</h3 >
    < hr />
    < p >
```

```
    使用 if...else if...else 语句判断今天是星期几。
    </p>
        <script>
            var date = new Date();              //获取当前日期时间对象
            var day = date.getDay();            //获取当前是一周中的第几天(0～6)
            if(day == 1)                        //使用 if 语句判断星期几
        {
            alert("今天是星期一。");
        }else if(day == 2){
            alert("今天是星期二。");
        }else if(day == 3){
            alert("今天是星期三。");
        }else if(day == 4){
            alert("今天是星期四。");
        }else if(day == 5){
            alert("今天是星期五。");
        }else if(day == 6){
            alert("今天是星期六。");
        }else if(day == 0){
            alert("今天是星期日。");
        }
  </script>
  </body>
  </html>
```

以上代码的执行结果如图 5-22 所示。

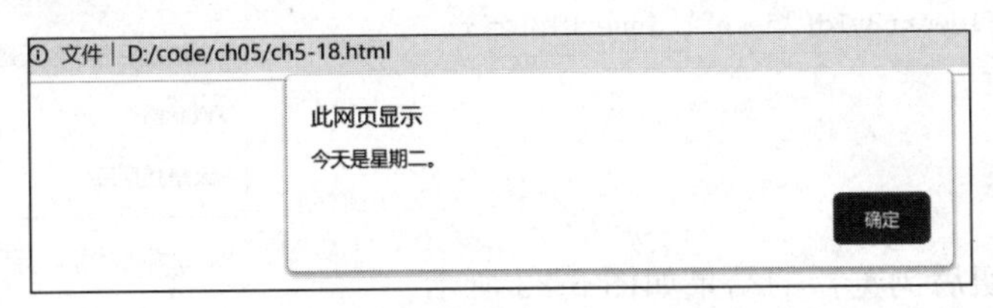

图 5-22 示例 5-18 执行结果

(4) switch 语句：switch 语句用于基于不同的条件执行不同的动作。使用该语句选择多个代码块之一来执行，从而实现跳转的功能。工作原理：首先设置表达式 n(通常是一个变量)。随后表达式的值会与结构中每个 case 的值做比较。如果存在匹配，则与该 case 关联的代码块会被执行。请使用 break 来阻止代码自动地向下一个 case 运行。基本语法格式如下：

```
switch(n)
{
case 1:
    执行代码块 1
    break;
case 2:
    执行代码块 2
    break;
default:
    与 case 1 和 case 2 不同时执行的代码
}
```

【示例 5-19】 Switch 语句练习。注意 Sunday=0，Monday=1 等。

```
<!DOCTYPE html>
<html>
<head>
<meta charset = "utf - 8">
```

```
    <title>Switch语句练习</title>
  </head>
  <body>
    <p>单击按钮后显示今天是周几:</p>
    <button onclick="myFunction()">单击这里</button>
    <p id="demo"></p>
      <script>
          function myFunction(){
          var x;
          var d=new Date().getDay();
          switch (d){
          case 0:x="今天是星期日";
              break;
          case 1:x="今天是星期一";
              break;
          case 2:x="今天是星期二";
              break;
          case 3:x="今天是星期三";
              break;
          case 4:x="今天是星期四";
              break;
          case 5:x="今天是星期五";
              break;
          case 6:x="今天是星期六";
              break;
      }
      document.getElementById("demo").innerHTML=x;
      }
  </script>
  </body>
  </html>
```

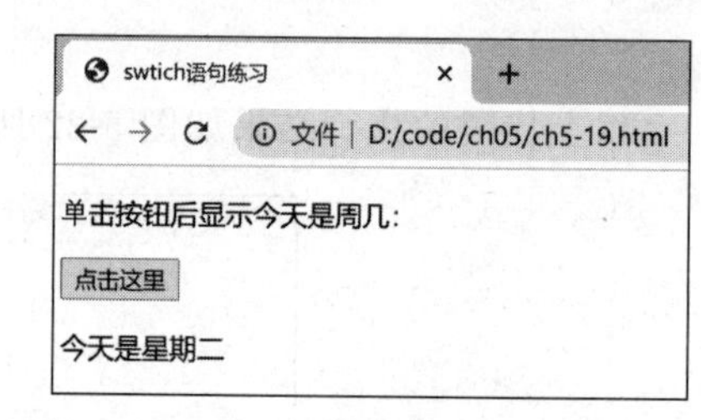

图 5-23　示例 5-19 执行结果

执行后，单击按钮后浏览器的结果如图 5-23 所示。

5.4.2　循环语句

循环可以将代码块执行指定的次数。如果希望一遍又一遍地运行相同的代码，并且每次的值都不同，那么使用循环是很方便的。通过之前学习可知，我们可以这样输出数组的值：

```
document.write(cars[0] + "<br>");
document.write(cars[1] + "<br>");
document.write(cars[2] + "<br>");
document.write(cars[3] + "<br>");
document.write(cars[4] + "<br>");
document.write(cars[5] + "<br>");
```

当然，如果数组的范围较大，显然这样输出就看起来并不是那么简洁。如果使用循环，则可以简化很多。例如：

```
for (var i=0;i<cars.length;i++)
{document.write(cars[i]+"<br>");}
```

JavaScript 支持不同类型的循环：

- for——循环代码块一定的次数；
- for/in——循环遍历对象的属性；
- while——当指定的条件为 true 时循环指定的代码块；
- do/while——同样，当指定的条件为 true 时循环指定的代码块。

这里主要讲解的是经常使用的 for 循环及 while 循环。

(1) for 循环的基本结构如下：

```
for(语句 1;语句 2;语句 3)
{
被执行的代码块;
}
```

其中,语句 1 循环开始前执行；语句 2 定义运行循环的条件；语句 3 循环已被执行之后执行。

【示例 5-20】 循环语句练习。

```
<!DOCTYPE html>
<html>
<head>
<meta charset="utf-8">
<title>ch5-18</title>
</head>
<body>
  <script>
  cars=["BMW","Volvo","PEUGEOT","Ford"];
  for(var i=0;i<cars.length;i++){
    document.write(cars[i]+"<br>");
    }
    </script>
</body>
</html>
```

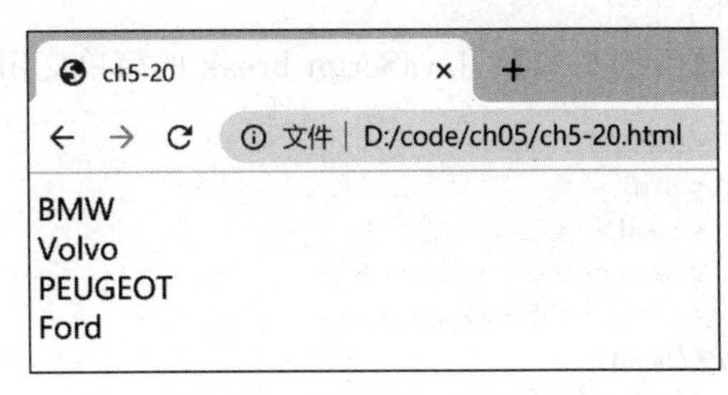

图 5-24 示例 5-20 执行结果

上述执行结果如图 5-24 所示。

(2) while 循环会在指定条件为真时循环执行代码块。基本语法结构如下：

```
while(条件)
{
需要执行的代码;
}
```

【示例 5-21】 while 循环练习。

```
<!DOCTYPE html>
<html>
<head>
<meta charset="utf-8">
<title>while 循环练习</title>
</head>
<body>
    <p>单击下面的按钮,只要 i 小于 5 就一直循环代码块。</p>
    <button onclick="myFunction()">点击这里</button>
    <p id="demo"></p>
        <script>
            function myFunction(){
            var x="",i=0;
            while (i<5){
                x=x + "该数字为 " + i + "<br>";
                i++;
                }
            document.getElementById("demo").innerHTML=x;
            }
</script>
</body>
</html>
```

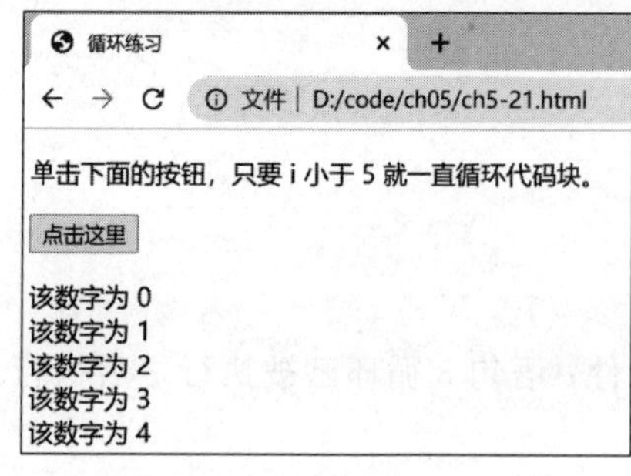

图 5-25 示例 5-21 执行结果

以上代码运行的结果如图 5-25 所示。

在上述实例中只要变量 i 小于 5 循环将继续运行。需要注意的是，如果忘记增加条件中所用变量的值，该循环永远不会结束，可能导致浏览器崩溃。

5.4.3 跳转语句

1. break 语句

我们已经在本节之前的内容中见到过 break 语句，它用于跳出 switch()语句。break 语句也可用于跳出循环，break 语句跳出循环后，会继续执行该循环之后的代码（如果有的话）。break 和 continue 语句的不同之处在于：break 语句可以立即退出循环，阻止再次反复执行任何代码；而 continue 语句只是退出当前循环，根据控制表达式还允许继续进行下一次循环。

【示例 5-22】 JavaScript break 的简单应用。

```
<!DOCTYPE html>
<html>
<head>
<meta charset="utf-8">
<title>ch5-22</title>
</head>
<body>
    <h3>JavaScript break 的简单应用</h3>
    <hr />
        <script>
            for(var i=1; i<=10;i++)
            {
                if(i==5)
                    break;
                document.write("当前变量值:" + i + "<br>");
            }
        </script>
</body>
</html>
```

浏览器执行的结果如图 5-26 所示。

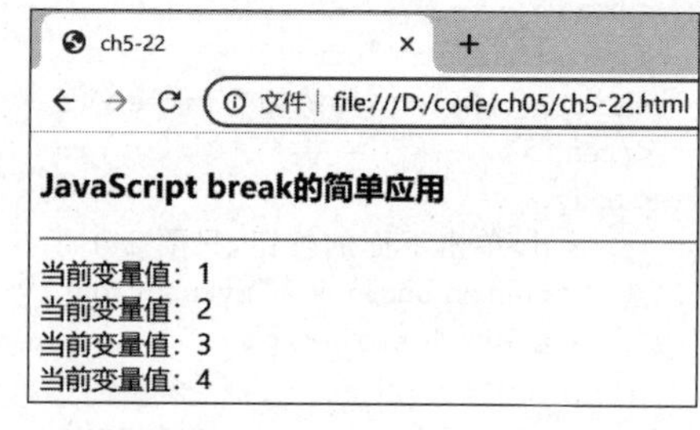

图 5-26 示例 5-22 执行结果

2. continue 语句

continue 同样有跳出循环的功能，但 continue 只能实现跳过循环中的一个迭代。例如，循环中如果出现了指定的条件，然后继续循环中的下一个迭代。

【示例 5-23】 JavaScript continue 的简单应用。

```
<!DOCTYPE html>
<html>
<head>
<meta charset="utf-8">
<title>ch5-23</title>
</head>
<body>
    <h3>JavaScript continue 的简单应用</h3>
    <hr />
        <script>
            for(var i=1; i<=10;i++){
```

```
            if(i == 5)
            continue;
        document.write("当前变量值:" + i + "<br>");
        }
    </script>
</body>
</html>
```

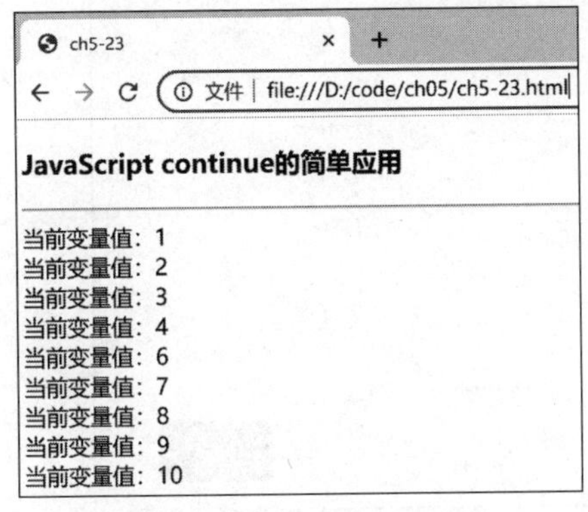

图 5-27　示例 5-23 执行结果

以上代码执行结果如图 5-27 所示。

5.4.4　异常处理语句

当 JavaScript 引擎真正开始执行 JavaScript 代码时，会发生各种意想不到的错误。可能是语法错误，通常是程序员造成的编码错误或错别字，也可能是拼写错误或语言中缺少的功能(可能由于浏览器差异)，又或者是由于来自服务器或用户的错误输出而导致的错误。当然，也可能是由于许多其他不可预知的因素。

在 JavaScript 中异常处理语句包括以下几个。

(1) try 语句测试代码块的错误，catch 语句处理错误。

JavaScript 中 try 和 catch 是成对出现的。try 语句允许我们定义在执行时进行错误测试的代码块。catch 语句允许我们定义当 try 代码块发生错误时所执行的代码块。基本语法结构如下：

```
try
{...//异常地抛出}
catch(e)
{...//异常地捕获与处理}
finally
{...//结束处理}
```

在下面的范例中，在用户单击按钮时显示"Welcome guest!"这个信息。故意在 try 块的代码中 message()函数中将 alert()误写为 adddlert()，这时错误就发生了。

【示例 5-24】　try-catch 语句练习。

```
<!DOCTYPE html>
<html>
<head>
<meta charset = "utf - 8">
<title>ch5 - 24</title>
<script>
var txt = "";
function message(){
    try {
        adddlert("Welcome guest!");
    }
    catch(err) {
        txt = "本页有一个错误。\n\n";
        txt += "错误描述:" + err.message + "\n\n";
        txt += "单击确定继续。\n\n";
        alert(txt);
    }
}
</script>
</head>
<body>
```

```
    < input type = "button" value = "查看消息" onclick = "message()"/>
</body >
</html >
```

catch 块会捕捉到 try 块中的错误,并执行代码来处理它。执行实例的结果,在单击查看消息时会弹出图 5-28 所示信息。

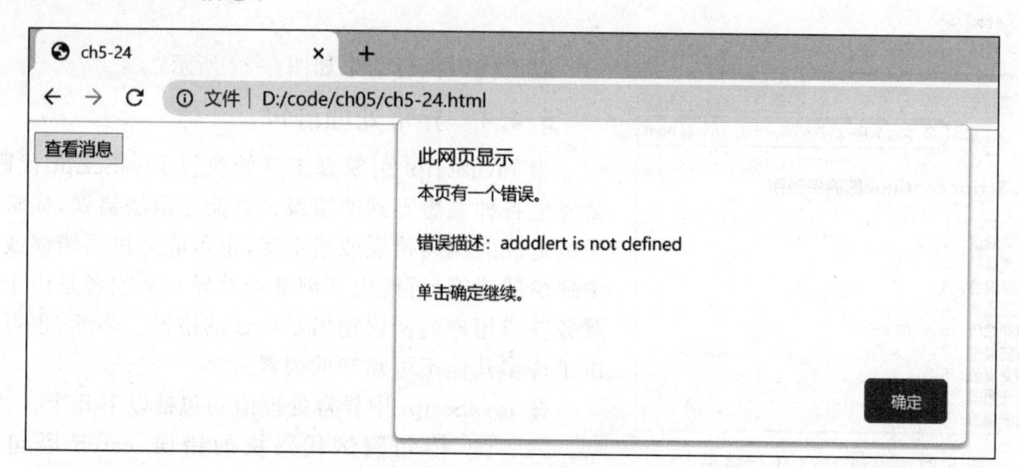

图 5-28　示例 5-24 执行结果

(2) finally 语句在 try 和 catch 语句之后,无论是否有触发异常,该语句都会执行。基本语法见(1)。

【示例 5-25】

```
<! DOCTYPE html >
< html >
< head >
< meta charset = "utf - 8">
< title > ch5 - 25 </title >
</head >
< body >
    < p >不管输入是否正确,输入框都会在输入后清空。</p >
    < p >请输入 5～10 之间的数字:</p >
    < input id = "demo" type = "text">
    < button type = "button" onclick = "myFunction()">点我</button >
    < p id = "p01"></p >
        < script >
        function myFunction() {
            var message, x;
            message = document.getElementById("p01");
            message.innerHTML = "";
            x = document.getElementById("demo").value;
            try {
                if(x == "") throw "值是空的";
                if(isNaN(x)) throw "值不是一个数字";
                x = Number(x);
                if(x > 10) throw "太大";
                if(x < 5) throw "太小";
        }
        catch(err){
            message.innerHTML = "错误: " + err + ".";
        }
        finally{
            document.getElementById("demo").value = "";
```

```
        }
    }
</script>
</body>
</html>
```

上述代码执行后显示如图5-29所示,输入5～10之间的任意某个数字后再单击“点我”按钮,输入框中内容都会被清空,请读者自行测试。

(3) throw语句创建自定义错误。

throw语句允许我们创建自定义错误。正确的术语是:创建或抛出异常(exception)。语法:throw exception,其中异常可以是JavaScript字符串、数字、逻辑值或对象。如果把throw与try和catch一起使用,就能够控制程序流并生成自定义的错误消息。

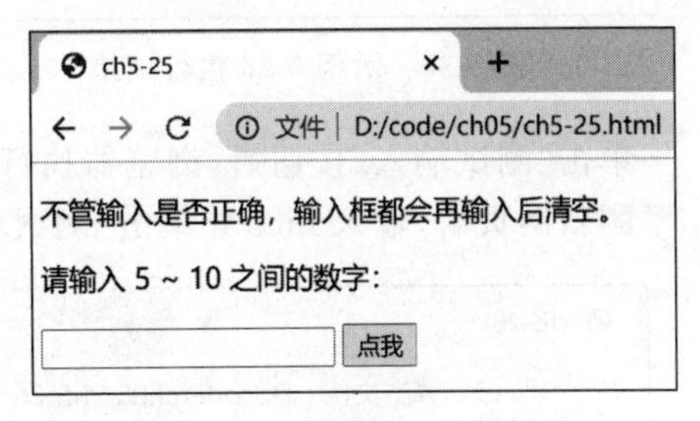

图5-29　示例5-25执行结果

下面范例中检测输入变量的值。如果值是错误的,会抛出一个异常(错误)。catch会捕捉到这个错误,并显示一段自定义的错误消息。

【示例5-26】

```
<!DOCTYPE html>
<html>
<head>
<meta charset = "utf - 8">
<title> ch5 - 26 </title>
</head>
<body>
  <p>请输出一个 5～10 之间的数字:</p>
  <input id = "demo" type = "text">
  <button type = "button" onclick = "myFunction()">测试输入</button>
  <p id = "message"></p>
<script>
        function myFunction() {
            var message, x;
            message = document.getElementById("message");
            message.innerHTML = "";
            x = document.getElementById("demo").value;
            try{
                if(x == "")  throw "值为空";
                if(isNaN(x))  throw "不是数字";
                x = Number(x);
                if(x < 5)      throw "太小";
                if(x > 10)     throw "太大";
            }
            catch(err) {
                message.innerHTML = "错误: " + err;
            }
        }
</script>
</body>
</html>
```

执行后的结果如图5-30所示。

输入5～10之间的任意数字后会被清空,输入大于10或者小于5的数字时,程序会根据实际情况判断后进行提示。如图5-31所示为输入99后的执行结果。

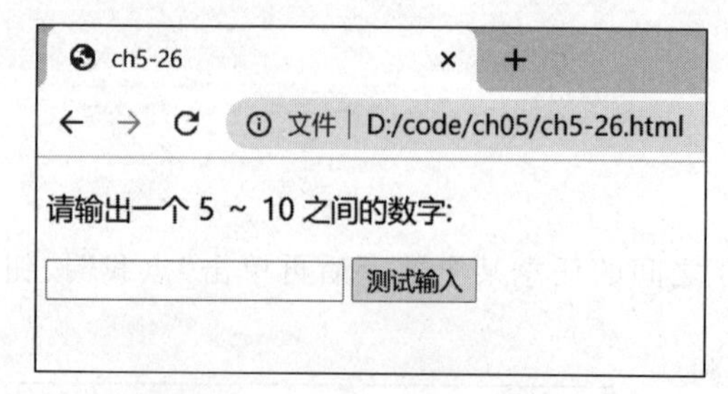

图 5-30　示例 5-26 执行结果 1

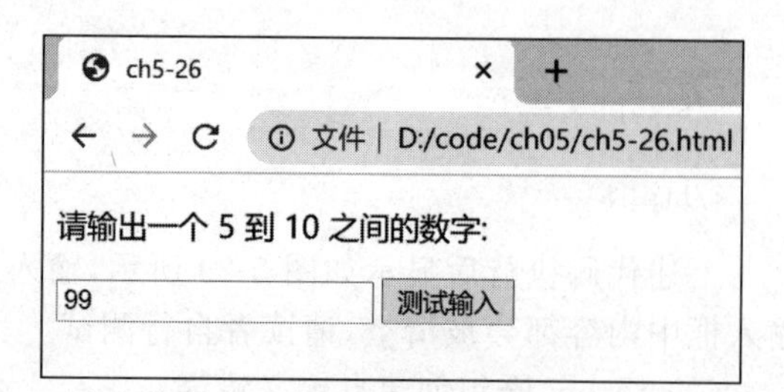

图 5-31　示例 5-26 执行结果 2

单击"测试输入"按钮后，浏览器执行后结果如图 5-32 所示。

刷新网页后，输入 nice 并单击"测试输入"按钮执行后结果如图 5-33 所示。

图 5-32　示例 5-26 执行结果 3

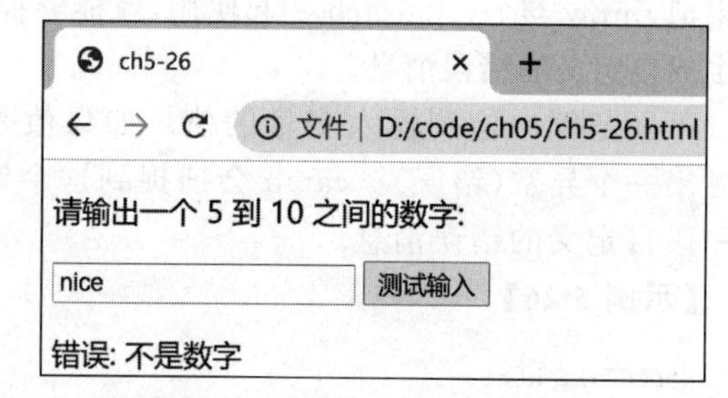

图 5-33　示例 5-26 执行结果 4

其他输入情况的执行结果请读者自行测试，另外请注意，如果脚本中 getElementById 函数出错，上面的例子也会抛出一个错误。

第6章

jQuery Mobile的使用

6.1 jQuery 简介

6.1.1 什么是 jQuery

在上一章已经介绍了 JavaScript 的基础知识，等到你有编写过 JavaScript 代码后的项目经验，很可能会发现自己总在重复性编写某些一样的东西，所以为了更方便地针对需要解决的问题套用已经编写好的代码，程序员会将他们的代码段集成到工具包、库或者框架中，jQuery 就是其中最常用的一种。jQuery 本身并不是一种语言，而是一个实用程序和控件集，可以把它添加到 JavaScript 中，帮助我们高效地调用更少量的代码编写更高级的网站。

因为函数本身所具备的优点，使程序变得精简并且节省程序开发时间。jQuery 是一套开源的 JavaScript 函数库，不但具有函数的优点，并且是开放源代码的，这意味着任何人都可以获得并使用这些程序，自由改进并实现共享，惠及更多的用户，可以说是当前最受欢迎的 JS 函数库。

jQuery 库可以通过一行简单的标记添加到网页中，实现轻量级的 write less，do more 的应用效果。其中最让人津津乐道的就是简化了 DOM 文件的操作，从而可以轻松地选择对象。也可以通过对 CSS 操作实现想要的特效和动画效果；同时，jQuery 还强化了 AJax（异步传输）和事件（Event）功能，可以轻松访问远程数据。除此之外，JQuery 还提供了很多插件可以应用到网站中，极大地简化了 JavaScript 编程。有了 jQuery，即使对 JavaScript 语言了解不多，也能学习和使用 JavaScript。使用框架能节省时间、减小带宽占用和让事情变得更容易。在需要数百甚至数千行代码的大型项目中，创建和使用对象的简单性就能节省时间。

6.1.2 引用 jQuery 函数库

在使用 jQuery 前必须导入 jQuery 函数库，导入的方式有以下两种。

1. 直接下载 JS 文件并引用

下载网址是 https://jQuery.com/download/，有两个版本的 jQuery 可供下载。

(1) Production version：用于实际的网站中，已被精简和压缩。

(2) Development version：用于测试和开发，未压缩的开发版本。

根据实际需求选择要下载的版本单击即可下载，完成后以嵌入外部 JS 文件的方式将 jQuery 加入网页 HTML 的<head>标签内，语句如下：

```
<head>
<script src="JS 文件路径"></script>
</head>
```

2. 使用 CDN 加载链接库

如果不希望下载并存储 jQuery，可以通过 CDN 引用 jQuery。CDN（Content Delivery Network，内容分发网络），也就是将要加载的内容通过网络系统分发。许多用户在访问其他站点时，之前可能已经从百度、谷歌等加载过 jQuery。所以结果是，当他们访问你开发的站点时，会从缓存中加载 jQuery，这样可以减少加载时间。同时，大多数 CDN 都可以确保当用户向其请求文件时，从离用户最近的服务器上返回响应，这样也可以提高加载速度。

百度、谷歌和微软等的服务器都存有 jQuery，如果你的站点用户是国内的，建议使用百度、新浪等国内 CDN 地址；如果是国外的，可以使用谷歌和微软的 CDN 地址。

jQuery CDN 的 URL 可以在 https://jQuery.com/网页中找到，将网址加入到 HTML 网页的 <head>标签内（如：选择 CDNJS CDN），语句如下：

```
<scriptsrc = https://cdnjs.cloudflare.com/ajax/libs/jQuery/3.5.1/jQuery.min.js></script>
```

6.1.3 jQuery 基本语句

jQuery 并不难，只需要了解基本语句和使用方法即可。首先把 jQuery 框架包含进网页，其次再添加些 JavaScript 和使用 $document.ready()方法就可以实现 jQuery 的初始化，这个方法确保所包含的调用必须在网页完全加载、DOM 正确构造时才执行。使用语句如下：

```
$(document).ready(function)(){
//程序代码
});
```

$()函数中的参数可以指定获取哪一个对象以及想要 jQuery 执行某方法或处理某事件。例如，上述例子中执行.ready()方法。简单地说，jQuery 语法就是通过选取 HTML 元素，并对选取的元素执行某些操作。语法格式如下：

```
$(selector).action()
```

例如：

$(this).hide()—隐藏当前元素。

$("p").hide()—隐藏 HTML 中所有<p>元素。

$("p.test").hide()—隐藏所有 class="test"的<p>元素。

$("#test").hide()—隐藏 id="test"的元素。

1. jQuery 选择器

jQuery 选择器用于选择 HTML 组件，我们可以通过 HTML 标签名称、id 属性及 class 属性等获取组件。jQuery 中所有选择器都以美元符号 $()开头。

标签名称选择器：标签名称选择器就是直接获取 HTML 标签。例如，要选择所有<p>组件可以写成$("p")。

id 选择器(#)：id 选择器是通过组件的 id 属性获取组件，只要在 id 属性前加上#号即可。例如，要选择 id 属性为 test 的组件可以写成$("#test")。注意，由于一个 HTML 页面的组件不能有重复的 id 属性，因此 id 选择器适用于找出唯一的组件。

class 选择器(.)：class 选择器是通过组件的 class 属性获取组件，只要在 class 属性前加上“.”号即可。例如，要选择 class 属性为 test 的组件，可以写成$(".test")。

当然也可以将上述 3 种选择器组合使用。例如，想要找出所有有<P>标签且 class 属性为 test 的组件，可以写为$("p.test")

表 6-1 中列出常见的选择和搜索方法以供参考。

表 6-1 选择和搜索方法

语　法	描述含义
$("*")	选取所有元素
$(this)	选取当前 HTML 元素
$("p.intro")	选取 class 为 intro 的<p>元素
$("p:first")	选取第一个<p>元素

续表

语　法	描述含义
$("ulli:first")	选取第一个<ul>元素的第一个<li>元素
$("selectoption:selected")	选取选中的选项元素
$("ulli:first-child")	选取每个<ul>元素的第一个<li>元素
$("[href]")	选取带有 href 属性的元素
$(":button")	选取所有 type="button" 的<input>元素和<button>元素

2. 设置 CSS 样式属性

学会了选择器的用法后，除了可以操控 HTML 组件外，还可以使用 css()方法改变 CSS 样式。例如，指定<div>组件的背景色为蓝色的语句如下：

```
$ ("div").css("background-color","blue")
```

【示例 6-1】 设置组件背景色。

```
<!DOCTYPE html>
<html>
<head>
    <meta charset="utf-8">
    <script src="D:/code/ch06/jQuery-2.2.1.min.js"></script>
    <script>
     $(function(){
         $("li").eq(1).css("background-color", "blue");
    })
    </script>
    </head>
    <body>
    <ul>
      <li>蝴蝶</li>
      <li>蜻蜓</li>
      <li>蚂蚁</li>
      <li>蜜蜂</li>
      <li>瓢虫</li>
    </ul>
    </body>
    </html>
```

上述例子中将第二个<li>组件的背景颜色改为蓝色。执行后的结果如图 6-1 所示。

3. jQuery 简单调试

编写程序难免会遇到错误，从而导致程序无法顺利执行，这时可以通过浏览器提供的工具协助排错和调试。下面以 Chrome 浏览器为例介绍使用“开发者工具”调试的方法，首先打开示例 6-1，将程序第 10 行 eq(1)中的 1 改成变量 X 并保存为示例 6-2，语句如下。

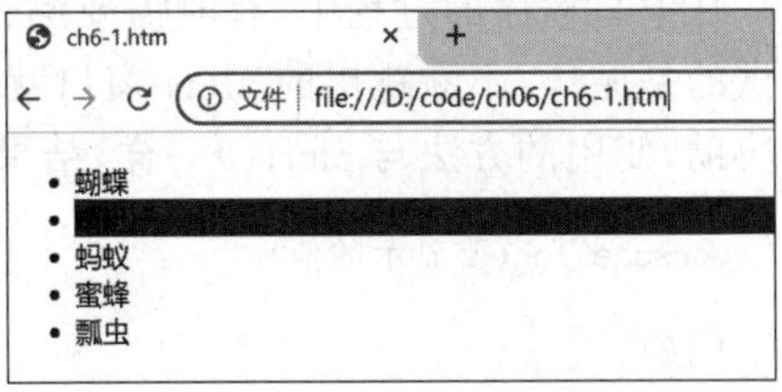

图 6-1　示例 6-1 执行结果

【示例 6-2】 改为变量 X。

```
<!DOCTYPE html>
<html>
<head>
<meta charset="utf-8">
<script src=" D:/code/ch06/jQuery-2.2.1.min.js "></script>
<script>
 $(function(){
     $("li").eq(x).css("background-color", "blue");
```

```
})
</script>
</head>
<body>
<ul>
    <li>蝴蝶</li>
    <li>蜻蜓</li>
    <li>蚂蚁</li>
    <li>蜜蜂</li>
    <li>瓢虫</li>
</ul>
</body>
</html>
```

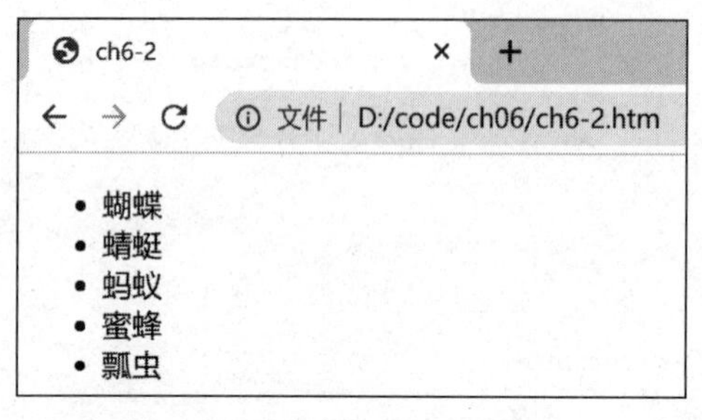

图 6-2　示例 6-2 执行结果

由于变量 x 并未定义，因此执行时程序会出现错误。从浏览器看不出哪里出错，只能知道程序并未如我们的预期执行。执行结果如图 6-2 所示。

依次单击页面右侧的“自定义和控制”→“更多工具”→“开发者工具”（或者使用快捷键 F12）就会在浏览器下方显示“开发者工具”窗口，从 Console 窗口可以看到错误的行数及原因（本例题中错误提示：x is not defined），单击行数的超链接会在 Sources 窗口显示该行的程序代码，如图 6-3 所示。

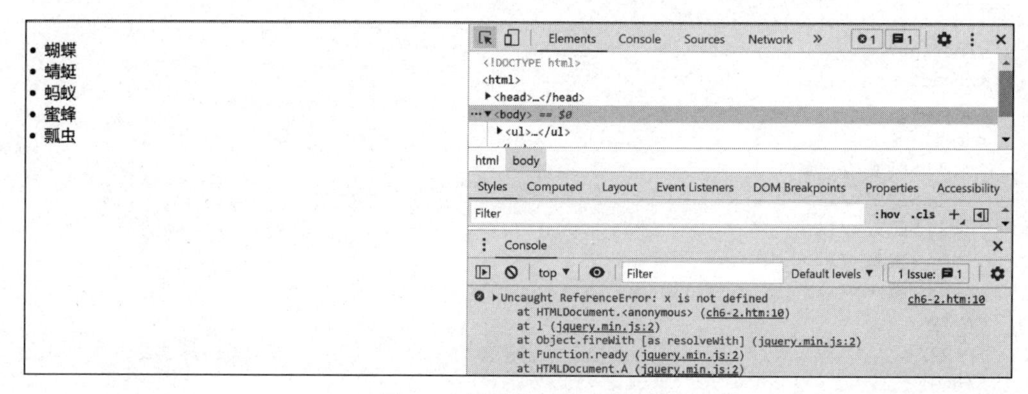

图 6-3　错误的行数及原因

在编写程序的过程中，有时需要测试某些值是否正确，通常通过 alert()方法进行协助。如果测试的是循环，不断跳出的 alert 窗口就要依次取消掉，非常麻烦。这时，可以改用 console. log 进行协助，使用的方法与 alert()一样，结果会显示在 console 窗口中，语句如下：

```
console.log(要显示的值)
```

例如：

```
for (var i = 1; i <= 10; i++) { console.log(i);}
```

执行结果如图 6-4 所示。

4. 使用 jQuery 存取组件内容

jQuery 有 3 个简单实用的 DOM 组件内容的操作方法，分别是 text()、html()与 val()。如果你还记得 JavaScript 获取组件内容的 innerHtml()语句是如何使用的，就会觉得 jQuery 获取组件内容的语句非常好。下面来看使用 jQuery 获取组件的用法。

（1）text()：设置或获取组件的文字。获取组件文字的代码如下：

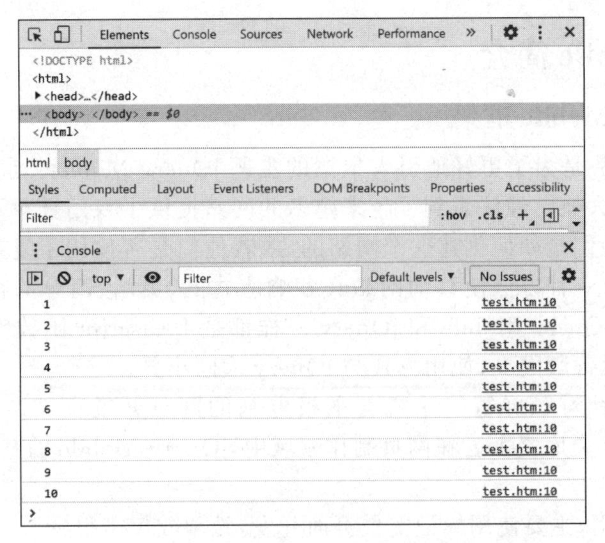

图 6-4 console.log 示例结果

```
var x =  $(selectors).text();
```

例如,HTML 组件的代码如下:

```
<p><font color = 'blue'> Have a Nice Day!</font></p>
```

想要获取<p>组件内的文字并显示于 console 窗口,代码如下:

```
console.log( $("p").text());
```

执行后 Console 窗口会出现"Have a Nice Day!"文字,如图 6-5 所示。

想改变组件的内容可以使用以下语句:

```
$ ("p"). text ("Hello jQuery");
```

执行后的结果如图 6-6 所示。

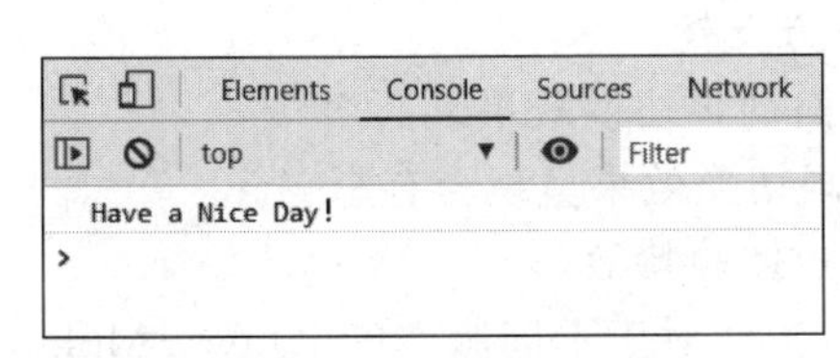

图 6-5 text()组件使用示例 1

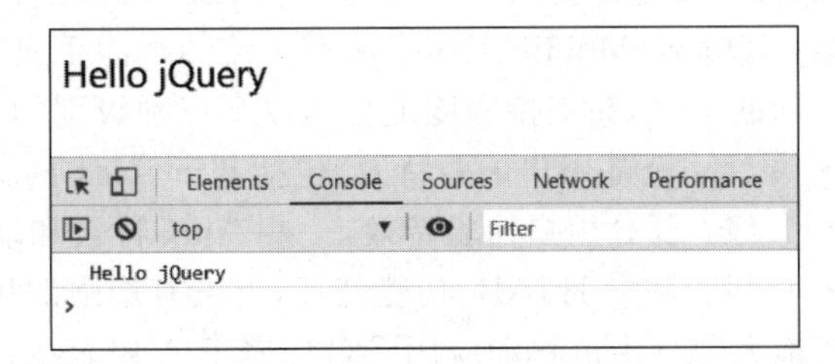

图 6-6 text()组件使用示例 2

(2) Html():设置并获取组件的 HTML 程序代码。Html()语句用来获取组件的 HTML 程序代码,语句如下:

```
var x =  $(selectors).html();
```

例如,HTML 组件的内容如下:

```
<p><font size = "5" face = "arial" color = "red"> Have a Nice Day!</font></p>
```

想要获取<p>组件内的 HTML 程序代码并显示到 Console 窗口,可用以下语句:

```
console.log( $("p"). html());
```

6.2 jQuery Mobile 简介

6.2.1 jQuery Mobile 框架

介绍 jQuery 的优势是为了更好地引入本章的主题 jQuery Mobile。世界正在变得可移动化。当你在手机上浏览时，大概已经注意到了越来越多的网站提供了专门针对不同移动设备的自适应版本。你可能很好奇他们是如何创建这个网站的，或者他们是否使用了复杂的内部系统或框架来制作这个网站。一定有一种方法使移动网站具备响应式的、灵活、简单的特性，答案其实很简单：使用 jQuery Mobile。jQuery Mobile 和 jQuery 一样都是 Javascript 函数库，而 jQuery Mobile 非常适合用来开发移动设备版网页，使用方式与 jQuery 大同小异。

jQuery Mobile 是针对触屏智能手机与平板电脑的网页开发框架。jQuery Mobile 构建于 jQuery 以及 jQuery UI 类库之上。在网页制作领域中，jQuery Mobile 的基本特点如下。

1. 简明

JQM 框架简单易用，主要使用标记实现页面开发，无须或仅需很少 JavaScript。

2. 持续增强和优雅降级

尽管 jQuery Mobile 利用最新的 HTML5、CSS3 和 JavaScript，但并非所有移动设备都提供这样的支持。jQuery Mobile 的哲学是同时支持高端和低端设备，比如那些没有 JavaScript 支持的设备，尽量提供最好的体验。

3. 可访问度高

jQuery Mobile 在设计时考虑了访问能力，它拥有 Accessible Rich Internet Applications (WAI-ARIA) 支持，以帮助使用辅助技术的残障人士访问 Web 页面。

4. 规模小

jQuery Mobile 框架的整体比较小，包括 JavaScript 库 12KB，CSS 6KB，还包括一些图标。

5. 主题设置。

在 JQM 框架中提供了一个主题系统，允许用户提供自己的应用程序样式。

6.2.2 jQuery Mobile 平台兼容性

jQuery Mobile 使用了极少的 HTML5、CSS3、JavaScript 和 AJAX 脚本代码来完成页面的布局渲染。jQuery Mobile 工作于所有主流的智能手机和平板电脑上，如 iOS、Android 等操作系统。对于不同的平台，在支持程度上分为以下三种级别的官方支持。

- A 级：全部用户体验特效，包括基于 Ajax 的页面动画切换效果。
- B 级：部分用户体验特效，一些 Ajax 特效和动画切换效果呈现会有影响。
- C 级：基本 HTML 功能特征，但没有增强的用户体验特效。

当前大部分主流移动应用平台均属于 A 级范围内，当然对于不同版本的 jQuery Mobile，其平台兼容性列表也会存在差异，建议开发者在选择某个版本后，需要先检查移动平台与受众的移动设备是否具有良好的兼容性，尽可能地对目标人群的主流移动平台进行后续的界面样式和布局的相关测试，特别是字体、字号及排版效果。

提示：查询 jQuery Mobile 最新的移动设备支持信息可以参考 jQuery Mobile 网站上的“各厂商支持表”(https://jQuery Mobile.com/browser-support/)。

6.2.3 jQuery Mobile 优势

jQuery Mobile 是 jQuery 在手机上和平板设备上的版本，随着智能手机系统的普及，现在主流移动平台上的浏览器功能已经赶上了桌面浏览器，因此 jQuery 团队引入了 jQuery Mobile(JQM)。JQM 的使命是向所有主流移动浏览器提供一种统一体验，使整个 Internet 上的内容更加丰富。与 jQuery 一样，JQM 是一个在 Internet 上直接托管、免费可用的开源代码基础。

jQuery Mobile 是一个为触控优化的框架，用于创建移动 Web 应用程序。

(1) jQuery 适用于所有流行的智能手机和平板电脑。

(2) jQuery Mobile 构建于 jQuery 库之上，如果通晓 jQuery 会更易学习。

(3) 它使用 HTML5、CSS3、JavaScript 和 AJAX 通过尽可能少的代码来完成对页面的布局。

(4) 对屏幕滑动和鼠标事件具有良好的支持。

(5) 可开发自定义主题和 ThemeRoller 工具。

6.3 jQuery Mobile 的安装

6.3.1 下载插件文件

既然已经了解 jQuery Mobile 可以运行在几乎所有连接到网络的设备上，你可能会问：

我要用什么编程语言来创建移动网站？

如果有，什么集成开发环境(IDE)可用于开发？

我需要安装 Web 服务器来开发移动网站吗？

我应该在什么平台上开发移动网站？

我可以使用免费工具做开发吗？或者开发工具会涉及费用吗？

这些都是实际开发中涉及的问题。

首先将 jQuery Mobile 框架添加到网站几乎像将标准 jQuery 框架添加到网站样简单。事实上，jQuery Mobile 需要标准 jQuery 框架来运行。在这一点上，标准 jQuery 框架可以看作是 jQuery Mobile 框架的部分，因为没有它，jQuery Mobile 将不能运行。完整的 jQuery Mobile 框架由以下 3 个文件组成。

- jQuery 库的 JavaScript 文件。
- jQuery Mobile 库的 JavaScript 文件。
- jQuery Mobile 的 CSS 样式表单。

可以通过以下两种方式将 jQuery Mobile 添加到网页中。

- 从 CDN 中加载 jQuery Mobile(推荐)。
- 从 jQuery Mobile.com 下载 jQuery Mobile 库。

1. 从 CDN 中加载 jQuery Mobile

CDN 的全称是 Content Delivery Network，即内容分发网络。其基本思路是尽可能避开互联网上有可能影响数据传输速度和稳定性的瓶颈和环节，使内容传输更快、更稳定。使用 jQuery 内核，不需要在电脑上安装任何东西；只需要在网页中加载以下层叠样式(.css)和 JavaScript 库(.js)就能够使用 jQuery Mobile 初始化配置。加入的代码如下：

```
<link rel = "stylesheet" href = "http://code.jQuery.com/mobile/1.4.5/jQuery.mobile - 1.4.5.min.
css"/>
<script src = "http://code.jQuery.com/mobile/1.4.5/jQuery.mobile - 1.4.5.min.js"></script>
```

通过 jQuery CDN 服务器请求的方式进行加载，在执行页面时必须时时保证网络的畅通，否则不能实现 jQuery Mobile 移动页面的效果。

2. 从 jQuery Mobile.com 下载 jQuery Mobile 库

jQuery.Mobile-×.×.×.min.js：jQuery Mobile 框架插件，×.×.×表示版本号。

jQuery.Mobile-×.×.×.min.css：与 jQuery Mobile 框架相配套的 CSS 样式文件。

下载 jQuery Mobile 插件的基本流程如下。

(1) 登录 jQuery Mobile 官方网站(http://jQueryMobile.com)，如图 6-7 所示。

(2) 单击导航条中的 Latest stable 按钮进入最新版本文件下载页面，如图 6-8 所示。

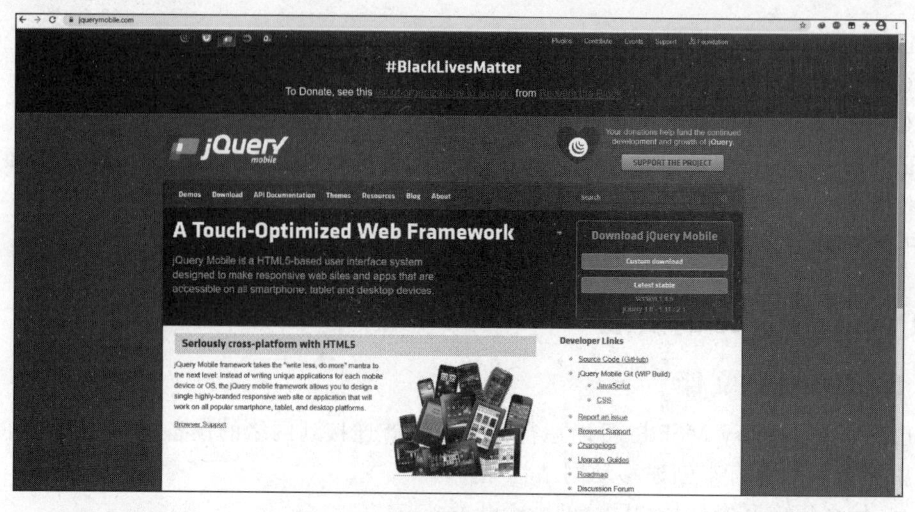

图 6-7　jQuery Mobile 官方网站

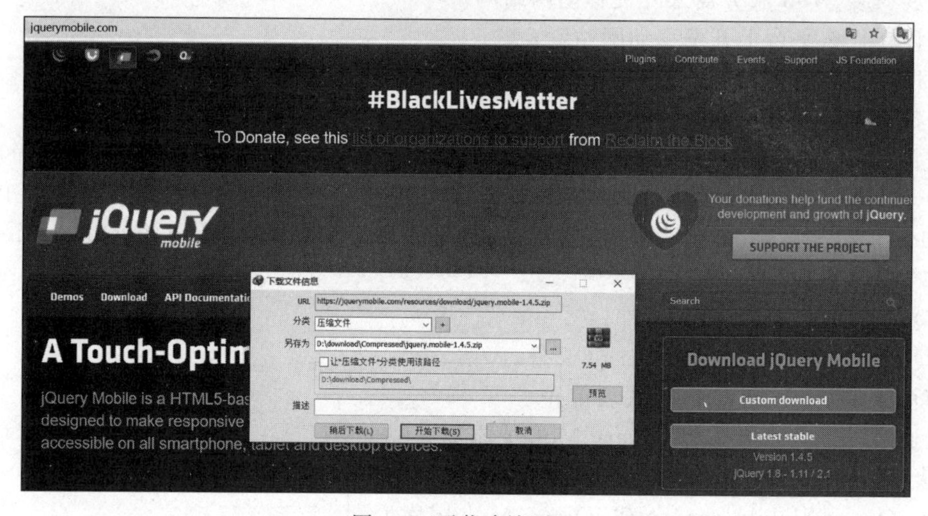

图 6-8　下载确认页面

（3）单击“开始下载”，下载后成功后会获得一个名为 jQuery. mobile-×. ×. ×. zip 的压缩包，解压后会获得 css、js 和图片格式的文件，如图 6-9 所示。

demos	2021/8/31 10:00	文件夹	
images	2021/8/31 10:00	文件夹	
jquery.mobile.external-png-1.4.5.css	2014/10/31 13:33	层叠样式表文档	120 KB
jquery.mobile.external-png-1.4.5.min.css	2014/10/31 13:33	层叠样式表文档	89 KB
jquery.mobile.icons-1.4.5.css	2014/10/31 13:33	层叠样式表文档	127 KB
jquery.mobile.icons-1.4.5.min.css	2014/10/31 13:33	层叠样式表文档	125 KB
jquery.mobile.inline-png-1.4.5.css	2014/10/31 13:33	层叠样式表文档	146 KB
jquery.mobile.inline-png-1.4.5.min.css	2014/10/31 13:33	层叠样式表文档	116 KB
jquery.mobile.inline-svg-1.4.5.css	2014/10/31 13:33	层叠样式表文档	222 KB
jquery.mobile.inline-svg-1.4.5.min.css	2014/10/31 13:33	层叠样式表文档	192 KB
jquery.mobile.structure-1.4.5.css	2014/10/31 13:33	层叠样式表文档	90 KB
jquery.mobile.structure-1.4.5.min.css	2014/10/31 13:33	层叠样式表文档	68 KB
jquery.mobile.theme-1.4.5.css	2014/10/31 13:33	层叠样式表文档	20 KB
jquery.mobile.theme-1.4.5.min.css	2014/10/31 13:33	层叠样式表文档	12 KB
jquery.mobile-1.4.5.css	2014/10/31 13:33	层叠样式表文档	234 KB
jquery.mobile-1.4.5.js	2014/10/31 13:33	JavaScript 文件	455 KB
jquery.mobile-1.4.5.min.css	2014/10/31 13:33	层叠样式表文档	203 KB
jquery.mobile-1.4.5.min.js	2014/10/31 13:33	JavaScript 文件	196 KB
jquery.mobile-1.4.5.min.map	2014/10/31 13:33	MAP 文件	231 KB

图 6-9　安装包解压后效果

6.3.2 搭建 jQuery Mobile 测试环境

jQuery Mobile 的开发过程是网页开发的过程，和传统网页开发相比，唯一的差别是这些网页需要在移动设备中运行。在开发过程应用中，搭建 jQuery Mobile 测试环境的基本流程如下。

(1) 下载 Chrome 浏览器。登录 Chrome 官方网站 https://www.google.cn/chrome/进行下载。如图 6-10 所示。

图 6-10 下载 Chrome 浏览器

(2) 打开谷歌浏览器，按下 F12 快捷键，进入调试状态，单击图示的 Toggle device toolbar (图 6-11)。

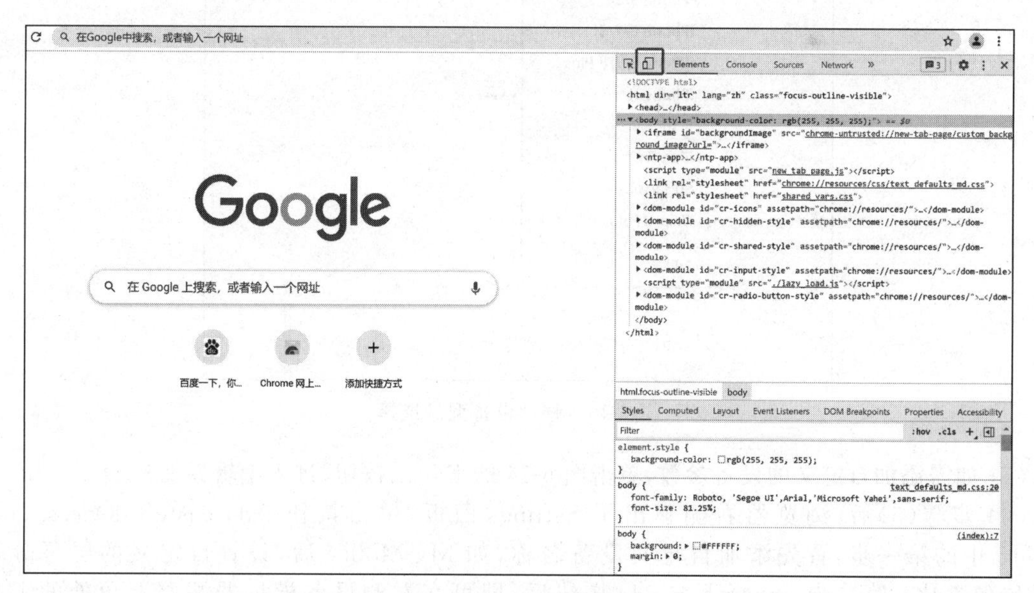

图 6-11 调试状态界面

(3) 单击后进入图 6-12 所示的界面，图 6-12 左侧模拟的是自适应模式显示效果。

(4) 单击图 6-13 所示的 Responsive 菜单，在下拉菜单中可以选择不同的移动设备，包括手机型号、平板电脑型号等。

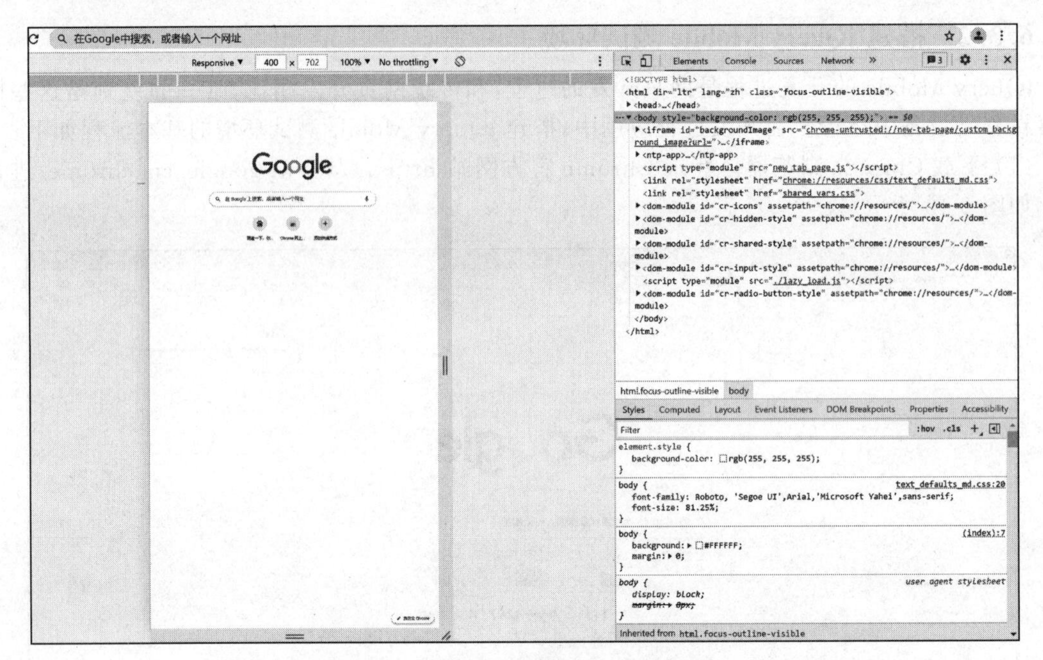

图 6-12 移动设备模拟效果界面

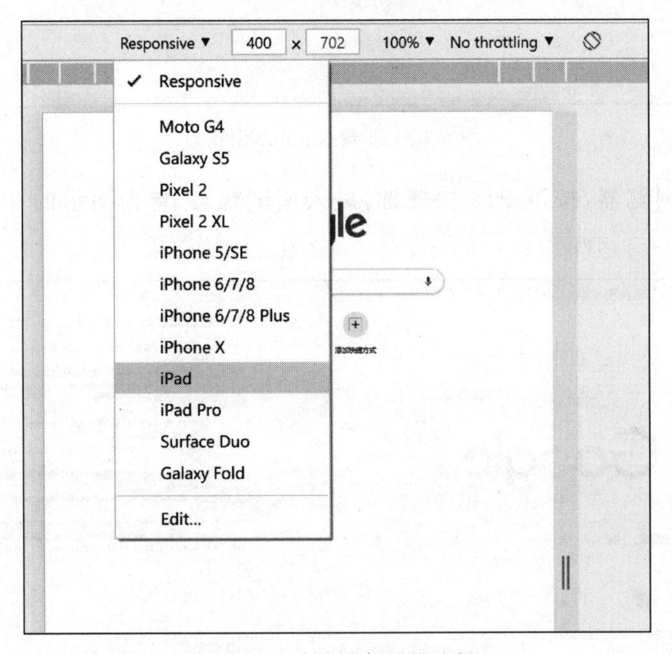

图 6-13 移动设备型号选择

(5) 如需添加自定义的设备参数,单击图 6-14 的 Edit...按钮,进入编辑界面。

(6) 步骤(5)后,浏览器右侧弹出了 Settings 面板,单击按钮 Add custon devices...后,如图 6-15 中的第一步:首先添加自定义设备名称,如 My Mobile 后,设置自定义的屏幕分辨率及设置像素比;第二步:选择下方 add 按钮后,即可在左侧设备模拟器端左上角处的下拉菜单中找到自定义的设备型号——My Mobile。

(7) 此时即可在网址栏中输入网址,模拟手机设备访问网页的显示效果。

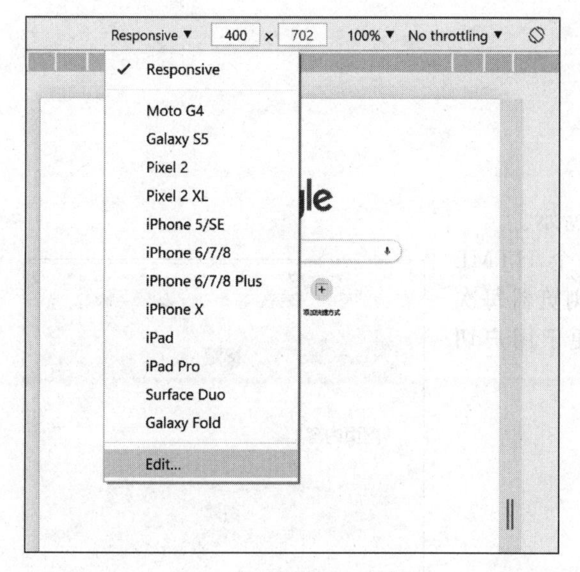

图 6-14 单击 Edit 按钮

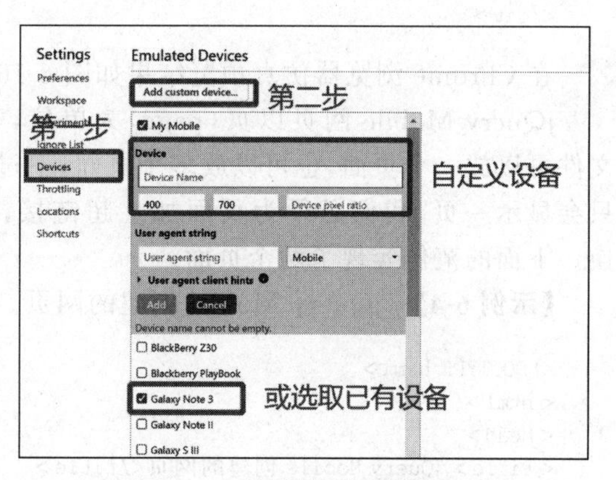

图 6-15 手机模拟设备添加页面

6.4 页面和对话框

6.4.1 第一个 jQuery Mobile 网页

首先新建一个 HTML 文件，准备开始制作第一个 jQuery Mobile 网页：

```
<! DOCTYPE html >
< html >
    < head >
      < title > jQuery Mobile 创建的第一个网页< title >
    </head >
< body >
</body >
</html >
```

按照上一节的方法仅需要在网页中加载以下层叠样式(. css)和 JavaScript 库(. js)就能够使用 jQuery Mobile 初始化配置。加入的代码如下：

```
< link rel = "stylesheet" href = "http://code. jQuery. com/mobile/1. 4. 5/jQuery. mobile - 1. 4. 5. min.
css"/>
< script src = "http://code. jQuery. com/mobile/1. 4. 5/jQuery. mobile - 1. 4. 5. min. js"></script >
```

提示：如果想要直接下载 jQuery. mobile-1. 4. 5. zip 文件引用，那么将. zip 文件解压缩后，引用 jQuery. mobile-1. 4. 5. min. css 和 jQuery. mobile-1. 4. 5. min. js 文件即可。

接下来就可以开始在< body ></body >标签区域内添加程序代码。jQuery Mobile 的网页由 header、content 与 footer 三个区域组成，使用< div >标签加上 HTML5 自定义属性(HTML5 Custom Data Attributes)"data- * "定义移动设备网页组件的样式，最基本的属性 data-role 可以用来定义移动设备的页面结构，语句如下。

【示例 6-3】 第一个 jQuery Mobile 网页。

```
< div data - role = "page">
    < div data - role = "header">
        < h1 >标题 (header)</h1 >
        </div >
        < div data - role = "Content">
```

```
        <h1>网页内容(content)</h1>
    </div>
        <div data-role="footer">
        <h1>页尾 (footer)</h1>
        </div>
</div>
```

在 Chrome 浏览器仿真预览结果如图 6-16 所示。

jQuery Mobile 网页以页(page)为单位，一个 HTML 文件可以放一个页面，也可以放多个页面，不过浏览器每次只会显示一页，我们必须为页面加上超链接，便于用户切换。下面的范例实现了两个页面。

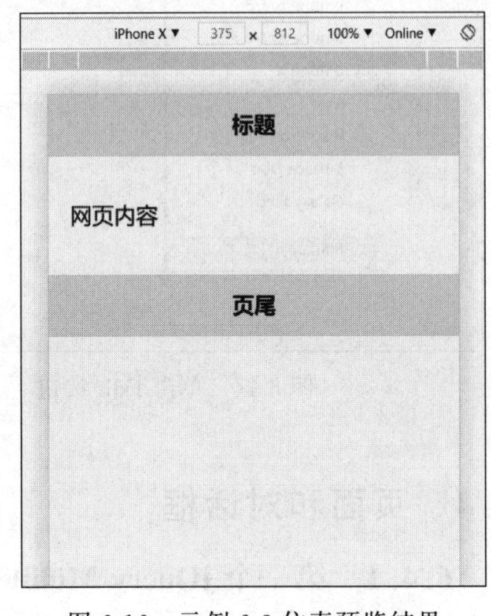

图 6-16　示例 6-3 仿真预览结果

【示例 6-4】 jQuery Mobile 创建的网页。

```
<!DOCTYPE html>
<html>
<head>
<title>jQuery Mobile 创建的网页</title>
<meta charset="utf-8">
<!-- 引用 jQuery Mobile 函数库 -->
<link rel="stylesheet" href="http://code.jQuery.com/
mobile/1.4.5/jQuery.mobile-1.4.5.min.css" />
<script src="http://code.jQuery.com/jQuery-1.11.1.
min.js"></script>
<script src="http://code.jQuery.com/mobile/1.4.5/
jQuery.mobile-1.4.5.min.js"></script>
<!-- 优化显示比例 -->
<meta name="viewport" content="width=device-width, initial-scale=1">
<style type="text/css">
#content{text-align:center;}
</style>
</head>
<body>
    <!-- 第一页 -->
    <div data-role="page" data-title="第一页" id="first">
        <div data-role="header">
            <h1>第一页</h1>
        </div>
        <div data-role="content" id="content">
            <a href="#second">到第二页</a>
        </div>
        <div data-role="footer">
            <h4>页尾</h4>
        </div>
        </div>
    <!-- 第二页 -->
    <div data-role="page" data-title="第二页" id="second">
        <div data-role="header">
            <h1>第二页</h1>
        </div>
        <div data-role="content" id="content">
            <a href="#first">回到第一页</a>
        </div>
        <div data-role="footer">
            <h4>页尾</h4>
        </div>
    </div>
</body>
</html>
```

可以看到示例新增的两个页面，每一个 data-role="page"页面都加入了 id 属性，使用<a>超链接标签的 href 属性指定#id 即可链接到对应的 page。执行结果如图 6-17 所示。

单击"到第二页"后，执行结果如图 6-18 所示。

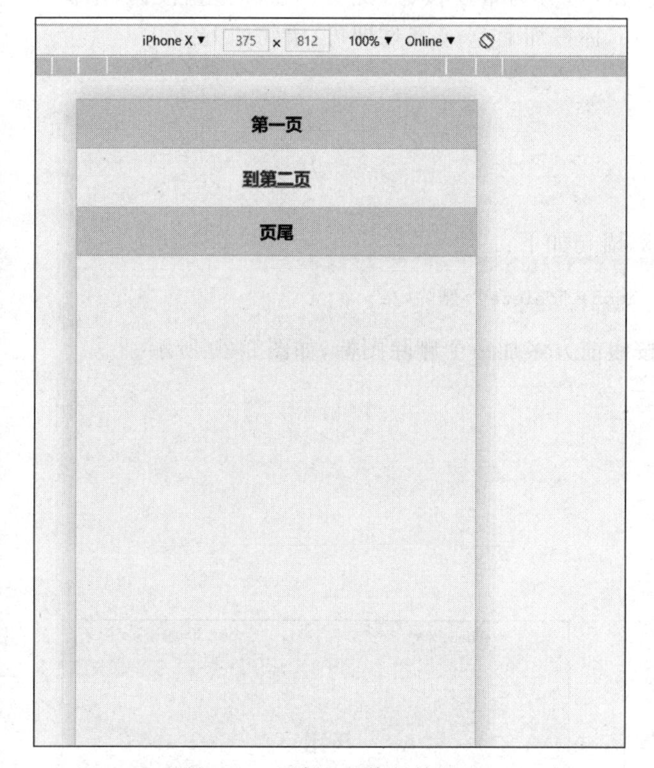

图 6-17 示例 6-4 执行结果 1

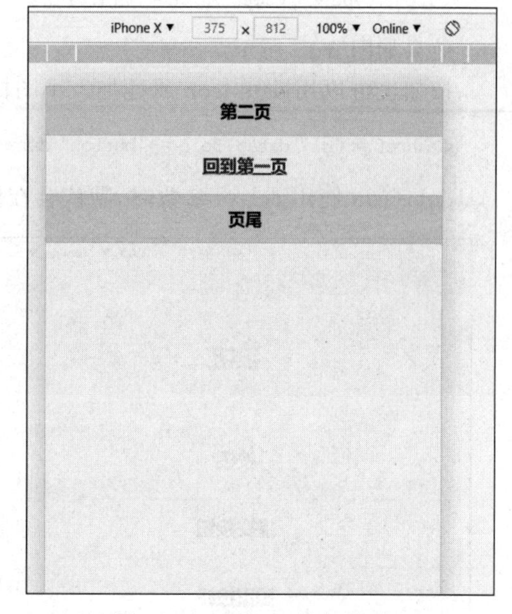

图 6-18 示例 6-4 执行结果 2

单击"回到第一页"，页面就会跳转至第一页，实现两个页面的切换效果。

示例 6-4 中第 11 行的语句用来优化屏幕的显示比例，如果省略了此行，就会发现页面上的文字非常小。因为移动设备的分辨率较小，但是多数浏览器默认会以一般网页的宽度显示，这样网页内的文字会变得很小而不易浏览。

为了解决这个问题，可以使用 meta 标签 viewport，目的是告诉浏览器这个移动设备的宽度和高度，这样页面的字体比例看起来就比较合适。用户可以通过滚动和缩放查看浏览整个页面。目前大部分浏览器都支持这个协议。只要在要在<head></head>标签之间加上这行语句就会调整适当宽度。

学会 jQuery Mobile 的基本用法后，接下来了解 jQuery Mobile 提供的各种可视化组件，搭配 HTML5 标签能够轻松做出既专业又漂亮的移动设备网页。

6.4.2 认识 UI 组件

jQuery Mobile 提供了许多可视化 UI 组件，套用之后就能产生美观、有质感并且适合移动设备使用的组件。jQuery Mobile 可视化组件的语句大多与 HTML5 标签相似，本章仅列出常见的组件：按钮、列表、弹窗。

1. 按钮

按钮是 jQuery Mobile 的核心组件，可以用来制作链接按钮(Link Button)和窗体按钮(Form Button)。

(1) 链接按钮。

在前面的示例中曾经使用<a>标签产生文字超链接让页面可以进行切换，如果要让超链接可以用按钮显示，就要使用 data-role="button"属性，语句如下：

```
<a href = "#second" data - role = "button">第二页</a>
```

(2) 窗体按钮。

顾名思义,窗体按钮就是窗体所使用的按钮,可分为常规按钮、提交按钮和重置按钮,不需要使用 data-role="button"属性,只要使用 button 标签加上 type 属性即可,语句如下:

```
< input type = "button" value = "按钮">
< input type = "submit" value = "提交按钮">
< input type = "reset" value = "重置按钮">
```

效果如图 6-19 所示。

按钮也可以用 data-icon 属性加入小图标,语句如下:

```
<a href =  "#" data - role =  "button" data - icon = "delete ">删除</a>
```

data-icon 使用 delete 参数时,默认会在按钮前方多加一个删除图标,如图 6-20 所示。

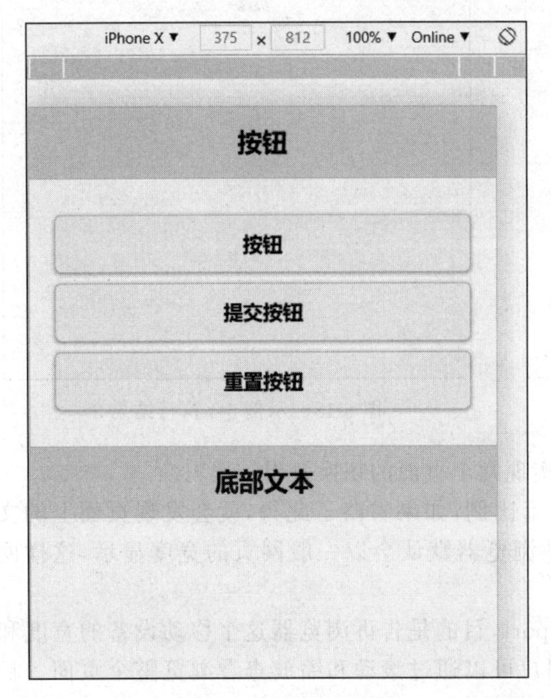

图 6-19 窗体按钮效果

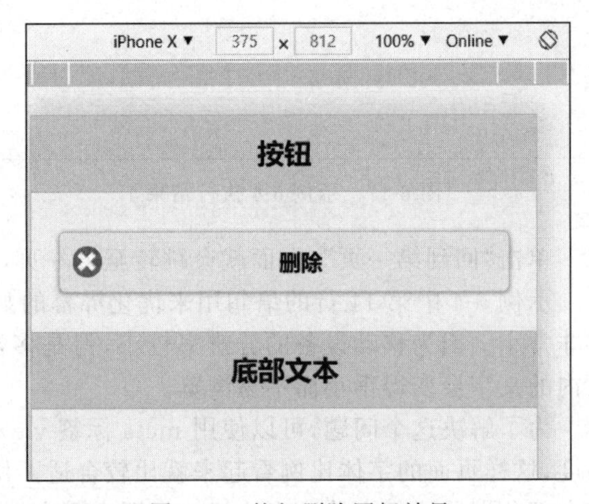

图 6-20 按钮删除图标效果

小图标默认会显示在按钮的左边,如果想变换图标的位置,只要用 data-iconpos 属性指定上(top)、下(bottom)、右(right)位置即可,语句及执行后的效果如图 6-21 所示。

```
<a href =  "#" data - role =  "button" data - icon = "delete "data - iconpos = "top">删除</a>
<a href =  "#" data - role =  "button" data - icon = "delete "data - iconpos = "bottom">删除</a>
<a href = "#" data - role =  "button" data - icon = "delete "data - iconpos = "right">删除</a>
```

如果不想出现文字,只要将 data-iconpos 属性指定为 notext 就会只显示按钮,而没有文字。你会发现制作完成的按钮以屏幕宽度为自身的宽度,如果想在同一行内安排多个按钮,可以加上 data-inline="ture",语句如下:

```
<a href = "#" data - role = "button" data - icon = "delete "data - iconpos = "top"data - inline = "ture">删除
</a>
<a href =  "#" data - role =  "button" data - icon = "delete "data - iconpos = "bottom"data - inline =
"ture">删除</a>
<a href = "#" data - role =  "button" data - icon = "delete "data - iconpos = "right"data - inline =
```

```
"ture">删除</a>
```

浏览器执行后的效果如图 6-22 所示。

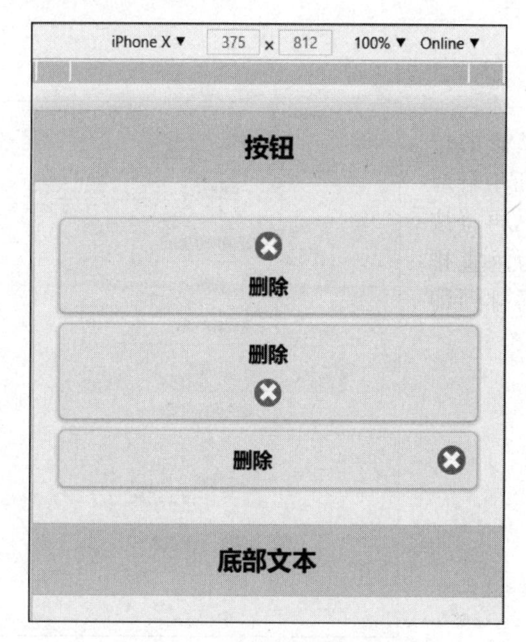

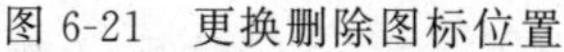
图 6-21　更换删除图标位置

图 6-22　一行多个按钮

下面通过一个示例复习按钮的使用。

【示例 6-5】 按钮练习。

```
<!DOCTYPE html>
<html>
<head>
    <title>ch6-5</title>
    <meta charset="utf-8">
    <meta name="viewport" content="width=device-width, initial-scale=1">
    <link rel="stylesheet" href="http://code.jQuery.com/mobile/1.4.5/jQuery.mobile-1.4.5.min.
css" />
    <script src="http://code.jQuery.com/jQuery-1.11.1.min.js"></script>
    <script src="http://code.jQuery.com/mobile/1.4.5/jQuery.mobile-1.4.5.min.js"></script>
    <style type="text/css">
    #content{text-align:center;}
    </style>
</head>
<body>
        <div data-role="page" data-title="第一页" id="first">
            <div data-role="header">
                <h1>按钮练习</h1>
            </div>
            <div data-role="content" id="content">
            没有图标的按钮
                <a href="index.htm" data-role="button">按钮</a>
            有图标的按钮
                <a href="index.htm" data-role="button" data-icon="search">搜索</a>
            改变图标位置
                <a href="index.htm" data-role="button" data-icon="search" data-iconpos=
"top">搜索</a>
            同一行显示
                <a href="index.htm" data-role="button" data-icon="search" data-inline=
```

```
"true">搜索</a>
            </div>
            </div>
</body>
</html>
```

执行后的效果如图 6-23 所示。

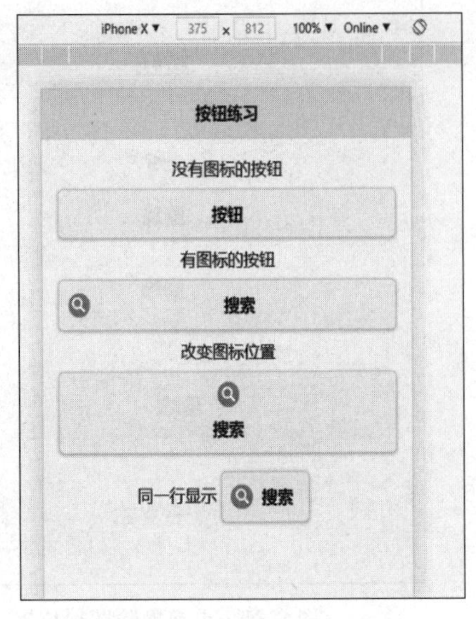

图 6-23 示例 6-5 执行结果

有时想把按钮排在一起，例如导航条出现一整排的按钮，jQuery Mobile 提供了一个简单的方法来将按钮组合起来：先用 data-role="controlgroup"属性定义分组，再将按钮放在这个< div >中。窗口中显示的按钮默认为垂直排列，使用 data-type="horizontal"属性指定为水平排列即可。下面通过实例感受组合按钮的实现过程。

【示例 6-6】 组合按钮练习。

```
<!DOCTYPE html>
<html>
<head>
    <meta name="viewport" content="width=device-width, initial-scale=1">
    <link rel="stylesheet" href="https://apps.bdimg.com/libs/jQuery Mobile/1.4.5/jQuery.mobile-1.4.5.min.css">
    <script src="https://apps.bdimg.com/libs/jQuery/1.10.2/jQuery.min.js"></script>
    <script src="https://apps.bdimg.com/libs/jQuery Mobile/1.4.5/jQuery.mobile-1.4.5.min.js">
</script>
</head>
<body>
    <div data-role="page" id="pageone">
      <div data-role="header">
        <h1>组合按钮</h1>
      </div>
      <div data-role="main" class="ui-content">
        <div data-role="controlgroup" data-type="horizontal">
          <p>水平组合按钮:</p>
          <a href="#" class="ui-btn">按钮 1</a>
          <a href="#" class="ui-btn">按钮 2</a>
          <a href="#" class="ui-btn">按钮 3</a>
        </div><br>
        <div data-role="controlgroup" data-type="vertical">
          <p>垂直组合按钮 (默认):</p>
          <a href="#" class="ui-btn">按钮 1</a>
          <a href="#" class="ui-btn">按钮 2</a>
          <a href="#" class="ui-btn">按钮 3</a>
        </div>
      </div>
      <div data-role="footer">
        <h1>底部文本</h1>
      </div>
    </div>
</body>
</html>
```

执行后的显示效果如图 6-24 所示。

2. 列表

列表视图是移动设备最常见的组件，因为手机的屏幕小，所以数据适合以列表视图的方式显示，例如通讯录、商品列表、新闻等都很适合利用列表视图组件生成，外观如图 6-25 所示。

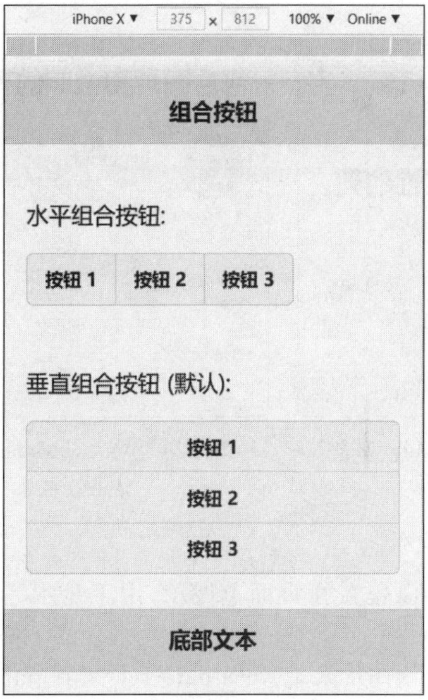

图 6-24　示例 6-6 执行结果

图 6-25　列表显示效果

jQuery Mobile 中的列表视图是标准的 HTML 列表；有序(< ol >)和无序(< ul >)。列表视图是 jQuery Mobile 中功能强大的一个特性。在 jQuery Mobile 中实现这样的用户界面(UI)非常简单，使用有序列表(Ordered List)< ol >标签加上< li >标签或无序列表(Unordered List)< ul >标签加上< li >标签，并在< ul >标签或< ol >标签加上 data-role="listview"属性即可。效果如图 6-26 所示。

将 data-inset 属性设为 true，让 listview 不要与屏幕同宽并加上圆角，语句如下：

```
<ul data-role = "listview" data-inset = "true">
<li><a href = "#">列表项</a></li>
<li><a href = "#">列表项</a></li>
<li><a href = "#">列表项</a></li>
</ul>
```

效果如图 6-27 所示。

如果想在列表视图中加入图像或者说明，请参照下面的语句：

```
<li>
<a href = "#">
    <img src = "D:/code/chrome.png">
    <h2>Google Chrome</h2>
    <p>Google Chrome 是免费的开源 web 浏览器。发布于 2008 年。</p>
</a>
</li>
```

执行后的效果如图 6-28 所示。

图 6-26 jQuery Mobile 列表显示效果 1

图 6-27 jQuery Mobile 列表显示效果 2

图 6-28 jQuery Mobile 列表显示效果 3

3. 弹窗

弹窗效果是在移动设备上经常使用的功能,弹窗可以覆盖在页面上展示,用于显示一段文本、图片、地图或其他内容。

创建一个弹窗,需要使用< a >和< div >元素。在< a >元素上添加 data-rel="popup" 属性,< div>元素添加 data-role="popup" 属性。接着为< div >指定 id,然后设置< a >的 href 值为< div >指定的 id。< div >中的内容为弹窗显示的内容。

注意:< div >弹窗与单击的< a >链接必须在同一个页面上。下面参照一下语句实现简单的弹窗效果,如图 6-29 所示。

单击"显示弹窗"后的效果如图 6-30 所示。

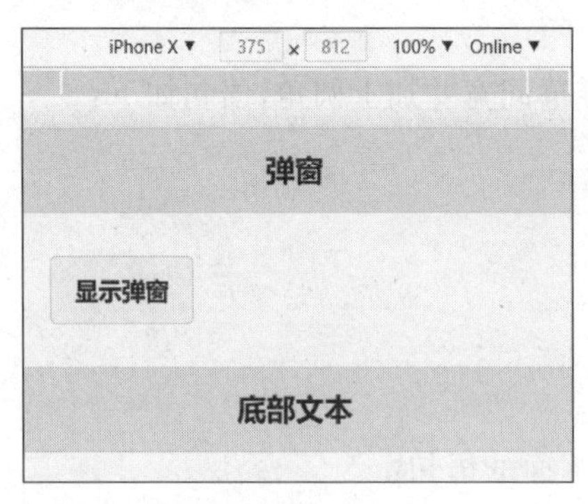

图 6-29 弹窗效果 1

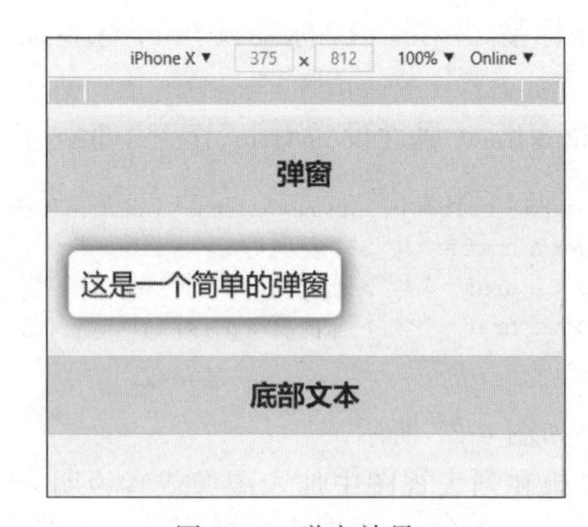

图 6-30 弹窗效果 2

在默认情况下,单击弹窗之外的区域或按下 Esc 键即可关闭弹窗。如果不想单击弹窗之外的区域关闭弹窗,可以添加 data-dismissible="false"属性(不推荐)。也可以在弹窗上添加关闭按钮,按钮上使用 data-rel="back"属性,并通过样式来控制按钮的位置。参考语句如下:

```
< div data - role = "main" class = "ui - content">
< a href = "#myPopup" data - rel = "popup" class = "ui - btn ui - btn - inline ui - corner - all">显示弹窗
</a >
```

```
<div data-role="popup" id="myPopup" class="ui-content">
<a href="#" data-rel="back" class="ui-btn ui-corner-all ui-shadow ui-btn ui-icon-
delete ui-btn-icon-notext ui-btn-right">关闭</a>
```

实现效果如图 6-31 所示。

弹窗默认情况下会直接显示在单击元素的上方，但如果需要控制弹窗的位置，可以在用于打开弹窗的单击链接上使用 data-position-to 属性。

控制弹窗位置的三种方式的代码如下：

```
data-position-to="window"        //弹窗在窗口居中显示
data-position-to="#myId"         //弹窗显示在通过#id元素定位的位置上
data-position-to="origin"        //默认情况下,弹窗显示在单击元素的位置上
```

(1) 弹窗对话框

如果想将弹窗制作为一个标准的对话框(头部，内容和底部标记)，可以参考以下语句，效果如图 6-32 所示。

```
<a href="#myPopupDialog" data-rel="popup" data-position-to="window" data-transition=
"fade" class="ui-btn ui-corner-all ui-shadow ui-btn-inline">
打开对话框弹窗</a>
  <div data-role="popup" id="myPopupDialog">
    <div data-role="header">
      <h1>头部文本</h1>
    </div>
    <div data-role="main" class="ui-content">
      <h2>欢迎访问弹窗对话框!</h2>
      <p>jQuery Mobile 非常有意思!</p>
      <a href="#" class="ui-btn ui-corner-all ui-shadow ui-btn-inline ui-btn-b ui-
icon-back ui-btn-icon-left" data-rel="back">返回</a>
    </div>
```

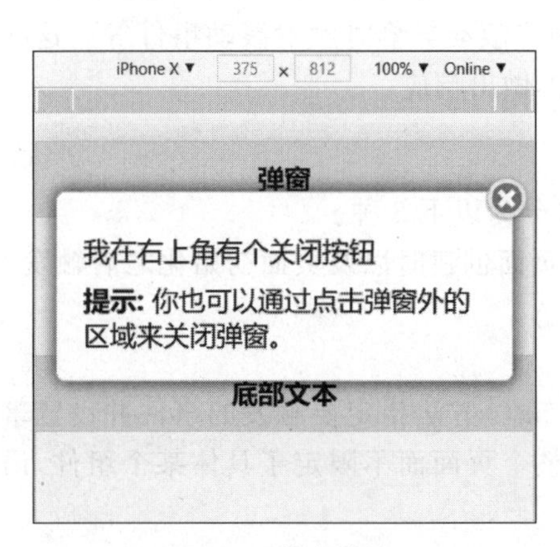

图 6-31 弹窗效果 3

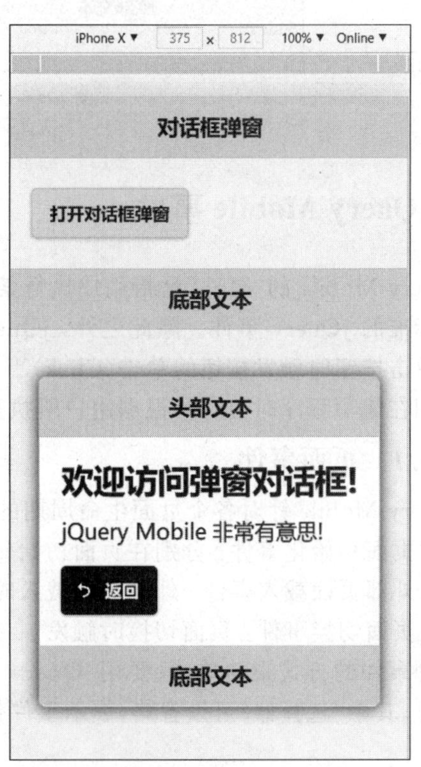

图 6-32 弹窗效果 4

(2) 图片弹窗

开发者也可以在弹窗中显示各种丰富的图片效果，参考代码如下：

```
<a href = "#myPopup" data - rel = "popup" data - position - to = "window">
<img src = "D:/code/chrome.png" alt = "Skaret View" style = "width:200px;"></a>
    <div data - role = "popup" id = "myPopup">
    <p>这是我的图片!</p>
<a href = "#pageone" data - rel = "back" class = "ui - btn ui - corner - all ui - shadow ui - btn - a ui - icon - delete ui - btn - icon - notext ui - btn - right">Close</a><img src = "D:/code/chrome.png" style = "width:800px;height:400px;" alt = "Skaret View">
```

执行后效果对比如图 6-33 左侧所示，单击图片后的效果如图 6-33 右侧所示。

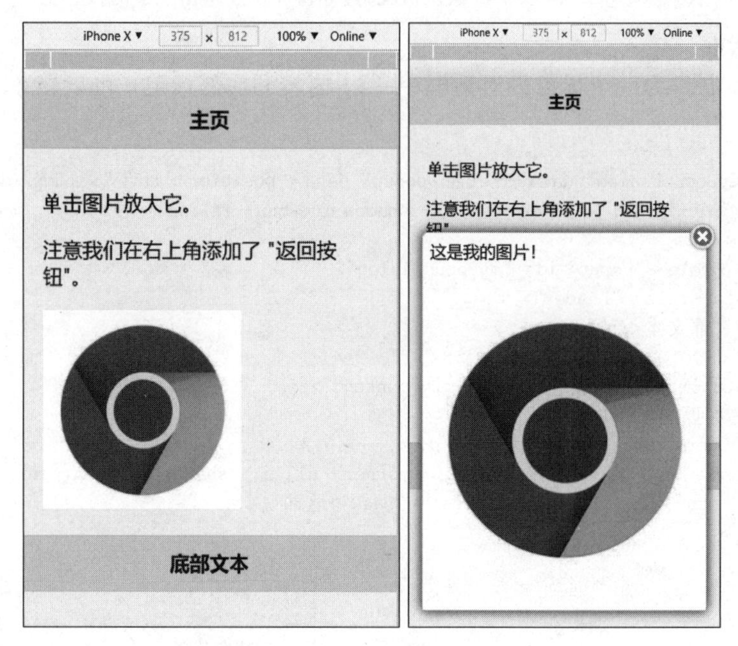

图 6-33　图片弹窗效果对比

6.5　jQuery Mobile 事件

jQuery Mobile 的"事件"是指用户执行某种操作时所触发的程序，在 jQuery Mobile 中可以使用任何标准的 jQuery 事件。除此之外，jQuery Mobile 也提供了针对移动端浏览器的事件，例如当用户单击按钮时触发按钮的单击(Click)事件，当用户滚动屏幕时触发滚动事件等。这些事件可以让我们在编写程序时更容易根据用户所执行的操作做出响应。

6.5.1　页面事件

jQuery Mobile 针对各个页面生命周期的事件可分为以下 3 种。

(1) 页面初始化事件：分别在页面初始化之前、页面创建时以及页面初始化之后触发。

(2) 外部页面载入事件：外部页面载入时触发。

(3) 页面切换事件：页面切换时触发。

处理事件的方式很简单，只要用 jQuery 提供的 on()方法指定要触发的事件并设置事件处理函数即可，其中"选择器"可以省略，表示事件作用于整个页面而不限定于具体某个组件，语法格式如下：

```
$(document).on(事件名称,选择器,事件处理函数);
```

1. 初始化事件

初始化事件分别在页面初始化之前、页面创建时以及页面初始化之后触发，常用的页面初始化按照触发顺序排列如下。

1）mobileinit

当jQuery Mobile开始执行时先触发mobileinit事件，当想要更改jQuery Mobile默认的设置值时可以将函数绑定到mobileinit事件。这样jQuery Mobile会以mobileinit事件的设置值取代原本的设置，语句如下：

```
$(document).on("mobileinit",function(){
    ...//程序语句
};
```

上述语句使用jQuery的on()方法绑定mobileinit事件并设置事件处理函数。要特别注意，mobileinit的绑定事件要放在导入jQuery.mobile.js之前。举例来说，jQuery Mobile默认任何操作都会使用Ajax的方式，如果不想使用Ajax，就可以在mobileinit事件将$.mobile.ajaxEnabled更改为false，语句如下：

```
$ (document). on ("mobileinit",function () {
$.mobile ajaxEnabled = false;
};
```

2）pagebeforecreate、pagecreate、pageinit事件

这3个事件都是在初始化前后触发，pagebeforecreate会在页面DOM加载后、正在初始化时触发；pagecreate是在当页面的DOM加载完成且初始化也完成时触发；pageinit是在页面初始化之后触发。其语句如下：

```
$(document).on("pagebeforecreate",function() {
...//程序语句
};
```

在jQuery中判断DOM是否加载就绪使用的是$(document).ready()，而jQuery Mobile使用pageinit事件处理。通过下面的例子就能清楚这3个事件的触发时机。

【示例6-7】 jQuery Mobile初始化事件。

```
<!DOCTYPE html>
<html>
<head>
<title>jQuery Mobile初始化事件</title>
<meta charset="utf-8">
<meta name="viewport" content="width=device-width, initial-scale=1">
<link rel="stylesheet" href="http://code.jQuery.com/mobile/1.4.5/jQuery.mobile-1.4.5.min.css"
/>
<script src="http://code.jQuery.com/jQuery-1.11.1.min.js"></script>
<script src="http://code.jQuery.com/mobile/1.4.5/jQuery.mobile-1.4.5.min.js"></script>
<script>
 $(document).on("pagebeforecreate",function(){
   alert("pagebeforecreate事件被触发了!")
});
 $(document).on("pagecreate",function(){
   alert("pagecreate事件被触发了!")
});
 $(document).on("pageinit",function(){
   alert("pageinit事件被触发了!")
});
</script>
```

```
    </head>
    <body>
        <!-- 第一页 -->
        <div data-role="page" data-title="第一页" id="first" data-theme="a">
            <div data-role="header">
                <a href="#second">到第二页</a>
                <h1>初始化事件</h1>
            </div>
            <div data-role="content">
                初始化事件测试<br>
                这是第一页
            </div>
            <div data-role="footer">
                <h4>页尾</h4>
            </div>
        </div>
        <!-- 第二页 -->
        <div data-role="page" data-title="第二页" id="second" data-theme="b">
            <div data-role="header">
                <a href="#first">回到第一页</a>
                <h1>初始化事件</h1>
            </div>
            <div data-role="content">
                初始化事件测试<br>
                这是第二页
            </div>
            <div data-role="footer">
                <h4>页尾</h4>
            </div>
        </div>
    </body>
    </html>
```

执行后的效果如图 6-34(从上到下顺序执行)所示。

单击“到第二页”如图 6-35 所示。

2. 外部页面载入事件

外部页面载入时会触发两个事件，一个是 pagebeforeload 事件；另一个是当页面载入成功时触发 pageload 事件，载入失败时触发 pageloadfailed 事件。

1）pagebeforeload 事件

在任何页面加载请求作出之前触发。语法格式如下：

```
$("document").on("pagebeforeload",function(event,data){...})
```

该处理函数有以下两个参数。

(1) event：任何 jQuery 的事件属性，例如 event.target、event.type、event.page 等。

(2) data：包含以下 5 种属性。

① url：字符串类型，页面的 URL 地址。

② absUrl：字符串类型，包含 URL 的绝对路径。

③ dataUrl：字符串类型，网址栏的 URL。

④ deferred：对象类型，包含 resolve()或 reject()。

⑤ options：对象类型，包含可选项发送到 $.mobile.loadPage()。

2）Pageload 事件(注意，1.4.0 版本后已废弃，使用 pagecontainerload 替代)

该处理函数有以下两个参数。

(1) event：任何 jQuery 的事件属性，例如 event. target、event. type、event. pageX 等。

(2) data：包含以下 6 种属性。

① url：字符串类型，页面的 URL 地址。

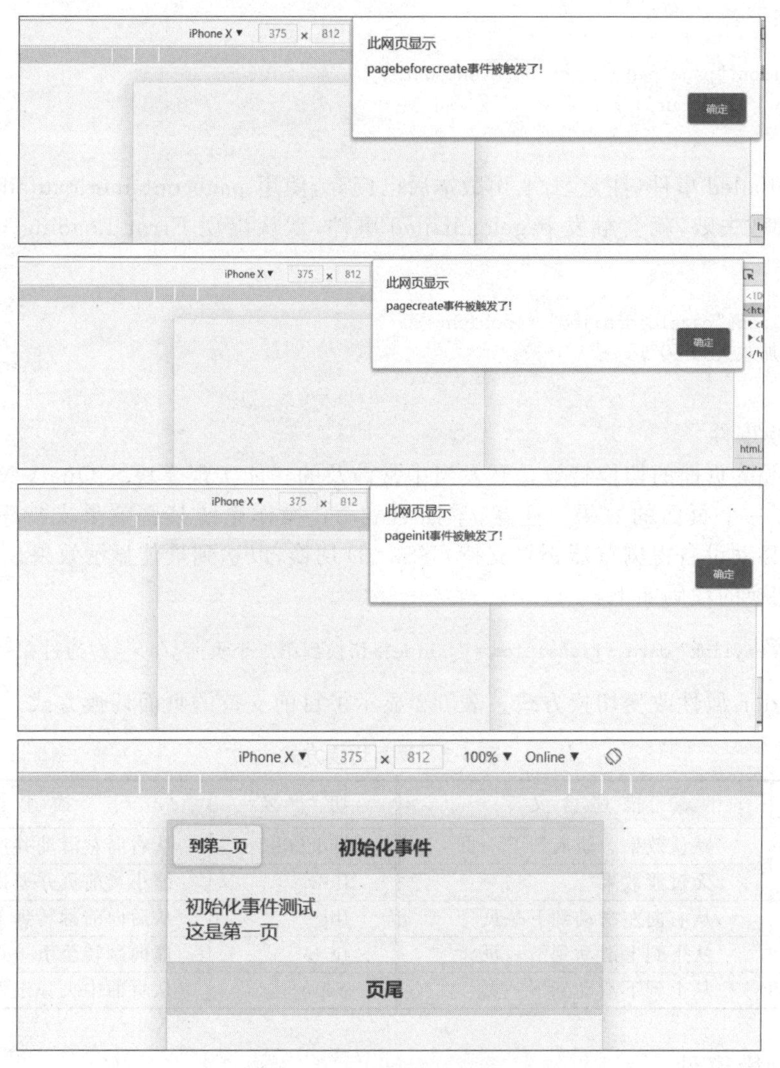

图 6-34 示例 6-7 执行结果 1

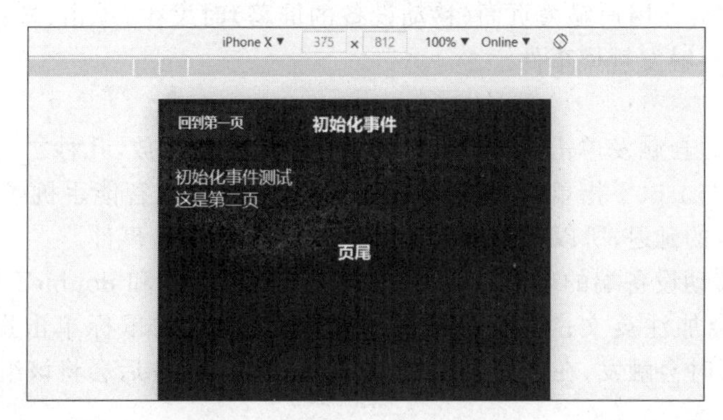

图 6-35 示例 6-7 执行结果 2

② absUrl：字符串类型，包含 URL 的绝对路径。

③ dataUrl：字符串类型，网址栏的 URL。

④ options：对象类型，$.mobile.loadPage()指定的选项。

⑤ xhr：对象类型，XMLHttpRequest 对象。

⑥ texts Status：字符串类型或空值(null)，返回状态。

语句举例如下：

```
$(document).on("pageload",function(event,data) {
alert ("URL: " + data.url) ;
}) ;
```

3) pageloadfailed 事件(注意，1.4.0 版本后已废弃，使用 pagecontainerloadfailed 替代)

如果页面加载失败，就会触发 pageloadfailed 事件，默认出现 Error Loading Page 文字，语句如下：

```
$(document).on("pageloadfailed",function() {
alert("页面加载失败" ) ;
}) ;
```

3. 页面切换事件

jQuery Mobile 页面的切换特效是开发当中常涉及的功能实现模块。jQuery Mobile 提供了各种页面切换到下一个页面的效果。注意，早期 Android 操作系统某些效果支持得显示效果并不好，所以请确保移动设备得浏览器必须支持 CSS3 3D 切换，以达到最佳显示效果。

实现页面切换的代码如下：

```
<a href = "#anylink" data - transition = " slide">切换到第二个页面</a>  //通过在链接中声明
```

data-transition 属性改变切换方式。表 6-2 显示了目前支持的页面切换方式。

表 6-2 页面切换方式

切　换	描述含义	切　换	描述含义
fade	默认效果。淡入到下一页	slidefade	从右向左滑动并淡入到下一页
none	无过渡效果	flow	缩小当前页并抛出，进入下一页
slide	从右向左滑动到下一页	flip	从后向前翻转到下一页
slideup	从下到上滑动到下一页	turn	横向翻转至下一页
slidededown	从上到下滑动到下一页	pop	从页面中央弹出切换至下一页

6.5.2 触摸事件

触摸(touch)事件会在用户触摸页面(移动设备的屏幕)时发生，单击、按住不放(长按)以及在屏幕上滑动等操作都会触发触摸事件。

1. 单击

当用户触碰页面时会触发单击(tap)事件，如果单击后按住不放，几秒之后就会触发长按事件。注意，click(鼠标单击)与 tap(手指单击)都会触发单击事件，但是在智能手机或移动设备的 Web 端，click 会有 200～300ms 的延迟，所以一般用 tap 代替 click 作为单击事件。

另外，为了区别移动设备端的单击和双击，会对应 singleTap 和 doubleTap。后文为了避免混淆，用手指单击屏幕会加注英文；若没有任何注释，则是常规的鼠标单击操作或者事件。单击(tap)事件在触碰页面时会触发，在下面语句中，单击(tap)div 组件后会将该组件隐藏：

```
$("div").on ("tap", function(){
$(this).hide();
});
```

【示例 6-8】 tap 事件。

```
<!DOCTYPE html>
<html>
<head>
    <meta name="viewport" content="width=device-width, initial-scale=1">
    <link rel="stylesheet" href="https://apps.bdimg.com/libs/jQuery Mobile/1.4.5/jQuery.mobile-1.4.5.min.css">
    <script src="https://apps.bdimg.com/libs/jQuery/1.10.2/jQuery.min.js"></script>
    <script src="https://apps.bdimg.com/libs/jQuery Mobile/1.4.5/jQuery.mobile-1.4.5.min.js">
</script>
    <script>
    $(document).on("pagecreate","#pageone",function(){
      $("p").on("tap",function(){
        $(this).hide();
      });
    });
    </script>
</head>
<body>
    <div data-role="page" id="pageone">
      <div data-role="header">
        <h1>tap 事件</h1>
      </div>
      <div data-role="main" class="ui-content">
        <p>点击此行会消失。</p>
        <p>点击此行会消失。</p>
      </div>
      <div data-role="footer">
        <h1>页脚文本</h1>
      </div>
    </div>
</body>
</html>
```

执行效果如图 6-36 所示。

连续单击两次后,两行提示都会消失,效果如图 6-37 所示,请读者自行测试。

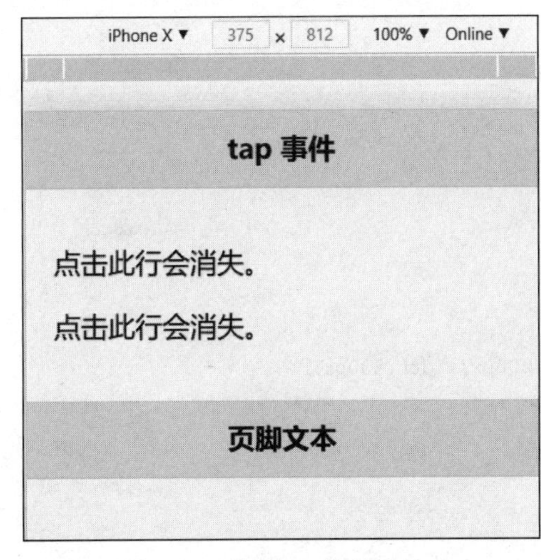

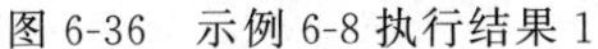
图 6-36 示例 6-8 执行结果 1

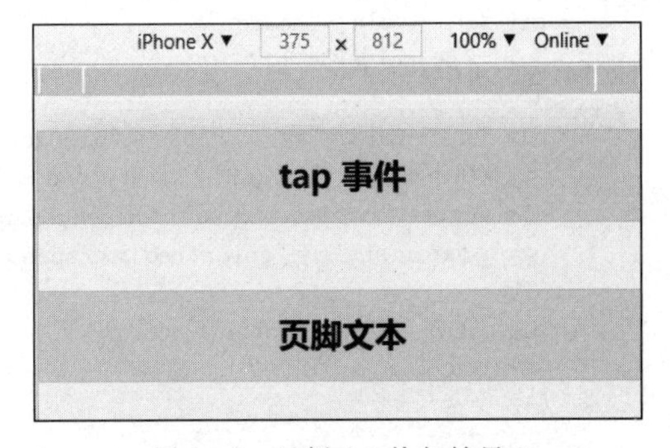

图 6-37 示例 6-8 执行结果 2

2. 单击并按住不放

当单击页面按住不放(taphold)时会触发 taphold 事件,语句如下:

```
$ ("div''). on ("taphold", function () {
$ (this). hide();
});
```

taphold 事件默认为按住不放 750ms 之后触发，也可以通过 $. event. special. tap. tapholdThreshold 语句改变触发时间的长短，下列语句指定按住不放 3s 后触发 taphold 事件：

```
$ (document). on("mobileinit", function( ){
$ . event. special. tap. tapholdThreshold = 3000;
});
```

3. 滑动

屏幕滑动的检测是常用的功能之，可以让应用程序使用起来更加直接与顺畅。滑动事件是指使用手指屏幕左右滑动时触发的事件，起点必须在对象内，1s 内发生左右移动距离大于 30px 时触发。滑动事件使用 swipe 语句捕捉，语句如下：

```
$ ("p"). on("swipe", function(){
  $ ("span"). text("滑动检测!");
});
```

上述语句是捕捉 p 组件的滑动事件，将消息正文显示在 span 组件中，具体示例如下。

【示例 6-9】 swip 事件。

```
<! DOCTYPE html >
< html >
< head >
    < meta name = "viewport" content = "width = device - width, initial - scale = 1">
    < link rel = "stylesheet" href = "https://apps. bdimg. com/libs/jQuery Mobile/1. 4. 5/jQuery. mobile
- 1. 4. 5. min. css">
    < script src = "https://apps. bdimg. com/libs/jQuery/1. 10. 2/jQuery. min. js"></script >
    < script src = "https://apps. bdimg. com/libs/jQuery Mobile/1. 4. 5/jQuery. mobile - 1. 4. 5. min. js">
</script >
    < script >
     $ (document). on("pagecreate", "# pageone", function(){
       $ ("p"). on("swipe", function(){
         $ ("span"). text("滑动检测!");
       });
    });
    </script >
</head >
< body >
    < div data - role = "page" id = "pageone">
      < div data - role = "header">
        < h1 > swipe 事件</h1 >
      </div >
      < div data - role = "main" class = "ui - content">
        < p>在下面的文本或方框上滑动。</p >
        < p style = "border:1px solid black; height:200px; width:200px;"></p >
        < p>< span style = "color:red"></span ></p >
      </div >
      < div data - role = "footer">
        < h1 >页脚文本</h1 >
      </div >
    </div >
</body >
</html >
```

执行的结果如图 6-38 所示。

在方框中滑动后执行结果如图 6-39 所示。

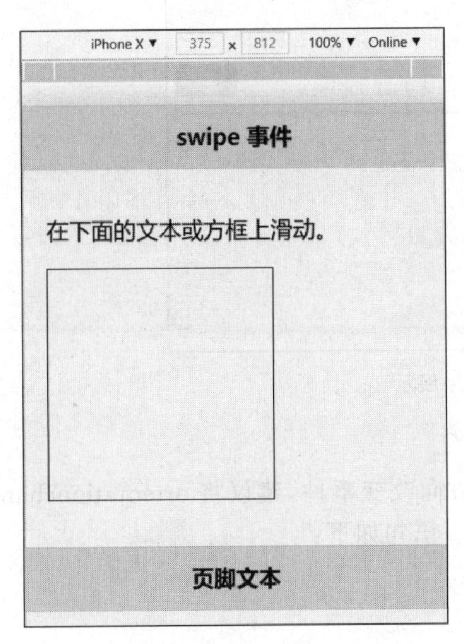

图 6-38 示例 6-9 执行结果 1

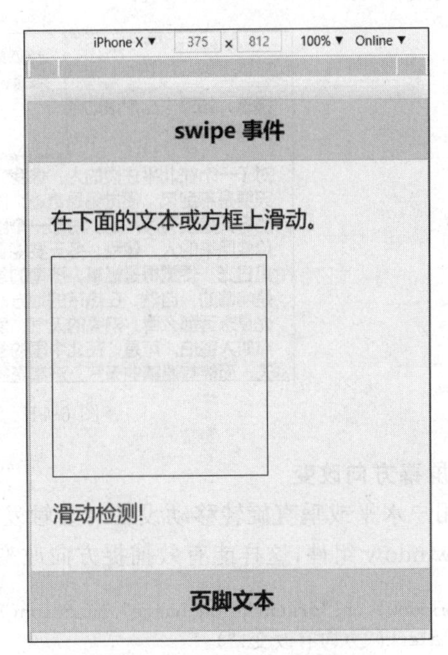

图 6-39 示例 6-9 执行结果 2

开发者也可使用 swipeleft 捕捉向左滑动事件，使用 swiperight 捕捉向右滑动事件。语句举例说明如下：

```
$("p").on("swipeleft",function(){
  alert("向左滑动!");
});
```

或者

```
$("p").on("swiperight",function(){
  alert("向右滑动!");
});
```

4. 滚动

滚动事件是指在屏幕上下滚动时触发的事件，jQuery Mobile 提供了两种滚动事件，分别是滚动开始触发和滚动停止触发。滚动事件可使用 scrollstart 语句捕捉滚动开始事件，使用 scrollstop 语句捕捉滚动停止事件，语句分别如下。

scrollstart 事件是在用户开始滚动页面时触发：

```
$(document).on("scrollstart",function(){
alert("开始滚动!");
});
```

scrollstop 事件是在用户停止滚动页面时触发：

```
$(document).on("scrollstop",function(){
alert("停止滚动!");
});
```

页面在未发生滚动时的效果如图 6-40 所示。

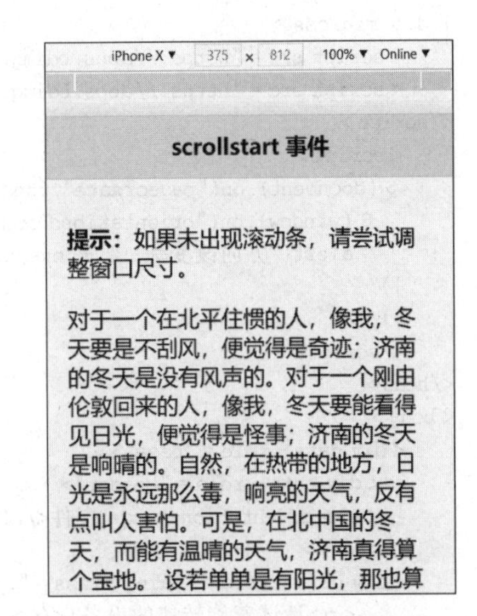

图 6-40 滚动效果展示 1

滚动后的效果如图 6-41 所示。

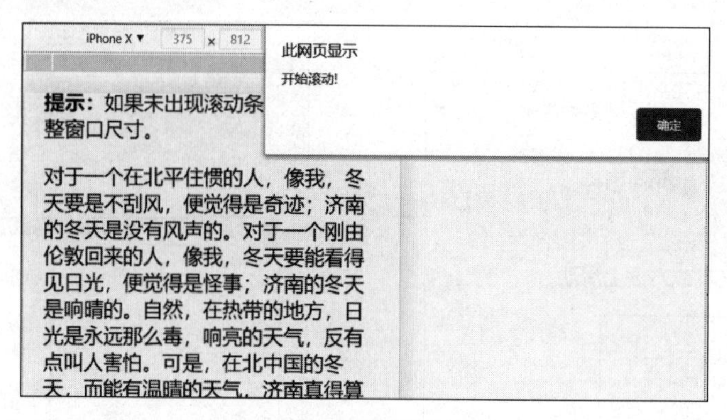

图 6-41　滚动效果展示 2

5. 屏幕方向改变

当用户水平或垂直旋转移动设备时会触发屏幕方向改变事件，建议将 orientationchange 事件绑定到 window 组件，这样能有效捕捉方向改变事件。语句如下：

```
$(window).on("orientationchange",function(){
    alert("方向有改变!");
});
```

orientationchange 事件会返回设备是横向模式还是纵向模式，类型是字符串，使用处理函数加上 event 对象接收 orientation 属性值，返回的值为 landscape(横向)或 portrait(纵向)。语句如下：

```
$(window).on("orientationchange",function(event){
alert("方向是: " + event.orientation);
});
```

【示例 6-10】 设备旋转事件。

```
<!DOCTYPE html>
<html>
<head>
    <meta name="viewport" content="width=device-width, initial-scale=1">
    <link rel="stylesheet" href="https://apps.bdimg.com/libs/jquerymobile/1.4.5/jquery.mobile-
1.4.5.min.css">
    <script src="https://apps.bdimg.com/libs/jquery/1.10.2/jquery.min.js"></script>
    <script src="https://apps.bdimg.com/libs/jquerymobile/1.4.5/jquery.mobile-1.4.5.min.js">
</script>
    <script>
     $(document).on("pagecreate",function(event){
       $(window).on("orientationchange",function(event){
         alert("方向改变为: " + event.orientation);
    });
    });
    </script>
</head>
<body>
    <div data-role="page">
      <div data-role="header">
      <h1>orientationchange 事件</h1>
      </div>
    <div data-role="main" class="ui-content">
        <p>请试着旋转您的设备!</p>
        <p><b>注释:</b>您必须使用移动设备或者移动模拟器来查看该事件的效果。</p>
```

```
        </div>
        <div data-role="footer">
          <h1>页脚文本</h1>
        </div>
        </div>
    </body>
    </html>
```

在浏览器中效果如图 6-42 所示。

单击模拟器右上角的“屏幕旋转”按钮，即图 6-43 中的框处。两种显示效果 Landscape(横向)和 portrait(纵向)用于模仿当用户水平或垂直旋转移动设备时的显示效果。

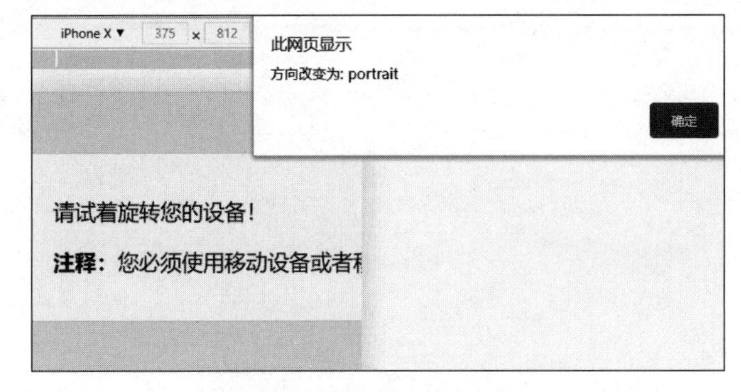

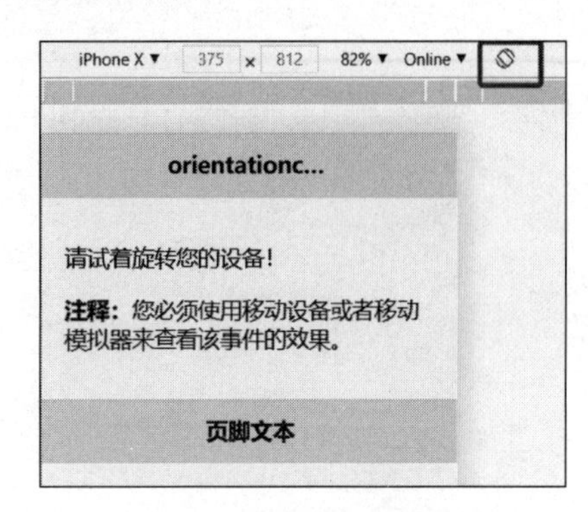

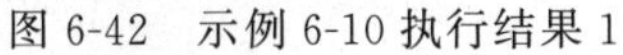

图 6-42　示例 6-10 执行结果 1　　　　图 6-43　单击模拟旋转按钮

屏幕旋转后的显示效果如图 6-44 所示。

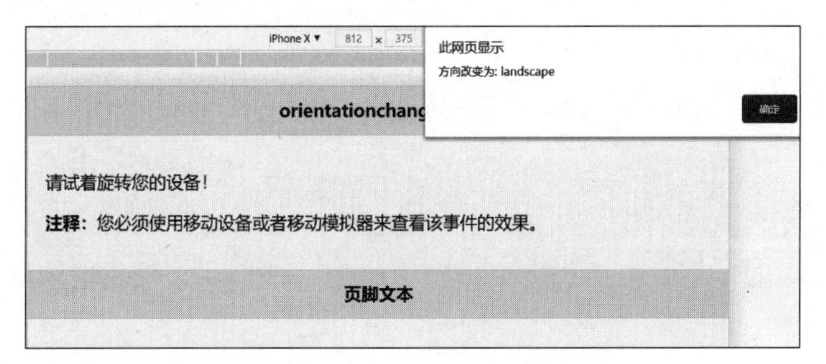

图 6-44　示例 6-10 执行结果 2

单击“确定”按钮后，执行结果如图 6-45 所示。

图 6-45　示例 6-10 执行结果 3

从案例中可以清楚地了解，借助 orientation 属性就可以得知设备的方向。如果设备方向改变时要取得设备的宽度与高度，就可以绑定 resize 事件。resize 事件在页面大小改变时会触发，语句如下：

```
$ ( window).on( "resize", function() {
var win =  $ ( this);
alert(win.width() + ";" + win.height());
}) ;
```

请读者自行编写代码进行测试。

第7章

微信小程序开发

手机微信作为一个为智能终端提供即时通信服务的应用程序，已经广泛地应用于我们的生活中。以微信应用程序为基础，基于微信的服务框架，微信小程序（简称小程序）可以被用户便捷地获取和传播，和普通的智能终端 App 一样，具有良好的使用体验，同时免除了传统 App 的下载安装包的操作。

7.1 小程序开发环境

本节主要介绍如何在微信公众平台注册小程序并获取小程序的 App ID，搭建开发环境，新建一个小程序项目，介绍开发者工具界面等。

7.1.1 申请 App ID

每个小程序都有自己对应的 App ID，它相当于小程序的"身份证号码"。开发小程序项目之前，我们首先要注册，获取小程序的 App ID。打开浏览器，在地址栏输入网址：https://mp.weixin.qq.com/，得到图 7-1 所示的微信公众平台登录页面，单击右上角的"立即注册"按钮。

图 7-1 微信公众平台登录页面

单击"立即注册"按钮后，跳转到图 7-2 所示的页面，选择"小程序"选项后，进入小程序注册页，根据指引填写信息和提交相应的资料，就可以拥有自己的小程序账号。

7.1.2 登录小程序的管理页面

注册成功后，打开浏览器，在地址栏输入网址：https://mp.weixin.qq.com/，进入图 7-1 所示的微信公众平台登录页面。选择使用账号登录，输入注册邮箱和密码，单击"登录"之后，会弹出二维码页面。打开注册时登记的管理员手机微信，扫描该二维码。在管理员手机微信上，会弹出确定登录页面，单击"确定"按钮，微信会弹出"已成功登录"。这时在浏览器出现图 7-3 所示的小程序管理后台。

图 7-2　账号类型选择页面

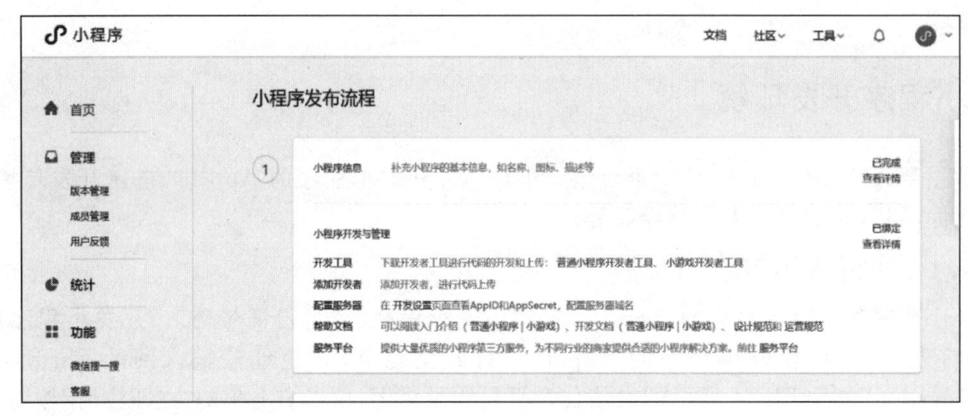

图 7-3　小程序管理后台

7.1.3　获取 App ID

App ID 是管理员在微信公众平台上注册的小程序 ID，每个小程序都有自己对应的 ID，相当于每个人都有自己对应的身份证号一样。在微信公众平台进入小程序管理后台，单击图 7-4 左侧的“开发管理”选项，右侧显示“开发管理”选项的内容，然后右击“开发设置”标签，就出现小程序的 App ID。将该 App ID 保存在本地，为后面的开发做准备。

图 7-4　小程序开发管理页面

7.1.4 下载安装微信开发者工具

开发者登录小程序管理后台，如图 7-5 所示，单击页面左侧“开发工具”选项，接着单击右侧的“开发者工具”标签，单击“下载”即可出现下载页面。也可以直接通过 URL 地址 https://developers.weixin.qq.com/miniprogram/dev/devtools/download.html 访问下载页面。根据自己的操作系统下载对应的安装包进行安装。

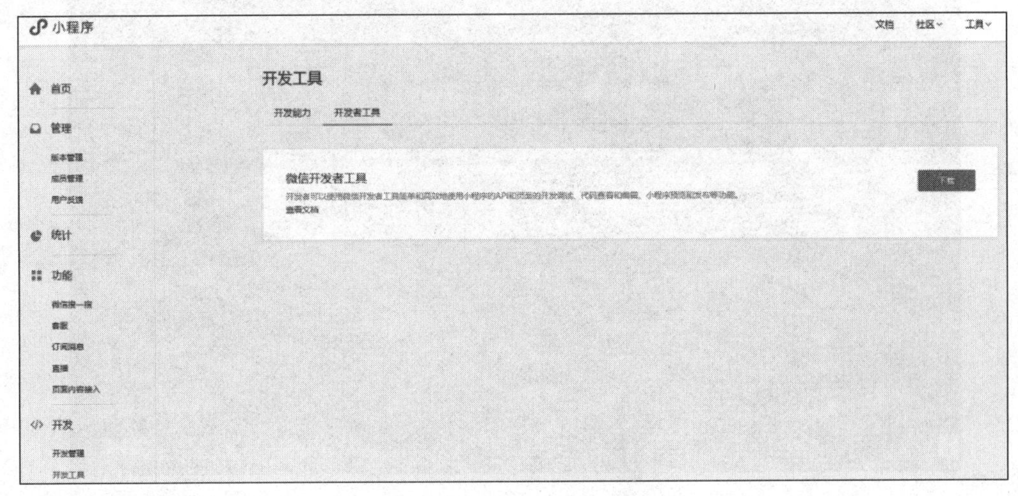

图 7-5 小程序开发工具页面

7.1.5 新建第一个小程序

前面已经安装完微信开发者工具，App ID 也申请成功。双击打开微信开发者工具，弹出图 7-6 左侧所示的登录页，使用移动终端设备的微信扫码登录，扫码后需要在图 7-6 右侧所示的微信端单击“确认登录”按钮，微信开发者工具会弹出图 7-7 所示的开发者工具开始页面，会看到已经存在的项目列表和代码片段列表。

图 7-7 左侧的“小程序项目”工具用来编辑、调试和发布微信小程序，“公众号网页项目”工具用来开发和调试微信公众号、订阅号的应用。本书介绍“小程序项目”工具。

图 7-6 微信开发者工具登录页

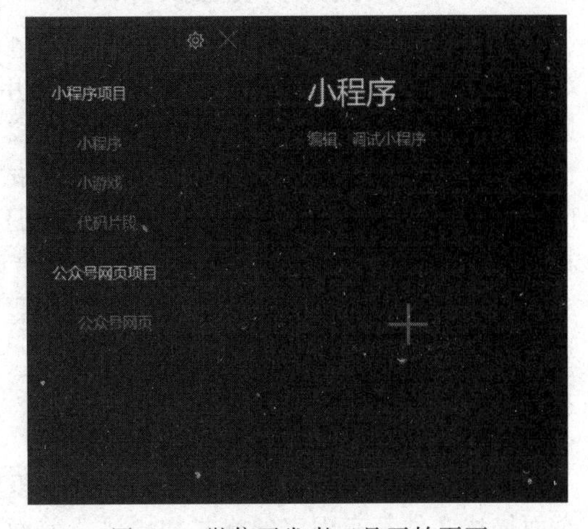

图 7-7 微信开发者工具开始页面

单击左侧的“小程序”选项，然后单击右侧的“＋”，会弹出小程序新建项目页面，如图 7-8 所示。在该页面填入“项目名称”“项目目录”和 App ID。

项目名称：开发者为项目自定义的名称。

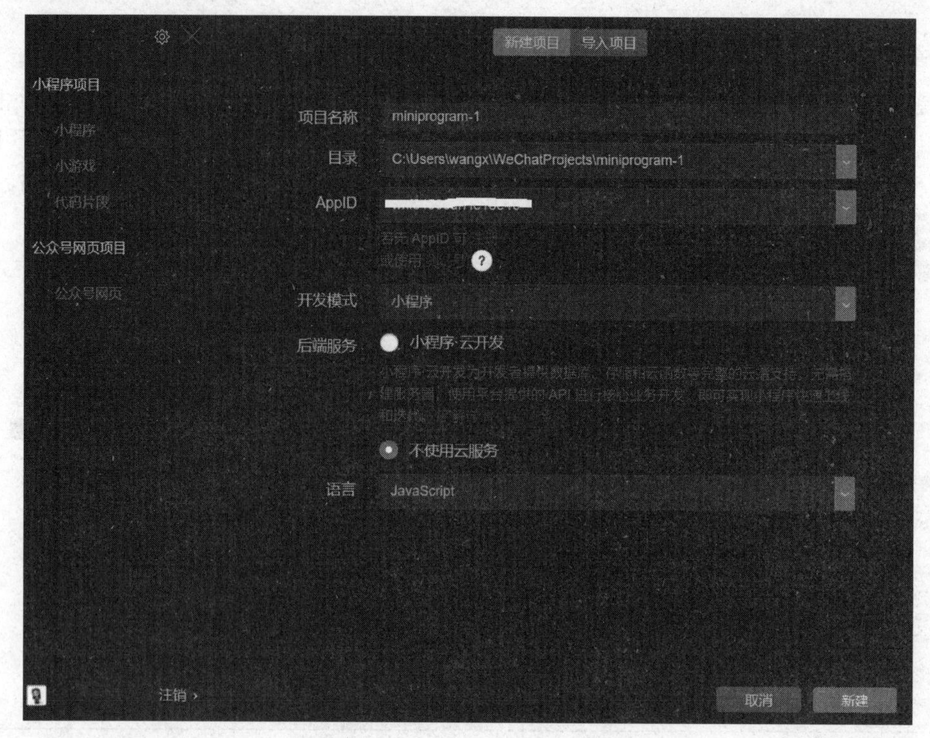

图 7-8　微信开发者工具新建项目

项目目录：存放项目文件的本地文件夹。

App ID：小程序的 ID，可以登录微信公众平台（https://mp.weixin.qq.com）查看。前面小节已讲解讲述了如何获取 App ID。

后端服务选择"不使用云服务器"，其他选项保持默认不变。填写完毕后，单击"新建"按钮，会创建一个官方默认小程序项目，跳转到开发页面。官方默认的小程序项目目录及文件如图 7-9 所示，根目录下有 app.js、app.json、app.wxss 和 project.config.json 四个文件分别用来处理小程序的业务逻辑、配置小程序的页面路径、定义小程序页面的全局样式和保存小程序项目的配置信息。

7.1.6　微信开发者工具界面

图 7-9 所示的开发者工具主界面主要包含菜单栏、工具栏、模拟器、目录树、编辑区、调试器六大部分。菜单栏列出了开发小程序时的常用命令。工具栏包含开发小程序时的工具。模拟器可以模拟小程序在微信客户端的表现。目录窗口主要用于对项目的文件、目录结构进行管理。代码窗口用于编辑小程序项目的相关代码。调试器窗口中，wxml 面板用于帮助开发者查看当前页面的 wxml 和 wxss 文件，Sources 面板用于帮助开发者查看当前页面的 JavaScript 文件，Console 面板用于输入、调试代码或者显示小程序的错误输出，Storage 面板用于显示存入本地的缓存信息，AppData 面板用于显示当前项目运行时小程序的具体数据。

7.2　小程序结构分析

微信小程序的开发是基于微信小程序框架结构实现的。小程序的目录结构、整体描述文件和页面描述文件都有固定的格式和语法。前面默认生成的小程序项目中，根目录下的 pages 文件夹用来存放页面描述文件，utils 文件夹用来存放通用代码，app.js 文件是小程序项目的启动入口文件，app.wxss 文件是整个小程序的公共样式，app.json 文件是小程序的全局配置文件。

7.2.1　小程序的目录结构

创建的小程序的默认目录结构如图 7-9 所示。其中，pages 目录是页面根目录，用来存放小程序的页面文件和页面文件所在的子目录，index 目录和 logs 目录是这个小程序分别用来存放 index 页面和 logs 页面的子目录。

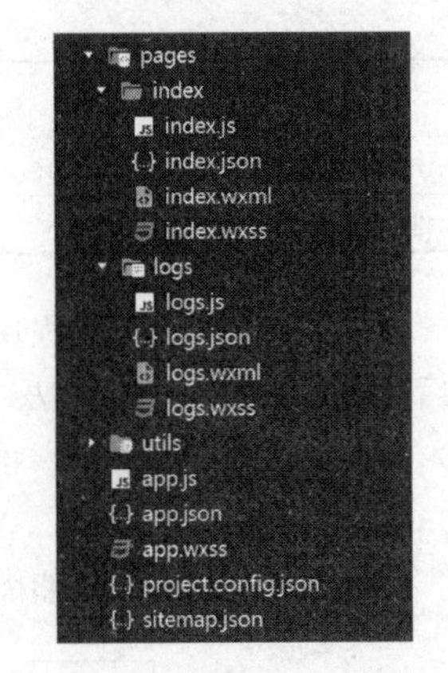

图 7-9 小程序项目结构

7.2.2 小程序的文件格式

小程序项目中主要包含以下 4 种文件类型。

- js 后缀的文件为页面脚本文件，用于实现页面的业务逻辑。
- json 后缀的文件为配置文件，用于设置小程序的配置效果，主要以 json 数据格式存放。
- wxss 后缀的文件为样式表文件，用于对小程序用户界面的美化设计。
- wxml 后缀的文件为页面结构文件，用于在页面上添加视图、组件等来构建页面。

7.2.3 pages 目录

pages 目录主要用于存放小程序的页面文件，其中每个文件夹对应一个页面，该页面文件夹中通常包含 wxml 文件、wxss 文件、js 文件和 json 文件，其中 wxml 文件和 js 文件是必需的。为了方便开发者减少配置项，这四个文件的文件名称必须与页面文件夹的名称相同，如图 7-9 所示，index 文件夹下的四个文件名称相同，分别为 index. js，index. json，index. wxml，index. wxss。

7.2.4 小程序根目录下的文件

一个小程序的主体部分由 3 个文件组成，必须存放在项目的根目录下，每个文件的名称和功能都是特定的，具体如下。

(1) app. js：该文件是小程序项目的启动入口文件，处理小程序生命周期中的一些方法。文件内容不能为空。

(2) app. json：该文件是小程序的全局配置文件，用于设置导航条的颜色、字体大小、tabBar 等。文件内容不能为空。

(3) app. wxss：该文件是小程序的公共样式文件，用于全局美化设计界面。文件内容可以为空。

项目根目录下还有一个 project. config. json 文件，该文件是项目 IDE 配置文件，开发者在"微信开发者工具"上做的任何配置都会保存到这个文件中。使用开发 IDE 工具时，开发者通常习惯对 IDE 工具做一些界面颜色、编译设置等个性化的配置，保证启动 IDE 工具时能够启用这些配置。但是，如果开发者在另外一台计算机上重新安装 IDE 工具，往往需要对这些个性化配置进行重新设置。而 project. config. json 文件就可以简化这个配置过程，开发者只需要在另外一台计算机的 IDE 工具中载入原先的项目代码包，IDE 工具就自动将原来的个性化配置信息恢复到当前的 IDE 工具。

7.2.5 小程序逻辑 app. js

app. js 文件是小程序项目的启动入口文件，文件中的 App({object})函数用于注册一个小程序，object 参数及功能说明如表 7-1 所示。

表 7-1 小程序生命周期函数

参数名	类型	功能
OnLaunch	Function	生命周期函数——监听小程序初始化，打开小程序时调用，仅一次
OnShow	Function	生命周期函数——监听小程序显示，在小程序启动或从后台进入前台显示时调用
OnHide	Function	生命周期函数——监听小程序隐藏，在小程序从前台进入后台时调用
OnError	Function	错误监听函数，在小程序 js 脚本错误或 API 调用失败时调用

续表

参数名	类型	功能
OnPageNotFound	Function	页面不存在监听函数，在小程序要打开的页面不存在时调用
其他	Any	可以是自定义的函数或数据，用 this 可以访问

当用户首次打开小程序，触发 onLaunch()方法，该方法全局只触发一次。当小程序初始化完成后，触发 onShow()方法，该方法用于监听小程序显示；当小程序从前台进入后台（如按 Home 键），触发 onHide()方法，该方法用于监听小程隐藏；当小程序从后台进入前台（如再次打开小程序），触发 onShow()方法；当小程序在后台运行一定时间，或者系统资源占用过高，才会被真正销毁。小程序的生命周期如图 7-10 所示。

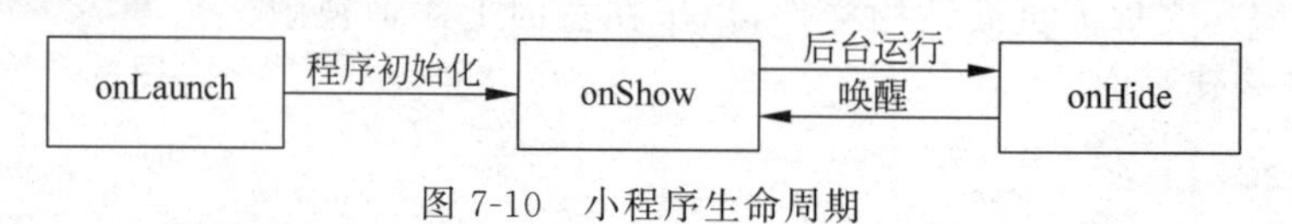

图 7-10 小程序生命周期

app.js 文件常用代码格式如下：

```
App({

  /* 当小程序初始化完成时，会触发 onLaunch（全局只触发一次）*/
  onLaunch:function(){
  },

  /* 当小程序启动，或从后台进入前台显示，会触发 onShow */
  onShow:function(options){
  },

  /* 当小程序从前台进入后台，会触发 onHide */
  onHide:function(){
  },

  /* 当小程序发生脚本错误，或者 API 调用失败时，会触发 onError 并带上错误信息 */
  onError:function(msg){
  },

  helloworld:function(){
    console.log('hellowechat');
  }
})
```

其中，helloworld 是 app.js 中的自定义函数。

7.2.6 全局配置 app.json

app.json 是当前小程序的全局配置，包括了小程序的所有页面路径、界面表现、网络超时时间、底部 tab 等。app.json 常用配置项及功能说明如表 7-2 所示。

表 7-2 app.json 常用配置项

配置项	类型	必填	功能
pages	StringArray	是	设置页面文件路径
window	Object	否	设置默认页面窗口显示特性
tabBar	Object	否	设置多 tab 标签样式
networkTimeout	Object	否	设置网络超时时间
debug	Boolean	否	设置是否开启 debug 模式

1. pages 配置项

pages 配置项的类型是 StringArray(字符串数组)。它的每一项都是字符串(用路径名/文件名格式表示,文件名不需要后缀),用来指定小程序由哪些页面组成。图 7-12 所示目录结构的小程序,其 app. Json 文件中 pages 配置项的代码如下:

```
{
  "pages":[
    "pages/index/index",
    "pages/logs/logs"
  ]
}
```

Pages 配置项的第一项指定的页面是小程序的初始页面(首页),在小程序中新增页面或减少页面,都需要在 pages 配置项中进行相应的编辑修改。如果 pages 配置项中添加的页面在当前开发的小程序中不存在,经过编译或保存后,集成开发环境会自动生成页面存放目录以及相应的 js、wxml、json 和 wxss 文件。例如,在上述代码的第 3 行和第 4 行之间添加如下代码,经编译或保存后,小程序的目录结构中会自动生成 news 和 help 页面对应的文件,如图 7-11 所示。

```
{
  "pages":[
    "pages/index/index",
    "pages/news/news",
    "pages/help/help",
    "pages/logs/logs"
  ]
}
```

2. window 配置项

window 配置项的类型是 Object,用来设置小程序顶部导航条(背景色、标题文字等)、窗体标题和背景色等。window 配置项的常用属性和功能说明如表 7-3 所示。

表 7-3 windows 配置项

配 置 项	类 型	功 能
navigationBarBackgroundColor	Hexcolor	设置导航条背景颜色,默认值 #00000(十六进制颜色类型)
navigationBarTextStyle	String	设置导航条标题颜色,仅支持 white/black,默认值为 white
navigationBarTitleText	Object	设置导航条标题文字内容
backgroundColor	Hexcolor	设置窗体下拉刷新或上拉加载时露出的背景色,默认值为 #ffffff,需要将 enablePullDownRefresh 属性值设置为 true
enablePullDownRefresh	Boolean	设置是否开启当前页面的下拉刷新,默认值为 false
backgroundTextStyle	String	设置窗体下拉 loading 的样式,仅支持 dark/light,默认值为 dark,需要将 enablePullDownRefresh 属性值设置为 true

例如,要实现图 7-12 的显示效果,可以在 app. json 文件中使用如下代码:

```
{
    "window":{
    "navigationBarBackgroundColor":"#66ee88",
    "navigationBarTitleText":"我是标题啊",
    "navigationBarTextStyle":"black",
    "enablePullDownRefresh":true,
    "backgroundColor":"#ff00ee",
    "backgroundTextStyle":"light"
    }
}
```

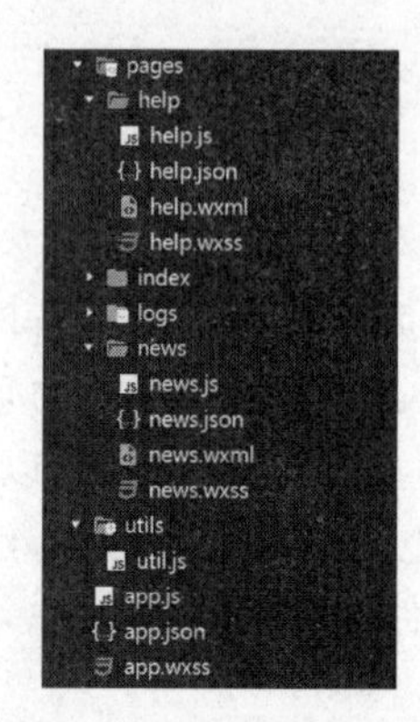

图 7-11 小程序项目结构

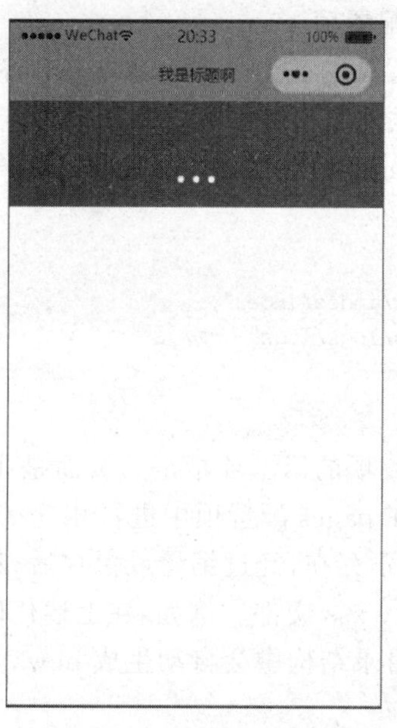

图 7-12 小程序运行效果

3. tabBar 配置项

tabBar 配置项的类型是 Object，用来设置小程序 tab 标签的显示样式、tab 切换时的对应页面。tabBar 配置项的常用属性和功能说明如表 7-4 所示。其中最主要的属性是 list，list 是一个数组，每个数组元素为一个对象，对象中的常用属性如表 7-5 所示。

表 7-4 tabBar 配置项

配 置 项	类 型	功 能
color	Hexcolor	设置 tab 上文字的颜色
selectedColor	Hexcolor	设置 tab 上文字选中时的颜色
backgroundColor	Hexcolor	设置 tab 的背景色
borderStyle	String	设置 tabBar 上边框的颜色，仅支持 black/white，默认值为 black
list	Array	设置 tabBar 上 tab 的列表数组，该数组元素最少 2 个、最多 5 个，详细使用说明如表 7-5 所示
position	String	设置 tabBar 的位置，仅支持 bottom(底部)/top(顶部)，默认值为 bottom

表 7-5 list 的常用属性及功能说明

属 性 名	类 型	功 能
pagePath	String	设置 tab 对应的页面路径，该页面路径必须在 pages 中先定义
text	String	设置 tab 上的文字
iconPath	String	设置 tab 上的图片路径，不支持网络图片，当 position 为 top 时，tab 上不显示图片，图片大小≤40KB，尺寸建议为 81px×81px
selectedIconPath	String	设置 tab 选中时显示的图片路径，其他同 iconPath

例如，要实现图 7-13 所示的显示效果，可以在 app.json 文件中使用如下代码：

```
{
    "pages":[
    "pages/index/index",
     "pages/favorites/favorites"
  ],
  "window":{
```

```
    "navigationBarBackgroundColor":"#66ee88",
    "navigationBarTitleText":"微信",
    "navigationBarTextStyle":"black",
    "enablePullDownRefresh":true,
    "backgroundColor":"#ff00ee",
    "backgroundTextStyle":"light"
  },
  "tabBar":{
    "color":"#8a8a8a",
    "selectedColor":"#36ab60",
    "list":[{
      "pagePath":"pages/index/index",
      "text":"首页",
      "iconPath":"images/index.png",
      "selectedIconPath":"images/indexSelected.png"
    },
    {
      "pagePath":"pages/favorites/favorites",
      "text":"收藏夹",
      "iconPath":"images/favorites.png",
      "selectedIconPath":"images/favoritesSelected.png"
    }]
  }
}
```

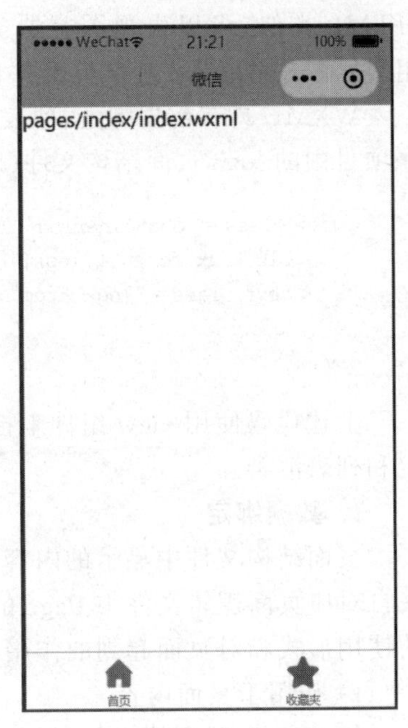

图 7-13　tabBar 配置项效果图

7.2.7　全局样式 app.wxss

app.wxss 文件是整个小程序的公共样式,在该文件中定义的样式可以在各个小程序页面使用。在实际应用开发时,用于定义小程序页面的样式文件有以下两种。

(1) 全局样式:定义在 app.wxss 中的样式为全局样式,可以作用于小程序的每一个页面。

(2) 局部样式:在 pages 文件夹中的 wxss 文件中定义的样式为局部样式,只作用于对应的页面。在局部样式文件中定义的样式选择器,如果与 app.wxss 文件中的样式选择器同名,则会覆盖 app.wxss 文件中定义的样式选择器。

7.3　小程序的页面描述文件

接触过 Web 前端网页开发的读者都知道,网页编程大多采用 HTML+CSS+JavaScript 组合,其中 HTML(Hyper Text Markup Language,超文本链接标示语言)用来描述 Web 前端网页的结构,CSS(Cascading Style Sheet,层叠样式表)用来描述网页的呈现样式,Javascript 用来实现页面和用户的交互逻辑。同样,小程序的页面描述结构与 Web 前端页面类似,WXML 类似 HTML 的角色,WXSS类似 CSS 的角色。所以小程序的每个页面描述文件通常由页面结构文件(文件后缀名为 wxml)、页面样式文件(文件后缀名为 wxss)、页面逻辑文件(文件后缀名为 js)和页面配置文件(文件后缀名为 json)四个文件组成。页面结构文件(wxml)和页面样式文件(wxss)构成了小程序框架的视图层,小程序在逻辑层处理数据后发送给视图层展现出来,同时逻辑层也接收视图层的事件反馈。

7.3.1　页面结构文件(WXML)

WXML 是小程序框架设计的一套类似 HTML 的标签语言,它可以结合基础组件、事件系统构建出页面的结构,即页面结构文件(wxml 文件)。图 7-12 所示小程序目录结构图中的 help.wxml 和 news.wxml 文件就是该小程序的页面结构文件。页面结构文件的编写方式与

HTML类似，可以由视图容器类组件、基础内容类组件、表单类组件、导航类组件、多媒体类组件、地图类组件、画布类组件的标签和属性构成。

WXML具有数据绑定、列表渲染、条件渲染、模板及事件绑定等功能。例如，默认创建的小程序项目中的logs页面结构文件(logs.wxml)的代码如下：

```
<view class = "containerlog - list">
    <block wx:for = "{{logs}}" wx:for - item = "log">
    <text class = "log - item">{{index + 1}}.{{log}}</text>
    </block>
</view>
```

上述代码使用view组件来控制展现页面内容，通过block组件、text组件实现页面数据的绑定和列表渲染。

1. 数据绑定

页面结构文件中显示的内容可以是静态的，也可以是动态的。页面结构文件中的动态数据均来自对应页面逻辑文件中Page的data对象。在实际应用开发中，因为应用场景的不同，数据绑定的使用形式和对页面起到的作用也是不一样的，下面用具体的应用代码阐述。

1）作用于页面内容

例如，下列代码第3行用text组件控制在页面上呈现，而在实际应用中，类似这样的姓名应该是根据登录用户姓名的改变而改变，也就是text组件中控制显示的姓名内容应该是可以动态改变的，所以就需要使用数据绑定来实现。下列代码第6行的{{userName}}格式用“双大括号”将userName变量包起来，就是实现了数据绑定功能，直接将页面逻辑文件中定义的data对象中的userName变量作用于页面结构文件，当userName变量的值发生改变，页面上显示的内容也会跟着改变。

```
<view>
    欢迎<text>李白</text>登录系统!
</view>
<view>
    欢迎<text>{{userName}}</text>登录系统!
</view>
```

与上述页面结构文件对应的页面逻辑文件代码如下：

```
Page({
  data:{
    userName:"李白"
  }
})
```

2）作用于组件属性

在页面结构文件中定义组件时，往往需要通过设定组件属性来定义组件在页面上呈现的效果。例如，下列代码第2行用style属性定义view组件的背景色，第3行用class属性定义view组件的背景色。第2行代码的{{color}}和第3行代码的{{id}}都是在组件属性中使用了数据绑定。

```
<view style = "background:{{color}}">
    直接用 style 定义背景色
</view>
<view class = "bcolor{{id}}">
    用样式类定义背景色
</view>
```

与上述页面结构文件对应的页面逻辑文件代码如下：

```
Page({
  data:{
    color:"yellow",
    id:1
  }
})
```

与上述页面结构文件对应的页面样式文件代码如下：

```
.bcolor1{
    background-color:pink;
}
.bcolor2{
    background-color:skyblue;
}
```

当js文件中的id修改为1时，wxml页面对应位置的背景色为pink；当js文件中的id修改为2时，wxml页面对应位置的背景色为skyblue。

3）作用于控制组件

在页面显示时，通常会出现满足某个条件时，页面结构文件中定义的组件才会呈现出来，否则会隐藏该组件的情况。例如，下列代码使用了wx:if进行条件渲染，当页面逻辑文件中定义的flag为true时，view组件会显示在页面上，否则不会显示。

```
<view wx:if="{{flag}}">flag为true显示,否则隐藏。{{flag}}</view>
```

与上述页面结构文件对应的页面逻辑文件代码如下：

```
Page({
  data:{
    flag:true
  }
})
```

4）进行简单的运算

在页面结构文件中使用数据绑定进行运算主要包括以下几种方式。

(1) 三元运算

前面介绍了使用wx:if条件渲染实现控制组件的显示或隐藏，在WXML中还可以使用hidden属性控制组件的显示或隐藏，下列代码表示当flag值为true时，hidden属性值为true，则view组件就会隐藏。

```
<view hidden="{{flag?true:false}}">hidden</view>
```

(2) 逻辑运算

数据绑定可以进行普通的比较或者逻辑运算。例如，页面结构文件代码如下：

```
<view wx:if="{{data>12}}">
    data大于12!
</view>
```

与上述页面结构文件对应的页面逻辑文件代码如下：

```
Page({
  data:{
    data:20
  }
})
```

上述代码表示当data大于12时，view组件显示“data大于12!”，否则view不显示。

（3）算术运算和字符串运算

在组件中使用数据绑定形式也可以进行简单的算术运算和字符串运算。例如页面结构文件代码如下：

```
<view>
    {{data1 + data2}}
</view>
<view>
    {{"早上好," + user}}
</view>
```

与上述结构文件对应的页面逻辑文件代码如下：

```
Page({
  data:{
    data1:20,
    data2:30,
    user:"小明"
  }
})
```

上述代码运算后的输出结果如图 7-14 所示。

（4）数据路径运算

为了实现对复杂类型数据的引用，数据绑定形式可以进行数据路径运算。例如，页面结构文件的代码如下：

```
<view>
    {{book.id}},{{book.name}},{{book.author}},{{address[1]}}
</view>
```

与上述页面结构文件对应的页面逻辑文件代码如下：

```
Page({
  data:{
  book:{
    id:101,
    name:"微信小程序",
    author:"小明"
  },
  address:["书架 1","书架 2","书架 5"]
  }
})
```

上述代码运算后的输出结果如图 7-15 所示。

2. 列表渲染

页面结构文件中显示的内容可以是在页面逻辑文件中定义的普通变量，也可以是数组。不管是普通变量还是数组，都可以通过前面介绍的简单数据绑定实现数据内容在页面上显示。但是，如果页面上显示的数据内容来源于数组，用简单数据绑定方法实现，不仅会出现很多冗余代码，而且比较烦琐。小程序中提供的列表渲染功能可以将数组列表中各项数据内容进行重复渲染，大大提高了开发效率。

列表渲染的使用场景大多为商品展现、购物车和内容收藏等需要重复显示数据内容的页面。这类需要重复显示的数据往往保存在小程序的数组列表中，这种数组列表的展示其实就是用 for 循环来循环生成相对应的列表项布局，即用 wx:for 重复渲染组件实现此项功能。例如，要在页面上显示图 7-16 所示的图书列表显示效果，可以在页面结构文件中使用如下代码：

```
<view wx:for = "{{bookes}}">
    {{index}}:{{item}}
</view>
```

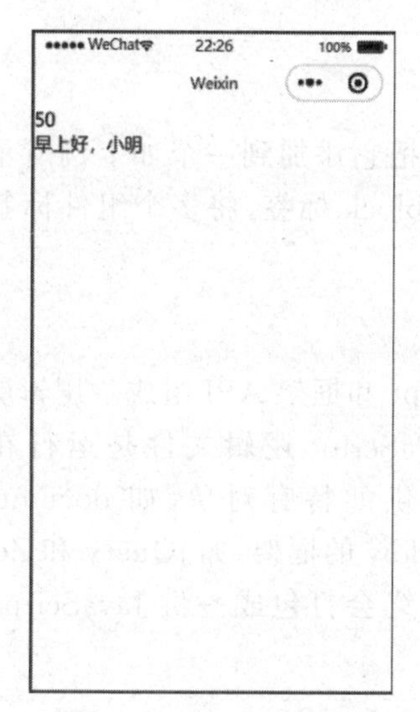

图 7-14　小程序运行结果

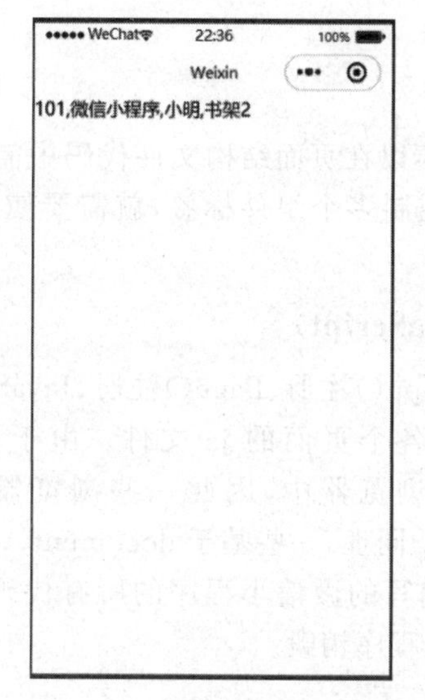

图 7-15　小程序运行结果

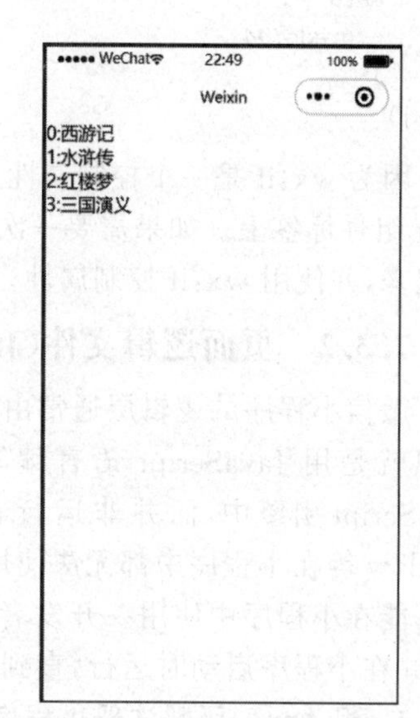

图 7-16　小程序运行结果

页面结构文件对应的页面逻辑文件代码如下：

```
Page({
  data:{
  bookes:['西游记','水浒传','红楼梦','三国演义']
  }
})
```

另外，使用 wx:for-item 可以指定数据当前元素的变量名，使用 wx:for-index 可以指定数组当前元素下标的变量名。前面图书列表页面的结构文件可以修改为如下代码：

```
<view wx:for = "{{bookes}}" wx:for - item = "bookname" wx:for - index = "bookId">
   {{bookId}}:{{bookname}}
</view>
```

3. 条件渲染

wx:if 在小程序中用来进行条件渲染，即控制是否需要渲染代码指定的组件。它的功能与 Java、C 等高级语言中的 if 的条件判断一样。它还可以与 wx:elif、wx:else 等配合使用。例如，下列页面结构代码表示根据分数判断等级：

```
<view>分数等级</view>
<view wx:if = "{{grade >= 90}}">
    等级:优
</view>
<view wx:elif = "{{grade >= 80}}">
    等级:良
</view>
<view wx:elif = "{{grade >= 60}}">
    等级:合格
</view>
<view wx:else>
    等级:待合格
</view>
```

与上述页面结构文件对应的页面逻辑文件代码如下：

```
Page({
  data:{
    grade:94
  }
})
```

因为 wx:if 是一个控制属性，所以在页面结构文件代码中需要把它添加到一个如上例所示的 view 组件标签上。如果需要一次控制多个组件标签，就需要使用 block 标签，将多个组件标签包装起来，并使用 wx:if 控制属性。

7.3.2 页面逻辑文件(JavaScript)

微信小程序的逻辑层通常由 App()注册、Page()注册、JavaScript 和框架 API 组成。逻辑层的实现就是用 JavaScript 语言编写各个页面的 js 文件。由于 JavaScript 逻辑文件是运行在纯 JavaScript 引擎中，而并非运行在浏览器中，因此一些浏览器提供的特有对象，如 document，window 等在小程序中都无法使用；同理，一些基于 document、window 的框架，如 jQuery 和 Zepto 也不能在小程序中使用。开发者编写的微信小程序的所有代码最终会打包成一份 JavaScript 文件，并在小程序启动时运行，直到小程序销毁。

1. 用 App()函数注册小程序

微信小程序项目根目录下的 app.js 文件中有一个 App()方法，该方法有且仅有一个，用来注册小程序。App()方法接收一个 object 参数，用于指定小程序的生命周期函数等。这部分内容已经在本章 7.2 节介绍过，不再赘述。

2. 用 Page()函数注册页面

微信小程序中使用 Page()函数进行页面注册，与 App()函数类似，Page()函数接收一个 object 类型参数，可以用于指定页面的初始化数据、生命周期回调函数和事件处理函数等。object 参数及功能说明如表 7-6 所示。

表 7-6 object 参数及功能说明

参数名	类型	功能
data	Object	页面的初始化数据
onLoad	Function	生命周期函数，用于监听页面加载
onShow	Function	生命周期函数，用于监听页面显示
onReady	Function	生命周期函数，用于监听页面初次渲染完成
onHide	Function	生命周期函数，用于监听页面隐藏
onUnload	Function	生命周期函数，用于监听页面卸载
onPullDownRefresh	Function	监听用户下拉动作
onReachBottom	Function	页面上拉触底事件的处理函数
onShareAppMessage	Function	用户单击右上角转发
onPageScroll	Function	页面滚动触发事件的处理函数
onResize	Function	页面尺寸改变时触发
onTabltemTap	Function	当前是 tab 页时，单击 tab 时触发
其他	Any	可以是自定义的函数或数据，用 this 可以访问

1）初始化页面数据

初始化页面数据位于 Page()函数的 data 中，它是页面第一次渲染时使用的初始数据。页面加载时，data 会以 json 字符串的格式由逻辑层传到视图层，视图层可以通过 WXML 对数据进行绑定，获得 data。因此，data 中的数据必须是字符串、数值、布尔值、对象和数组等可以转换成 json 格式的数据类型。例如，下列代码在 data 中定义了信息：

```
Page({
  data:{
    id:[101,102,103,104,105],
    name:"饼干",
    produceDate:"2021-03-01",
    isOrg:true,
    price:12,
    tel:12345678
  }
})
```

为了在小程序页面上显示图 7-17 所示的效果，可以在对应的页面结构文件中使用如下代码：

```
<view>商品编号:{{id[1]}}</view>
<view>商品名称:{{name}}</view>
<view wx:if="isOrg">是否有机:是</view>
<view wx:else>是否有机:否</view>
<view>生产日期:{{produceDate}}</view>
<view>价格:{{price}}</view>
<view>订购电话:{{tel}}</view>
```

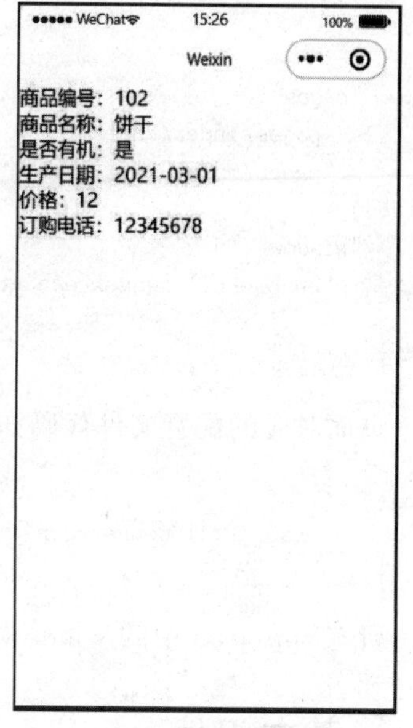

图 7-17 小程序运行结果

2）页面生命周期

当小程序注册完成后加载页面，并触发 onLoad()方法；当页面载入后触发 onShow()方法，并显示页面；初次显示页面会触发 onReady()方法，渲染页面元素和样式，一个页面只会调用一次该方法；当小程序从前台进入后台(如按 Home 键)运行或跳转到其他页面时，触发 onHide()方法；当小程序从后台进入前台运行或重新进入页面时，触发 onShow()方法；当使用重定向方法 wx.redirecTo()或关闭当前页返回上一页方法 wx.navigateBack()时，触发 onuUnload()方法。页面的生命周期如图 7-18 所示。

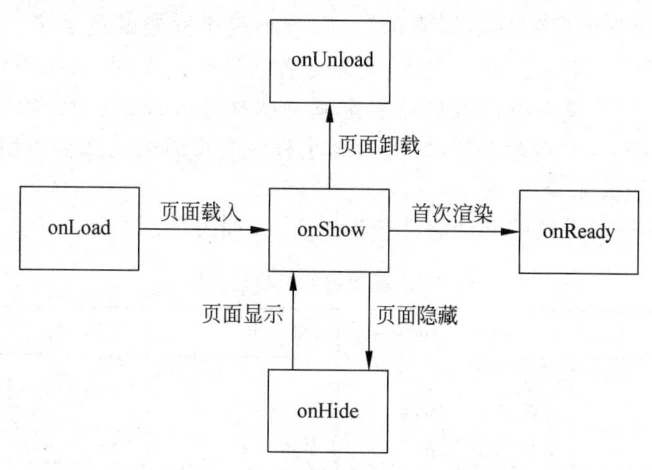

图 7-18 小程序页面生命周期

7.3.3 页面配置文件(json)

除了全局的 app.json 配置外，每个页面也可以使用其对应的 json 文件进行配置。页面对应的 json 文件中的配置值会覆盖 app.json 中 window 的配置值。

页面的配置文件比 app.json 全局配置简单得多，页面对应的 json 文件只能设置 window 相关的配置项来决定本页面显示形式，所以在页面配置文件中可以不使用 window 键。

例如，在实际应用开发中有这样的需求：某小程序共有 10 个页面，但其中有 1 个页面不需要启用下拉刷新，而其余 9 个页面需要启用这个功能，则可以 app.json 中配置启用上下拉刷新，然后在不需要该功能的页面对应配置文件 json 中进行重写禁用。

app.json 配置文件代码如下：

```
{
  "pages":[
    "pages/index/index",
    "pages/my/my"
  ],
  "window":{
    "enablePullDownRefresh":true
  }
}
```

页面对应的配置文件代码如下：

```
{
    "enablePullDownRefresh":false
}
```

所有 app.json 中的 window 配置项在页面的 json 配置文件中都可以覆盖重写。

7.4 基本组件

微信小程序开发框架为开发人员提供了一系列基本组件，使用这些组件与样式布局相结合，可以快速开发符合用户需求的用户界面。本节将介绍常用组件的样式布局、事件的使用方法。

7.4.1 组件概述

1. 组件

组件是微信小程序视图层的基本组成单元，微信小程序框架既提供了一系列基本组件，让开发者直接使用，也提供了自定义组件的方法，让开发者设计交互界面，每个组件都自带一些功能与微信风格一致的样式，开发者也可以根据需要定制一些功能和样式。其实，组件就是微信小程序框架对 HTML5 元素的封装，也就是说，只要微信小程序的页面结构文件中使用了这些组件，就表示引用了 HTML5 的相关元素。

目前，微信小程序框架提供的基础组件分为八大类，如表 7-7 所示。

表 7-7 基础组件及功能说明

<table>
<tr><th>组件类别</th><th>组件名</th><th>功能</th><th>组件类别</th><th>组件名</th><th>功能</th></tr>
<tr><td rowspan="6">视图容器</td><td>view</td><td>视图容器</td><td rowspan="4">基础内容</td><td>icon</td><td>图标</td></tr>
<tr><td>scroll-view</td><td>可滚动视图容器</td><td>text</td><td>文字</td></tr>
<tr><td>swiper</td><td>滑块视图容器</td><td>rich-text</td><td>富文本</td></tr>
<tr><td>movable-view
movable-area</td><td>可移动的视图容器</td><td>progress</td><td>进度条</td></tr>
<tr><td>cover-view</td><td>覆盖在原始组件之上的文件视图</td><td rowspan="2">导航</td><td>navigator</td><td>页面链接</td></tr>
<tr><td>cover-image</td><td>覆盖在原始组件之上的图片视图</td><td>functional-page-navigator</td><td>跳转到插件功能页</td></tr>
</table>

续表

组件类别	组　件　名	功　　能	组件类别	组　件　名	功　　能
表单	button	按钮	多媒体	audio	音频
	checkbox	复选框		image	图片
	form	表单		video	视频
	input	输入框		camera	系统相机
	label	标签		live-player	实时音视频播放
	picker	列表选择器		live-pusher	实时音视频录制
	picker-view	内嵌列表选择器	开放能力	open-data	展示微信开发的数据
	radio	单选按钮		web-view	承载网页的容器
	slider	滚动选择器		ad	广告
	switch	开关选择器		official-account	关注公众号
	textarea	多行输入框	地图	map	地图
画布	canvas	画布			

1）组件的定义

在页面结构文件中，每个组件通常用“开始标签”表示组件定义开始，用“结束标签”表示组件定义结束，用“属性”来修饰组件，而组件的内容位于“开始标签”和“结束标签”之间。其定义形式如下：

```
<开始标签 属性 = "值">
    内容…
</结束标签>
```

例如，在页面结构文件中定义一个 view 组件，其 class 属性值为 container，其代码如下：

```
< view class = "container">
    页面内容
</view >
```

2）组件的属性

组件的属性通常用于指定组件的标识名称、显示样式、数据或事件等，所有基本组件的公共属性及功能说明如表 7-8 所示。当然，所有组件也可以有各自的自定义属性，用于对该组件的功能或样式进行修饰。所有组件属性的属性值类型主要包含以下 6 种。

表 7-8　组件的公共属性

属性名	属性值类型	功　　能
id	String	组件的唯一标识
class	String	组件的样式类，对应页面样式文件 WXSS 中定义的样式类
style	String	组件的内联样式
hidden	Boolean	组件是否显示
data-*	Any	自定义属性
bind*/catch*	Eventhandler	组件的事件

（1）Boolean：布尔值。

只要组件写上布尔值属性，该属性值都被视为 true；只有组件上没有该布尔值对应的属性时，该属性值才为 false。如果该属性值为变量，变量的值会被转换为 Boolean 类型。例如，页面结构文件代码如下：

```
<view hiddenclass = "container">
    要显示的内容
</view>
```

因为上述代码中写上了 hidden 属性，默认该 hidden 的值为 true，即隐藏 view 组件，所以小程序页面上并不会显示 view 组件内容。如果在上述代码中没有写 hidden 属性，表示该属性的值为 false，即不隐藏 view 组件，所以小程序页面上会显示 view 组件内容。如果将上述代码的 hidden 属性值用变量表示，即页面结构文件代码如下：

```
<view hidden = "{{flag}}" class = "container">
    要显示的内容
</view>
```

对应的页面逻辑文件代码如下：

```
Page({
  data:{
    flag:false
  }
})
```

因为在页面逻辑文件中定义了 flag 变量，其值为 false，所以在页面结构文件代码中通过绑定数据的方式获得了 hidden 属性值为 false，即不隐藏 view 组件，所以小程序页面上会显示 view 组件内容。

(2) Number：数值类型。

(3) String：字符串类型。

(4) Array：数组类型。

例如第 2 章介绍的列表渲染 wx:for 属性，用于循环生成相对应的列表项布局。

(5) Object：Object 类型。

(6) EventHandler：事件处理函数名。

2. 事件

事件是微信小程序视图层到逻辑层的通信方式，它可以将用户的行为反馈到逻辑层处理，也就是当用户在视图层做了某个操作后执行逻辑层定义的事件处理函数。例如，用户长按某一张图片、单击某一个按钮等，就是用户执行的某个操作行为；用户长按图片或单击按钮是在视图层发生的，视图层接收到这个操作行为（即事件）后，要把一些信息发送给对应的逻辑代码，也就实现了从视图层到逻辑层的通信。

事件对象也可以携带额外信息，如 id、dataset 和 touches 等。

1) 事件使用

下面以一个简单的示例介绍事件的使用步骤。例如，在页面上定义一个 button 组件，单击该组件后显示“单击成功!”消息提示框，显示效果如图 7-19 所示。

图 7-19　小程序事件使用

(1) 在组件中绑定事件处理函数。

在页面结构文件中创建 button 组件并绑定 showEvent() 函数，代码如下：

```
<view class = "container">
    <button type = "primary" bindtap = "showEvent">点击它</button>
</view>
```

(2) 在逻辑文件中定义事件处理函数。

在相应页面逻辑文件的 Page()函数中写上前面绑定的事件处理函数 showEvent(),代码如下:

```
Page({
  showEvent:function(){
  wx.showToast({
    title:'按钮点击成功',
  })
  }
})
```

2) 事件分类

(1) 冒泡事件。

一个组件上的事件被触发后,该事件会向父节点传递。微信小程序视图层的冒泡事件如表 7-9 所示。

表 7-9 冒泡事件及触发条件

事件类型	功能
touchstart	手指触摸动作开始
touchmove	手指触摸后移动
touchcancel	手指触摸动作被取消(打断),如来电提醒,弹出对话框
touchend	手指触摸动作结束
tap	手指触摸(单击)后马上离开
longpress	手指触摸后,超过 350ms 再离开,如果指定了事件回调函数并触发了这个事件,tap 事件将不被触发
longtap	手指触摸后,超过 350ms 再离开(推荐使用 longpress 事件代替)
transitionend	在 WXSStransition 或 wx. createAnimation 动画结束后触发
animationstart	在一个 WXSSanimation 动画开始时触发
animationiteration	在一个 WXSSanimation 一次迭代结束时触发
animationend	在一个 WXSSanimation 动画完成时触发
touchforcechange	在支持 3DTouch 的 iphone 设备重按时会触发

(2) 非冒泡事件。

一个组件上的事件被触发后,该事件不会向父节点传递。除此之外的其他组件自定义事件,如无特殊声明都是非冒泡事件,如< form >的 submit 事件、<< input >的 input 事件、< scroll-view >的 scroll 事件等。

3) 事件绑定

事件绑定的写法与组件的属性写法一样,即使用 key-value 形式。但 key 需要用 bind 或 catch 开头,然后加上表中列出的事件类型,如 bindtap(绑定单击事件)、catchtouchstart(绑定触摸开始事件)。value 是一个字符串形式的自定义函数名,即在对应页面逻辑文件的 Page()函数中定义的函数,该函数中定义了触发事件的动作,即触发该事件要实现的功能。

bind 事件绑定可以触发冒泡事件,即可以触发父节点的事件;而 catch 事件绑定可以阻止冒泡事件,即不会触发父节点的事件。

例如,要实现如图 7-20 所示的运行效果,可以在页面结构文件中使用如下代码:

```
< view class = "view1" bindtap = "clickView1">
  最外层的 view
  < view class = "view2" bindtap = "clickView2">
    中间层的 view
```

```
      <view class = "view3" bindtap = "clickView3">
      最内层的 view
      </view>
    </view>
  </view>
```

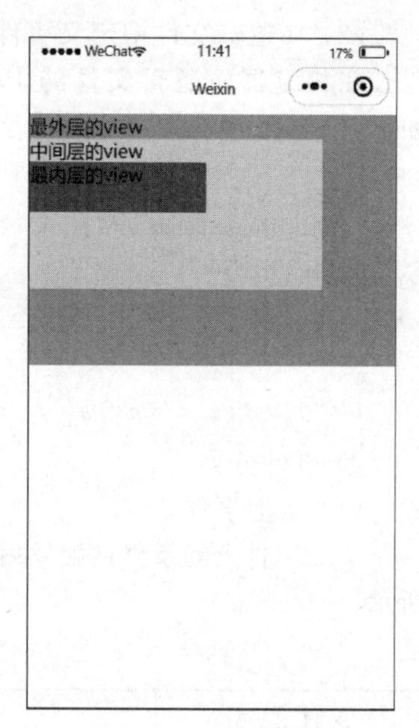

图 7-20　冒泡事件

在页面样式文件中使用如下代码：

```
.view1{
    height:500rpx;
    width:100 % ;
    background - color:cyan;
}
.view2{
    height:300rpx;
    width:80 % ;
    background - color:yellow;
}
.view3{
    height:100rpx;
    width:60 % ;
    background - color:red;
}
```

在页面逻辑文件中使用如下代码：

```
Page({
  clickView1:function(params){
      console.log('触发最外层 view 点击事件');
  },
  clickView2:function(params){
      console.log('触发中间层 view 点击事件');
  },
  clickView3:function(params){
      console.log('触发最内层 view 点击事件');
  }
})
```

此时如果单击最内层的 view 组件，调试器窗口会按顺序输出“触发最内层 view 单击事件”“触发中间层 view 单击事件”“触发最外层 view 单击事件”；如果单击中间层的 view 组件，调试器窗口会按顺序输出“触发中间层 view 单击事件”“触发最外层 view 单击事件”。因为页面结构文件中用 bindtap 进行事件绑定，会触发冒泡事件，即单击 view 后会冒泡传递到最外层 view，并执行对应事件。

如果将页面结构文件中第 3 行代码的 bindtap 改为 catchtap，单击最内层的 view 组件，调试器窗口会按顺序输出“触发最内层 view 单击事件”“触发中间层 view 单击事件”。因为在中间层的 view 组件用 catchtap 进行事件绑定，该事件不会触发冒泡事件，也就是执行事件执行到这一层会终止。

4）事件对象

当组件动作触发事件时，逻辑层绑定该事件的处理函数都会收到一个事件对象。例如，将前面的页面结构文件修改为如下代码：

```
<viewid = "v1"class = "view1"data - a1 = "a1"bindtap = "clickView1">
  最外层的 view
  <viewid = "v2"class = "view2"data - a2 = "a2"bindtap = "clickView2">
    中间层的 view
    <viewid = "v3"class = "view3"data - a3 = "a3"bindtap = "clickView3">
      最内层的 view
    </view>
```

```
  </view>
</view>
```

上述代码给 view 组件增加了“id”和“data-”属性，id 用于标识组件；data-＊用于在组件中定义数据属性和对应的数据属性值。这些数据值可以通过事件传递给逻辑层处理。数据属性必须以data-开头，如果数据属性名中包含大写字母，则在逻辑层引用该数据属性名时会自动转换为小写字母，如 data-TeacherId 引用时为 teacherid。如果数据属性名由多个单词组成，可以在单词之间使用连字符(-)连接，但在逻辑层引用该数据属性名时会去掉连字符，并使用驼峰格式标识属性名，如 data-element-type，最终在 event.currentTarget.dataset 中会将连字符转成驼峰格式标识符，即 elementType。

将前面的页面逻辑文件修改为如下代码：

```
Page({
  clickView1:function(e){
    console.log('触发最外层 view 点击事件',e);
  },
  clickView2:function(e){
    console.log('触发中间层 view 点击事件',e);
  },
  clickView3:function(e){
    console.log('触发最内层 view 点击事件',e);
  }
})
```

运行上述代码后，单击最内层的 view 组件，调试窗口显示如图 7-21 所示输出结果。

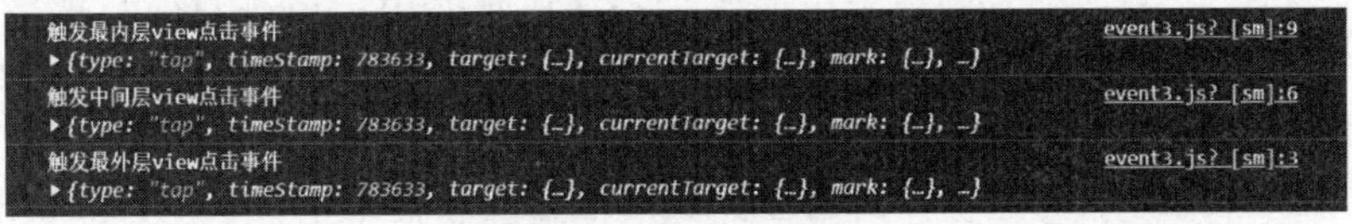

图 7-21　输出事件对象

type：表示事件的类型，本示例中的事件类型为 tap，即单击事件。

timestamp：表示事件生成时的时间戳，即页面打开到触发事件所经过的毫秒数，本示例中的时间戳为 783633ms。

target：表示触发事件的源组件的一些属性值集合，由于本示例单击的是最内层的 view 组件，所以触发事件的源组件就是最内层的组件 v3，输出内容如图 7-22 所示。其中，dataset 表示 v3 组件上由 data-开头的自定义属性组成的集合，id 表示 v3 组件上由 id 定义的标识符。

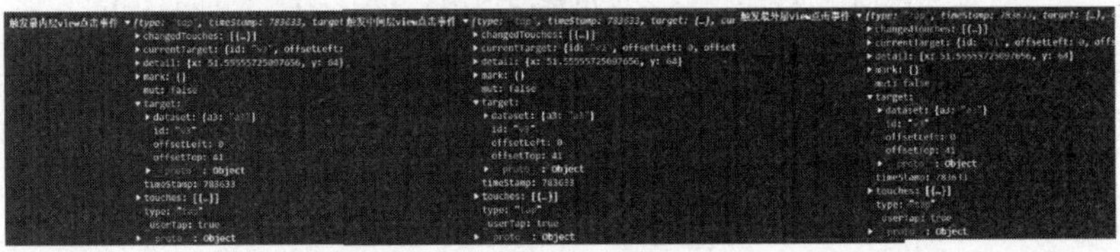

图 7-22　输出事件对象(target)

currentTarget：表示当前事件绑定组件的一些属性值集合，由于本示例单击的是最内层的 view 组件，使用 bindtap 绑定会触发冒泡事件，触发的冒泡事件分别绑定在最内层的 v3 组件、中间层的 v2 组件和最外层的 v1 组件，所以输出的 id 分别为 v3、v2 和 v1，dataset 也是对应组件绑定的数据集合，输出内容如图 7-23 所示。

图 7-23　输出事件对象(currentTarget)

7.4.2　图书信息登记界面的设计与实现

图 7-24　获取用户信息

一个图书信息登记界面除了需要 button 组件,还需要 input 组件、label(标签组件)、checkbox(复选框组件)、picker(列表选择器组件)等 form(表单)类组件。

1. 预备知识

1) setData()函数

setData()函数用于将数据从逻辑层异步发送到视图层,同时同步改变页面逻辑代码 Page()中定义的对应 data 值。其使用形式如下。

```
setdata(Object data, Function callback)
```

data: Object 类型,以 key: value 形式表示,将 Page()中对应 data 的 key 值修改为 value。

callback: 回调函数,在 setData()引起的界面更新渲染完毕后的回调函数。

例如,单击图 7-24 中的"获取用户信息"按钮,能够在页面上显示微信用户名和用户头像。实现此功能的页面设计比较简单,只需要用 image 组件显示头像,用 view 组件显示用户名,用 button 组件作为命令按钮。但是,为了获得微信用户名和用户头像,就需要使用 button 组件的特殊绑定事件的属性。在微信小程序框架中,button 组件用于绑定事件的属性,如表 7-10 所示。

表 7-10　button 绑定事件属性

属　性	功　能
bindgetuserinfo	用户单击该按钮时,会返回获取到的用户信息,回调的 detail 数据与 wx.getUserlnfo 返回的一致。open-type="getUserlnfo"
bindcontact	客服消息回调。open-type="contact"
bindgetphonenumber	获取用户手机号回调。open-type="getPhoneNumber"
binderror	当使用开放能力时,发生错误的回调。open-type="launchApp"
bindopensetting	打开授权设置页后回调。open-type="openSetting"

(1) 页面结构文件代码

```
<view class = "container">
    <image src = "{{img}}"></image>
    <view style = "height:80rpx">{{userName}}</view>
    <button open - type = "getUserInfo" bindgetuserinfo = "bGetUserInfo">获取用户信息</button>
</view>
```

(2) 页面逻辑文件代码

```
Page({
  data:{
    userName:"",
```

```
        img:""
    },
    bGetUserInfo:function(e){
        console.log(e.detail.userInfo);
        this.data.userName = e.detail.userInfo.nickName
        this.data.img = e.detail.userInfo.avatarUrl
        this.setData({
            userName:this.data.userName,
            img:this.data.img
        })
    }
})
```

上述代码第 8 行的输出结果如图 7-25 所示。其中,avatarUrl 表示用户头像信息,city 表示用户所在城市,country 表示用户所在国家,gender 表示用户性别(1-男性,2-女性),language 表示语言,nickname 表示用户昵称,province 表示用户所在省份。所以上述代码的第 11～14 行用 setData()方法更新页面结构文件对应的数据。

```
                                                                                   setData.js? [sm]:8
▼{nickName: "彩虹糖", gender: 2, language: "zh_CN", city: "Jinan", province: "Shandong", …}
   avatarUrl: "https://thirdwx.qlogo.cn/mmopen/vi_32/Q0j4TwGTfTLvdic9AwmLzogbQfwlicibN1Bq4spPF16LhYhFTKghib5IM80VZ…
   city: "Jinan"
   country: "China"
   gender: 2
   language: "zh_CN"
   nickName: "彩虹糖"
   province: "Shandong"
  ▶ __proto__: Object
```

图 7-25 用户详细信息

2) label

label(标签组件)通常用于在界面上显示文本信息,并不会向用户呈现其他特殊效果。但是 label 可以用来改进表单组件的功能特性。例如,下面的代码运行后,用户单击"单击试试"label 组件后,会默认执行"确定 1"button 组件绑定的 b1()事件。

```
<label>点击试试
    <button id="bt1" bindtap="b1">确定 1</button>
    <button id="bt2" bindtap="b2">确定 2</button>
</label>
```

上述代码在单击 label 组件后,会默认触发该组件中嵌入的第一个组件绑定的事件。如果单击 label 组件后,要执行嵌入组件中指定的组件,就需要使用 label 组件的 for 属性。例如,上述代码要实现单击"单击试试"label 组件后执行"确定 2"button 组件绑定的 b2()事件,可以将上述代码的第 1 行修改为如下代码:

```
<label for="bt2">点击试试
    <button id="bt1" bindtap="b1">确定 1</button>
    <button id="bt2" bindtap="b2">确定 2</button>
</label>
```

目前,label 组件可以绑定 button 组件、checkbox 组件、radio 组件和 switch 组件。

3) checkobx

checkbox(复选组件)可以实现多个选项同时选中的功能。在微信小程序开发中,该组件通常被放到 checkbox-group 组件中,并在 checkbox-group 中通过 bindchange 属性绑定监听事件。checkbox 的常用属性及功能说明如表 7-11 所示。当 checkbox-group 中选中项发生改变时,会触发 bindchange 属性绑定的事件,用 detail.value 语句可以返回选中项的 value 值(数组)。例如,下面的代码运行后,能够在调试器窗口依次输出选中项的 value 值。

表 7-11　checkbox 组件的属性及功能说明

属　　性	类　　型	功　　能
value	String	当 checkbox 选中时，checkbox-group 的 change 事件会携带 checkbox 的 value 值
checked	Boolean	当前是否选中，默认值为 false(不选中)
disabled	Boolean	当前是否禁用，默认值为 false(不禁用)
color	Color	选中框内选中符号的颜色

（1）页面结构文件代码

```
<text>请选择你最喜欢吃的菜</text>
    <checkbox-group bindchange="selectFood">
    <checkbox value="meat"checked>红烧肉</checkbox>
    <checkbox value="chicken"checked>烤鸡</checkbox>
    <checkbox value="fish"checked>糖醋鲤鱼</checkbox>
</checkbox-group>
```

图 7-26　checkbox 组件

上述代码第 1 行使用 bindchange 属性绑定当复选组件选中项发生变化时就会触发的 selectFood()方法；第 2 行的 checked 属性表示默认该复选项选中；第 2～4 行使用 value 属性绑定了每个复选项选中时的返回值。显示效果如图 7-26 所示。

（2）页面逻辑文件代码

```
Page({
  selectFood:function(e){
    varc = e.detail.value;
    console.log(c);
    for(vari = 0;i < c.length;i++)
        console.log(c[i]);
  }
})
```

4）picker

picker(选择器组件)是从底部弹起的滚动选择器，目前支持普通选择器、多列选择器、时间选择器、日期选择器和省市区选择器等 5 种，默认是普通选择器。可以使用 mode 属性设定选择器的类型，mode 的属性值及选择器类型如表 7-12 所示。

表 7-12　picker 组件的 mode 属性值及功能说明

mode 属性值	类　　型	mode 属性值	类　　型
selector	普通选择器	date	日期选择器
multiSelector	多列选择器	region	省市区选择器
time	时间选择器		

（1）普通选择器

普通选择器的属性及功能说明如表 7-13 所示。

表 7-13　普通选择器的属性及功能说明

属　　性	类　　型	功　　能
range	Array/ObjectArray	用于设定普通选择器上绑定的数组，默认为空数组
range-key	String	当 range 是一个 ObjectArray 时，通过 range-key 指定 Object 中 key 的值作为选择器显示内容

续表

属　性	类　型	功　能
value	Number	vaue 的值表示选择了 range 中的第几个元素(下标从 0 开始)
bindchange	EventHandle	value 改变时触发 change 事件,event. detail={value:value}
disabled	Boolean	当前是否禁用,默认值为 false(不禁用)
bindcancel	EventHandle	取消选择或收起选择器时触发

普通选择器绑定的数据有两种形式,下面以绑定 Array 型数据来实现图 7-27 所示功能。即当用户单击图界面上的“当前选择”,用户界面底部显示“苹果,梨,橘子”这 3 种选项,当选中某个水果时,选中水果色将显示在用户界面上。

页面结构文件代码如下:

```
< picker mode = " selector" range = " {{fruits}}" bindchange = "
selectorChange">
    <view>当前选择:{{selectedFruit}}</view>
</picker>
```

上述代码第 1 行用 mode 属性设定选择器的类型为普通选择器(selector),对于普通选择器可以不设置;用 range 属性绑定选择器上要显示的数组 fruits;用 bindchange 属性绑定 selectorChange()函数,实现选择器内容发生改变时返回选择器上选中的水果所在数组的下标;第 2 行代码用 selectedFruit 显示选中的内容。

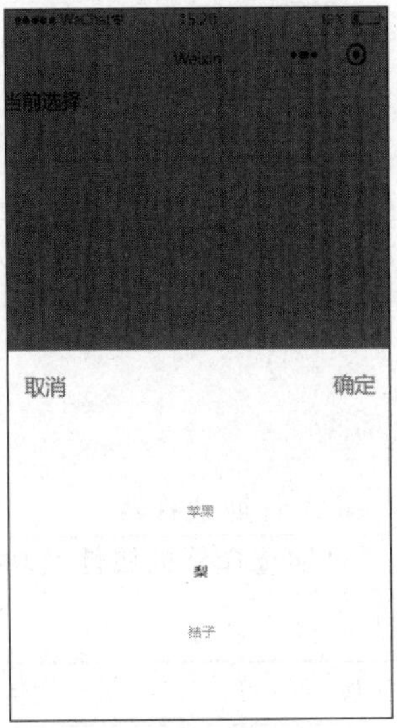

图 7-27　普通选择器

页面逻辑文件代码如下:

```
Page({
  data:{
    fruits:["苹果","梨","橘子"]
  },
  selectorChange:function(e){
    letindex = e.detail.value;
    letvalue = this.data.fruits[index];
    this.setData({selectedFruit:value});
  }
})
```

(2) 时间选择器

时间选择器的属性及功能说明如表 7-14 所示。

表 7-14　时间选择器的属性及功能说明

属　性	类　型	功　能
start	String	表示开始时间,格式为“hh:mm”
end	String	表示结束时间,格式为“hh:mm”
value	String	表示选中的时间,格式为“hh:mm”
bindchange	Eventhandle	value 改变时触发 change 事件,event. detail={value:value}
disabled	Boolean	当前是否禁用,默认值为 false(不禁用)
bindcancel	Eventhandle	取消选择或收起选择器时触发

时间选择器的 start 和 end 属性用于指定时间选择器选中时间的范围,可以使用如下代码实现图 7-28 所示界面。

页面结构文件代码:

```
<view>
<picker mode="time" bindchange="pickTime">
    <input type="text" placeholder="单击选择时间" value="
{{time}}"></input>
</picker>
</view>
```

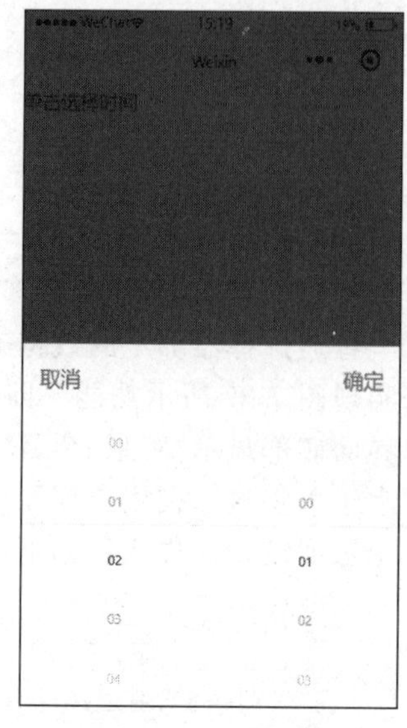

图 7-28　时间选择器

页面结构文件代码：

```
Page({
  data:{
    time:""
  },
  pickTime:function(e){
    lettime=e.detail.value;
    console.log(e);
    this.setData({
        time:time
    })
  }
})
```

(3) 日期选择器

日期选择器的属性及功能说明如表 7-15 所示。

表 7-15　日期选择器的属性及功能说明属性

属　　性	类　　型	功　　能
start	String	表示开始日期，格式为"YYYY-MM-DD"
end	String	表示结束日期，格式为"YYYY-MM-DD"
value	String	表示选中的日期，格式为"YM-D"，默认为 0
fields	String	有效值 year(年)，month(月)，day(天)，默认为 day
bindchange	EventHandle	value 改变时触发 change 事件，event.detail={value:value}
disabled	Boolean	当前是否禁用，默认值为 false(不禁用)
bindcancel	EventHandle	取消选择或收起选择器时触发

图 7-29　日期选择器

日期选择器的 start 和 end 属性用于指定日期选择器选中日期的范围，可以使用如下代码实现图 7-29 所示界面。

页面结构文件代码：

```
<view>
<view>选择日期</view>
<picker mode="date" start="2021-01-01" end="2021-12-31"
bindchange="pickDate">
    <input placeholder="单击选择日期" value="{{selectedDate}}">
</input>
</picker>
</view>
```

上述代码第 3 行 start 属性和 end 属性分别定义了日期选择器选择的日期范围。

页面逻辑文件代码：

```
Page({
  data:{
    selectedDate:""
```

```
    },
    pickDate:function(e){
        letdate = e.detail.value;
        this.setData({
          selectedDate:date
        })
    }
})
```

(4) 省市区选择器

省市区选择器的属性及功能如表 7-16 所示。

表 7-16 省市区选择器的属性及功能说明

属　　性	类　　型	功　　能
custom-item	String	可为每一列的顶部添加一个自定义的项
value	Array	表示选中的省市区，默认选中每一列的第一个值
bindchange	EventHandle	value 改变时触发 change 事件，event.detail = {value: value, code: code, postcode:postcode}，其中字段 code 是统计用区划代码，postcode 是邮政编码
disabled	Boolean	当前是否禁用，默认值为 false(不禁用)
bindcancel	EventHandle	取消选择或收起选择器时触发

省市区选择器的 value 属性值改变时，使用 e.detai.value 可以返回地区，使用 e.detail.code 可以返回地区码，使用 e.detail.postcode 可以返回邮政编码。可以使用如下代码实现图 7-30 所示界面。

页面结构文件代码：

```
<view>
<view>选择地址</view>
<picker mode = "region" bindchange = "pickRegion">
    <view>城市:{{selectedRegion}}</view>
    <view>城市编码:{{selectedCode}}</view>
    <view>邮政编码:{{selectedPost}}</view>
</picker>
</view>
```

上述代码第 3 行用 mode 属性设定选择器为省市区选择器。

页面逻辑文件代码：

```
Page({
  data:{
    selectedRegion:"",
    selectedPost:"",
    selectedCode:""
  },
  pickRegion:function(e){
    this.setData({
      selectedRegion:e.detail.value,
      selectedPost:e.detail.postcode,
      selectedCode:e.detail.code
    })
  }
})
```

2. 用户注册界面的实现

1) 主界面的设计

根据图 7-31 的显示效果,用 input 组件作为 ISBN、名称和作者的输入框,用日期选择器作为出版日期输入的选择器,checkbox 组件作为图书标签的选择复选框,使用 button 组件实现保存、重置按钮,使用 form 组件实现完善图书信息的表单。

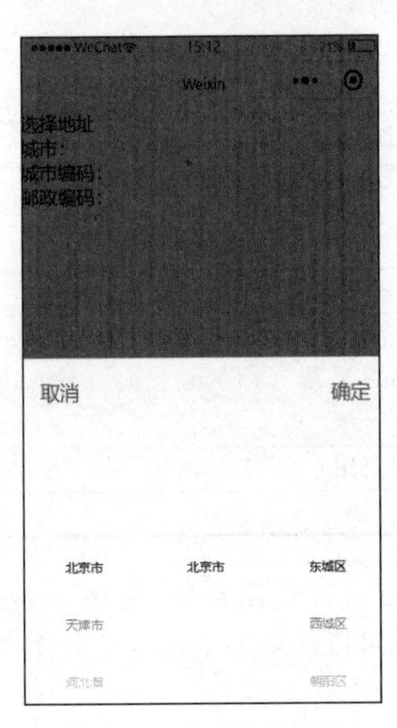

图 7-30　省市区选择器

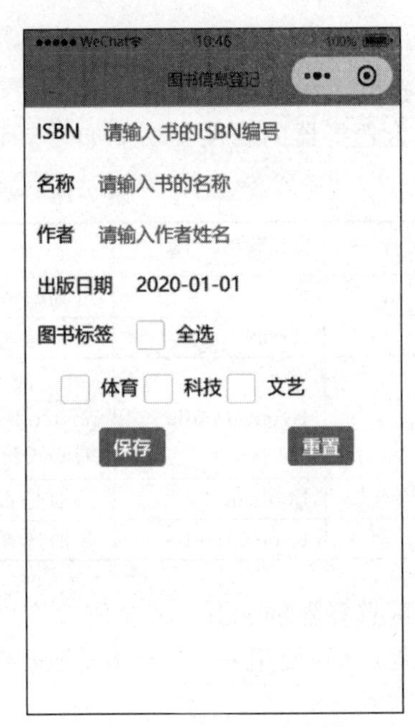

图 7-31　页面显示效果

(1) 页面结构文件代码

```
<form bindsubmit = "formSubmit" bindreset = "formReset">
  <view class = "container">
  <view class = "box">
    <text > ISBN </text >
    <input name = 'isbn' placeholder = '请输入书的 ISBN 编号' class = "paddingleft"></input >
  </view >
  <view class = "box">
    <text >名称</text >
    <input name = 'bookname' placeholder = '请输入书的名称' class = "paddingleft"></input >
  </view >
  <view class = "box">
    <text >作者</text >
<input name = "author" class = 'paddingleft' placeholder = '请输入作者姓名'>
    </input >
  </view >
  <view class = "box">
    <text >出版日期</text >
    <picker name = "producedate" mode = "date" start = "2000 - 01 - 01" end = "2021 - 04 - 01" value =
"{{producedate}}" bindchange = "bindDateChange">
    <view class = "paddingleft">{{producedate}}</view >
    </picker >
  </view >
  <view class = "box">
    <text >图书标签</text >
    <checkbox - group class = "paddingleft" bindchange = "checkboxChange">
    <checkbox/>全选
```

```
    </checkbox-group>
  </view>
  <view class="box">
    <checkbox-group name="tags" class="paddingleft">
    <block wx:for="{{tags}}">
    <checkbox value="{{item.value}}" checked="{{item.checked}}"/>{{item.name}}
    </block>
    </checkbox-group>
  </view>
  <view class="box">
    <button type="primary" form-type="submit">保存</button>
    <button type="primary" form-type="reset">重置</button>
  </view>
  </view>
</form>
```

上述代码第1行用bindsubmit属性绑定表单提交事件，用bindreset属性绑定表单重置事件；第3～6行用input组件实现图书ISBN的输入；第7～10行用input组件实现图书名称的输入；第11～15行用input组件实现图书作者的输入；第16～22行用picker组件实现出版日期的日期选择器；第23～28行用checkbox组件实现图书标签的全选功能；第29～35行用checkbox组件实现图书标签的复选功能；第36～40行用button组件实现表单的提交和重置。另外，给每个需要返回数据的组件都定义了name属性，用于提交表单时使用e.detail.value返回表单中填入的数据。

（2）页面样式文件代码

```
.container{
  display:flex;
  flex-direction:column;
  align-items:flex-start;
}
.box{
  width:100%;
  display:flex;
  flex-direction:row;
  padding:10px;
}
.paddingleft{
  padding-left:20px;
}
```

上述代码的第1～5行用于控制整个界面布局方式，按垂直方向排布项目；第6～11行用于控制水平方向排布项目；第11～13行用于设置项目与左边项目隔开20像素的距离。

2）功能实现

本小程序实现的主要功能包括3个：用input组件输入数据，用picker组件实现出版日期的选择，用checkbox组件实现标签的复选。下面列出页面逻辑文件中的其他主要功能代码。

（1）定义并初始化数据。代码如下：

```
data:{
  producedate:'2020-01-01',
  tags:[{
    name:'体育',
    value:'sports',
    checked:false
  },
  {
```

```
        name:'科技',
        value:'science',
        checked:false
      },
      {
        name:'文艺',
        value:'art',
        checked:false
      }
      ]
    }
```

（2）全选选择事件。代码如下：

```
checkboxChange:function(e){
  lettags = this.data.tags
  if(e.detail.value.length > 0){
    for(vari = 0;i < tags.length;i++){
        tags[i].checked = true;
    }
  }else{
    for(vari = 0;i < tags.length;i++){
        tags[i].checked = false;
    }
  }
  this.setData({
    tags:tags
  })
}
```

上述代码第 3～11 行的功能：如果选中全选复选框，则将所有标签的 checked 值置“true”，否则置为“false”，以此来实现全选和全不选。

（3）选择器事件。代码如下：

```
bindDateChange:function(e){
  this.setData({
    producedate:e.detail.value
  })
}
```

（4）提交表单。代码如下：

```
formSubmit:function(e){
    console.log('form 发生了 submit 事件,携带数据为:',e.detail.value)
},
formReset:function(e){
    console.log('form 发生了 reset 事件')
}
```

上述代码第 2 行表示单击页面的“保存”按钮后，调试器窗口输出表单中填入的数据。

上面我们介绍了如何开发一个简单的小程序，为了实现功能更复杂的小程序，我们需要学习微信的 API、云开发和服务器端的开发等，感兴趣的读者可以参考微信官方文档：https://developers.weixin.qq.com/miniprogram/dev/framework/进行更深入的学习。

第8章

微信公众号开发

8.1　微信公众号概述

微信公众号是微信应用中的一个功能。微信公众号是不同于一般个人用户的微信账号。微信公众号是提供给企业、组织和个人使用的，简单来说就是进行一对多的媒体性行为活动，如商家通过申请微信公众服务号通过二次开发展示商家微官网、微会员、微推送、微支付、微活动、微报名、微分享、微名片等，它已经形成了一种主流的线上线下微信互动营销方式。

8.1.1　微信公众号类型

微信公众号包含订阅号，服务号和企业号。

订阅号：订阅号主要偏向于为用户传达资讯，每天都可以群发一条消息。如果只是想简单发送消息达到宣传效果，建议选择订阅号。这里我们以订阅号为主进行介绍。

服务号：如果是注重于服务交互(如银行等)，可以选择此类型。每个月可群发 4 条消息，数量比订阅号少很多，但是可以开通微信支付，获得更多订阅号没有的功能。服务号不能变更成订阅号。

企业号：主要用于公司内部通信使用，管理团队，需要验证身份才能成功关注企业号。

8.1.2　注册微信公众号

在浏览器地址栏输入网址：https://mp.weixin.qq.com/，获取微信公众平台页面，如图 8-1 所示。在该页面单击“立即注册”。

图 8-1　微信公众平台登录页面

单击“立即注册”后，页面会跳转到图 8-2 所示页面，因为是个人使用的公众号，所以我们这里选择的公众号类型为：订阅号。

在图 8-3 所示的页面填入基本信息、选择类型、信息登记和公众号信息，完成公众号的注册。在基本信息填写中，邮箱要使用没有被公众平台注册过的。信息登记中主体类型选择的是“个人”。

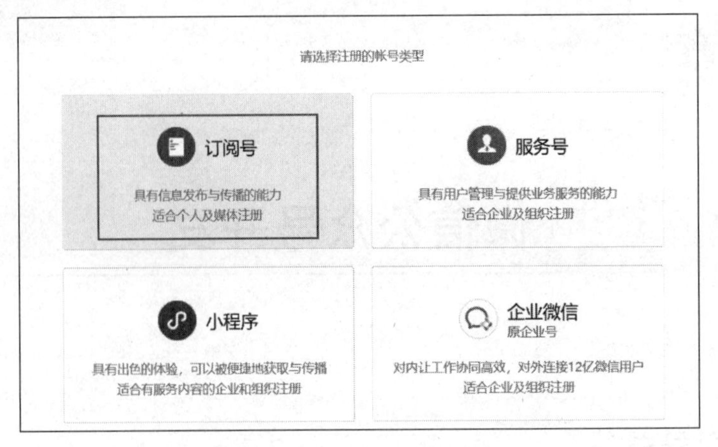

图 8-2　账号类型选择页面

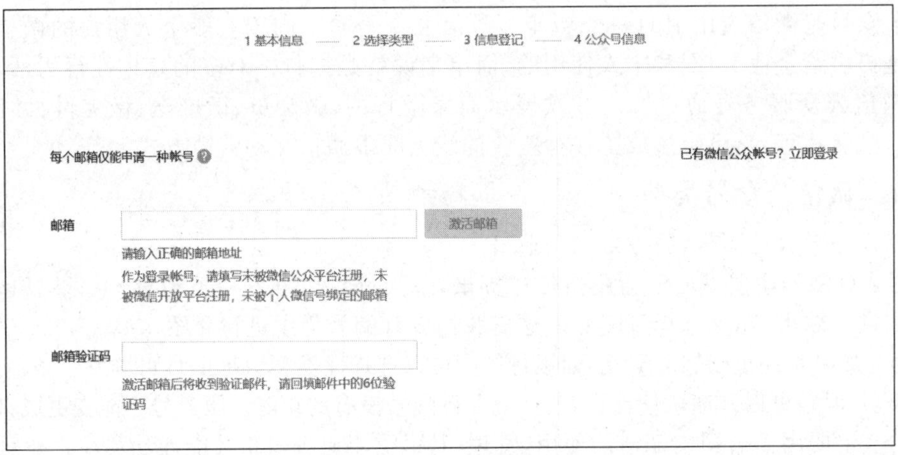

图 8-3　订阅号注册页面

8.1.3　微信公众号登录

微信公众平台(https://mp. weixin. qq. com/)是管理微信公众号的网页端。打开网页后，单击“登录”按钮，填入注册邮箱和登录密码，会弹出一个二维码等待管理员微信扫描，微信扫描后在微信单击“确认”，系统登录成功，出现微信公众号管理首页，如图 8-4 所示。

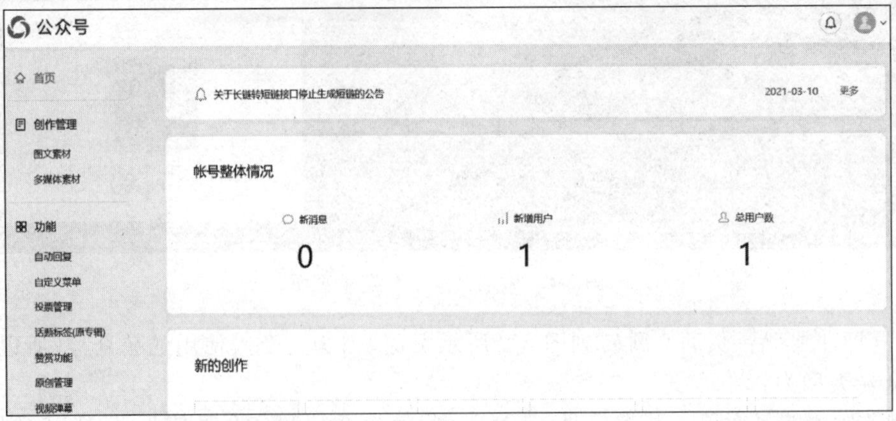

图 8-4　微信公众号后台管理页面

8.1.4 微信公众号的创作管理

1. 图文素材

在微信公众号管理后台的左侧栏单击“创作管理”下的“图文素材”，在右侧栏会出现图8-5所示的图文素材管理页面，该页面可以创建图文消息、文字消息、视频消息、音频消息、图片消息和转载。创建的消息可以只是保存，也可以直接单击群发。在群发消息时，还可以选择分组群发和定时群发。注意订阅号一天只能群发一条消息。

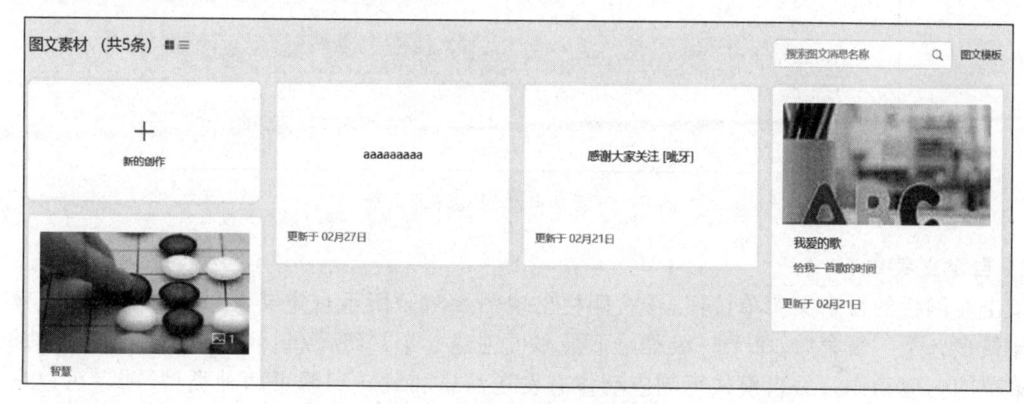

图8-5 图文素材管理页面

2. 多媒体素材

在微信公众平台首页的左侧栏单击“创作管理”下的“多媒体素材”，在右侧栏出现图8-6所示多媒体素材管理页面。多媒体素材主要是存放图片、音频和视频素材。图片素材可以直接单击“上传”按钮，从本地选择图片上传到图片素材库中。图片素材库可以设置分组，使图片按照类别保存。音频和视频素材除了上传本地素材之外，还可以引用网络素材，极大地丰富了音频和视频素材库。

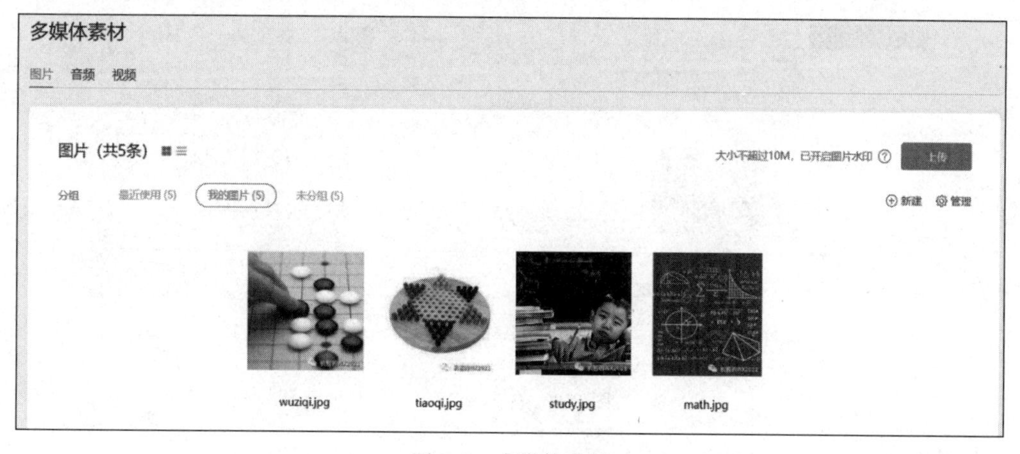

图8-6 多媒体素材

8.1.5 微信公众号的功能

登录微信公众平台后，在首页左侧栏可以看到功能相关的菜单，这里主要介绍自动回复、自定义菜单和投票管理这几个功能。

1. 自动回复

单击左侧栏的自动回复菜单，在右侧栏出现图8-7所示消息自动回复管理页面。在用户向该公众号发送消息，或者用户关注了该公众号时都可以设置自动回复。自动回复用户消息，还可以针对关键词回复消息。只可以在编辑模式下开启自动回复，开发者在开发模式下编写功能代码也可以实现和自动回复一样的效果。

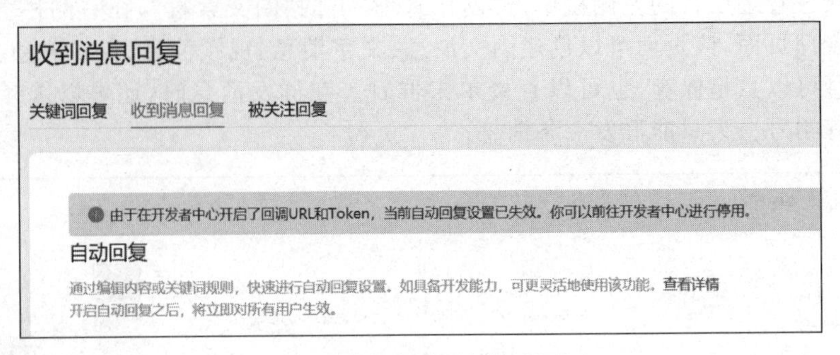

图 8-7 消息自动回复管理页面

2. 自定义菜单

单击左侧栏的自定义菜单按钮，在右侧栏出现图 8-8(a)所示自定义菜单页面。自定义菜单可以创建最多 3 个一级菜单，每个一级菜单下最多可创建 5 个二级菜单。每个菜单可以创建和设置单击菜单的响应动作。编辑模式下响应动作有发送消息和跳转到网页两种类型，前者可以发送多媒体消息。如图 8-8 左侧所示，在该页面设置了 3 个一级菜单，即“学习”“娱乐”和“冥想”，并且在“学习”菜单下又设置了 2 个二级菜单，即“英语”和“数学”。保存并发布后，在手机端打开公众号就可以看到设置的菜单放置在页面底端，如图 8-8(b)所示。

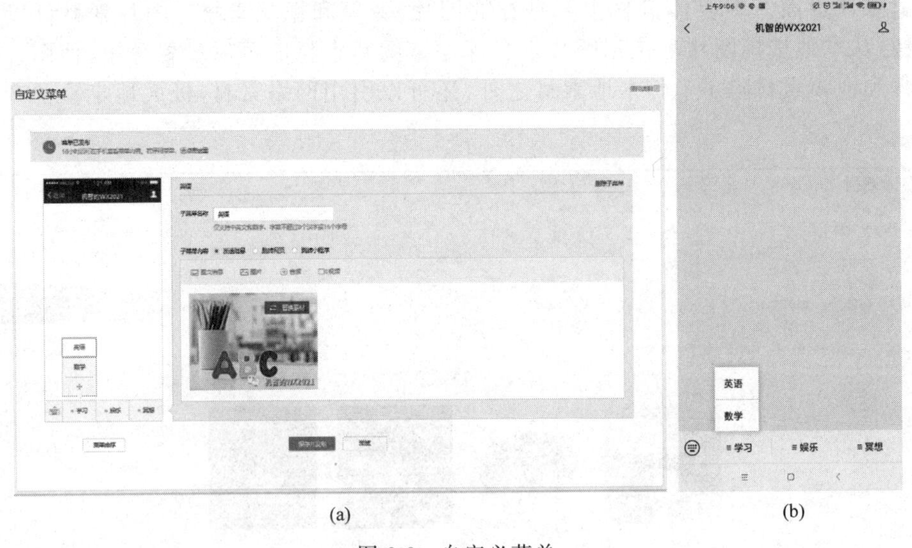

图 8-8 自定义菜单

3. 投票管理

新建一个投票，需要编辑投票的名称、问题项、投票截止时间。为了让粉丝参与投票，需要把投票插入到图文消息内进行群发，粉丝收到该群发消息后，进入图文消息即可参与投票。也可设置在关键词回复、自定义菜单等形式参与。

8.1.6 微信公众号的管理

微信公众号的管理包括消息管理和用户管理。

1. 消息管理

单击左侧栏的消息管理按钮，在右侧栏出现图 8-9 所示消息管理页面。在该页面可以查看粉丝发送到公众号的消息，文字消息保持5天，其他类型消息只保存3天。在后台可以直接回复粉丝的消息，也可以收藏粉丝的消息。

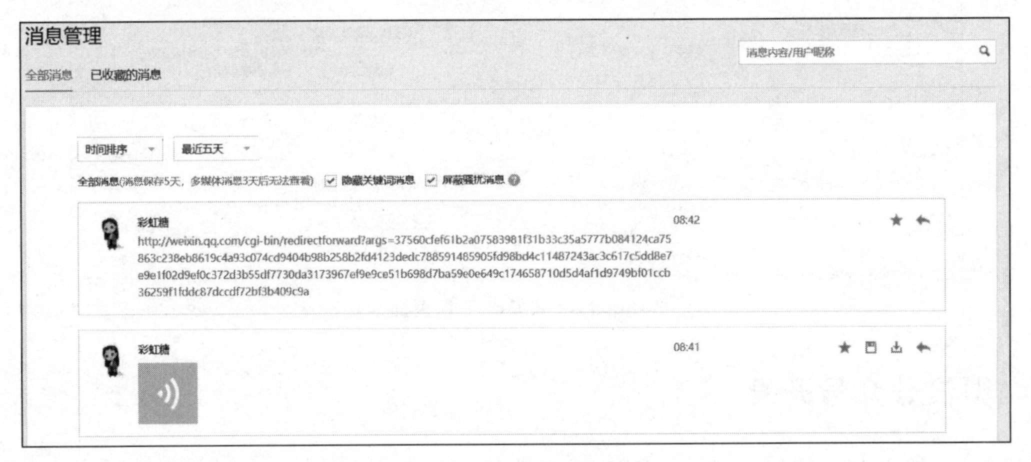

图 8-9　消息管理页面

2. 用户管理

单击左侧栏的用户管理按钮，在右侧栏出现图 8-10 所示用户管理页面。在该页面可以查看关注该公众号的粉丝，包括粉丝的微信头像、昵称、向公众号发送的消息数目等。该页面还可以创建标签，一个粉丝可以打多个标签，从而使粉丝出现在多个分组内，为个性化的功能提供可能。

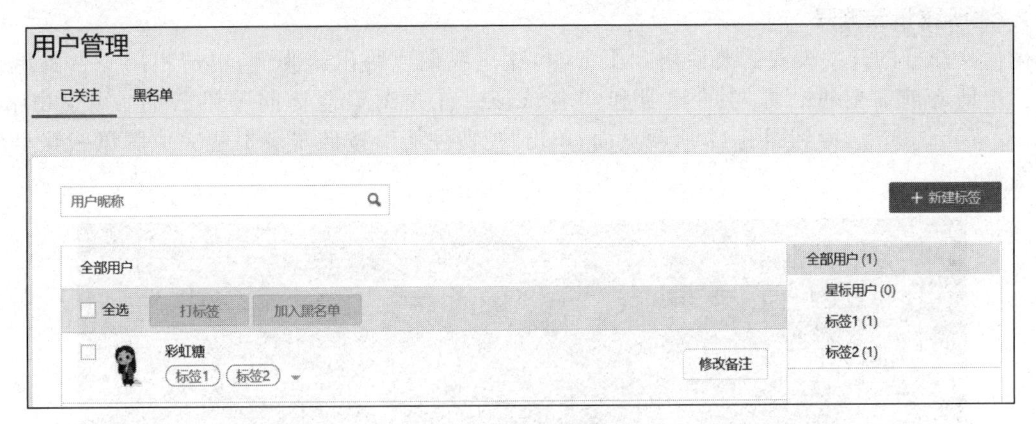

图 8-10　用户管理页面

8.1.7　微信公众号的设置

设置栏目包括公众号设置、人员设置、安全中心和违规记录。这里主要介绍公众号设置。

公众号设置下有账号详情、功能设置和授权管理。在账号详情下可以修改公众号头像、简介和登录邮箱，注意每月只能修改一次。可以下载公众号5种不同大小的二维码，扫描二维码是用户关注账号的重要途径。功能设置包括隐私设置、图片水印和JS接口安全域名。授权管理用来管理获取了授权的第三方平台。

8.1.8　微信公众号的开发

开发栏目下有基本配置、开发者工具、运维中心和接口权限。

基本配置下可以查看开发信息，比如开发者ID(App ID)和开发者密码(AppSecret)。还可以配置服务器的URL地址、令牌(Token)用于微信公众号的二次开发。开发者工具如图8-11所示，其下包括开发者文档、在线接口调试工具、Web开发者工具、公众平台测试账号等。开发者文档会帮助开发人员学习和使用相应的接口，在线接口调试工具协助开发人员调试调用接口时的代码。

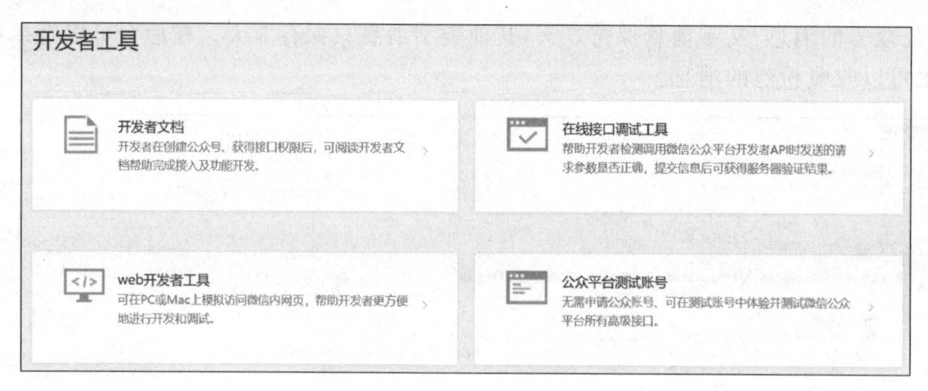

图 8-11　开发者工具页面

8.2　微信公众号开发

前面的章节告诉我们通过微信公众平台提供的后台编辑模式，可以与做到管理用户、自动回复消息、群发消息和查看消息等。但是为了将微信公众号的功能最大限度地发挥出来，更好地利用微信提供的平台，还要学会使用开发模式进行功能开发。在开发模式中，开发人员可以实现自动聊天、查询天气等功能。

8.2.1　申请服务器

1. 注册腾讯云账号

微信公众号的开发模式需要使用到服务器，这里我们以腾讯云为例，申请租用一台腾讯云服务器。申请之前需要进行账号的注册和实名认证。首先浏览器访问腾讯云的首页：https://cloud.tencent.com/，得到图 8-12 所示页面，单击“免费注册”，按照步骤提醒完成腾讯云账号注册和实名认证。

图 8-12　腾讯云登录页面

2. 购买云服务器

浏览器访问腾讯云首页：https://cloud.tencent.com/，单击右侧的“登录”。访问 https://buy.cloud.tencent.com/cvm? tab=lite 进入快速购买云服务器页面，如图 8-13 所示。

地域：选择与你最近的一个地区。

机型：选择需要的云服务器机型配置。这里我们选择“入门设置(1 核 1GB)”。

镜像：选择需要的云服务器操作系统。这里我们选择“Ubuntu Server 20.04 LTS 64 位”。

公网带宽：勾选后会为你分配公网 IP，默认为 1Mbps，也可以根据需求调整。

购买数量：默认为“1 台”。

购买时长：默认为“1 个月”。

当付费完成后，即完成了云服务器的购买。云服务器可以作为个人虚拟机或建站的服务器。在腾讯云首页登录后，单击首页右侧的“控制台”。如图 8-14 所示，进入控制台后，在“我的资源”下可以看到云服务器 1 台，单击这个图标就可以看到刚才申请购买的云服务器。

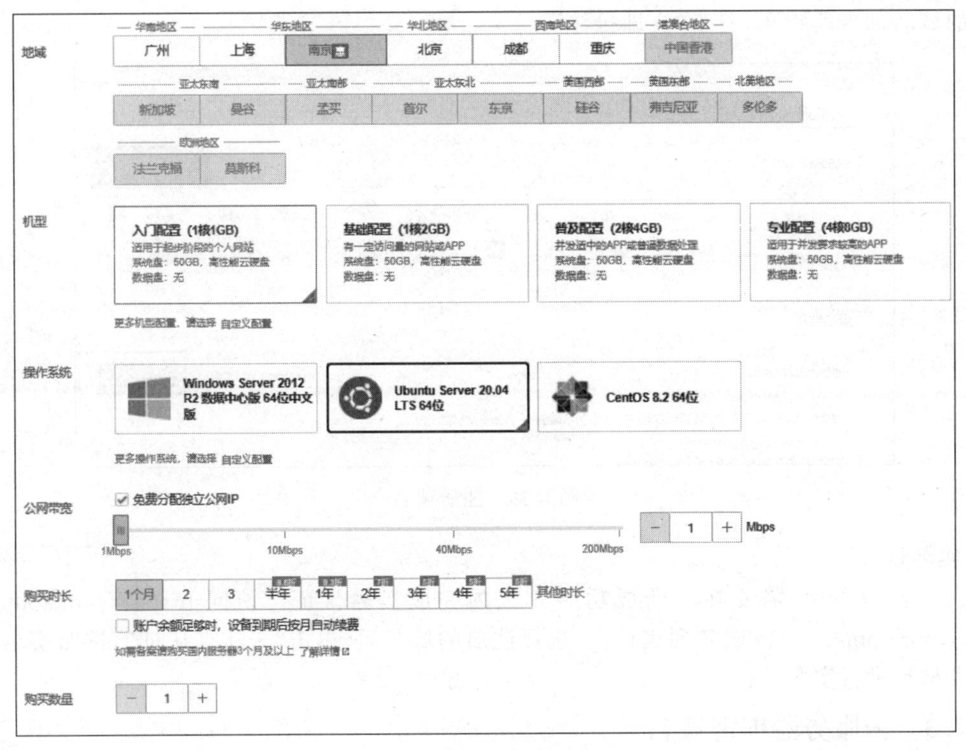

图 8-13　云服务器选择页面

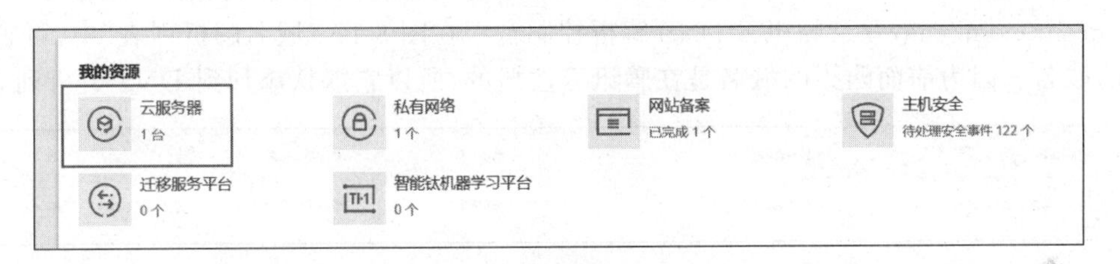

图 8-14　腾讯云控制台

在图 8-15 可以看到云服务器实例，在该页面可以重启、关机，查看和修改开放端口等。同时，我们也可以获取云服务器的公网 IP 地址，该示例的公网 IP 地址是 150.158.6.104。

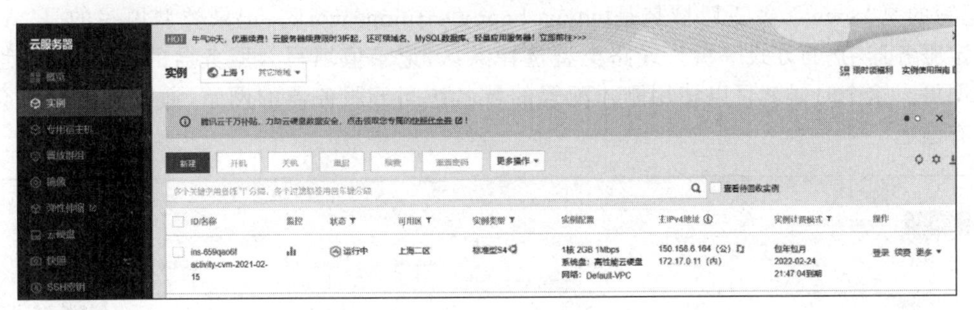

图 8-15　云服务器示例

8.2.2　购买域名

1. 查询并注册域名

首先要注册域名，因为云服务器在腾讯云申请购买，为了方便，在腾讯云购买域名。首先访问 https://dnspod.cloud.tencent.com/，在输入框输入你想要注册的域名或者后缀看是否已经被他人注册。如图 8-16 所示，如已注册，右侧会显示已被注册；如未注册，右侧会显示加入购物车，选中想要的域名加入购物车，单击“立即抢注”。

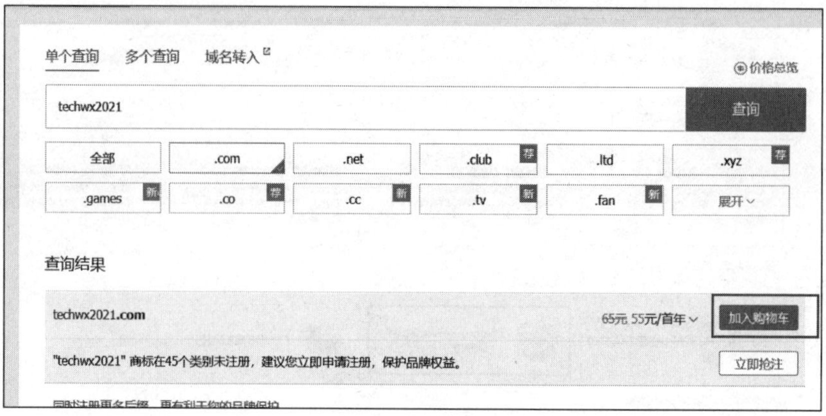

图 8-16 注册域名

2. 实名认证

完成域名购买后，需要在注册成功后 5 天内完成实名认证。访问 https://console.cloud.tencent.com/domain 进入域名列表页面，选择注册的域名后，单击“未实名认证”，按照实名认证提供的要求材料进行实名认证。

8.2.3 云服务器绑定域名

为了便于记忆，通常将域名解析到对应的 IP，通过域名来访问网站。访问 https://console.cloud.tencent.com/cns，登录腾讯云 DNS 解析控制台。在图 8-17“域名解析列表”中，可查看全部已添加的域名。因为前面购买的域名是在腾讯云注册的，所以它默认添加到 DNS 解析列表。

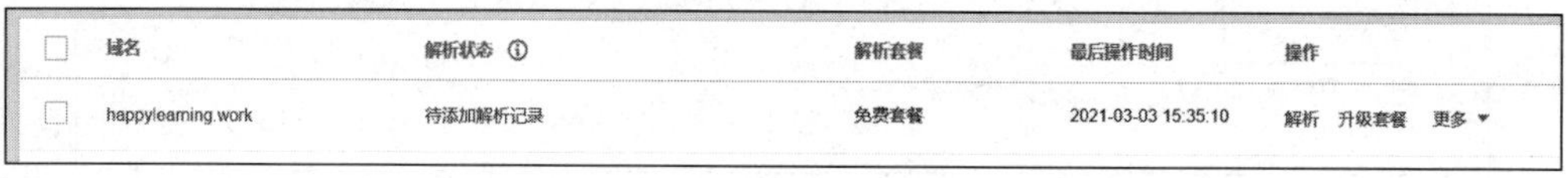

图 8-17 域名解析列表

在“域名解析列表”中，选择需要解析的域名行，单击“解析”，会跳转到图 8-18 所示页面，在该页面的“记录管理”页签中，可以通过单击“添加记录”添加解析记录。其中，主机记录是域名前缀，这里写的是“www”，解析后域名是 www.happylearning.work。记录类型填写的是“A”，表示通过绑定服务器 IP 的方式解析。线路类型选择默认，记录值填写云服务器的外网 IP 地址，单击“保存”即可。这个时候就可以使用刚才配置的域名访问云服务器的网站，通常配置好就会生效，偶尔会有延迟。

图 8-18 域名记录管理页面

8.2.4 FTP 上传代码到云服务器

在编写代码的过程中会频繁地在 Windows 和 Ubuntu 下进行文件传输，比如在 Windows 下进行代码编写，然后将编写好的代码拿到 Ubuntu 下进行编译。Windows 和 Ubuntu 下的文件互传需要使用 FTP 服务，设置方法如下。

1. 开启 Ubuntu 下的 FTP 服务

打开 Ubuntu 的终端窗口，然后执行如下命令来安装 FTP 服务：

```
sudo apt - get install vsftpd
```

等待软件自动安装，安装完成以后使用如下 vi 命令打开/etc/vsftpd. conf：

```
sudo vi /etc/vsftpd.conf
```

打开 vsftpd. conf 文件以后找到如下两行：

```
local_enable = YES
write_enable = YES
```

修改完 vsftpd. conf 以后保存退出，使用如下命令重启 FTP 服务：

```
sudo /etc/init.d/vsftpd restart
```

2. Windows 下 FTP 客户端安装

Windows 下 FTP 客户端我们使用 FileZilla，这是个免费的 FTP 客户端软件，可以在 FileZilla 官网下载，下载地址如下：https://www.filezilla.cn/download，出现如图 8-19 所示的页面。

下载中心

客户端

FileZilla是一种快速、可信赖的FTP客户端以及服务器端开放源代码程式，具有多种特色、直觉的接口。

立即下载

Windows 平台

Windows 版, Vista, 7, 8 and 8.1 are supported, each both 32 and 64 bit.

服务器

FileZilla是一种快速、可信赖的FTP客户端以及服务器端开放源代码程式，具有多种特色、直觉的接口。

立即下载

Windows 平台

Windows 版,Windows Vista, 7, 8 and 8.1 are supported, each both 32 and 64 bit.

图 8-19 FileZilla 下载中心

下载后，按照步骤要求安装成功后，打开 FileZilla 软件，界面如图 8-20 所示。单击左上角的图标，打开站点管理器。单击“新站点”，在常规卡中协议选择“SFTP-SSH File Transfer Protocol”，主机填写前面申请的云服务器的外网 IP 地址，云服务器的用户名和密码也填写完成之后，单击“连接”。

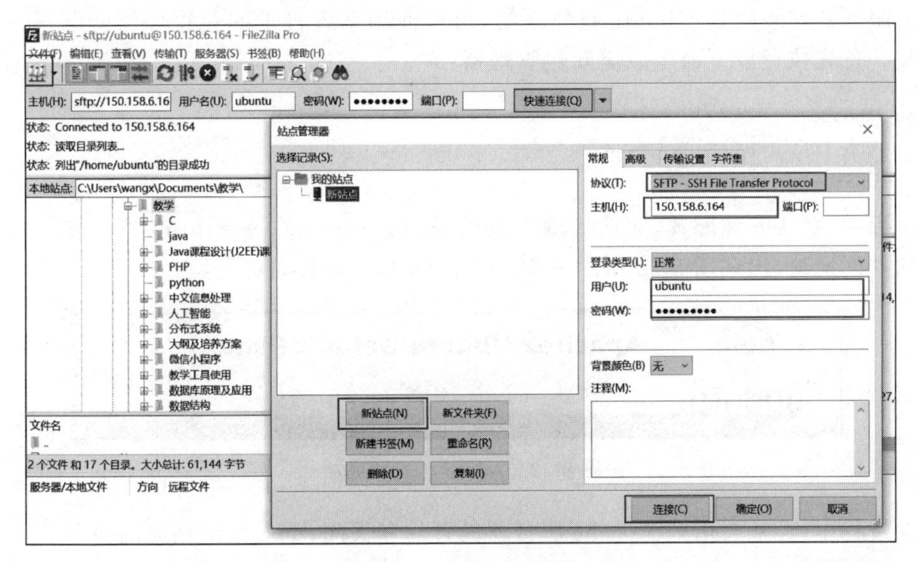

图 8-20 配置站点信息

连接成功以后如图 8-21 所示，如果要将 Windows 下的文件或文件夹复制到 Ubuntu 中，只需要在图 8-21 中左侧的 Windows 区域选中要复制的文件或者文件夹，然后直接拖到右侧的 Ubuntu 中指定的目录即可。将 Ubuntu 中的文件或者文件夹复制到 Windows 中也是直接拖放。

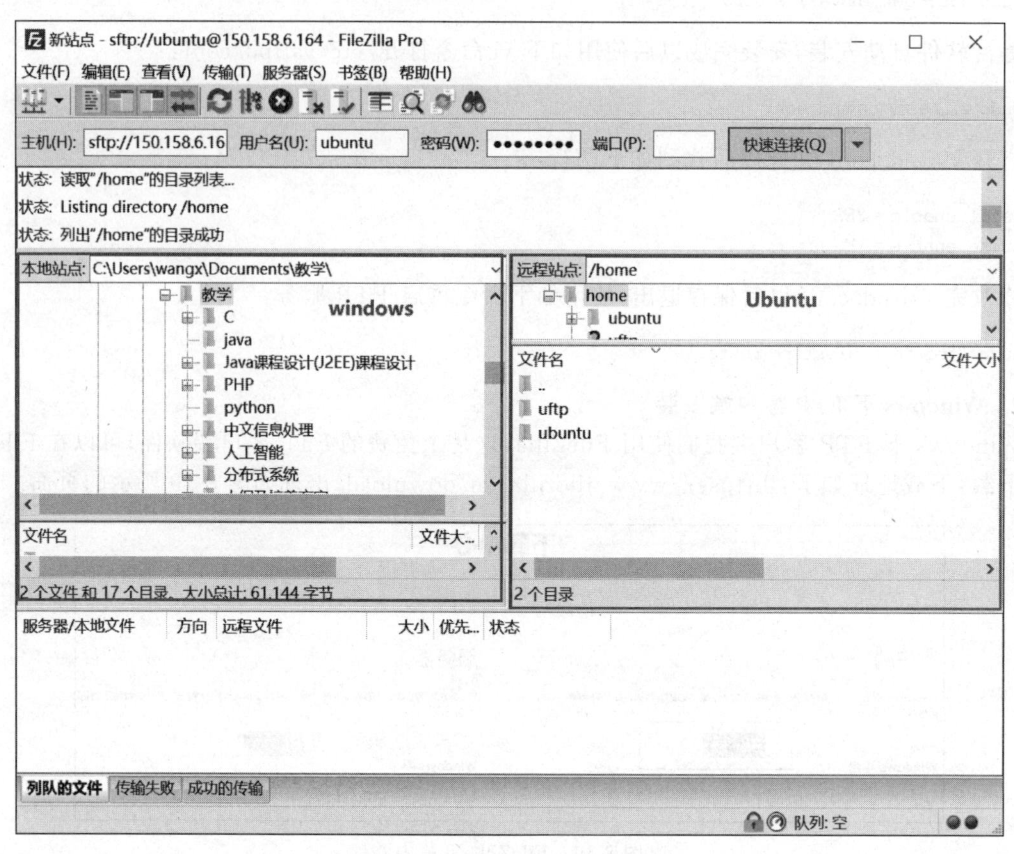

图 8-21　连接成功后的 FileZilla

8.2.5　PHP 环境搭建

云服务器购买完成后，可以通过远程访问(SSH)的方式进行操作和管理。这里讲解如何在 Linux 操作系统下安装 Apache 和 PHP 等开发环境。

因为云服务器安装的是 Ubuntu 操作系统，可以使用系统自带的包管理器(apt-get)进行依赖软件的安装。首先执行以下命令以更新包管理器：

```
apt - get update
```

更新完毕后执行以下指令安装 Apache2：

```
sudo apt - get install apache2
```

安装过程中，默认安装配置，完成后服务器的根目录在/var/www/html 下。安装完成后访问云服务器的外网地址，出现图 8-22 所示页面，说明 Apche2 安装成功。

图 8-22　Apache2 安装成功

在开发过程中，经常会用到 Apache 服务器的开启和关闭，下面给出相关的命令。

重启 Apache 服务器：

```
sudo /etc/init.d/apache2 restart
```

开启 Apache 服务器：

```
sudo /etc/init.d/apache2 start
```

关闭 Apache 服务器：

```
sudo /etc/init.d/apache2 stop
```

执行以下指令安装 PHP：

```
sudo apt-get install php7.2 php7.2-curl php7.2-gd libapache2-mod-php7.2
```

这里除了安装 PHP 语言本身之外，还安装了图形和网络操作等扩展类库。完成以上安装后在/var/www/html 目录下新增 phpinfo.php 文件，增加以下代码并保存：

```
<?php
    phpinfo();
?>
```

在浏览器中地址栏输入 http://150.158.6.164/phpinfo.php(前面的 IP 地址为云服务器的外网 IP)，会看到图 8-23 所示信息，即 PHP 的相关信息，说明 PHP 安装成功。

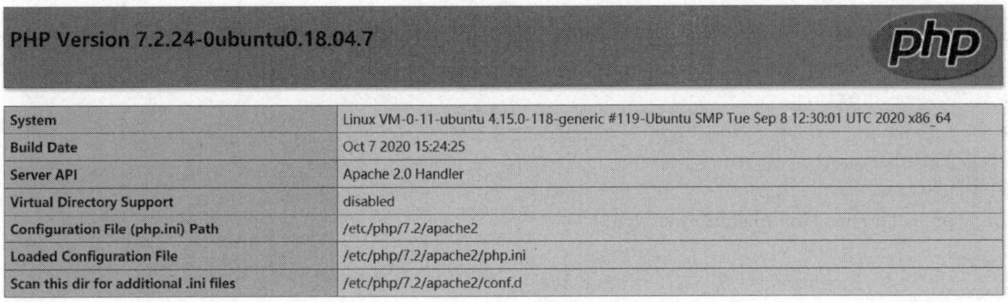

PHP Version 7.2.24-0ubuntu0.18.04.7

System	Linux VM-0-11-ubuntu 4.15.0-118-generic #119-Ubuntu SMP Tue Sep 8 12:30:01 UTC 2020 x86_64
Build Date	Oct 7 2020 15:24:25
Server API	Apache 2.0 Handler
Virtual Directory Support	disabled
Configuration File (php.ini) Path	/etc/php/7.2/apache2
Loaded Configuration File	/etc/php/7.2/apache2/php.ini
Scan this dir for additional .ini files	/etc/php/7.2/apache2/conf.d

图 8-23　PHPinfo 展示的信息

在本地编写 php 文件 configToken.php，用于验证已进入开发模式。该文件也要用于回复消息，后面的功能开发也是在这个文件完成的。

```
1 <?php
2
3 define("TOKEN", "hello2021");
4 $wechatObj = new wechatCallbackapiTest();
5 $wechatObj->valid();
6
7  class wechatCallbackapiTest
8  {
9    public function valid()
10     {
11         $echoStr = $_GET["echostr"];
12         if ($this->checkSignature()) {
13             echo $echoStr;
14             exit;
15         }
16     }
17
18    public function responseMsg()
```

```
19    {
20         $postStr = file_get_contents("php://input");
21        if (!empty($postStr)) {
22            $postObj = simplexml_load_string($postStr, 'SimpleXMLElement', LIBXML_NOCDATA);
23            $fromUsername =  $postObj->FromUserName;
24            $toUsername =  $postObj->ToUserName;
25            $keyword = trim($postObj->Content);
26            $time = time();
27            $textTpl = "<xml>
28                            <ToUserName><![CDATA[%s]]></ToUserName>
29                            <FromUserName><![CDATA[%s]]></FromUserName>
30                            <CreateTime>%s</CreateTime>
31                            <MsgType><![CDATA[%s]]></MsgType>
32                            <Content><![CDATA[%s]]></Content>
33                            <FuncFlag>0</FuncFlag>
34                            </xml>";
35            if (!empty($keyword)) {
36                 $msgType = "text";
37                 $contentStr = "Welcome to wechat world! input:" . $keyword;
38                 $resultStr = sprintf($textTpl, $fromUsername, $toUsername, $time,
   $msgType, $contentStr);
39                echo $resultStr;
40            } else {
41                echo "Input something...";
42            }
43        } else {
44            echo "null is null";
45            exit;
46        }
47    }
48
49    private function checkSignature()
50    {
51         $signature =  $_GET["signature"];
52         $timestamp =  $_GET["timestamp"];
53         $nonce =  $_GET["nonce"];
54
55         $token = TOKEN;
56         $tmpArr = array($token, $timestamp, $nonce);
57        sort($tmpArr);
58         $tmpStr = implode($tmpArr);
59         $tmpStr = sha1($tmpStr);
60
61        if ($tmpStr ==  $signature) {
62            return true;
63        } else {
64            return false;
65        }
66    }
```

第 3 行：定义 TOKEN，这里定义的 TOKEN 必须和后面在微信管理后台填写的 URL 和 TOKEN 那一栏的 TOKEN 相同。

第 4 行：实例化类 wechatcallbackapitest。

第 5 行：调用 valid 方法验证成为开发者。

第 11 行：获得微信服务器使用 GET 方法传过来的 echostr 值。

第 12～15 行：调用 checksignature 方法，对 signature 进行校验，如果校验通过则原样返回

echostr 参数内容，表示接入生效，成为开发者，否则接入失败。

第 18～47 行：此处定义的 responsemsg 方法用来验证成为开发者之后微信所做的反应，通过对这部分的代码进行编辑，可以实现微信公众号的关注回复、关键词回复、菜单单击事件的响应等。

第 51～53 行：获取微信服务器 GET 传递过来的参数。

第 56～59 行：将获得的 $ signature、$ timestamp、nonce 三个参数组装到一个数组里，然后对这个数组进行字典序排序。将排序后的数组转换成一个字符串，进行 SHA1 加密。

第 61～65 行：将加密处理后的字符串与从微信服务器 GET 传递过来的 signature 参数进行比较，如果相同则表示验证成功，返回 true，否则失败返回 false。

总的来说，以上代码实现的功能是：微信服务器将时间戳 timestamp、随机数 nonce 和开发者填写的 TOKEN 这三个参数进行加密，生成一个 signature 参数，然后传输到开发者填写的 URL，开发者通过在这个 URL 文件里按照微信官方的规则，也对这三个参数进行加密，然后将加密后得到的参数与腾讯以 GET 方法传过来的 signature 进行对比，如果相等，则验证成为开发者，否则失败。

在云服务器的 apache 的文件根目录/var/www/html 下新建文件夹 php。通过 filezilla 软件将 configToken. php 文件上传到云服务器的/var/www/html/php 目录下。下一小节配置服务器的 URL 就是配置云服务器的这个文件的 URL。

8.2.6 进入开发者模式

在开发模式下，开发人员可以通过代码实现更多的功能。访问 https://mp. weixin. qq. com/登录微信公众账号，在微信公众平台首页的“开发”-“基本设置”页面，勾选协议成为开发者，单击“修改配置”按钮，出现图 8-24 所示页面。填写服务器地址(URL)、Token 和 EncodingAESKey，其中 URL 是开发者用来接收微信消息和事件的接口 URL，即 8. 2. 5 小节上传的 configToken. php 文件的 URL。Token 可由开发者可以任意填写，用作生成签名(该 Token 会和接口 URL 中包含的 Token 进行比对，从而验证安全性)。这里 Token 要与上一小节定义的 TOKEN 常量的值相同，即为“hello2021”。EncodingAESKey 由开发者手动填写或随机生成，将用作消息体加/解密密钥。加/解密方式的默认状态为明文模式，最后单击“提交”按钮。

图 8-24 服务器配置

如果服务器信息配置信息正确并且上一小节的 configToken. php 代码正确，会提示“提交成功”，否则会提示“Token 验证失败”。

最后要单击“启动”按钮，开启开发者模式。

8.2.7 微信间的通信原理

在验证成为开发者的过程中，微信官方的服务器需要和开发者的服务器发生通信，完成数据传输。在以后的开发过程中，每次相应用户的操作也都需要相应的通信过程。图 8-25 描述了用户手机、微信服务器和开发者服务器三者之间的通信模式。

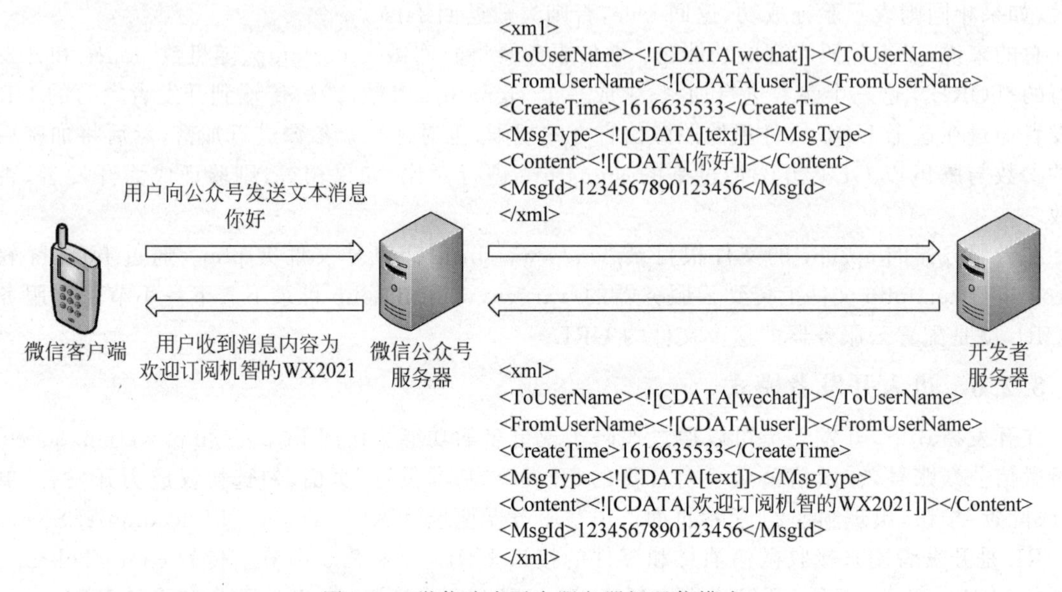

图 8-25 微信公众平台服务器间通信模式

图中的代码是 XML 格式的数据，微信服务器和开发者服务器之间通过这种方式完成对用户的操作响应。XML 是一种可扩展标记语言，是一种跨平台的技术，使用一些简单的标记就可以描述数据。它是当前计算机处理结构化文档信息的有力工具。

8.2.8 公众号接收用户消息类型

用户向公招发送的消息主要有文本、图片、语音、视频、地理位置和链接。当普通微信用户向公众账号发消息时，微信服务器将 POST 消息的 XML 数据包发送到开发者填写的 URL 上。

1. 接收文本消息

用户向公众号发送文本消息时，公众号接收的消息格式内容如下。

```
<xml>
    <ToUserName><![CDATA[toUser]]></ToUserName>
    <FromUserName><![CDATA[fromUser]]></FromUserName>
    <CreateTime>1348831860</CreateTime>
    <MsgType><![CDATA[text]]></MsgType>
    <Content><![CDATA[this is a test]]></Content>
    <MsgId>1234567890123456</MsgId>
</xml>
```

用户发送的文本消息的参数及描述如表 8-1 所示。

2. 图片消息

用户向公众号发送图片消息时，公众号接收的消息格式内容如下。

表 8-1 文本消息参数

参数	描述
ToUserName	开发者微信号
FromUserName	发送方账号(一个 OpenID)
CreateTime	消息创建时间 (整型)
MsgType	消息类型,文本为 text
Content	文本消息内容
MsgId	消息 id,64 位整型

```
<xml>
    <ToUserName><![CDATA[toUser]]></ToUserName>
    <FromUserName><![CDATA[fromUser]]></FromUserName>
    <CreateTime>1348831860</CreateTime>
    <MsgType><![CDATA[image]]></MsgType>
    <PicUrl><![CDATA[this is a url]]></PicUrl>
    <MediaId><![CDATA[media_id]]></MediaId>
    <MsgId>1234567890123456</MsgId>
</xml>
```

用户发送的图片消息的参数及描述如表 8-2 所示。

表 8-2 图片消息参数

参数	描述
ToUserName	开发者微信号
FromUserName	发送方账号(一个 OpenID)
CreateTime	消息创建时间 (整型)
MsgType	消息类型,图片为 image
PicUrl	图片链接(由系统生成)
MediaId	图片消息媒体 id,可以调用获取临时素材接口拉取数据
MsgId	消息 id,64 位整型

3. 语音消息

用户向公众号发送语音消息时,公众号接收的消息格式内容如下:

```
<xml>
    <ToUserName><![CDATA[toUser]]></ToUserName>
    <FromUserName><![CDATA[fromUser]]></FromUserName>
    <CreateTime>1357290913</CreateTime>
    <MsgType><![CDATA[voice]]></MsgType>
    <MediaId><![CDATA[media_id]]></MediaId>
    <Format><![CDATA[Format]]></Format>
    <MsgId>1234567890123456</MsgId>
</xml>
```

用户发送的语音消息的参数及描述如表 8-3 所示。

表 8-3 语音消息参数

参数	描述
ToUserName	开发者微信号
FromUserName	发送方账号(一个 OpenID)
CreateTime	消息创建时间 (整型)

续表

参　数	描　述
MsgType	语音为 voice
MediaId	语音消息媒体 id,可以调用获取临时素材接口拉取数据
Format	语音格式,如 amr、speex 等
MsgId	消息 id,64 位整型

4. 视频消息

用户向公众号发送视频消息时,公众号接收的消息格式内容如下:

```
<xml>
    <ToUserName><![CDATA[toUser]]></ToUserName>
    <FromUserName><![CDATA[fromUser]]></FromUserName>
    <CreateTime>1357290913</CreateTime>
    <MsgType><![CDATA[video]]></MsgType>
    <MediaId><![CDATA[media_id]]></MediaId>
    <ThumbMediaId><![CDATA[thumb_media_id]]></ThumbMediaId>
    <MsgId>1234567890123456</MsgId>
</xml>
```

用户发送的视频消息的参数及描述如表 8-4 所示。

表 8-4　视频消息参数

参　数	描　述
ToUserName	开发者微信号
FromUserName	发送方账号(一个 OpenID)
CreateTime	消息创建时间（整型）
MsgType	视频为 video
MediaId	视频消息媒体 id,可以调用获取临时素材接口拉取数据
ThumbMediaId	视频消息缩略图的媒体 id,可以调用多媒体文件下载接口拉取数据
MsgId	消息 id,64 位整型

5. 地理位置消息

用户向公众号发送文本消息时,公众号接收的消息格式内容如下:

```
<xml>
    <ToUserName><![CDATA[toUser]]></ToUserName>
    <FromUserName><![CDATA[fromUser]]></FromUserName>
    <CreateTime>1351776360</CreateTime>
    <MsgType><![CDATA[location]]></MsgType>
    <Location_X>23.134521</Location_X>
    <Location_Y>113.358803</Location_Y>
    <Scale>20</Scale>
    <Label><![CDATA[位置信息]]></Label>
    <MsgId>1234567890123456</MsgId>
</xml>
```

用户发送的地理位置消息的参数及描述如表 8-5 所示。

表 8-5 地理位置消息参数

参数	描述
ToUserName	开发者微信号
FromUserName	发送方账号(一个 OpenID)
CreateTime	消息创建时间(整型)
MsgType	消息类型,地理位置为 location
Location_X	地理位置纬度
Location_Y	地理位置经度
Scale	地图缩放大小
Label	地理位置信息
MsgId	消息 id,64 位整型

6. 链接消息

用户向公众号发送链接消息时,公众号接收的消息格式内容如下:

```
<xml>
    <ToUserName><![CDATA[toUser]]></ToUserName>
    <FromUserName><![CDATA[fromUser]]></FromUserName>
    <CreateTime>1351776360</CreateTime>
    <MsgType><![CDATA[link]]></MsgType>
    <Title><![CDATA[公众平台官网链接]]></Title>
    <Description><![CDATA[公众平台官网链接]]></Description>
    <Url><![CDATA[url]]></Url>
    <MsgId>1234567890123456</MsgId>
</xml>
```

用户发送的链接消息的参数及描述如表 8-6 所示。

表 8-6 链接消息参数

参数	描述
ToUserName	接收方微信号
FromUserName	发送方微信号,若为普通用户,则是一个 OpenID
CreateTime	消息创建时间
MsgType	消息类型,链接为 link
Title	消息标题
Description	消息描述
Url	消息链接
MsgId	消息 id,64 位整型

8.2.9 代码实现接收消息示例

公众号可以根据不同类型的消息形式分别给予不同的回复。代码示例如下:

```
1 <?php
2
3 define("TOKEN", "hello2021");
4 $wechatObj = new wechatCallbackapiTest();
5 $wechatObj->responseMsg();
6
7 class wechatCallbackapiTest
8 {
9   public function valid()
10   {
11       $echoStr = $_GET["echostr"];
```

```
12      if ( $ this -> checkSignature()) {
13        echo $ echoStr;
14        exit;
15      }
16    }
17
18    public function responseMsg()
19    {
20      $ postStr = file_get_contents("php://input");
21      if (! empty( $ postStr)) {
22        $ postObj = simplexml_load_string( $ postStr, 'SimpleXMLElement', LIBXML_NOCDATA);
23        $ fromUsername =  $ postObj -> FromUserName;
24        $ toUsername =  $ postObj -> ToUserName;
25
26        $ type =  $ postObj -> MsgType;
27        $ event =  $ postObj -> Event;
28        $ mid =  $ postObj -> MediaId;
29        $ link =  $ postObj -> Url;
30        $ latitude =  $ postObj -> Location_X;
31        $ longtitude =  $ postObj -> Location_Y;
32
33        $ keyword = trim( $ postObj -> Content);
34        $ time = time();
35        $ textTpl = "< xml >
36       < ToUserName ><! [CDATA[ % s] ]></ToUserName >
37        < FromUserName ><! [CDATA[ % s] ]></FromUserName >
38       < CreateTime > % s </CreateTime >
39       < MsgType ><! [CDATA[ % s] ]></MsgType >
40       < Content ><! [CDATA[ % s] ]></Content >
41       < FuncFlag > 0 </FuncFlag >
42       </xml >";
43        if ( $ keyword != '') {
44          $ contentStr =  $ keyword;
45        } else if ( $ type == "image") {
46          $ contentStr = "您发送的是图片消息,消息的 MediaID 是" .  $ mid;
47        } else if ( $ type == "voice") {
48          $ contentStr = "您发送的是语音消息,消息的 MediaID 是" .  $ mid;
49        } else if ( $ type == "video") {
50          $ contentStr = "您发送的是视频消息,消息的 MediaID 是" .  $ mid;
51        } else if ( $ type == "location") {
52          $ contentStr = "您发送的是地理位置消息,您的地理位置是:经度:" .  $ latitude . "维度:" .
    $ longtitude;
53        } else if ( $ type == "link") {
54          $ contentStr = "您发送的是链接消息,消息链接为" .  $ link;
55        } else if ( $ type == "event" &&  $ event == "subscribe") {
56          $ contentStr = "欢迎关注机智的 WX2021";
57        } else if ( $ type == "event" &&  $ event == "unsubscribe") {
58          $ contentStr = "期待您再次关注机智的 WX2021";
59        } else {
60          echo "";
61        }
62        $ msgType = "text";
63        $ resultStr = sprintf( $ textTpl,  $ fromUsername,  $ toUsername,  $ time,  $ msgType,
    $ contentStr);
64        echo $ resultStr;
65      } else {
66        echo "null is null";
67        exit;
```

```
68         }
69     }
70
71     private function checkSignature()
72     {
73         $signature = $_GET["signature"];
74         $timestamp = $_GET["timestamp"];
75         $nonce = $_GET["nonce"];
76
77         $token = TOKEN;
78         $tmpArr = array($token, $timestamp, $nonce);
79        sort($tmpArr);
80         $tmpStr = implode($tmpArr);
81         $tmpStr = sha1($tmpStr);
82
83        if ($tmpStr == $signature) {
84           return true;
85        } else {
86           return false;
87        }
88     }
89 ?>
```

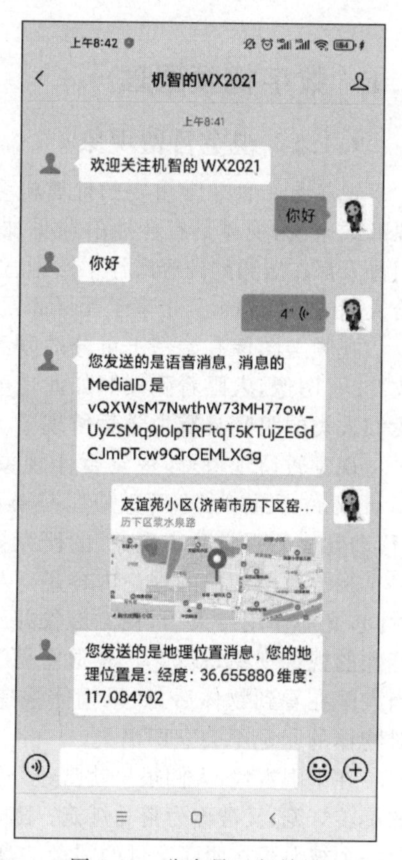

图 8-26　公众号运行效果

代码解读如下。

第 3～5 行：定义 TOKEN，实例化类，调用 responseMsg()方法回复用户发来的消息。

第 22～33 行：获得微信服务器 POST 传输过来的 XML 数据包并解析获得相应值，包括消息发送方的 Openid、接收方账号、消息类型、文本消息内容、地理位置等信息。

第 36～42 行：创建返回给用户消息的 XML 格式数据包。

第 43～44 行：判断用户发送的文本消息内容是否为空，如果不为空，则原样返回用户发送来的字符串。

第 45～61 行：判断用户发送的消息类型，并给出相应的文本消息回复内容。

第 63 行：格式化组成一个 XML 数据包，并替换 $textTpl 中相应的值。根据用户发送的消息类型，分别给予不同的回复内容。

在 responsemsg()方法中，获得用户发送的 XML 消息数据，提取 Msg Type 消息类型进行判断，分别给予不同内容的文本类型的消息回复。运行效果如图 8-26 所示，当用户关注公众号时，公众号会发送消息"欢迎关注机智的 WX2021"，当用户发送文本消息，公众号回复相同的消息给用户，当用户发送位置消息时，公众号会回复位置的经度和纬度信息。其他的使用情况读者可以分别验证。

微信公众号除了回复文本消息也可以回复图片、语音、视频、音乐和图文消息，针对不同类型的消息它们的 XML 消息模板不同。除此之外，还可以通过代码自定义菜单、用户消息管理、发送客服消息等。感兴趣的读者可以参考微信官方文档：https://developers.weixin.qq.com/doc/offiaccount/Getting_Started/Overview.html 学习后面的功能。

第9章

5G环境下的视频处理

9.1 数字视频原理

9.1.1 视觉暂留现象

视频是一种非常重要的计算机多媒体表现形式，相比于文字、图片、音频等其他多种计算机资源形式来说，视频具有传播信息更加直观、快速、全面等优点。尤其是在当今信息爆炸的时代，人们每天都在浩瀚的内容海洋中搜索、选择、处理、加工、获取各种各样的信息，视频的普及性和多样性给人们的工作和生活带来了无尽的便利和欢乐，已经成为人们日常快速获取信息的最重要手段之一。

视频与图像有着密不可分的联系。实际上，视频是由很多帧图像构成的，一般每秒视频会播放 24 张图像，人眼看到按照如此速度更替的多张图像，就形成了视频效果。其中的奥秘就是因为我们人类的眼睛具有视觉暂留现象。

视觉暂留现象，即视觉暂停现象(Persistence of vision，Visual staying phenomenon，duration of vision)，又称为“余晖效应”，是英国伦敦大学教授皮特·马克·罗葛特于 1824 年在一篇名为《移动物体的视觉暂留现象》的研究报告中率先提出的。

视觉暂留现象的理论内容是：人眼在观察景物时，光信号传入大脑神经，需要经过一段短暂的时间，光的作用结束后，视觉形象并不立即消失，这种残留的视觉称“后像”。而人眼所具有的这种特殊的视觉现象，就称为“视觉暂留”。这种“后像”恰好也说明视觉是具有持久性的。也就是说，当人眼在看到物体后，如果物体快速消失，人眼仍可以将看到的物体图像保留 0.1～0.4s，视神经对物体的印记不会立即消失。

在中国古代，人们很早就已经开始利用视觉暂留现象了，其中有历史记录考证的最早的当属宋代的旋转灯笼，又被称为骑马灯笼。随后，法国人保罗·罗克(Paul Roque)于 1828 年发明了留影盘，它是一个被绳子在两面穿过的圆盘。盘的一面画了一只鸟，另一面画了一个空笼子。当圆盘旋转时，鸟在笼子里出现了，这证明了当眼睛看到一系列图像时，它一次保留一个图像。如图 9-1 所示，当盘子快速转动后，人眼就可以看到画面中的两个人在优雅地跳交谊舞了。而现代社会，利用视觉暂留现象的典型应用就是电影的拍摄和放映，如图 9-2 所示。

图 9-1　利用视觉暂留现象的留影盘

图 9-2　现代电影应用

9.1.2 模拟视频和数字视频

视频信号可以分为模拟视频信号和数字视频信号两大类。

1. 模拟视频

模拟视频是指由连续的模拟信号组成的视频图像，且每一帧图像是实时获取的真实图像信号。

早期的电视、电影都是采用的模拟信号，之所以称为模拟信号，是因为这些信号模拟了表示声音、图像信息的物理量。

摄像机是获取视频信号的主要来源，早期的摄像机以电子管作为光电转换器件，把外界的光信号转换为电信号。被拍摄物体的不同亮度对应于不同的亮度值，摄像机电子管中的电流就会发生相应的变化。模拟信号就是利用这种电流的变化来模拟所拍摄的图像，记录下它们的光学特征，然后通过调制和解调，将信号传输给接收机，通过电子枪显示在荧光屏上，还原成原来的光学图像。模拟信号的波形模拟着信息的变化，其特点是幅度连续，对应的信号波形在时间上也是连续的。因此，模拟视频信号又称为连续视频信号。

模拟视频信号具有成本低、还原性好的优点，视频画面往往给人一种身临其境的感觉。但是，其缺点也很明显，即模拟视频不容易长期保存，信号和画质会随着保存时间而逐渐降低。另外，模拟视频经过多次复制之后，画面也会明显失真。

2. 数字视频

数字视频是先用摄像机之类的视频捕捉设备，将外界影像的颜色和亮度信息转变为离散的电信号，然后通过模/数(A/D)转换器根据电流的有无将模拟信号转变为数字的“1”或“0”，从而实现用数字信号来表示所拍摄的图像，并最终记录到存储介质中。当播放数字视频时，需要再利用一个从数字到模拟的转换器，将二进制信息解码成模拟信号就能显示到屏幕上了。

由于数字视频信号是基于数字技术以及其他更为拓展的图像显示标准的视频信息，与模拟视频相比，数字视频具有以下特点。

- 数字视频进行无数次复制之后不会产生任何失真。
- 数字视频更加有利于长期存放。
- 数字视频进行非线性编辑，并可以添加丰富多样的特技效果。
- 数字视频数据量较大，在传输和存储时一般要依据某种编码形式进行压缩处理。

9.1.3 视频的彩色空间

对于黑白图像来说，每个像素点只需要记录一个亮度幅值即可。而对于彩色图像来说，每个像素点至少需要记录3个值，用以表示该像素点的亮度和色度。在视频原理中，表示像素点亮度和色度的方法称为“彩色空间”。

彩色空间本质上是坐标系统和子空间的阐述。位于系统中的每种颜色都有单个点表示。彩色空间从提出到现在已经有上百种，大部分只是专用于某一领域。常用有彩色空间有RGB、YUV、CMY、HSV、HSI等，其中数字视频使用较多的有RGB和YUV。

1. RGB彩色空间

众所周知，任何彩色图像都可以由不同比例的红色、绿色和蓝色组合而成，即著名的“三基色原理”[红色(Red)，绿色(Green)，蓝色(Blue)]，如图9-3所示。这种表示彩色图像的方法，即RGB彩色空间。

彩色显像管(CRT)和液晶显示器件(LCD)都可以显示彩色图像，彩色摄像机中的电荷耦合器件(CCD)等传感器可以产生彩色图像信号，这些都是RGB彩色空间的具体应用。

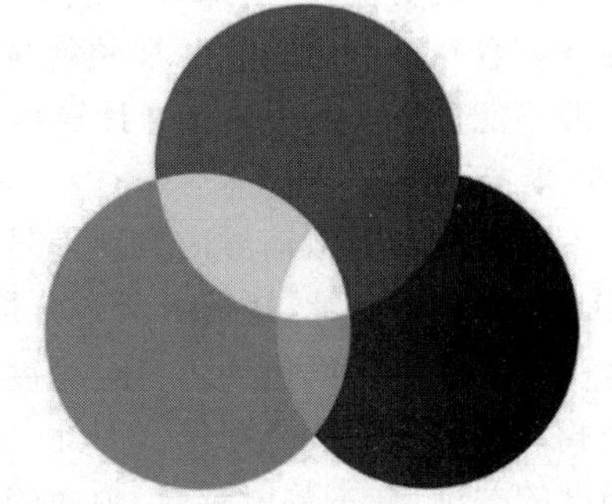
图9-3 RGB彩色空间

2. YUV 彩色空间

在亮度和彩色之间，人类视觉系统对亮度更敏感。因此，可以把亮度信息从彩色信息中分离出来，并使之具有更高的清晰度，而彩色信息的清晰度可以降低一些，这样做可以显著降低视频数据量，一定程度上实现了视频压缩。而压缩过的视频，人眼是分辨不出其中的细微差别的，并不影响视觉体验。YUV 彩色空间正是利用了上述原理。

YUV 本质上是一种颜色编码方法，其中"Y"表示明亮度(Luminance 或 Luma)，即灰阶值；"U"和"V"则表示的是色度(Chrominance 或 Chroma)，用来描述影像色彩及饱和度，可以指定像素的颜色。目前，YUV 已经广泛应用于各类计算机系统。

9.1.4 视频的主要参数

在描述视频文件的质量时，往往会涉及一系列相关参数，如分辨率、码率、帧率等。那么，这些参数都代表什么含义？又如何影响视频的质量呢？

1. 分辨率

分辨率是用来度量视频中每帧图像单位尺寸内像素点数量的参数，通常表示成 ppi(pixel per inch，每英寸像素)。通常，为了更加直观地描述视频的分辨率，还经常采用以下方式描述视频的分辨率：

分辨率＝水平像素数量×垂直像素数量

常见的分辨率有 QCIF(176×144)、CIF(352×288)、D1(704×576)、720P(1280×720)、1080P(1920×1080)、2K(2048×1080)、4K(4096×2160)以及 8K(7680x4320)等。除此之外，还会用以下方法描述视频的分辨率。

(1) 标清 SD：分辨率在 720p(1280×720)以下的视频。例如，早期的电视节目、VCD、DVD 等视频，其分辨率属于标清的范围，即标准清晰度。

(2) 高清 HD：分辨率达到 720p(1280×720)以上的视频，则称为高清 HD(High Definition，HD)。

(3) 全高清 FULL HD：分辨率高达 1920×1080 的视频，包括 1080i 和 1080p。其中，i(interlace)代表隔行扫描，p(progressive)代表逐行扫描，这两者在画面的精细度上有着很大的差别，1080p 的画质要好于 1080i。

(4) 4KUHD 超高清：分辨率高达 4096×2160 的视频，是新一代好莱坞影片的分辨率标准。

2. 码率

码率(data rate)又称为码流，指的是视频文件在单位时间内使用的数据流量，对视频编码画质的控制起到重要的作用。在相同分辨率下，视频文件的码率越大，压缩比就越小，画质就越好。目前，主流的视频编码格式都比较重视如何用最低的码率达到最少的失真。

3. 帧率

帧率(frame rate)是指每秒图像的数量，一帧代表的就是一幅静态的画面。视频的帧率越高，播放效果就更流畅、更逼真。通常，将 1s 时间内传输的帧数，称为 FPS(Frames Per Second，每秒传输帧数)。FPS 值越大，视频就越流畅。一般来说，电影画面为了避免出现卡顿、不流畅的现象，一般不能低于 24FPS；对于计算机游戏来说，为了获得更好的游戏体验度，一般不能低于 30 FPS。

4. 采样率

采样是指模拟信号向数字信号转化的过程中，先把复合视频信号中的亮度和色度分离，得到 YUV 或 YIQ 分量，然后对三个分量分别采样并进行数字化，最后转换成 RGB 空间。通俗点讲，就是一个采样点里面包含了一组亮度样本(Y)和两组色差样本(Cr，Cb)，无数个采样点组合起来就是我们所看到的最终图像。因此，每个采样点中亮度样本和色差样本的多少成为衡量一幅图像精细度的关键，样本数值越高，画面的精度就越高。

在图像采样时，放大图像称为上采样(Upsampling)，缩小图像称为下采样(Downsampling)，如图 9-4 所示。上采样的主要目的是放大原图像,从而能够显示在更高分辨率的显示设备上;下采样主要是为了使图像符合显示区域的大小,或是生成对应图像的缩略图。

(a) 上采样(Upsampling)

(b) 下采样(Downsampled)

图 9-4 图像的上采样和下采样

采样率是指每秒从连续的模拟信号中提取并组成离散数字信号的采样个数,也称为采样速度或采样频率,其单位是赫兹(Hz)。

一般地,电影的采样率是 24Hz,PAL 制式视频的采样率是 25Hz,NTSC 制式视频的采样率是 30Hz。当把采样得到的一个个静止画面再以采样率同样的速度播放时,看到的就是连续的动画效果。

5. 视频比例

视频比例是指视频画面的长与宽的比例。常见的视频比例包括 4∶3、16∶9 和 2.35∶1。例如,普通电视画面的长宽比为 4∶3,高清视频大多采用 16∶9,而 2.35∶1 则常用于电影画面的比例。

9.2 视频格式处理

通过前面的介绍,我们知道视频是由连续的图像序列构成的,序列中的一幅图像称为一帧。当帧序列以一定的速率播放时,视觉暂留现象会令人眼看到动作连续的视频。由于帧序列中相邻的帧画面之间相似性极高,可以依据某种视频编码对原始视频进行压缩,去除空间、时间维度的冗余,从而降低视频的数据量,更加有利于数字视频的传输和存储。最终,压缩处理后的数字视频再按照特定的视频格式存储为视频文件。

9.2.1 视频编码方式

视频编码方式就是指通过压缩技术,将原始视频格式的文件转换成另一种视频格式文件的方式。视频流传输中最为重要的编解码标准有国际电联的 H.261、H.263、H.264,运动静止图像专家组的 M-JPEG 和国际标准化组织运动图像专家组的 MPEG 系列标准;此外,在互联网上被广泛应用的还有 Real-Networks 的 RealVideo、微软公司的 WMV 以及 Apple 公司的 QuickTime 等。

常用的视频编码方式包括 MPEG 系列和 H.26X 系列。

1. MPEG 系列

MPEG 系列视频编码方式是由 ISO(国际标准组织机构)下属的 MPEG(运动图像专家组)开发的。MPEG 是运动图像专家组(Moving Picture Experts Group)的缩写,于 1988 年成立,是为数字视/音频制定压缩标准的专家组，已拥有300多名成员，包括IBM、SUN、BBC、NEC、INTEL、AT&T等世界知名公司。MPEG组织最初得到的授权是制定用于“活动图像”编码的各种标准，随后扩充为“及其伴随的音频”及其组合编码。后来针对不同的应用需求，解除了“用于数字存储媒体”的限制，成为制定“活动图像和音频编码”标准的组织。

MPEG组织制定的各个标准都有不同的目标和应用，主要应用于视频存储(DVD)、广播电视、互联网或无线网络的流媒体等。其中，视频编码方面主要有Mpeg1(VCD)、Mpeg2(DVD)、Mpeg4(DVDRIP使用的都是它的变种，如divx、xvid等)、Mpeg4 AVC、MPEG-7和MPEG-21标准；音频编码方面主要是MPEG Audio Layer 1/2、MPEG Audio Layer 3(mp3)、MPEG-2 AAC、MPEG-4 AAC等。

2. H.26X系列

H.26X系列是由ITU(国际电传视讯联盟)提出并主导的，侧重网络传输，涵盖的标准包括H.261、H.263、H.264，主要应用于实时视频通信领域，如视频会议。

另外，MPEG和ITU也共同制定了一些标准。例如，H.262标准等同于MPEG-2的视频编码标准，而H.264标准则被纳入MPEG-4的第10部分。

如今广泛使用的H.264视频压缩标准可能不能够满足应用需要，应该由另一种更高的分辨率、更高的压缩率以及更高质量的编码方式所替代。ISO/IEC动态图像专家组和ITU-T视频编码的专家组共同建立了视频编码合作小组，出台了H.265/HEVC标准。H.265的压缩有了显著提高，相同质量的编码视频能节省40%～50%的码流，还提高了并行机制以及网络输入机制。

9.2.2 主要的视频格式

1. AVI格式

其英文全称为Audio Video Interleaved，即音频视频交错格式。它于1992年由Microsoft公司推出，随Windows3.1一起被人们所认识和熟知。所谓“音频视频交错”，就是可以将视频和音频交织在一起进行同步播放。这种视频格式的优点是图像质量好，可以跨多个平台使用，但是其缺点是体积过于庞大，而且更加糟糕的是压缩标准不统一，因此经常会遇到高版本Windows媒体播放器播放不了采用早期编码编辑的AVI格式视频，而低版本Windows媒体播放器又播放不了采用最新编码编辑的AVI格式视频。其实解决的方法也非常简单，我们将在后面的视频转换、视频修复部分中给出解决的方案。

AVI结尾的视频文件有以下几种。

(1) 非压缩格式的AVI文件(或是MPEG1格式的)，不需要装任何插件就可以播放了。

(2) DIVX格式的AVI，这也是MPEG4的一种，安装最新的DIVX 5.21，就可以播放了，不过缺点是在播放之初会有一个DIVX的标记显示几秒。

(3) XVID格式的AVI，这也是MPEG4的一种，可以说是从DIVX变种而来的，据说是XVID原作者不满意DIVX商业化收费的行为，而开发的一个全Free的MPEG4编码核心，安装最新的XVID(1.02版)就可以播放。

(4) MPEG-4格式的AVI，越来越多的AVI开始采用MPEG-4标准格式。MPEG-4标准是超低码率运动图像和语言的压缩标准，用于传输速率低于64kbps的实时图像。它不仅可覆盖低频带，也能够向高频带发展。与MPEG-1和MPEG-2不同的是，MPEG-4不仅仅是一种具体的压缩算法，它是一套针对数字电视、交互式绘图应用、交互式多媒体等整合及压缩技术的需求而制定的国际标准。它可以将各种各样的多媒体技术充分用进来，包括压缩本身的一些工具、算法，也包括图像合成、语音合成等技术，旨在为多媒体通信及应用环境提供标准算法及工具，从而建立起一种能被多媒体传输、存储、检索等应用领域普遍采用的统一数据格式。因此，MPEG-4具有高效的压缩性、基于内容的交互性和通用的访问性等显著优点。

(5) WMV9格式的AVI，微软自己推出的MPEG4编码标准，使用Windows Media 9.0就可以播放，如果没有，也可以下载一个Windows Media Encoder 9.0，使你的系统支持WMV 9.0的格式。

（6）VP6格式的AVI，也是一种MPEG4的编码格式，On2 Technologies开发的编码器，VP6号称在同等码率下，视频质量超过了Windows Media 9、Real 9和H.264。VP6视频编码器被中国的EVD所采用。最新版本是VP6 vfw Codec 6.2.6.0。

（7）其他格式的AVI，还有一些如MKV、OGG等格式的视频编码文件也会使用AVI的结尾名。大多数播放软件已经加入了各种视频解码器，常见的视频格式基本不存在不能播放的问题了。

2. DV-AVI格式

DV的英文全称是Digital Video Format，是由索尼、松下、JVC等多家厂商联合提出的一种家用数字视频格式。非常流行的数码摄像机就是使用这种格式记录视频数据的。它可以通过计算机的IEEE 1394端口传输视频数据到计算机，也可以将计算机中编辑好的视频数据回录到数码摄像机中。这种视频格式的文件扩展名一般也是.avi，所以我们习惯地称它为DV-AVI格式。

3. MPEG格式

其英文全称为Moving Picture Expert Group，即运动图像专家组格式，家里常看的VCD、SVCD、DVD就是这种格式。MPEG文件格式是运动图像压缩算法的国际标准，它采用了有损压缩方法从而减少运动图像中的冗余信息。MPEG的压缩方法说得更加深入一点就是保留相邻两幅画面绝大多数相同的部分，而把后续图像中和前面图像有冗余的部分去除，从而达到压缩的目的。MPEG格式有三个压缩标准，分别是MPEG-1、MPEG-2、和MPEG-4，另外，MPEG-7与MPEG-21仍处在研发阶段。

MPEG-1：制定于1992年，它是针对1.5Mbps以下数据传输率的数字存储媒体运动图像及其伴音编码而设计的国际标准。也就是VCD制作格式。这种视频格式的文件扩展名包括.mpg、.mlv、.mpe、.mpeg及VCD光盘中的.dat文件等。

MPEG-2：制定于1994年，设计目标为高级工业标准的图像质量以及更高的传输率。这种格式主要应用在DVD/SVCD的制作（压缩）方面，同时在一些HDTV（高清晰电视广播）和一些高要求视频编辑、处理上面也有相当的应用。这种视频格式的文件扩展名包括.mpg、.mpe、.mpeg、.m2v及DVD光盘上的.vob文件等。

MPEG-4：制定于1998年，MPEG-4是为了播放流式媒体的高质量视频而专门设计的，它可利用很窄的带宽，通过帧重建技术，压缩和传输数据，以求使用最少的数据获得最佳的图像质量。MPEG-4最有吸引力的地方在于它能够保存接近于DVD画质的小体积视频文件。这种视频格式的文件扩展名包括.asf、.mov和DivX、AVI等。

4. DivX格式

这是由MPEG-4衍生出的另一种视频编码（压缩）标准，即我们通常所说的DVDrip格式，它采用了MPEG4的压缩算法同时又综合了MPEG-4与MP3各方面的技术，即使用DivX压缩技术对DVD盘片的视频图像进行高质量压缩，同时用MP3或AC3对音频进行压缩，然后将视频与音频合成并加上相应的外挂字幕文件而形成的视频格式。其画质直逼DVD，并且体积只有DVD的数分之一。

5. MOV格式

美国Apple公司开发的一种视频格式，默认的播放器是苹果的QuickTimePlayer。具有较高的压缩比率和较高的视频清晰度，但是其最大的特点还是跨平台性，即不仅能支持MacOS，同样也能支持Windows系列。

6. ASF格式

其英文全称为Advanced Streaming format，它是微软为了Real Player竞争而推出的一种视频格式，用户可以直接使用Windows自带的Windows Media Player对其进行播放。由于它使用了MPEG-4的压缩算法，所以压缩率和图像的质量都很不错。

7. WMV格式

其英文全称为Windows Media Video，也是微软推出的一种采用独立编码方式并且可以直接在网上实时观看视频节目的文件压缩格式。WMV 格式的主要优点包括：本地或网络回放、可扩充的媒体类型、可伸缩的媒体类型、多语言支持、环境独立性、丰富的流间关系以及扩展性等。

8. RM 格式

Networks 公司制定的音频视频压缩规范，称为 Real Media，用户可以使用 RealPlayer 或 RealOne Player 对符合 RealMedia 技术规范的网络音频/视频资源进行实况转播，并且 RealMedia 还可以根据不同的网络传输速率制定不同的压缩比率，从而实现在低速率的网络上进行影像数据实时传送和播放。这种格式的另一个特点是用户使用 RealPlayer 或 RealOne Player 播放器可以在不下载音频/视频内容的条件下实现在线播放。

9. RMVB 格式

这是一种由 RM 视频格式升级延伸出的新视频格式，它的先进之处在于 RMVB 视频格式打破了原先 RM 格式那种平均压缩采样的方式，在保证平均压缩比的基础上合理利用比特率资源，也就是说，静止和动作场面少的画面场景采用较低的编码速率，这样可以留出更多的带宽空间，而这些带宽会在出现快速运动的画面场景时被利用。这样在保证了静止画面质量的前提下，大幅提高了运动图像的画面质量，从而图像质量和文件大小之间就达到了微妙的平衡。

9.2.3 常用的视频编辑软件

信息时代的高速发展，视频已成为沟通和传达信息的利器。视频制作与创作成为新一代自媒体人必备的技能，科技发展为专业影像创作赋能，一部手机和一点创意的火花就可以拍出唯美的创意大片。网上经常能看到一些精美的视频，字幕、特效、配音都恰到好处，但是我们自己拍出来的视频却往往不是那么一回事。下面介绍几款专业的视频编辑软件，硬件平台涵盖个人计算机、平板、手机，适用于 Windows、iOS、Android 等多种操作系统，不仅适合初学者学习，也适合专业视频编辑制作。

1. Adobe Premiere Pro CC

Adobe Premiere Pro CC 是 Adobe 目前最好的一款操作方便、特技众多的基于非线性编辑设备的行业标准视频编辑软件。Adobe Premiere Pro CC 具有多功能性和深度，可以创建任何视频项目，无论是完整的电影、音乐视频、视频博客或教学演示都可以轻松实现。可以在各种平台下和硬件配合使用，被广泛应用于电视台、广告制作、电影剪辑等领域，成为 Windows 和 Mac 平台上应用最为广泛的视频编辑软件之一，如图 9-5 所示。

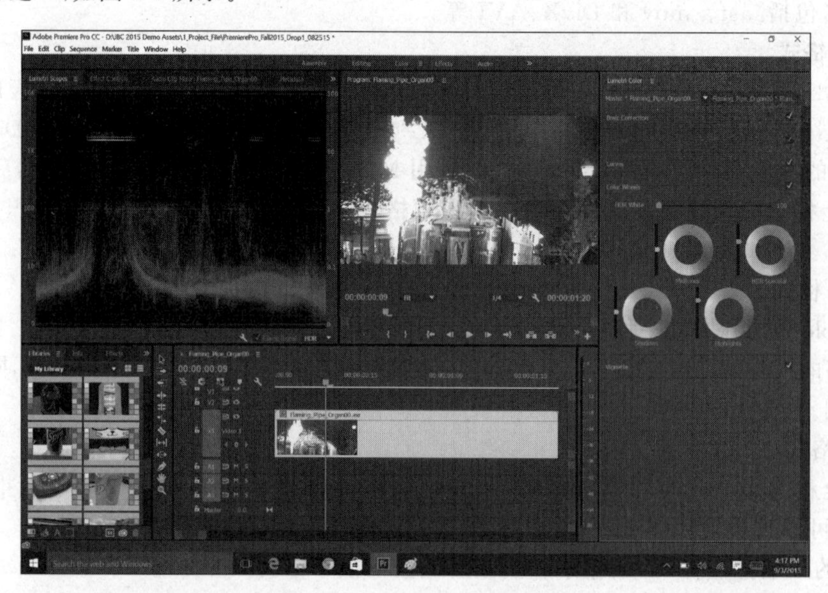

图 9-5　Adobe Premiere Pro CC

Adobe Premiere Pro CC 理论上可以处理无限量的音视频轨道，无论使用什么样的视频捕捉设备、文件、磁带、摄像机以及 VR 都能轻松导入，通过 Adobe 桌面和移动应用程序创作出精彩的影片、视频和 Web 内容。当你有多角度镜头时，自动同步是一个亮点，会让你的视频脱颖而出。

此外，还有一个全新的免费伴侣应用程序 Adobe Premiere Rush，可以轻松处理手机上捕获的镜头，适用于 iOS，macOS 和 Windows。需要注意的是，最新的 Adobe Premiere Pro CC 2021 版本只能在 Windows 10 及以上版本运行。

2. Final Cut Pro X

Final Cut Pro 是一款运行在苹果 Mac 计算机上的视频编辑软件，采用了先进的 Metal 引擎，能够剪辑更加复杂的视频项目，并支持更大的帧尺寸、更高的帧率和更多特效，如图 9-6 所示。另外，它还能利用全新 Mac Pro 极为强悍的处理能力，将表现提升到新的高度。

图 9-6　Final Cut Pro

另外，Final Cut Pro 可借助苹果计算机强大的图形处理器加速后台视频的导出速度，让用户可同时继续进行剪辑工作。在剪辑 ProRes 素材时，可以快速创建一部 QuickTime 影片，或可制作含有多声道音频的 MXF OP1a 格式母带。由于 ProRes 文件导出时采用了经过渲染的特效文件，因此无须重复渲染，导出媒体素材就如同复制文件一样快速。

3. Adobe Premiere Elements

Adobe Premiere Elements 是一款好用的视频编辑软件，内置丰富的视频效果和编辑工具，通过用户的想象就可制作出精美的视频了。Premiere Elements 提供分布指导编辑和智能编辑两大功能，可轻松制作梦幻效果、玻璃窗格效果、luma 淡入淡出过渡，增强了快速编辑模式、自动化编辑、Auto Creations 功能，带来全新的视频编辑体验，如图 9-7 所示。

Adobe Premiere Elements 并不像更重量级的 Premiere Pro 视频编辑器那么复杂。但它仍然具有出色的功能，如人脸检测、音频效果和捆绑音轨，而且使用起来也很简单。无论是编辑新手还是专业人士，自动化功能（如运动追踪和智能调色）都将使工作更轻松，如图 9-7 所示。Premiere Elements 附带了视频编辑器中所期望的所有视频效果，如过渡、色度键控、不透明度等。智能的媒体库，通过搜索可以轻松找到文件。

4. Adobe Premiere Rush

Premiere Rush 适用于所有设备，可以运行在 Android、iOS、Windows、Mac 等诸多操作系统上，界面简单、跨设备同步、颜色和标题工具优秀，可以将作品轻松分享社交网络。

创作者可以“随时随地”使用的一款软件，它的功能虽不如 Premiere Pro 强大，但剪辑、视觉特

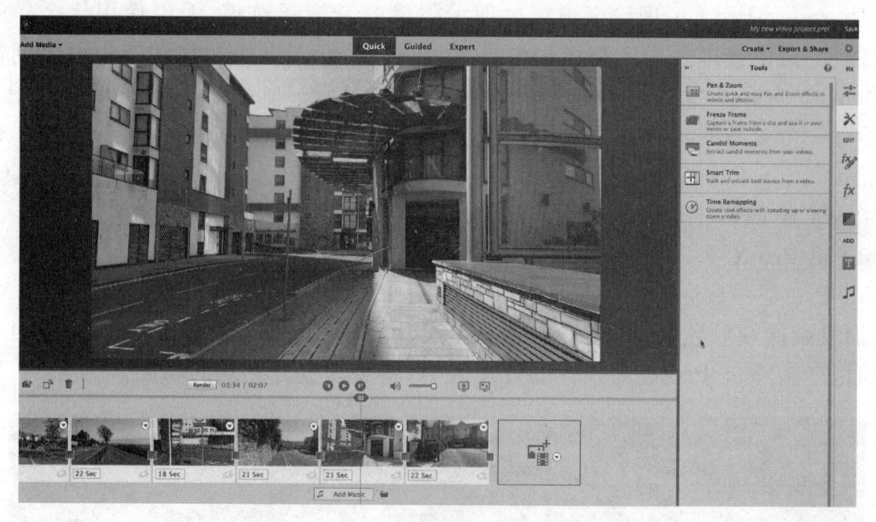

图 9-7 Adobe Premiere Elements 2020

效、色彩校正、声音处理等都不在话下，可以在计算机、手机、平板上跨平台运作，搭配上云端文件同步，就能让创作者无缝延续工作，如图 9-8 所示。

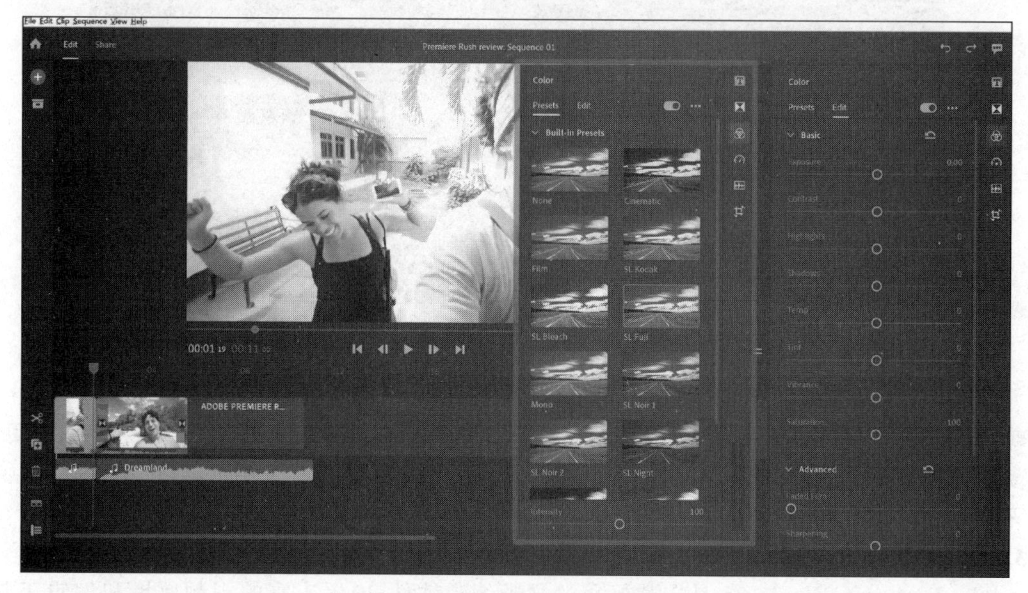

图 9-8 Adobe Premiere Rush

在 Premiere Rush 中加速或减慢剪辑速度就像拖动滑块一样简单。创造令人眩目的慢动作或快速动作效果，可以独家访问音乐界知名人士的照片和视频，并为您赢得终极 VIP 体验带来创意挑战。

5. Camtasia

Camtasia Studio 是一款专门录制屏幕动作的工具，它能在任何颜色模式下轻松地记录屏幕动作，包括影像、音效、鼠标移动轨迹、解说声音等；另外，它还具有即时播放和编辑压缩的功能，可对视频片段进行剪辑、添加转场效果。Camtasia Studio 输出的文件格式很多，包括 MP4、AVI、WMV、M4V、CAMV、MOV、RM、GIF 动画等多种常见的视频格式，是制作视频演示的绝佳工具，如图 9-9 所示。

6. Corel 会声会影

Corel 会声会影是一款 Windows 操作系统下的影片剪辑软件，主要是为个人及家庭用户而设

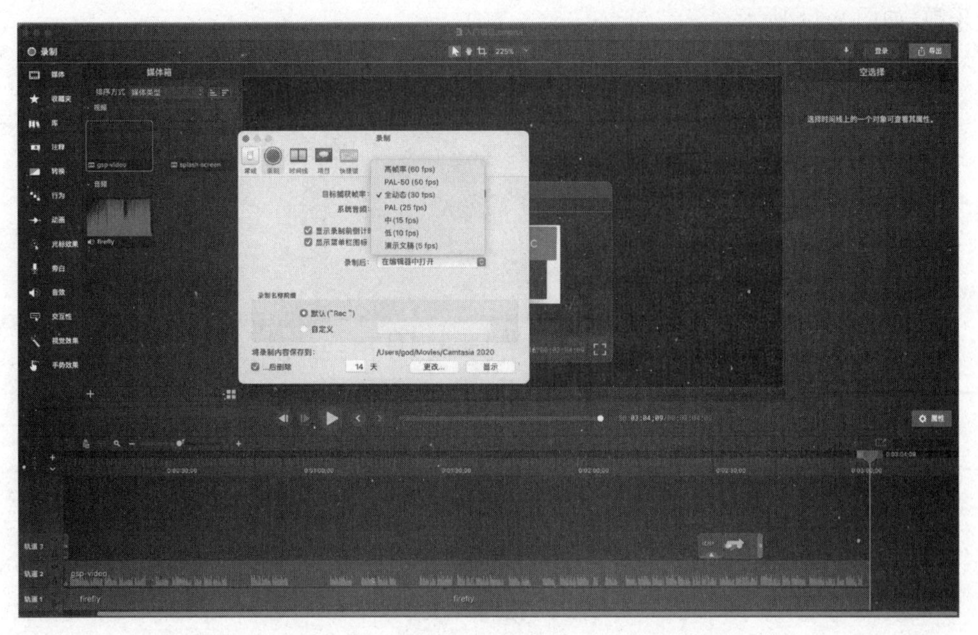

图 9-9　Camtasia

计的。具有图像抓取和编修功能，可以抓取，转换 MV、DV、V8、TV 和实时记录抓取画面文件，并提供有 100 多种的编制功能与效果，可制作 DVD、VCD、VCD 光盘。支持各类编码，如图 9-10 所示。

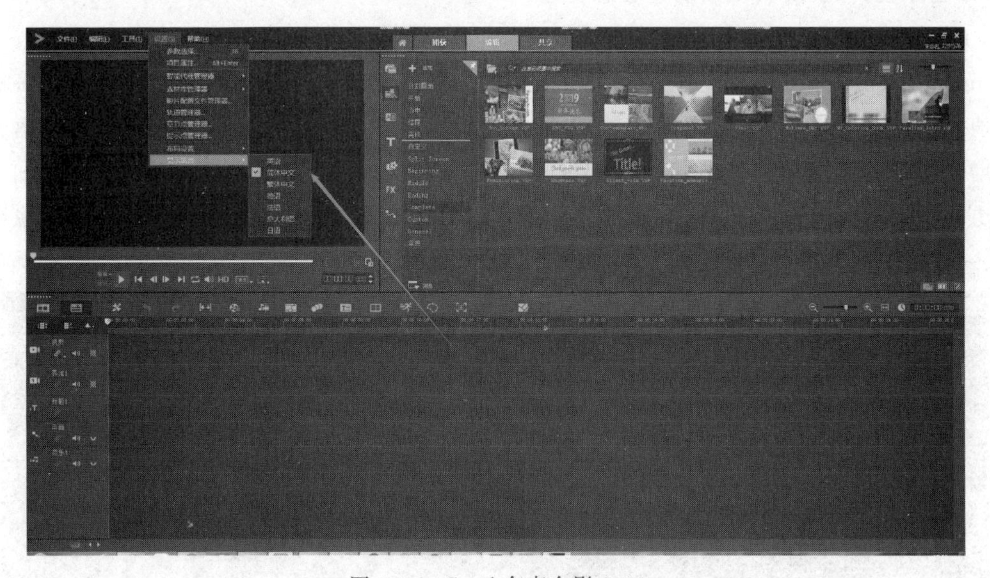

图 9-10　Corel 会声会影 2021

Corel 会声会影为新手提供了一种很好的视频编辑方式。精心设计的界面简单易学，使用方便，功能完善。多摄像头编辑，丰富多样的模板素材，精美的滤镜转场，4K 视频支持，360°VR 视频支持，音乐库等。

7. CyberLink PowerDirector

CyberLink PowerDirector，中文名为“威力导演”，是一款非常专业的非线性视频编辑软件。它由 CyberLink 讯连科技公司开发推出，提供全方位影音编辑功能，用户可以轻松把视频、图片、声音等素材结合成视频文件，拥有入门初学者和专业工作者所需要的各种功能、快速效能和格式支持，包含 360°全景素材、Ultra HD 4K 和全新在线影音平台格式，让每个用户都能发挥创意，享受创作乐趣，如图 9-11 所示。

图 9-11　CyberLink PowerDirector

CyberLink PowerDirector 突出的优势包括精准调整视频细节、快速打造专业级视觉特效、快速套用精彩特效、轻松使用速度特效、一键修复功能、专业授权素材库、优质扩充内容与特效、4K 高画质视频预览，还支持“TrueTheater 色彩强化”功能，能够智能优化影像鲜艳度与饱和度，使画面更加贴近原色，保留真实视频的色彩感受。

8. Pinnacle Studio

Pinnacle Studio 是一款功能强大、性能强劲的专业高清、3D 视频编辑软件。拥有超多的功能特征，值得信赖的视频处理技术，可以在处理实时捕捉、4K 超高清视频、iZotope 音乐及语音精准编辑、增强版本的媒体标签、Scorefitter 配乐、Blu-ray 创作上得心应手，如图 9-12 所示。加入云技术后，更是可以随时随地释放灵感，进行自由创作。2D/3D 转场、特效和模板等，让你在视频创作上快人一步。

图 9-12　Pinnacle Studio

对于视频编辑发烧友或者专业的视频编辑工作者，Pinnacle Studio 一定能够通过它的方式体现它的价值。当然，视频编辑软件如今也如雨后春笋，无法计数，但好的利器，对于创作者来说，还是不会嫌多的。

如果你只是一个初学者，Pinnacle Studio 其实也不难上手，只要你稍加学习，就能将它的性能发挥得淋漓尽致。用户不仅可以获得超过 1500 种效果、标题和模板，还可以使用多种有效视频编辑功能，如 NewBlue Video Essentials Ⅳ、6 轨高清视频编辑、便捷着色工具、时间重新映射等。此外，Pinnacle Studio 支持 4K、HD 和 3D 的无限跟踪帧精确编辑功能，以及广泛的视频格式支持，包括新的 XAVC 解码、DVCPRO HD 解码、VFR 和 MXF，可以胜任各种视频项目。

9. DaVinci Resolve Studio

DaVinci Resolve Studio 是 Blackmagic Design 旗下一款著名的调色软件，中文名叫“达·芬奇调色”，是全球第一套在同一个软件工具中将专业离线编辑精编、校色、音频后期制作和视觉特效融于一身的解决方案，如图 9-13 所示。有了 DaVinci Resolve Studio，艺术家们可以探索不同的工具集，随心实现无限创意，还可以协同作业，融合不同类型的创意思维。只要轻轻一点，就能在剪辑、调色、特效和音频流程之间迅速切换。此外，由于 DaVinci Resolve Studio 将所有功能集于一套软件应用程序，用户无须在不同的软件工具之间导出或转换文件。DaVinci Resolve Studio 是唯一一套为真正协同作业所设计的后期制作软件。多名剪辑师、助理、调色师、视觉特效师和音响设计师可以同时处理同一个项目，无论你是个人艺术家，还是创意团队的一员，都不难发现 DaVinci Resolve Studio 代表了高端后期制作的最高标准，并且比其他软件更加受到好莱坞电影、电视连续剧和电视广告的青睐。

图 9-13 DaVinci Resolve Studio

DaVinci Resolve Studio 全面内置了 Fusion 视觉特效和动态图形。Fusion 页面含有完整的 3D 工作区，以及 250 多种用于合成、矢量绘图、抠像、动态遮罩、文字动画、跟踪、稳定、粒子等专业工具。有了最新的 Apple Metal 和 CUDA GPU 处理技术，Fusion 页面运行速度大幅提升。Fairlight 音频得到了重大更新，包括全新自动对白替换工具、音频正常化、3D 声像移位器、视音频滚动条、音响素材数据库，以及混响、嗡嗡声移除、人声通道和齿音消除等内置跨平台插件。共有数十种剪辑师和调色师期待已久的新功能和性能提升，其中包括新设的 LUT 浏览器、共享调色、多个播放头、Super Scale HD 到 8K 分辨率提升、堆放多个时间线、屏幕注释、字幕与隐藏式字幕工具、更好的键盘自定义、新增标题模板等功能。

10. Lightworks

Lightworks 一直走在电影剪辑的最前沿，曾在电影史上最精彩的电影中使用，如《华尔街之狼》《洛杉矶机密》《低俗小说》《热火》《毁灭之路》《雨果》《国王的演讲》等。从 Lightworks v14.5 版本开始，软件就附带了完整的视频创意包，可以使用户创作出与众不同的视频作品。

Lightworks 无疑是适用于 Windows 的最佳免费视频编辑软件。设计精良的时间线可实现高度控制，因此用户可以根据自己的需要精确剪裁和混合音频、视频剪辑。它适用于 4K 的 Lo-Res 代理工作流程，直接导出 SD/HD 视频，最高可达 4K，还有宽文件格式支持，包括可变帧速率媒体，可以轻松处理视频捕获和高级编辑，如图 9-14 所示。

图 9-14　Adobe Premiere Rush

11. Hitfilm Express

Hitfilm Express 是由 FXhome 公司带来的一款功能非常专业的视频编辑和视觉效果软件，集专业级的 VFX 工具、全 2D 和 3D 合成、410 多种效果和预设、无限的轨道和过渡、录音机等功能于一体，让用户能轻松创作出堪有专业效果的影片。Hitfilm Express 为用户提供了一个革命性的工作流程，无缝结合了大量功能，如合并时间线、导出预设、颜色编码、蒙版编辑和渲染等，为业余爱好者和专业人士提供了完成项目所需要的一切功能。此外，软件还为用户提供了一系列强大的非线性编辑工具，可以让用户轻松剪辑并制作出精美且出色的视频，如图 9-15 所示。

12. Shotcut

Shotcut 是一款跨平台的免费开源视频编辑软件，是基于 GPLv3 许可证的自由软件，可以在 Windows、macOS 和 Linux 三种操作系统下安装和运行。自 2004 年第一个版本推出以来，Shotcut 经历了多个版本的优化迭代，如今其不仅功能强大、性能优秀，而且完全不输任何收费的视频剪辑软件，如图 9-16 所示。Shotcut 的主要功能特色包括以下几点。

（1）支持大量的音频和视频格式，素材无须转换即可导入编辑。

图 9-15　Hitfilm Express

（2）支持双屏显示用于编辑输入和预览，支持摄像头和麦克风的录制。

（3）提供专业强大的视频编辑面板，能满足专业的视频编辑需求。

（4）流畅直观的应用界面，支持中文界面，支持 GPU 加速和高达 4K 的分辨率。

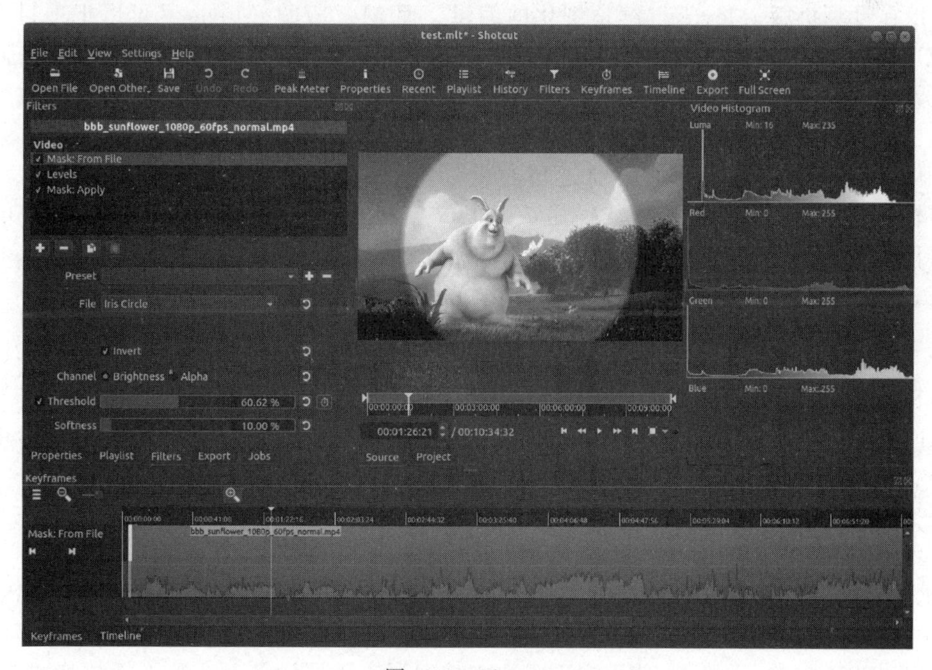

图 9-16　Shotcut

13. Apple iMovie

无论你是 Apple 用户，无论你使用的是 Mac 还是 iOS 设备，利用 Apple iMovie 软件制作影片都非常简单。只需选择视频片段，然后增加字幕、音乐和特效即可。iMovie 剪辑现更支持 4K 视频，可制作出令人震撼的影院级影片。而且手机版 iMovie 还支持多轨音频，这一点也是非常大的亮点，如图 9-17 所示。

iMovie 可以方便地保存项目文件。项目文件包含用户剪辑时的所有数据，转场、字幕等统统保存，如果对导出的视频不满意，就可以在项目里随时修改。由于 iMovie 可以保存为项目，这样

图 9-17　Apple iMovie

我们就可以在计算机版 iMovie 继续精细化的编辑。而 Mac 版的 iMovie 又可以把项目发送到专业 Final Cut Pro X 里编辑。比如有些时候你去外面拍摄，拍好的素材可以直接在手机版 iMovie 里进行粗剪，然后将项目导出到 Mac 版，进而在 FCPX 里继续精剪，这是一个非常有效率的工作流程。

iOS 版和 macOS 版 iMovie 剪辑经过精心设计，使彼此得以默契配合。用户可以在 iPhone 上开始剪辑一个项目，然后使用隔空投送或 iCloud 云盘将它无线传至 iPad。用户还可将 iPad 上的项目传至 Mac，再充分利用 Mac 的更多功能进行最后修饰，如色彩校正、绿屏效果和动态地图。只是，该款软件并不支持 Windows。

9.2.4　视频格式转换

不同格式的视频其侧重的用途也不同，一个视频文件为了能在不同的软件和硬件平台顺利播放，往往需要进行编码转换。有时，为了获得更好地播放效果或者更小的文件容量，也需要将视频转换为特定的格式。

格式工厂(Format Factory)是一款功能全面的格式转换软件，支持转换几乎所有主流的多媒体文件格式，包括视频 MP4、AVI、3GP、WMV、MKV、VOB、MOV、FLV、SWF、GIF；音频 MP3、WMA、FLAC、AAC、MMF、AMR、M4A、M4R、OGG、MP2、WAV、WavPack；图像 JPG、PNG、ICO、BMP、GIF、TIF、PCX、TGA 等。新版本格式工厂中，更对移动播放设备做了补充，如 iPhone、iPod、PSP、魅族、手机等，使用户不需要去费劲研究不同设备对应什么播放格式，而是直接从格式工厂的列表中选择手中的设备型号，就能轻松完成不同格式之间的转换。

格式工厂的主要功能特点如下。

- 支持几乎所有类型多媒体格式。
- 支持各种类型视频、音频、图片等多种格式，轻松转换到用户想要的格式。
- 转换过程中，可以修复损坏的文件，让转换质量无破损。
- 可以帮用户的文件“减肥”，使它们变得“瘦小、苗条”，既节省硬盘空间，同时也方便保存和备份。
- 支持 iphone/ipod/psp 等多媒体指定格式。

• 转换图片支持缩放、旋转、水印等常用功能，让操作一气呵成。
• DVD 视频抓取功能，轻松备份 DVD 到本地硬盘。
• 支持 62 种国家语言，使用无障碍，满足多种需要。

本小节我们将以格式工厂为例，介绍如何进行视频格式的转换。

1. 格式工厂的下载和安装

首先，进入格式工厂的官方网站 http://www.pcgeshi.com/index.html，目前提供下载的共有 3 个版本：最新版 5.6.5.0、3.8.0.0 版本(支持 RMVB 格式)以及 4.9.5.0 版本(支持 32 位系统)，可以根据需求自行选择版本下载，如图 9-18 所示。

图 9-18　格式工厂官方网站下载安装程序

下载完成后，双击安装文件 FormatFactory_setup.exe 即可打开软件的安装向导，如图 9-19 所示。

单击"一键安装"按钮，即可默认安装格式工厂，并显示安装进度，如图 9-20 所示。

图 9-19　"一键安装"界面

图 9-20　软件安装进度界面

安装过程的倒数第二步，会显示使用帮助信息和小技巧，帮助用户更好地了解软件的使用方法，如图 9-21 所示。

格式工厂安装成功后，会显示“安装完成”界面，如图 9-22 所示。单击“立即体验”按钮，即可运行格式工厂进行格式转换了，如图 9-23 所示。

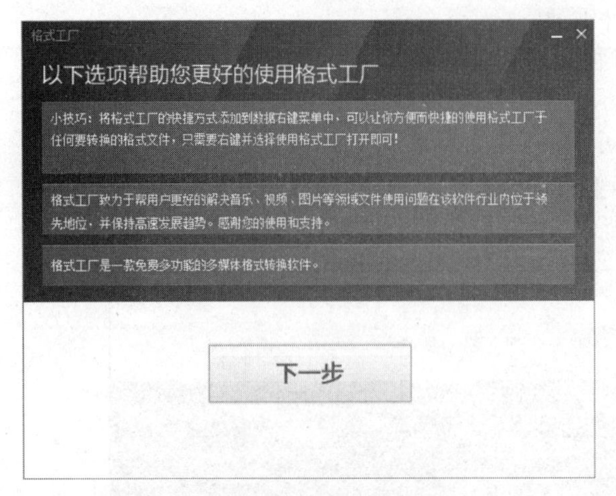

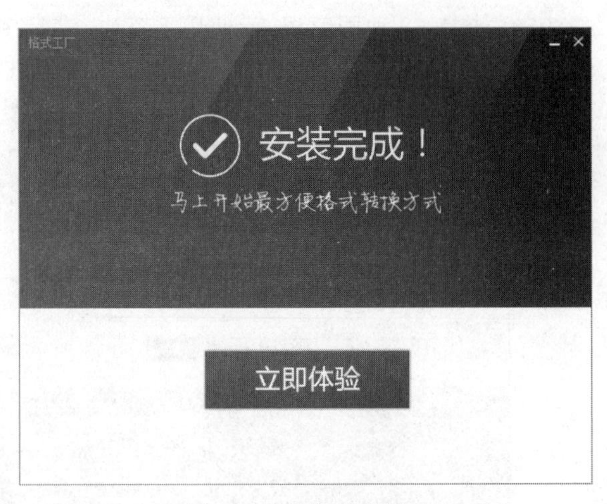

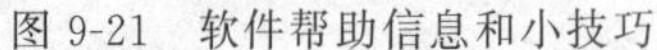
图 9-21　软件帮助信息和小技巧

图 9-22　安装完成界面

2. 利用格式工厂转换视频格式

【示例 9-1】 利用格式工厂将 MP4 格式的视频转换为 avi 格式。

(1) 运行格式工厂，在软件初始界面中单击“-> AVI WMV MPG...”按钮，打开“添加文件”对话框，如图 9-24 所示。

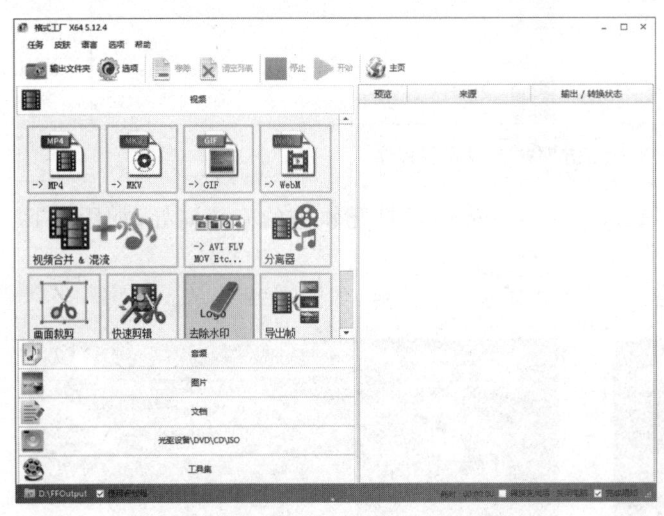

图 9-23　软件运行初始界面

图 9-24　“添加文件”对话框

(2) 单击“添加文件”按钮，打开“请选择文件”对话框，选择要转换的文件，如图 9-25 所示。

(3) 添加完视频文件后，软件会返回到“添加文件”界面，此时可以看到刚才添加的文件已经进入待转换列表了，同时该文件的相关信息也显示在列表中，如图 9-26 所示。如果需要一次将多个 MP4 视频转换为 avi 格式，可以继续单击“添加文件”按钮，添加多个 MP4 文件。

(4) 单击“输出配置”按钮，即可打开“视频设置”对话框，如图 9-27 所示。在该对话框中，可以设置格式转换的相关参数，如视频编码、屏幕大小、码率、每秒帧数、宽高比等参数，如图 9-28 所示。设置好相关参数后，单击“确定”按钮完成设置，并返回到如图 9-26 所示的“添加文件”界面。

(5) 单击“添加文件”界面中的“确定”按钮，返回格式工厂主界面。此时，可以看到在转换文件列表里，已经有刚才添加的文件信息了，如图 9-29 所示。

图 9-25　“请选择文件”对话框

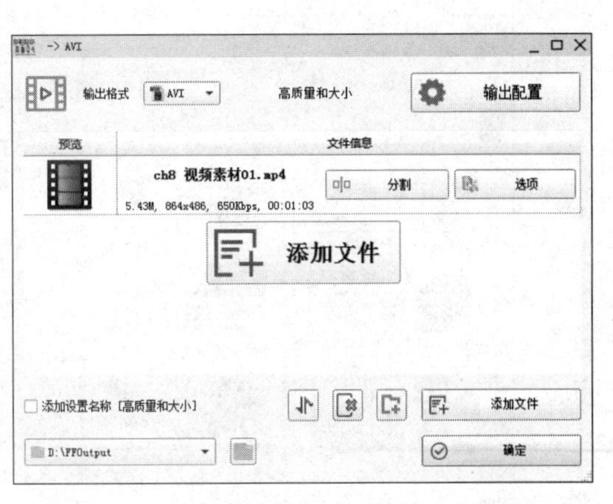

图 9-26　待转换视频文件已添加到列表中

图 9-27　视频设置对话框

图 9-28　设置“屏幕大小”参数

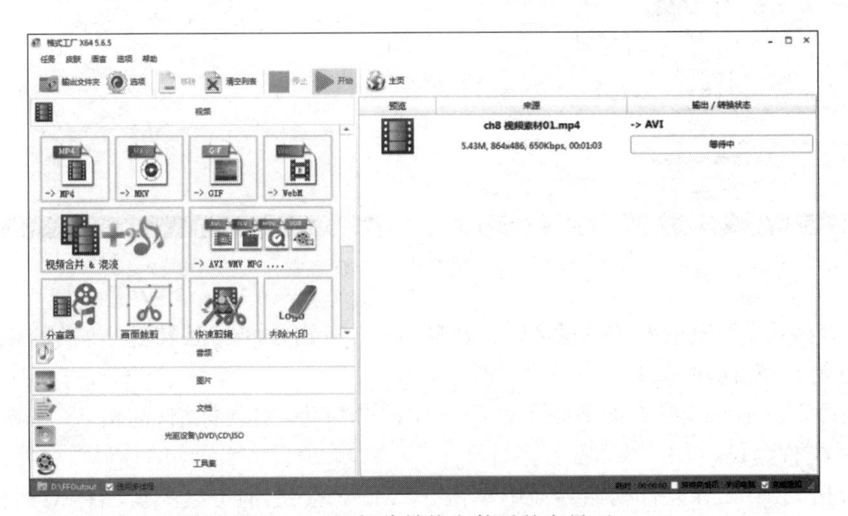

图 9-29　添加待转换文件后的主界面

(6) 单击主界面上方绿色的“开始”按钮，即可开始格式转换，如图 9-30 所示。

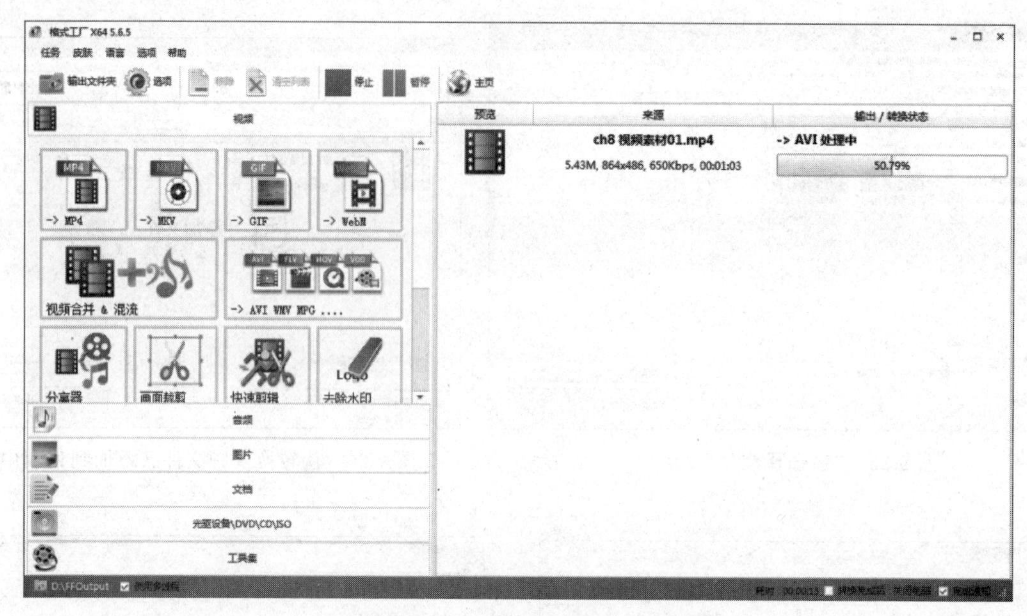

图 9-30　开始执行视频格式转换

（7）视频格式转换完成后，显示转换后的文件相关信息，如图 9-31 所示。此时，原来的 MP4 视频文件就已经成功转换成为 avi 格式的文件。

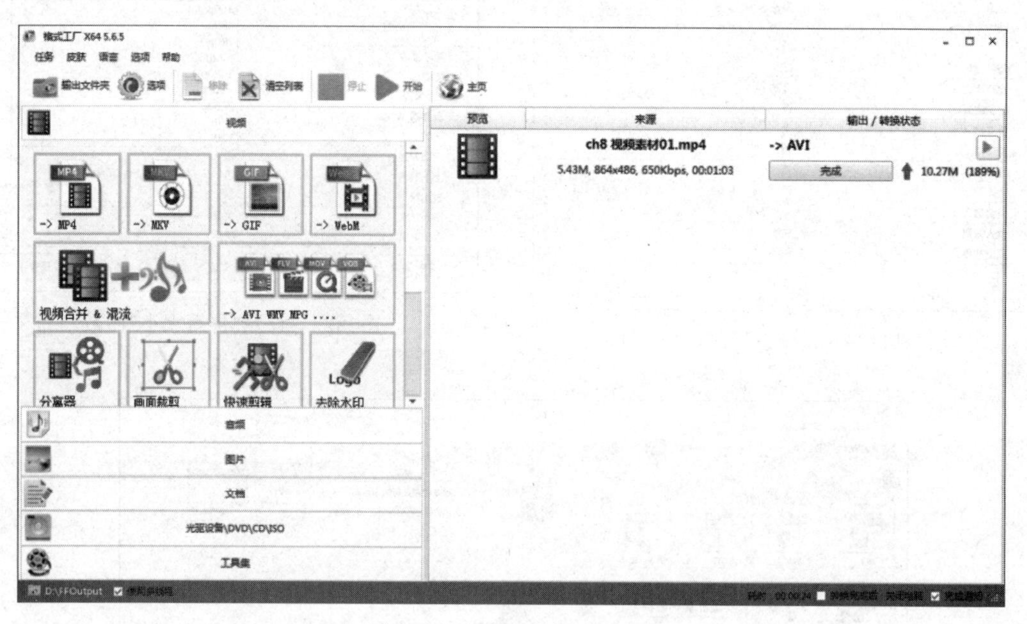

图 9-31　视频格式转换完成

除此之外，格式工厂还可以在许多视频、音频、图片格式之间相互转换，转换的操作步骤与示例 9-1 是类似的，非常简单、高效。

【示例 9-2】　在不改变格式的前提下修改视频的分辨率，实现标清、高清、超清视频的导出和发布（以 MP4 文件为例）。

（1）运行格式工厂，在软件初始界面中单击“-> MP4”按钮，打开“添加文件”对话框，如图 9-32 所示。

（2）单击“添加文件”按钮，打开“请选择文件”对话框，选择要转换的 MP4 文件，如图 9-33 所示。

图 9-32　“添加文件”对话框

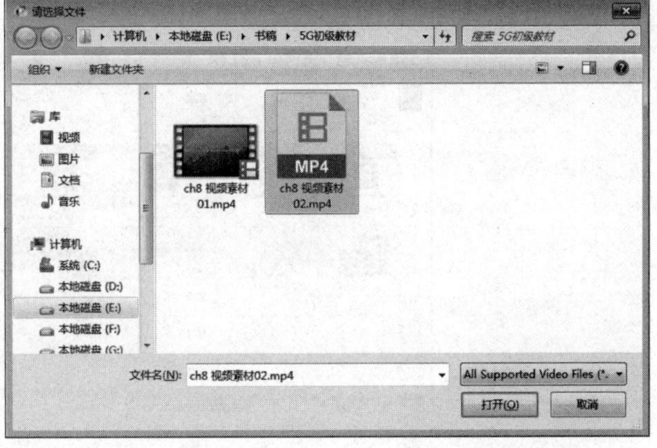

图 9-33　“请选择文件”对话框添加 MP4 文件

(3) 添加完视频文件后，软件会返回到“添加文件”界面，单击“输出配置”按钮，打开“视频设置”对话框，如图 9-34 所示。单击“屏幕大小”输入框右侧的下拉列表框，选择想要转换的分辨率。

- 如果要导出发布标清视频，分辨率则选择 480p。
- 如果要导出发布高清视频，分辨率则选择 720p 或 1080I。
- 如果要导出发布标清视频，分辨率则选择 1080p 及以上分辨率，如 2160p 等。

本示例中，选择分辨率为 1080p，如图 9-35 所示。单击“确定”按钮完成设置并返回上一级界面。

图 9-34　“视频设置”对话框

图 9-35　“屏幕大小”设置为 1080p

(4) 单击界面中的“确定”按钮返回主界面，如图 9-36 所示。

(5) 单击主界面中的“开始”按钮开始修改视频的分辨率，在计算机硬件支持的条件下，格式工厂还会自动开启 GPU 加速，从而提高修改分辨率的效率，如图 9-37 所示。

(6) 分辨率修改完成后将显示转换后的相关信息，如图 9-38 所示。

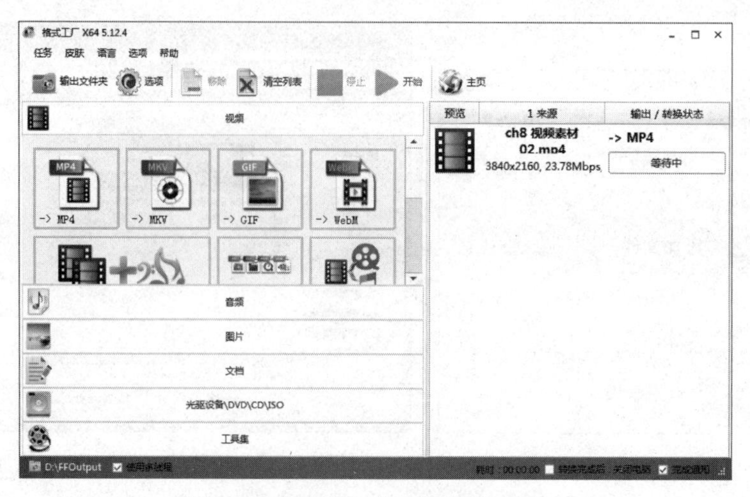

图 9-36　添加待转换文件后的主界面

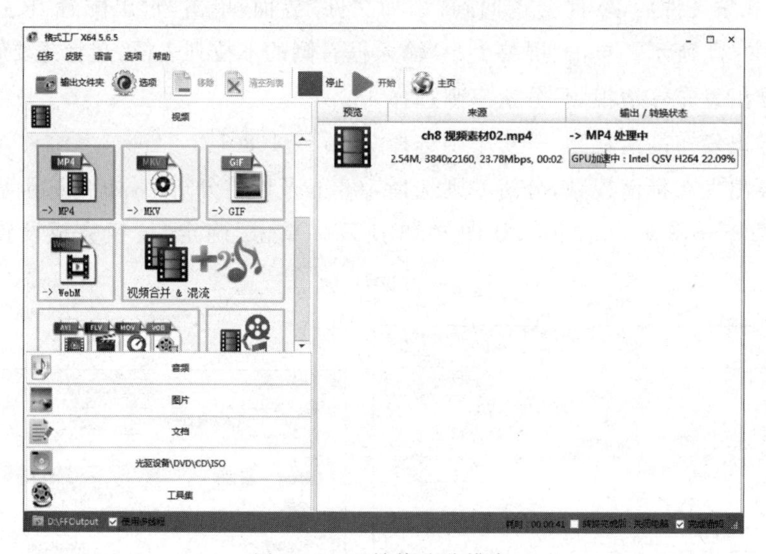

图 9-37　开始修改分辨率

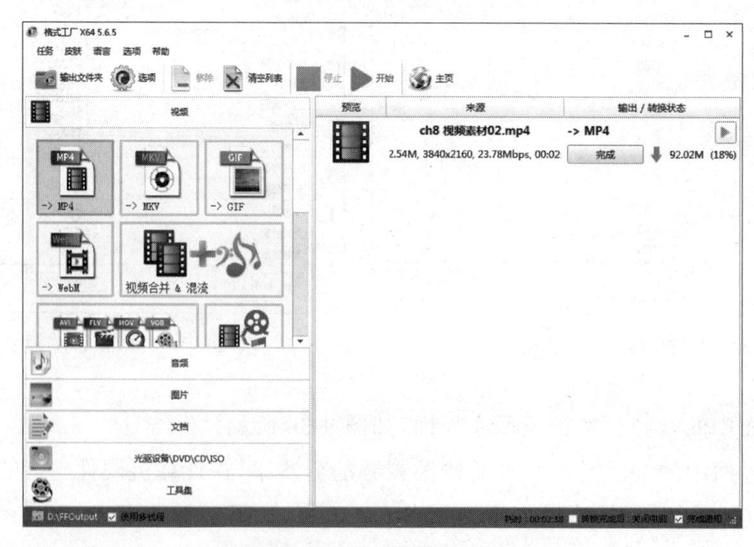

图 9-38　视频分辨率修改完成

9.3　视频的制作

9.3.1　视频的录制和编辑

视频的制作方法有很多种，可以采用专业的摄像器材拍摄原片，再利用视频编辑软件进行后期的加工处理。当然，也有一些简单的方法，例如使用录屏软件制作教学视频和慕课资源，经过后期编辑后同样也可以制作出非常专业的视频作品。本小节将介绍著名的屏幕录制及视频编辑软件 Camtasia(喀秋莎)的使用方法。

Camtasia 软件目前的最新版本是 Camtasia 2021，从 Camtasia 2020 版本开始就不再支持 Windows 10 以下的操作系统，只能在安装在 Windows 10 及以上版本，Windows 10 以下版本可以安装 Camtasia 2019 及之前的版本。读者可以根据自己的操作系统选择合适的 Camtasia 下载和安装。

【示例 9-3】 利用 Camtasia 录制视频并编辑后导出发布。

(1) 在 Windows“开始”中找到并运行 Camtasia，软件启动后的主界面如图 9-39 所示。

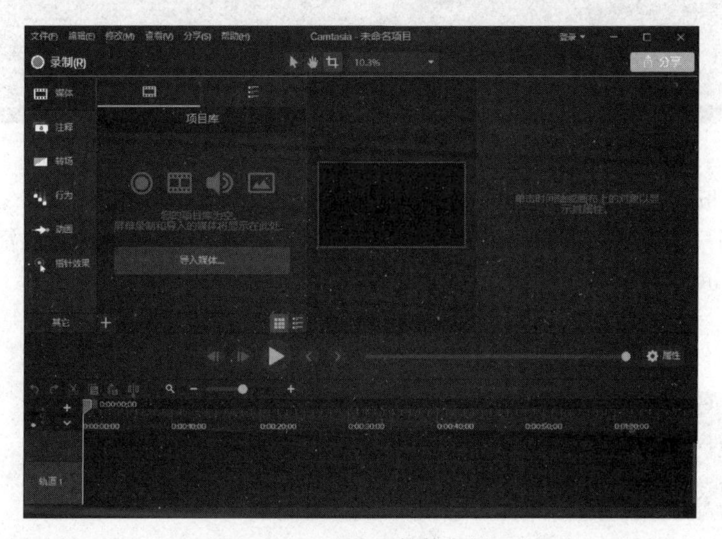

图 9-39　Camtasia 软件主界面

(2) Camtasia 可以录制电脑播放的所有形式的动画、视频和音频，本例中我们录制一段暴风影音软件中播放的一段视频。用暴风影音打开准备要录制的视频，设置好视频播放窗口的大小，如图 9-40 所示。

图 9-40　Camtasia 软件主界面

(3) 切换到 Camtasia 主界面，单击左上角的“录制”按钮（或按 Ctrl＋R 组合键），如图 9-41 所示，即可显示出录制面板，如图 9-42 所示。

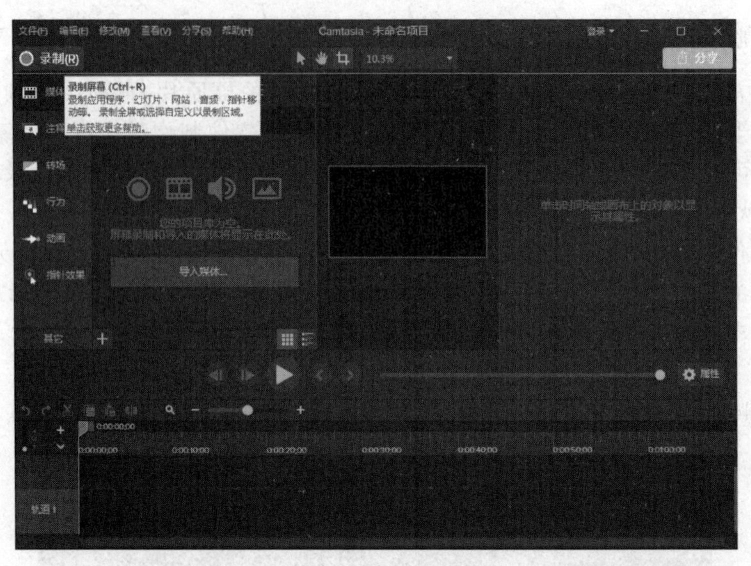

图 9-41 Camtasia 软件主界面“录制”按钮

(4) 在录制面板，可以根据录制的需要选择“全屏”录制整个电脑屏幕的内容，或是选择“自定义”录制区域。本示例只是录制暴风影音的播放窗口，因此单击“自定义”右侧的下拉箭头，弹出选择区域列表，如图 9-43 所示。

图 9-42 录制面板

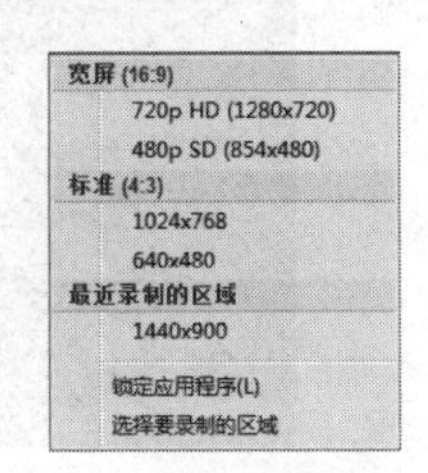

图 9-43 自定义录制区域

(5) 在列表中单击“选择要录制的区域”菜单，可以按住鼠标左键拖动画出 Camtasia 将要录制的区域，如图 9-44 所示。

图 9-44 选择录制区域

（6）选择完录制区域后，放开鼠标左键，会有绿色的虚线框表示当前的录制区域，并弹出录制面板，如图 9-45 所示。

图 9-45　绿色虚线边框显示的录制区域

（7）在录制面板上单击红色的“rec”按钮（或按 F9 快捷键）开始录制制定区域的视频，如图 9-46 所示。

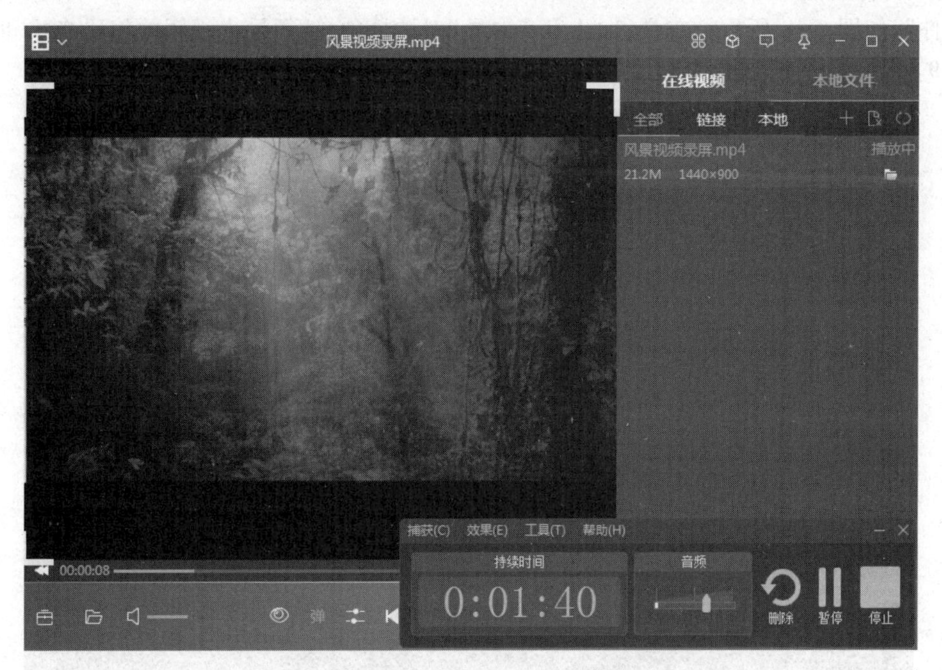

图 9-46　Camtasia 正在录制

（8）录制完成后，单击录制面板上的“停止”按钮（或按 F10 快捷键）返回软件主界面。此时，刚才录制的视频就会自动添加到时间轴上，右侧的视频预览窗口也可以看到视频的画面，如图 9-47 所示。

（9）Camtasia 软件还具有非常专业的视频编辑功能，可以将刚才录制的视频和音频分别编辑

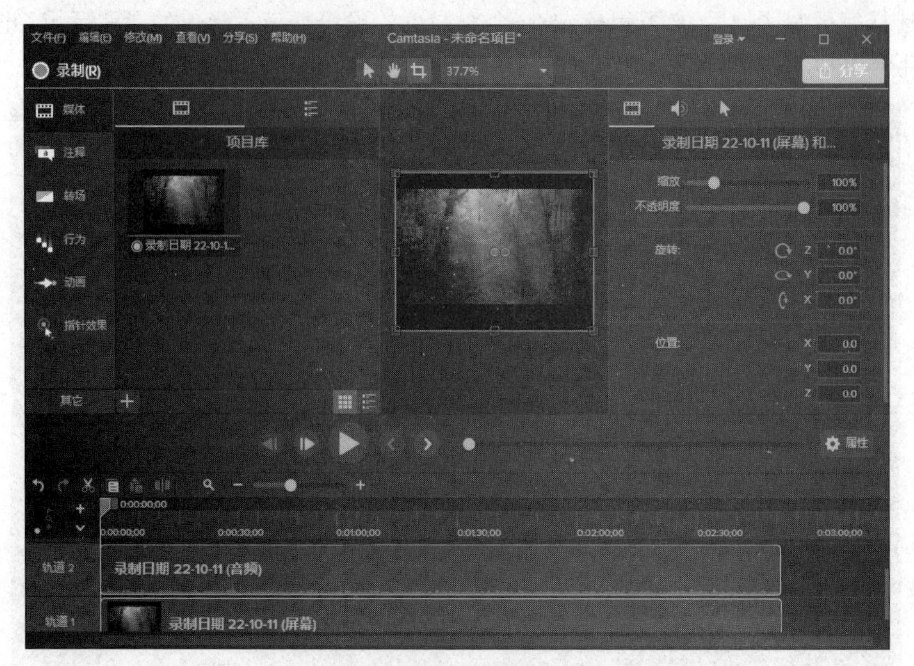

图 9-47　录制完成返回主界面

和修饰，添加字幕、过场特效等。在编辑的过程中，不要忘了及时保存视频编辑工程。单击“文件”菜单中的“保存”，可以弹出“另存为”对话框，命名工程文件后单击“保存”按钮即可，注意，Camtasia的视频工程文件类型名为.tscproj。

（10）编辑完视频后，可以将视频按照某种编码格式导出并发布出去。单击“分享”菜单中的“本地文件”，如图 9-48 所示。在弹出的“生产向导”对话框中，选择导出视频的编码格式和分辨率，如图 9-49 所示。

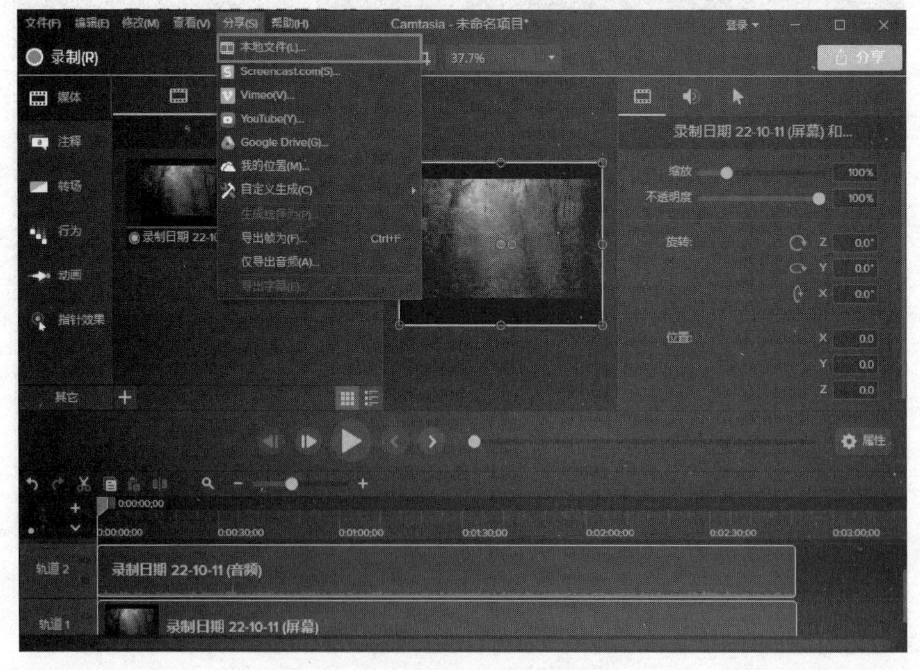

图 9-48　以“本地文件”方式导出视频

图 9-49　“生产向导”对话框

(11) 在生成的向导对话中选择列表中的“自定义生成设置”，如图 9-50 所示，即可打开“选择生成视频文件格式”对话框，选择需要的视频格式。本示例选择“MP4”格式，单击“下一步”按钮即可打开生成向导的“智能播放器选项”对话框，如图 9-51 所示。

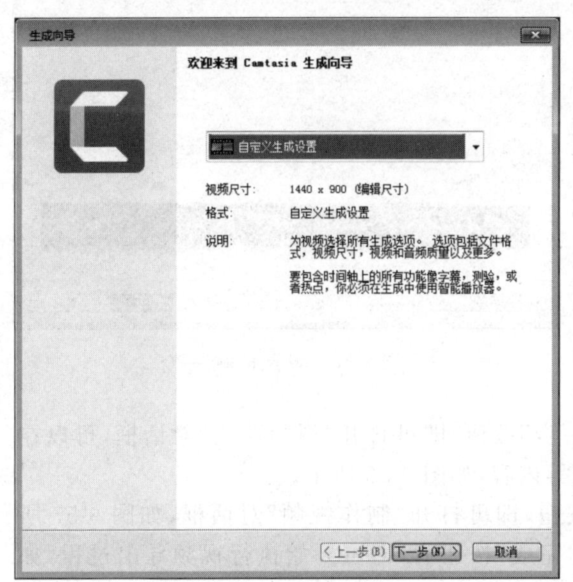

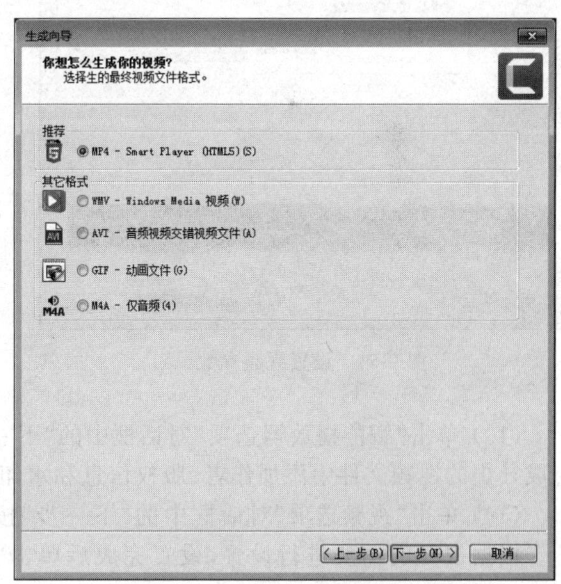

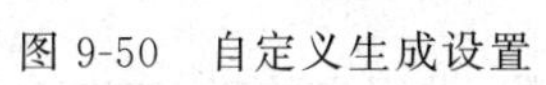
图 9-50　自定义生成设置

图 9-51　选择视频生成格式

(12) 在“智能播放器选项”对话框中，可以分别对控制器(Controller)、图像大小(Size)、视频(Video settings)、音频(Audio settings)及其他选项(Options)进行详细的设置，如图 9-52～图 9-55 所示。

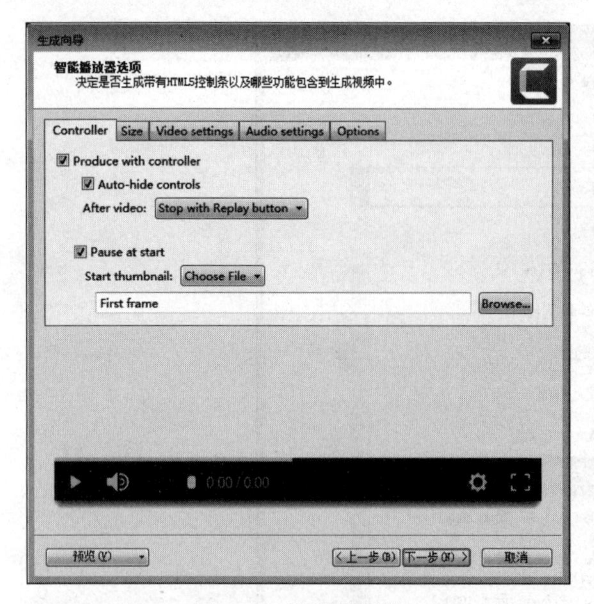

图 9-52　设置控制器

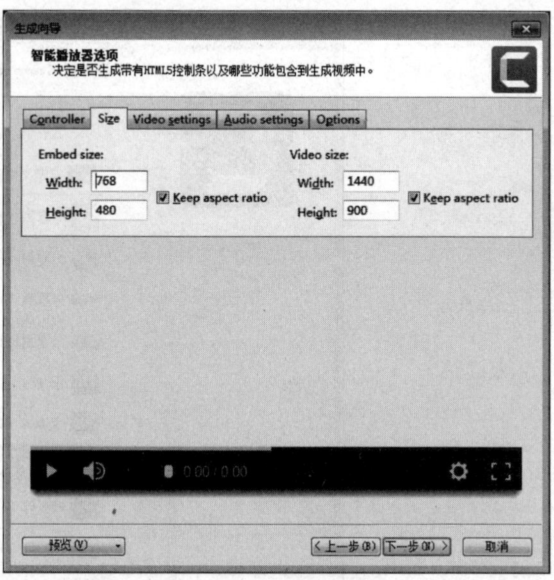

图 9-53　设置图像大小

图 9-54　设置视频参数

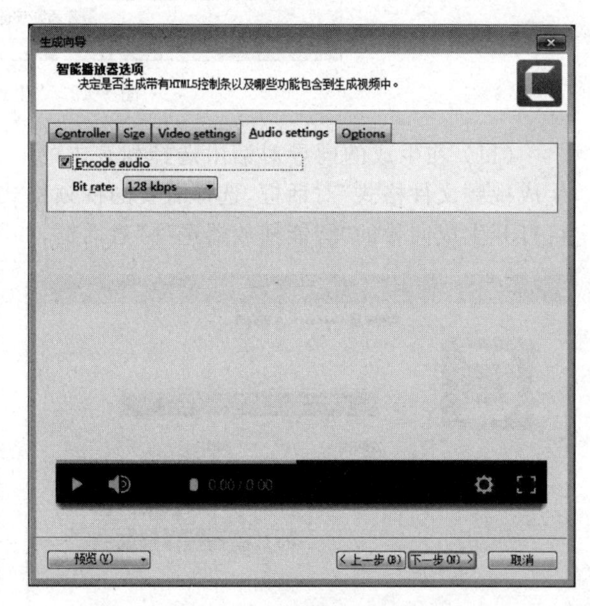

图 9-55　设置音频参数

(13) 单击“智能播放器选项”对话框中的“下一步”按钮，即可打开“视频选项”对话框，可以在生成导出的视频文件中添加作者、版权信息和水印等内容，如图 9-56 所示。

(14) 单击“视频选项”对话框中的“下一步”按钮，即可打开“制作视频”对话框，如图 9-57 所示。根据视频的需要进行设置，设置完成后单击“完成”按钮后，即可开始执行视频导出过程，如图 9-58 所示。

(15) 视频生成完毕后，会显示所生成视频的相关信息和参数，供用户核对，如图 9-59 所示。

(16) 视频生成并导出后，打开输出文件夹，可以看到有一系列相同名字的文件。其中类型名是 MP4 的文件就是本示例生成并导出的，可以打开视频播放软件进行查看和校验，如图 9-60 所示。

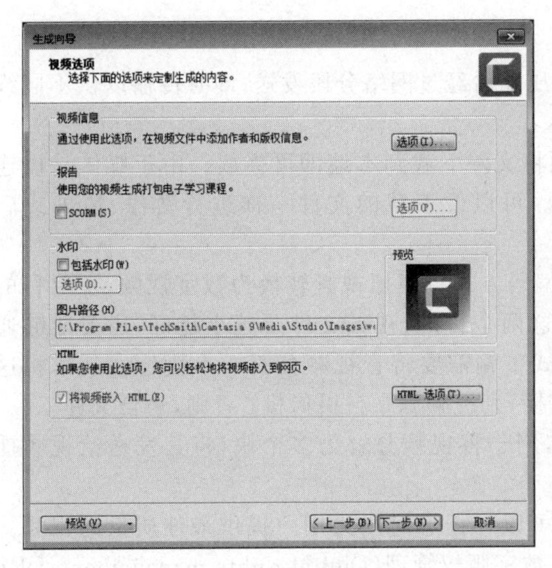

图 9-56　填加内容

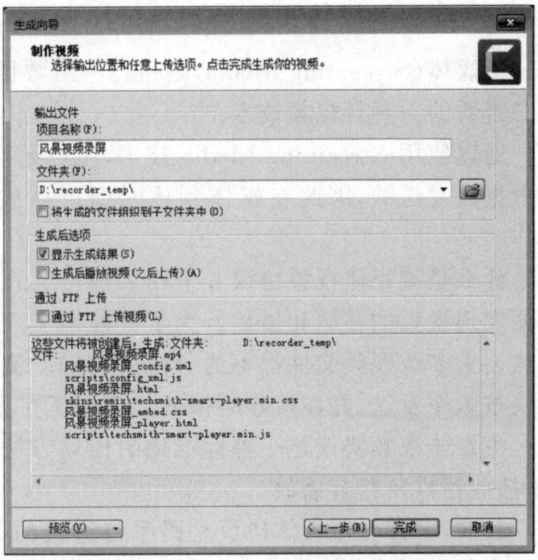

图 9-57　“制作视频”对话框

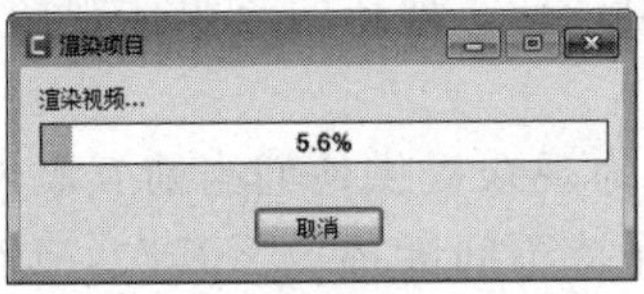

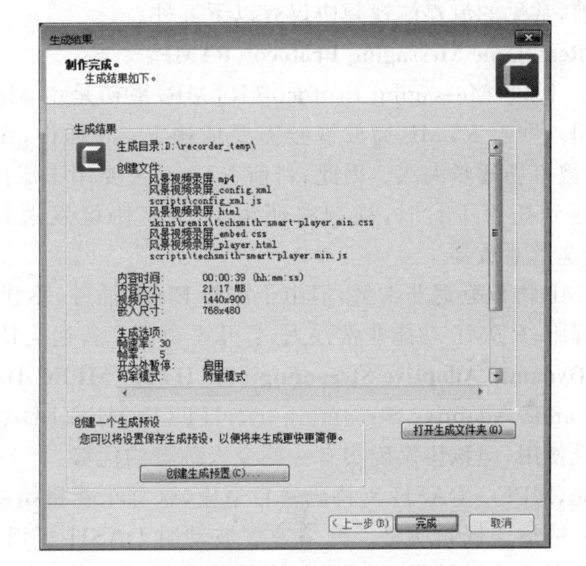

图 9-58　导出视频

图 9-59　视频导出完成

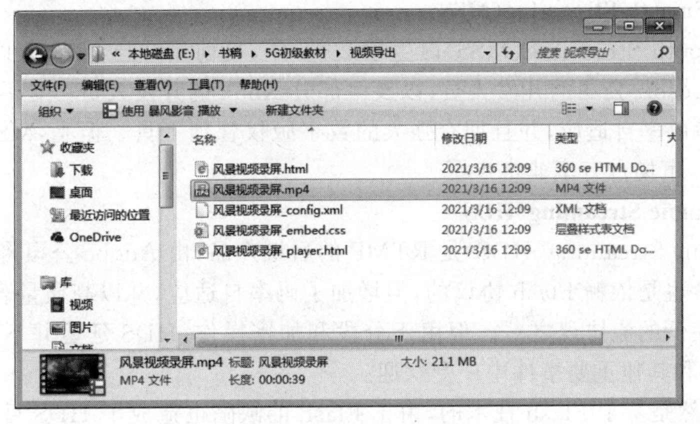

图 9-60　查看导出视频文件

9.3.2 流媒体视频协议

流媒体(Streaming Media)是指将一组数据压缩后经过网络分段发送，即时传输以供不同终端用户观看的一种音视频技术。

通过使用 Streaming Media 技术，用户无须将文件下载到本地即可播放。由于媒体是以连续的数据流发送的，因此在媒体到达时即可播放。可以像下载的文件一样进行暂停、快进或后退操作。

什么是流媒体视频协议？采用某种特定的编码方式将模拟视频转换为数字视频，主要目的是方便实现视频的存储和播放。为了更好地实现这两个目的，视频文件要越小越好，还要能够通用播放。大多数视频文件都不适合流式传输。流式传输需要将音视频分割成小块(chunk)，将这些小块按顺序发送，并在接收时播放。如果正在直播，则视频源来自摄像机；否则，来自文件。

流媒体视频协议是一种标准化的传递方法，用于将视频分解为多个块，将其发送给视频播放器，播放器重新组合播放。

目前，大部分流媒体协议是码率自适应的，可以在任意时间为用户提供最佳质量的视频。不同流媒体协议有各自的特点和优势，例如，延迟、数字版权管理(Digital rights management，DRB)，支持平台数量等。

目前，常见的流媒体视频协议有以下五种。

1. Real-Time Messaging Protocol(RTMP)

Real-Time Messaging Protocol(RTMP)最初是由 Macromedia 开发，后被 Adobe 收购，至今仍被使用。由于 RTMP 播放视频需要依赖 Flash 插件，而 Flash 插件多年来一直受安全问题困扰，正在被市场逐步淘汰。因此，目前 RTMP 主要用于流提取过程，也就是说，当设置解编码器将视频发送到托管平台时，视频将使用 RTMP 协议发送到 CDN，随后使用另一种协议(通常是 HLS)传递给播放器。

RTMP 协议延迟非常低，但由于需要 Flash 插件，不建议使用该协议，但流提取是例外。在流提取过程中，RTMP 功能非常强大，且几乎得到了普遍支持。

2. Dynamic Adaptive Streaming over HTTP(MPEG-DASH)

Dynamic Adaptive Streaming overHTTP(MPEG-DASH)是一种新的流媒体视频协议，尽管未被广泛使用，但该协议确实有一些令人称赞的优势。

首先，MPEG-DASH 支持码率自适应，这意味着将始终为观众提供他们当前互联网连接速度可以支持的最佳视频质量。网络速度波动时 DASH 可以保持不间断播放。其次，MPEG-DASH 几乎支持所有编解码器，还支持加密媒体扩展(Encrypted Media Extensions，EME)和媒体扩展源(Media Source Extension，MSE)，这些扩展用于浏览器的数字版权管理标准 API。

3. Microsoft Smooth Streaming(MSS)

Microsoft Smooth Streaming(MSS)诞生于 2008 年，目前用户已越来越少。目前，使用 MSS 技术的主要是 Microsoft 公司的开发人员，以及一部分 Xbox 的开发人员。

MSS 同样支持码率自适应，并且拥有强大的数字版权管理工具。但是，MSS 已经逐渐被其他流媒体协议所替代，市场占有率非常少了。

4. HTTP Dynamic Streaming(HDS)

HTTP Dynamic Streaming(HDS)是 RTMP 的后继产品，由 Adobe 公司将其应用为一种流媒体视频协议。HDS 也是依赖 Flash 协议的，但增加了码率自适应，并以高质量著称。

HDS 是延迟最低的流协议之一。但由于分段和加密操作，HDS 延迟并不如 RTMP 那样低。在流媒体体育比赛和其他重要事件中广受欢迎。

然而，HDS 仍然是基于 Flash 技术的，由于 Flash 的缺陷也造成了 HDS 目前越来越少被其他公司使用。

5. HTTP Live Streaming(HLS)

HTTP Live Streaming(HLS)由苹果公司开发,旨在能够从 iPhone 中删除 Flash,如今已成为使用最广泛的协议。

桌面浏览器、智能电视、Android、iOS 均支持 HLS。HTML5 视频播放器也原生地支持 HLS,但不支持 HDS 和 RTMP。

HLS 支持码率自适应,并且支持最新的 H.265 解编码器,同样大小的文件,H.265 编码的视频质量是 H.264 的 2 倍。

此前,HLS 的缺点一直是高延迟。但苹果公司在 WWDC 2019 发布了新的解决方案,可以将延迟从 8s 降低到 1～2s。

HLS 是目前使用最广泛的协议,且功能强大。数据显示,如果视频播放过程中遇到故障,只有 8%的用户会继续在当前网站观看视频。使用广泛兼容的自适应协议(例如 HLS),可以提供最佳的受众体验。

9.3.3 HLS 流媒体视频规范

HLS(HTTP Live Streaming),中文名为基于 HTTP 的自适应码率流媒体传输协议,是苹果公司提出的一种动态码率自适应技术,其视频编码的主要格式为 h264/mpeg4,音频为 aac/mp3。HLS 主要应用于 PC 端和苹果设备终端的音视频服务,从其英文名称中包含一个“Live”可以看出,HLS 是与直播密切相关的。实际上,HLS 不仅适用于直播,同样也适用于点播。

采用 HLS 实现流媒体播放时,需要将原始视频素材转化为: m3u8 索引文件、TS 媒体分片文件、key 加密串文件三部分。

TS(Transport Stream)是一种高清视频格式,全称为 MPEG2-TS,主要采用 MPEG2 编码形式,在音视频内容的基础上加入 PAT 和 PMT 两个配置表制作而成。TS 的主要特点是从视频流的任一片段开始都是可以独立解码的,因此非常适合于实时传送的节目。

TS 文件包括三层: TS 层(Transport Stream)、PES 层(Packet Elemental Stream)、ES 层(Elementary Stream),它们的含义分别如下。

(1) TS 层是在 PES 层上加入了数据流识别和传输的必要信息。

(2) PES 层是在音视频数据上加了时间戳等对数据帧的说明信息。

(3) ES 层是音视频数据。

原始视频文件在转换成 HLS 流后,会生成多个的 TS 文件,TS 的数量并不固定,需要根据实际情况进行变化。但是,TS 文件的数量会直接影响直播的延迟情况。如果是利用 HLS 进行点播,同样也会对视频文件进行 TS 切片处理,一般每个 TS 文件的播放时间为 10s。

HLS 在实现直播和点播的主要区别如下。

(1) 点播就是将一个媒体文件切分成多个 TS 文件,并且 m3u8 文件包含全部的 TS 文件列表。

(2) 直播则列表长度上会有所控制,也就是一般会比较短,并且为了减少延迟,可能会将每个分片的时长控制低于 10s,而点播应该都会直接使用 10s 这个默认值。

(3) 点播的 m3u8 文件一旦生成之后就固定不变了,而直播的 m3u8 文件内容则会根据直播的时间进行更新。

9.3.4 HLS 流媒体视频制作

FFmpeg 是一套可以用来记录、转换数字音频、视频,并能将其转化为适合流媒体资源的工具软件,包含了非常先进的音频和视频编解码库,如 libavcodec、libavutil、libavformat、libavfilter、libavdevice、libswscale 和 libswresample 等,能够为用户提供录制、转换以及流化音视频的完整解决方案。

FFmpeg 在 Linux 平台下开发,但它同样也可以在其他操作系统环境中编译运行,包括 Windows、Mac OS X 等。这个项目最早由 Fabrice Bellard 发起,2004—2015 年由 Michael Niedermayer 主要负责维护。许多 FFmpeg 的开发人员都来自 MPlayer 项目，而且当前 FFmpeg 也是放在 MPlayer 项目组的服务器上。项目的名称来自 MPEG 视频编码标准，前面的“FF”代表“Fast Forward”，可以使用 GPU 加速音/视频的处理速度。

1. 点播流媒体视频的制作

利用 FFmpeg 软件可以将原始视频素材切片成多个子视频用于点播。FFmpeg 在视频切片时常用的命令如下：

```
ffmpeg - i <原始视频文件名> - codec:v libx264 - codec:a mp3 - map 0 - f ssegment - segment_format
mpegts - segment_list playlist.m3u8 - segment_time 10 out % 03d.ts
```

在上述命令中，使用 FFmpeg 的 segment 模块对<原始视频文件名>进行切片操作，生成的索引文件名为 playlist. m3u8，生成 N 个 out×××. ts 视频切片文件（其中×××为数字，根据原始视频的大小数字会不相同），FFmpeg 会根据文件名模板 out%03d，自动生成连续数字的文件名。segment_format 是指定输出格式为 mpegts，segment_list 是用来配置输出的列表文件名，segment_time 是指定切片的时长。还有一些参数的含义，可以查看 FFmpeg 官方上的使用文档，或直接查看 FFmpeg 安装文件夹下的 segment. c 源文件。

【示例 9-4】 利用 FFmpeg 制作 HLS 点播视频资源。

（1）为了操作方便，可以将 FFmpeg 和原始视频文件放在同一个文件夹下，也可以将原始视频放在单独的视频文件夹下。对于 FFmpeg 与原始视频文件不在同一个文件夹的情况，需要在转换命令中指定原始视频文件的地址。

（2）打开 Windows 的开始菜单，选择“附件”中的“命令提示符”，打开 cmd 窗口，如图 9-61 所示。

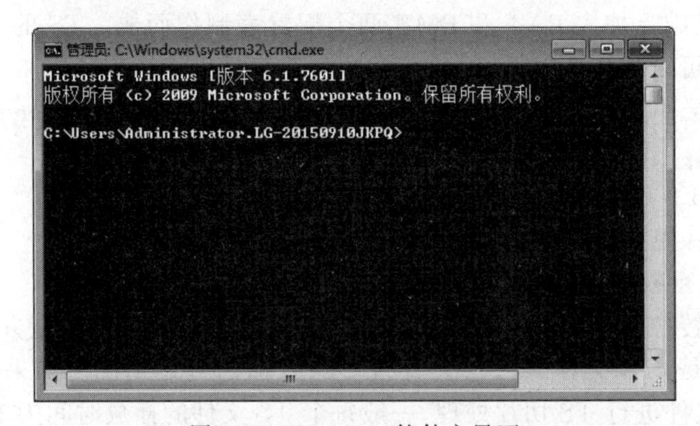

图 9-61 Camtasia 软件主界面

（3）假设 D:盘有一名为 shipin. MP4 的视频文件，若将其转化为 HLS 视频资源，可以在 cmd 窗口内输入如下命令，如图 9-62 所示。

```
ffmpeg - i shipin.mp4 - codec:v libx264 - codec:a mp3 - map 0 - f ssegment - segment_format mpegts -
segment_list playlist.m3u8 - segment_time 10 out % 03d.ts
```

图 9-62 FFmpeg 转化 MP4 视频文件

（4）FFmpeg 转化完毕后，将会在视频所在文件夹下生成一系列 HLS 流媒体视频文件及相关索引文件，如图 9-63 所示。

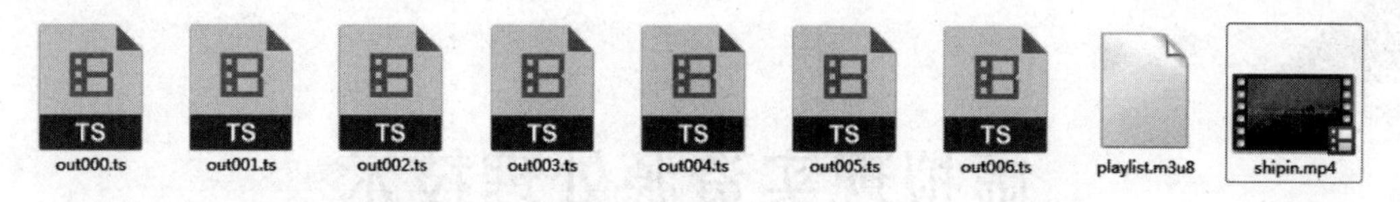

图 9-63　FFmpeg 转化完成后生成的一系列文件

2. 直播流媒体视频的制作

FFmpeg 软件制作直播流媒体视频资源，既可以使用上述示例中的点播 ssegment 模块，也可以直接使用 hls 模块来实现。

1）ssegment 模块的实现方法

使用 ssegment 模块可以通过下面的命令：

```
ffmpeg -re -i <原始视频文件名> -codec:v libx264 -codec:a mp3 -map 0 -f ssegment -segment_format mpegts -segment_list playlist.m3u8 -segment_list_flags +live -segment_list_size 6 -segment_time 10 out%03d.ts
```

在上述命令中，与点播命令不同的是增加了-segment_list_flags ＋live，并且加上了-re 参数，表示 FFmpeg 将会按照<原始视频文件名>原本的播放速率进行转码。如果不加-re 参数，切片很快就传输完毕了，客户端还来不及播放，播放列表就已经被更新了。segment_list_size 参数是指控制列表数量为 6 个。

然而，ssegment 模块是有不足之处的，虽然可以通过以上方式实现直播，但是生成的 TS 文件并不会循环，会一直被保留。针对这一缺点，hls 模块更加适合直播的特点。

2）hls 模块的实现方法

使用 hls 模块可以通过下面的命令：

```
ffmpeg -re -i <原始视频文件名> -codec:v libx264 -codec:a libfaac -map 0 -f hls -hls_list_size 6 -hls_wrap 10 -hls_time 10 playlist.m3u8
```

在上述命令中，hls_list_size 是 HLS 播放的列表，hls_wrap 用来设置最大的 TS 循环数，也就是每 10 个一次循环。例如，生成了 playlist0.ts 至 playlist9.ts 共 10 个文件，之后又会从 playlist0.ts 重新生成。目前最新版本的 FFmpeg 的 hls 模块增加了很多参数，具体可以查看 hlsenc.c 中 static const AVOption options[]的内容。另外，hls 模块还支持视频加密的操作，能够提高直播的安全性。

第10章

虚拟现实资源处理技术

全景技术兴起于20世纪90年代，最早是单视点全景图，由围绕轴心水平旋转的相机拍摄的多张图像拼接而成，可应用于虚拟旅游、数字展示。此后是条带全景图，由水平移动的相机连续拍摄普通窄视角图像拼接而成，可应用于虚拟旅游、数字地图等场合。由于图像拼接算法复杂程度较高，大部分的拍摄设备无法实现实时处理，只在拍摄简单平移关系照片的少数高端数码相机中实现自动拼接。

长时间以来，全景摄像发展滞后，主要难题是在全景视频拼接技术和全景视频播放器的突破问题上。然而，随着各项技术难题的解决，全景摄像技术也从实验室概念走向市场，世界各大科技公司竞相推出自己全景视频设备，如全景摄像机和虚拟现实眼镜等。全景视频是采用专业全景摄像机进行视频内容的采集，后期通过全景视频拼接软件拼接成一个无缝的"球"，最终输出360°全景视角的球状全景视频，再配合专业的全景视频播放器，外接不同的视频显示设备，从而实现动态的真实环境的还原，给受众带来跨越时间和空间的虚拟体验。

市面上出现了多种全景摄像机，主要分为单镜头的和多镜头的两类全景摄像机。单镜头的大多应用在安防监控领域，但是单镜头的全景摄像机存在视角盲区的不足之处；多镜头的全景摄像机具有实时无盲区全景视角和真实感强的全景视频优势，但仍存在很多的技术问题，如视频图像的分辨率不高，视频拼接不完整，画面不连续，视频图像快速显示存在延迟等。在全球范围内还有多家科技企业正在加紧研发此类全景摄像系统，其中不乏诺基亚、谷歌、Facebook、三星等知名企业。

10.1 全景照片的拍摄

10.1.1 全景照片的原理

全景照片，简称为全景，英文名为 Panoramic Photo 或 Panorama，是一种广角照片，通常是指符合人的双眼正常有效视角（大约水平90°，垂直70°）或包括双眼余光视角（大约水平180°，垂直90°）以上，乃至360°完整场景范围拍摄的照片。通过全景播放器可以让观看者身临其境地沉浸到全景照片所拍摄的场景中。

全景照片有什么特点呢？顾名思义，就是给人以三维立体感觉的实景360°全方位照片，其最大的三个特点如下。

（1）全：即全方位，全面展示了360°球型范围内的所有景致。可在全景播放器中用鼠标等设备控制观看场景的各个方向。

（2）景：即实景，真实的场景。三维实景大多是在照片基础之上拼合得到的图像，最大限度保留了场景的真实性。

（3）360：即360°环视的效果。虽然全景照片是平面的，但是通过软件处理之后得到的360°实景，却能给人以三维立体的空间感觉，使观者犹如身在其中。

通常，标准的全景照片是一张2∶1的图像，其实质就是等距圆柱投影。等距圆柱投影是一种将球体上的各个点投影到圆柱体的侧面上的投影方式，投影完之后再将它展开就是一张 2∶1 的长方形的图像。比较常见的就是应用在地图上的投影，如图 10-1 所示。

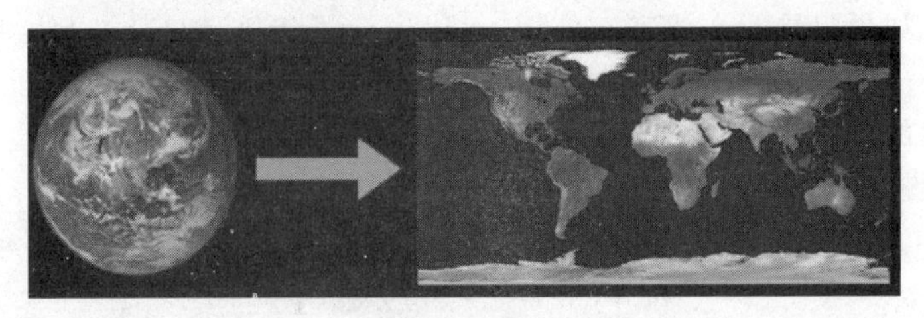

图 10-1 等距圆柱投影后的地图照片

明白了全景照片的原理之后，如何获得这种全景照片呢？

全景照片可以利用普通相机拍摄后再拼接合成得到，也可以直接使用专门的全景相机进行拍摄，如图 10-2 所示。

图 10-2 拍摄得到的全景照片

在获得全景照片之后，就可以按照特定的方式展示全景照片了。展示的方法其实就是等距圆柱投影的逆过程。将全景照片作为材质贴图到一个球体并进行渲染，如图 10-3 所示。

贴图渲染后的球体跟我们预想的全景不一样，那是因为我们还在球的外面，当我们在球的里面时，看到的就是一个逼真的全景了，如图 10-4 所示。全景由于给观看者一种身临其境的现场感觉，目前已被广泛应用于三维电子商务和电子娱乐领域，如在线的房地产楼盘展示、虚拟旅游、虚拟教育等。

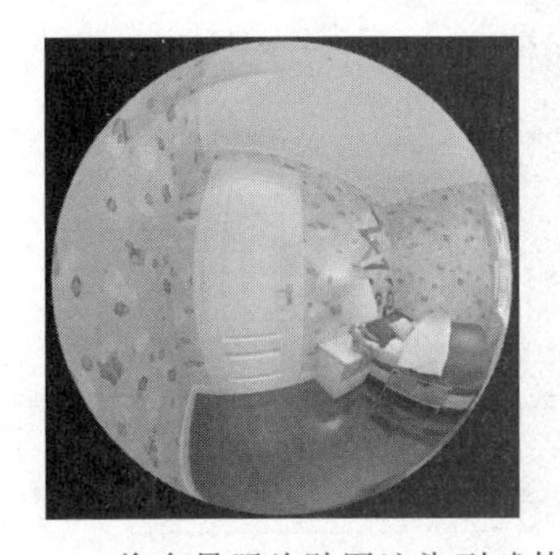

图 10-3 将全景照片贴图渲染到球体上

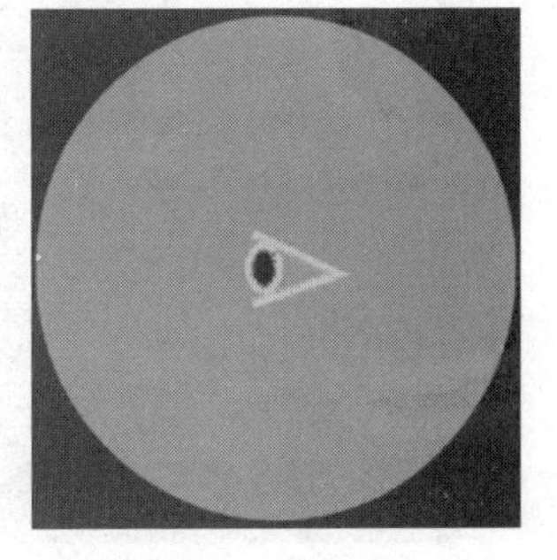

图 10-4 身在球体内部观看全景照片示意图

10.1.2 全景照片的拍摄方法

拍摄一张全景照片，其实就是将相机环 360°拍摄的一组或多组照片拼接成一个全景图像，这个拼接过程可以由相机自动完成，也可以用全景照片编辑软件拼接完成。全景照片的拍摄方法有很多，按照拍摄设备不同大体可以分为全景相机拍摄、手机全景拍照 App、单反相机＋鱼眼镜头＋三脚架＋全景云台四件套组合拍摄、无人机航拍等。

1. 用全景相机拍全景

全景相机，顾名思义专门用来拍摄全景图及全景视频，如图 10-5 所示。目前，市场上的全景相机大多是消费级的，如果只是业余或家庭使用，可以说全景相机是最佳选择。随着新产品的升级换代，全景相机拍摄出的全景照片效果越来越好，甚至可以拍出 5.7K 的全景效果，如图 10-6 所示。但是，如果拍出的全景照片要用于商业用途，全景相机还是略有不足的，通常需要借助单反相机＋鱼眼镜头＋三脚架＋全景云台进行拍摄。

图 10-5　全景相机

图 10-6　5.7K 全景效果

全景相机的使用非常方便，还支持后期自动输出功能，整个全景拍摄过程就像平时自拍一样，而且全景相机基本也都支持手机 App 远程控制拍摄，拍摄的模式更加多种多样。

2. 手机全景拍照 App

很多手机拍照 App 都开始支持全景照片拍摄功能。例如谷歌相机 App 就采用了 Photo Sphere 模式，可以拍摄出比较专业的 360°全景照片，如图 10-7 所示。此外，很多手机自带的相机功能中，也增加了全景模式，优点是操作方便，一部手机即可解决问题，但拍摄的照片效果与专业相机相比还是存在一定差距的。

图 10-7　谷歌相机 App

3. 单反相机＋鱼眼镜头＋三脚架＋全景云台拍全景

专业的全景拍摄设备，主要是由单反相机＋鱼眼镜头＋三脚架＋全景云台组成的四件套，这是全景照片的最佳拍摄方式，如图 10-8、图 10-9 所示。但它不像全景相机那样使用起来非常方便，且有很多后期处理。但一旦使用习惯了，也很简单方便。

这种拍摄方式下，首先需要对设备进行安装，然后设置相机镜头参数等。一切准备就绪开始拍摄,三连拍模式下,每个角度会获得三张照片,分别是高曝光照片、弱曝光照片、正常曝光照片,三连拍能够让后期照片合成时获得更佳的曝光效果。拍摄过程中要注意很多问题,如相机设置、云台调节、不要移动三脚架等。

4. 用无人机航拍全景

对于制作 360°全景来说,无人机航拍是其中最重要的一课,无人机所展示的 360°全景地图是其他任何拍摄手段都不能比拟的,所以无人机拍摄也深受人们的欢迎,如图 10-10 所示。

图 10-8 鱼眼镜头

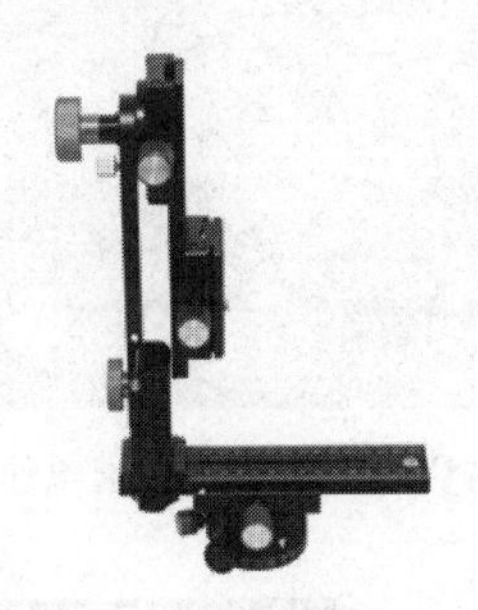

图 10-9 720°全景云台

图 10-10 无人机航拍全景照片

先将无人机飞到高度 50～70m 的空中,再将无人机的相机调整到水平视角开始拍摄,朝一个方向横向旋转水平拍摄,拍摄一圈 8 张图片,每张照片有 20%左右的重合度。

第一圈拍摄完成之后把无人机慢慢下降几米,或者调整相机角度向下 45°左右,继续朝一个方向水平旋转拍摄 8 张照片。最后垂直拍摄一张地面照片。

10.1.3 Photo Sphere 功能的使用

Photo Sphere 是谷歌相机推出的打造无死角全景拍照体验的相机功能,谷歌相机的 Photo Sphere 球形全景有非常强大的拼接能力,在相对复杂环境一样可以成功进行拼接,在 Photo Sphere 全景照片模式中,用户可以拍摄周边的景物:拍摄 360°高度逼真的照片和广角风景照片,甚至可以拍摄头顶和脚下的物体。

【示例 10-1】 利用谷歌相机的 Photo Sphere 功能制作全景照片。

在相机主屏幕上,单击 Photo Sphere 全景照片图标。垂直持握设备,高度为与用户的眼睛位于同一水平线,设备与用户之间的距离以尽量靠近身体但同时能舒适看到显示屏和倾斜手机拍摄全景为宜。要拍摄场景,调整相机角度,让蓝色小点位于白圈的中心。拿稳相机,直到屏幕上显示一个场景框和停止按钮。站在原地随着小点缓慢旋转相机,拍摄用户想要捕捉的整个区域,如图 10-11 所示。

要创建完整的 Photo Sphere 全景照片,用户需要旋转几次来完整取景(通常取景 5 次),并上下倾斜相机以捕捉整个区域。创建 Photo Sphere 过程中,用户可以随时单击“撤销”按钮重新尝试拍摄上一镜头,如图 10-12 所示。

要利用用户刚刚拍到的照片创建 Photo Sphere 全景照片,可以触摸屏幕底部按钮。照片可能要过一会儿才能创建完成,如图 10-13 所示。要查看用户最近拍摄的 Photo Sphere 全景照片,可以在相机主屏幕上向左滑动,然后触摸“Photo Sphere 全景照片”图标,系统会自动播放平移拍摄到的全景照片。用户也可以通过拖动的方式浏览拍摄到的场景照片。若想分享图库中浏览的 Photo Sphere 全景照片,可以触摸“分享”图标,然后选择一种分享方式。

使用手机创建精美的 Photo Sphere 全景照片只需根据提示实践几次,就能拍出精美的 360° Photo Sphere 全景照片。拍摄时尽量垂直持握手机,而不要横向持握,这样可以消除或尽量避免拍不到头顶和脚下区域的情况。手机高度为与用户的眼睛位于同一水平线,手机与拍摄者之间的距离以尽量靠近身体但同时能舒适看到显示屏和倾斜手机拍摄全景为宜。

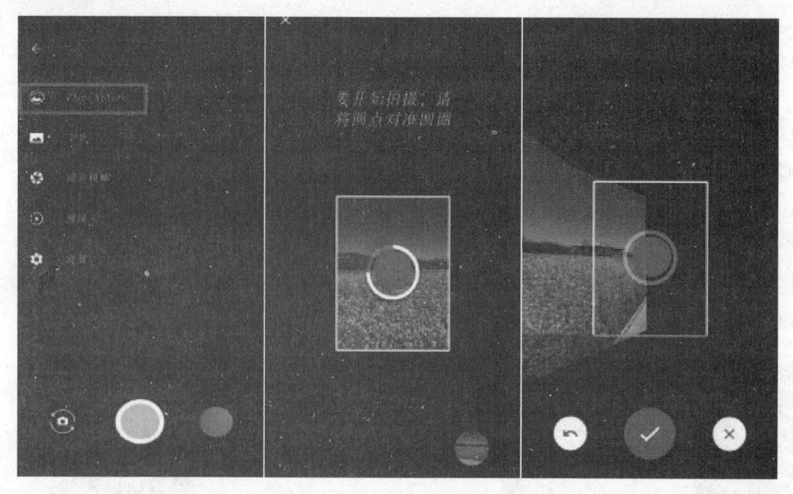

图 10-11　拍摄 Photo Sphere 全景图片

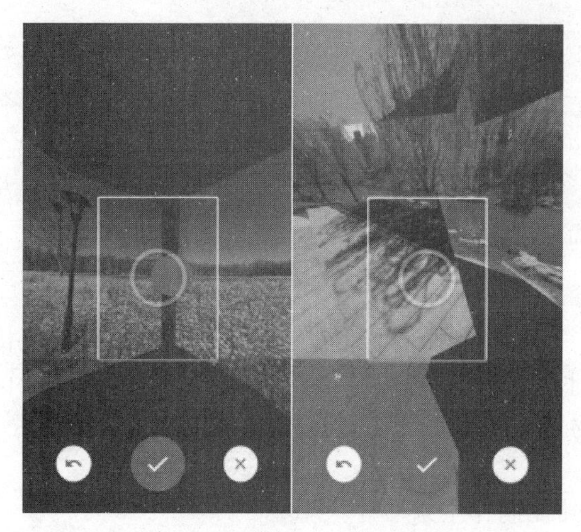

图 10-12　捕捉整个拍摄区域

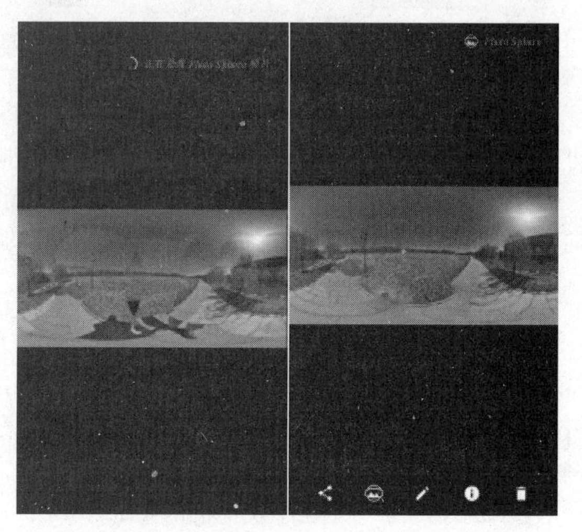

图 10-13　生成 Photo Sphere 全景图片

创建 Photo Sphere 全景照片的方法有两种，用户可以选择自己觉得较自然的方法。

（1）以用户身体为轴，移动手机（手机尽量靠近身体，同时保证能看到屏幕上的内容）。先拍摄水平方向的照片，然后保持手机位置大致不变，稍微上下倾斜手机重复以上流程，拍摄多组照片（大多数设备要求拍摄五组照片才能拼接成一张全景照片）。

（2）以手机为基准，用户以手机为中心绕着手机移动，同时旋转或倾斜手机。如果在室内拍摄且室内光线比较昏暗，所拍摄图像中的物件距离手机不足 1m，可以使用三脚架固定替代手持。拍摄效果如图 10-14 所示。

图 10-14　手机拍摄 Photo Sphere 效果图

10.2 全景照片处理软件的使用

全景照片技术,又称全景(Panorama)技术,是一种基于图像绘制技术生成真实感图形的虚拟现实技术,是目前全球范围内迅速发展并逐步流行的一种视觉新技术。它给人们带来全新的真实现场感和交互感。通过图片或者相片的缝合,实现了自由的风景环视和对物体的三维拖动显示,从而给人一种视觉的真实感。

近年来,全景浏览的应用领域越来越广泛,全景技术所具备的虚拟现实技术良好的立体感及沉浸感使展示效果备受人们的欢迎。随着数码相机的普及和全景制作软件技术的发展,该技术已经广泛用于在线产品展示、虚拟实景、虚拟物体等方面。然而,在全景照片制作过程中受到各方面因素的影响,如相机型号的差异、镜头广角的限制、全景照片拼接软件等因素的影响,制作出的全景照片质量参差不齐,而且在全景照片展示过程中容易变形。因此,全景照片的制作一般是由专业的人员用专业的设备进行制作。随着社会化网络的兴起,在网络上管理和发布自己制作的全景照片成为一种趋势。因此,本节将介绍全景照片处理软件的安装和使用示例,从而让读者能够更快地掌握全景照片处理软件的使用方法。

10.2.1 常用的全景照片处理软件

1. Pano2VR

Pano2VR 是由 Garden Gnome Software 公司打造的一款功能全面的全景图像转换软件,可以将球形、圆柱形和多分辨率全景图转换为交互式的 360°全景图,并可以按照 HTML5、Flash 和 QuickTime 等多种格式输出。

Pano2VR 可以使用外观编辑器帮助用户自定义全景项目的外观,无论是制作还是发布全景图的操作效率都很高。它可以在几分钟内发布全景图像,不管什么类型的项目,还是千兆像素级别的全景图,以及包含数百个节点的虚拟旅游项目,Pano2VR 都能够在桌面和移动设备上快速部署、启动和运行项目。

Pano2VR 6.0 版本在游览地图、动画编辑器和浏览器等方面带来了重大更新,支持在项目中添加平面图,提供更精确的室内节点定位手段,使用动画编辑器控制为外观元素设置动画效果,能够将全景图像转换成.mov 文件或者 Flash 文件,从而实现浏览器播放 360°全景动画并允许用户与其交互。Pano2VR 界面如图 10-15 所示。

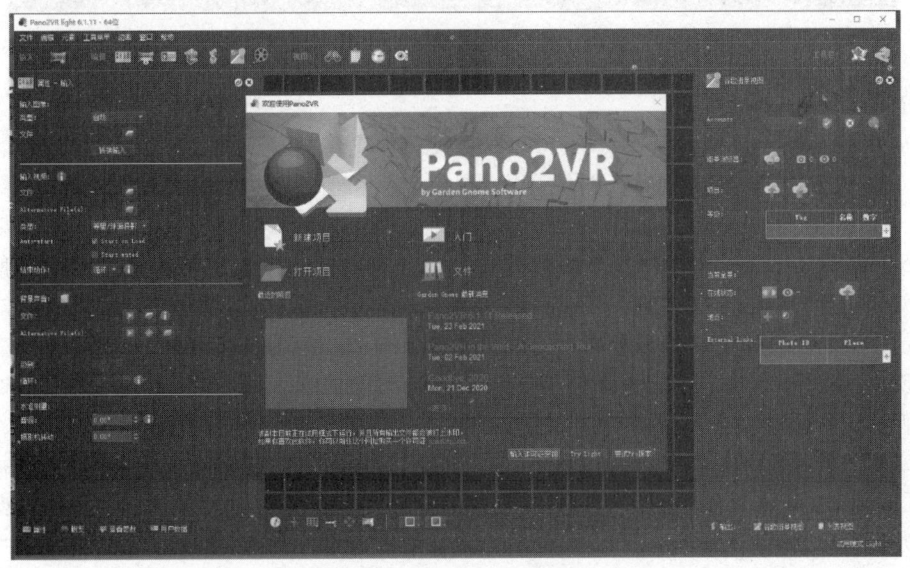

图 10-15 Pano2VR 界面

2. PTGui Pro

PTGui Pro 是一款功能强大的全景图像拼接软件，可以说是行业领先的照片拼接应用程序，主要针对喜欢拍摄全景、长焦、广角的用户，对这类照片进行重新专业修正，支持 HDR 拼接、蒙版、视点矫正等，可帮助用户快速制作一个完美的全景拼接图像。该软件最初是作为 Panorama Tools 的图形用户界面开始的，PTGui Pro 12 通过为全景制作工具 Panorama Tools 提供可视化界面来实现对图像的拼接，从而创造出高质量的全景图像。在摄影师当中 PTGui Pro 所起到的作用无法替代，特别是在制作全景风景图的时候更是重要，它能够帮助用户更加顺利地完成照片的拼接，支持长焦、普通与广角及鱼眼镜头所拍摄的照片，支持创建普通、圆柱以及球形全景照片，总体来说还是非常方便的。使用该软件制作出的全景风景照片气势磅礴，效果和一般数码相机拍摄出的照片完全不是一个级别的，用户可以使用数码相机或者单反，拍摄出一堆风景照片，然后使用 PTGui 来进行后期加工，当然这属于专业摄影级别的范畴，该软件支持 HDR 拼接、蒙版、视点校正和渐晕、曝光和白平衡校正，其内置一个完整的球形全景查看器，用于本地查看全景图。PTGui Pro 12 操作页面如图 10-16 所示。

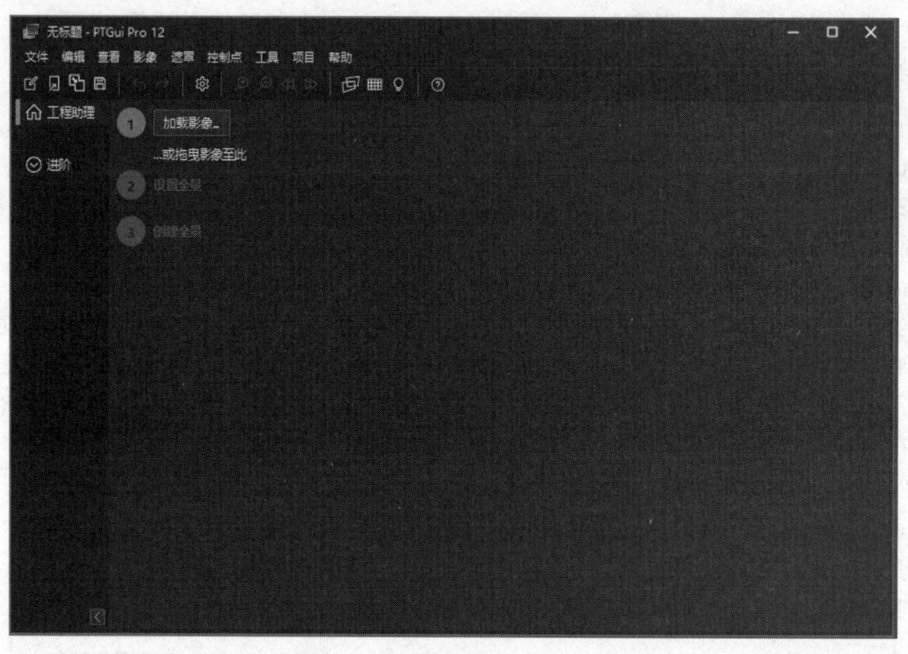

图 10-16　PTGui Pro 12 操作界面

3. Adobe Photoshop

Adobe Photoshop 是 Adobe Systems 开发和发行的图像处理软件，主要处理以像素所构成的数字图像。此软件可分为图像编辑、图像合成、校色调色和功能色效制作等，该软件支持 Windows 操作系统、Android 与 Mac OS 等。

Photoshop 的专长在于图像处理，图像处理是对已有的位图图像进行编辑、加工处理以及运用一些特殊效果，实现对图像的处理。Photoshop 重点在于对图像的处理加工；图形创作软件是按照用户自己的构思创意，使用矢量图形等来设计图形。Photoshop 可以对图像做各种变换，如放大、缩小、旋转、倾斜、镜像、复制、去除斑点、修补、修饰图像的残损等。Photoshop 软件的主页面如图 10-17 所示。

如图 10-18 所示为 Photoshop 的工作页面，主要包括菜单栏、选项栏、工具栏、选项面板、状态栏、工作区等部分。Photoshop 菜单栏包括文件、编辑、图像、图层、选择、滤镜、视图、窗口、帮助 9 个下拉功能菜单，囊括了所有的 Photoshop 命令。处理图像的主要工具都放在工具箱中，包括了 55 个工具，分别用来绘图、编辑图像、选择颜色、观察图像和标注文字等。选项面板主要用于迅速

图 10-17　Photoshop 主页面

放大和缩小图像或观察图像的任意区域；控制面板用于显示鼠标指针的当前位置及当前位置上的颜色信息；控制面板为当前选定的工具提供选项。状态栏能实时提供当前图像需要多少内存空间，多少硬盘空间等信息，单击状态栏上的三角形即可看到它的五个部分：文档大小、暂存盘大小、效率、计时、当前工具。

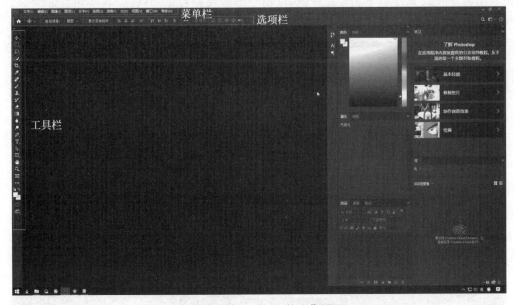

图 10-18　Photoshop 的工作页面

4. Photomatix Pro

Photomatix 能够调节图片曝光度和通过多个曝光源生成 HDRI(High Dynamic Range Image)高动态范围图像。它能把多个不同曝光的照片混合成一张照片，并保持高光和阴影区的细节。打开在同一场景拍摄的不同曝光度的照片，选择一个曝光混合方法，Photomatix Pro 可以在

6种联合模式中选择：平均+5种曝光混合方法，每个方法都基于不同的算法。

但并非一定需要多张照片才能使用Photomatix。色调映射工具(Tone Mapping tool)也能用于48位TIFF文件，同样适用于48位压缩工具(Compression tool)。另一技巧是使用从RAW文件解压出来的不同曝光度的照片。这对于合并菜单下的曝光混合方式来说，特别是对自动高光和阴影(Highlight & Shadows-Auto)这一方式，处理的效果非常好。当然，从RAW文件能够获得的动态范围是有限的，所以对于有明亮窗户的室内场景这样的挑战性场景，效果并不是很好。同时，必须指出的是，这样的处理不适合于生成HDR图像。

Photomatix提供两种处理方式，把两张或更多张不同曝光的照片形成一张更大动态范围的照片。一种称作曝光混合(Exposure Blending)，通过"合并"菜单(combine)来进行。曝光混合是最容易理解的了。它将不同曝光的照片进行合并，将它们合并成一张高光和阴影都呈现细节的照片。另一个叫作HDR色调映射(HDR Tone Mapping)，通过"HDRI"菜单来进行。HDR色调映射处理包含两步：第一步是把不同曝光的照片生成一幅HDR图像；第二步是将生成的HDR图像进行色调映射。第二步对呈现HDR图像的高光和阴影的细节至关重要。

两种处理方式都产生更大动态范围的图像，但效果是不同的。推荐两种方法都用，然后选择对于图像来说处理效果最好的方法。

5. Panorama Studio

Panorama Studio是苹果系统下的一款功能强大的全景图照片制作软件，具备了透视矫正、自动校正镜头扭曲、自动化曝光修正、自动剪切、热点编辑等功能。通过它，不需要任何昂贵的设备，哪怕是最常见的相机也只需几个步骤就能将简单的图片制作成无缝的360°全景图片，让用户在旅行途中所拍摄的美景都以最真实的样子展现出来。另外，Panorama Studio为高级用户提供了强大的图片处理功能，允许高级用户通过设置与焦距、相机和镜头有关的参数，应用渐晕校正并选择投影模式(圆柱形或球形)来删除所选照片并正确对齐图像，并且还可以启用自动校正和调整模式，也可以手动调整亮度，调整全景大小，增强图像质量并插入链接，甚至能够将各种图像格式的全景图导出为交互式Java或Flash全景图，以用于屏幕保护程序和网站，其实用性非常强。具体操作界面如图10-19所示。

图10-19 Panorama Studio操作界面

6. Kolor Panotour Pro(苹果系统)

Kolor Panotour Pro同样也是一款苹果系统下的创建交互式虚拟全景游览图工具。界面直观，只需几次单击即能完成所有操作，并且支持多种格式，可以添加和创建任意大小的图像（大于360×180），支持几乎所有的图像格式（JPG、PNG、PSD/PSB、KRO、TIFF 和多数相机中的 RAW 文件）。KolorPanotourPro 操作页面如图 10-20 所示。

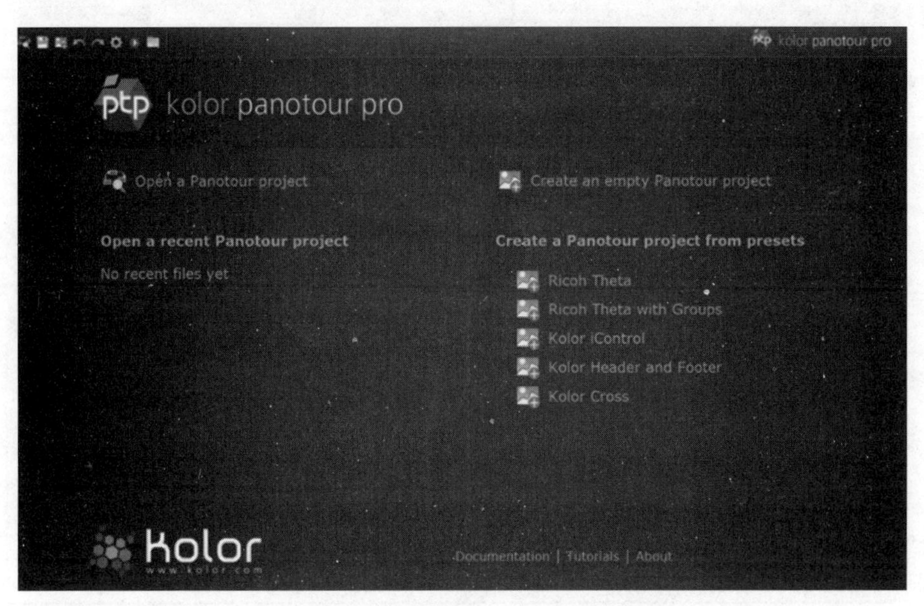

图 10-20　Kolor Panotour Pro 操作页面

【示例 10-2】 利用 Photomatix Pro 将多张不同曝光的照片合成一张。

该操作可以通过 Automate 菜单下的批处理（Batch Processing）实现，具体做法如下。

(1) 运行 Photomatix Pro，然后单击批量处理多张图像，导入调色后的 18 张照片（60°三连拍），如图 10-21 所示。

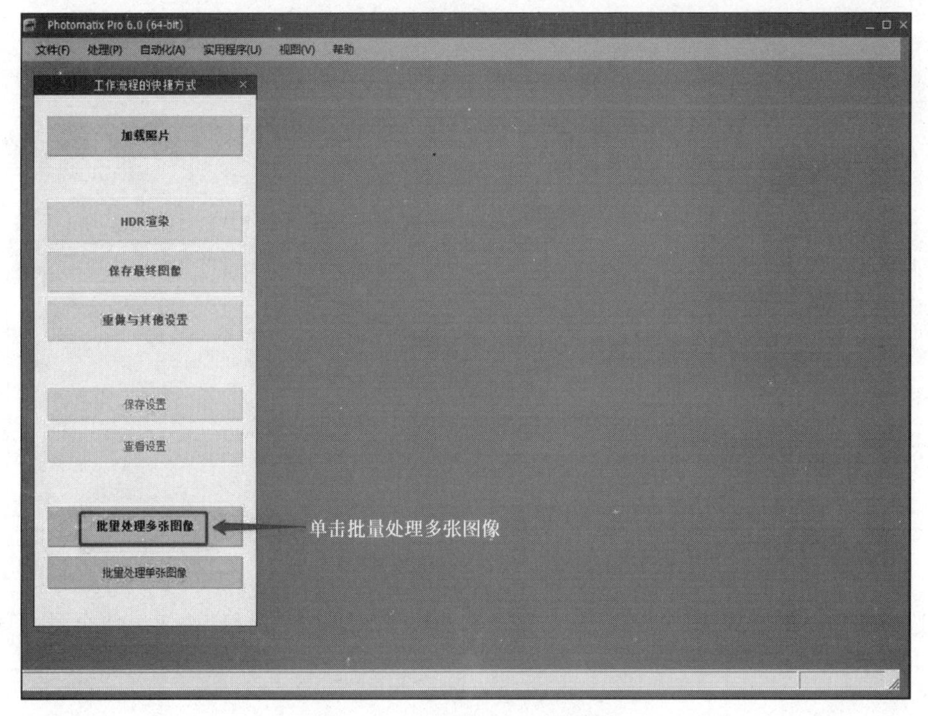

图 10-21　多张图像合成的制作

（2）按照图 10-22 和图 10-23 所示的方法导入照片。

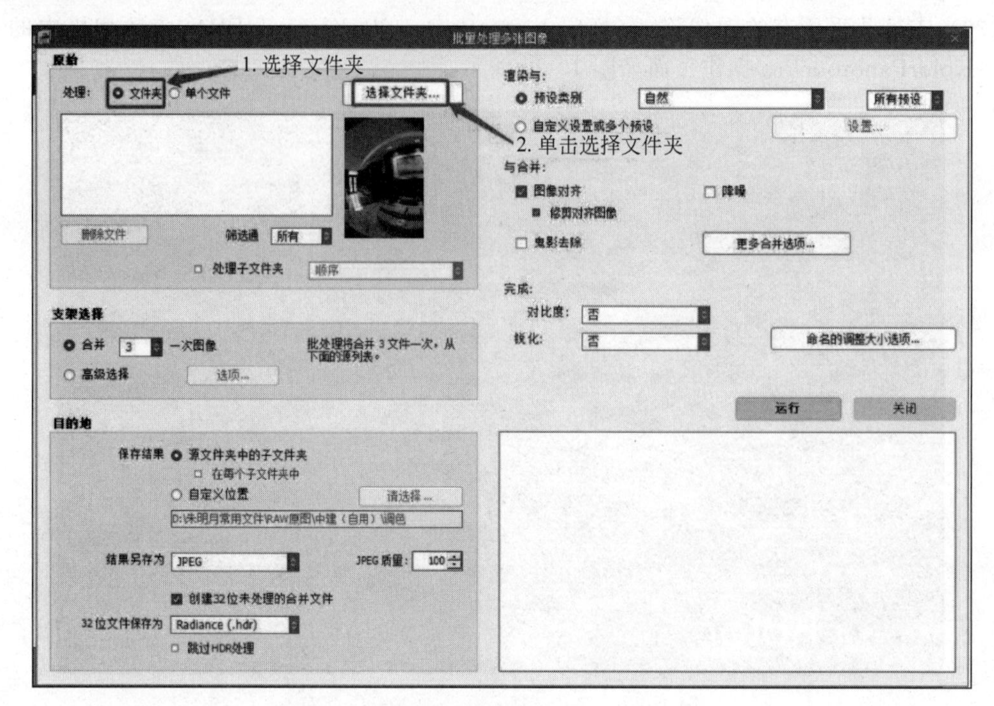

图 10-22　导入照片

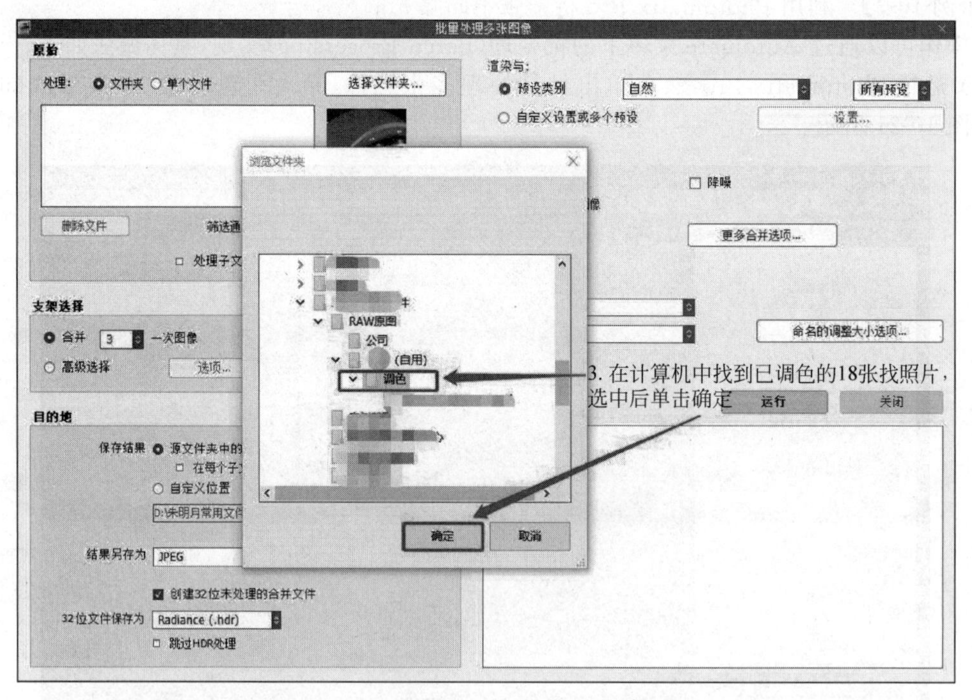

图 10-23　设置图片

（3）选择图片导出格式、图像质量、输出路径和预设类别，单击“运行”按钮等待全景图导出即可，如图 10-24 所示。

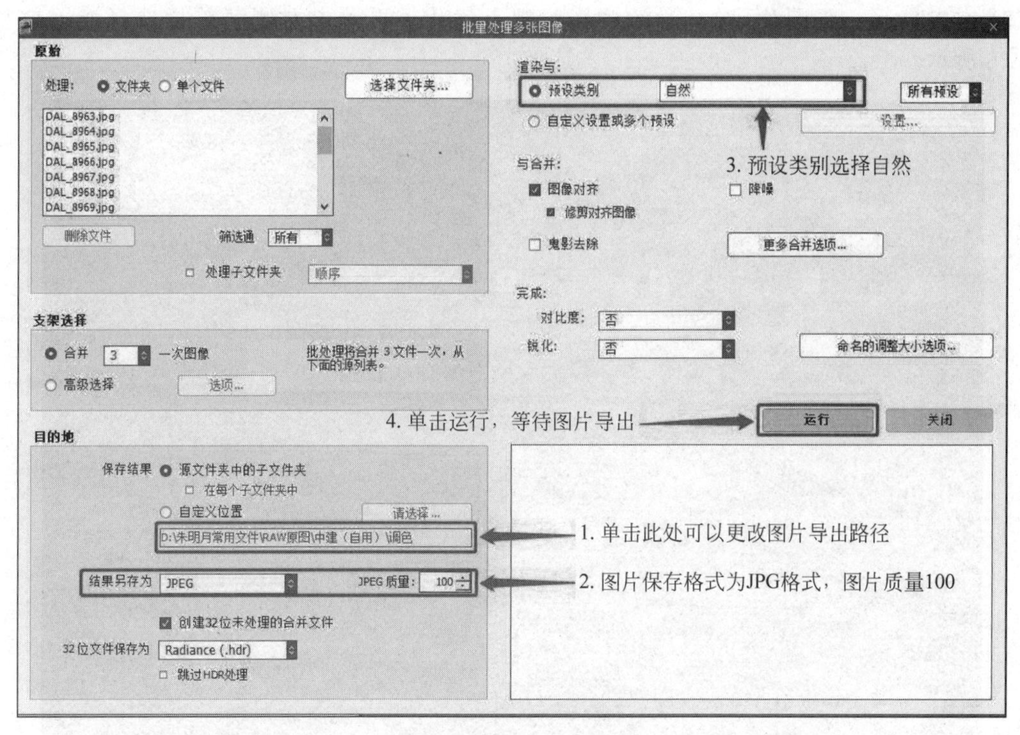

图 10-24 设置图片格式

10.2.2 全景照片的常用处理操作

1. PTGui Pro

【示例 10-3】 使用 PTGui Pro 设计全景图片。

(1) 把需要生成全景图的照片素材放在同一个文件夹中。

(2) 双击打开 PTGui Pro,操作页面如图 10-16 所示。单击添加影像,选择所存储的文件,如图 10-25 所示。

图 10-25 图片文件添加

(3) 右击最后一张图片，选择激活此影像视点优化。再单击左侧菜单栏选择遮罩效果，如图 10-26 所示。

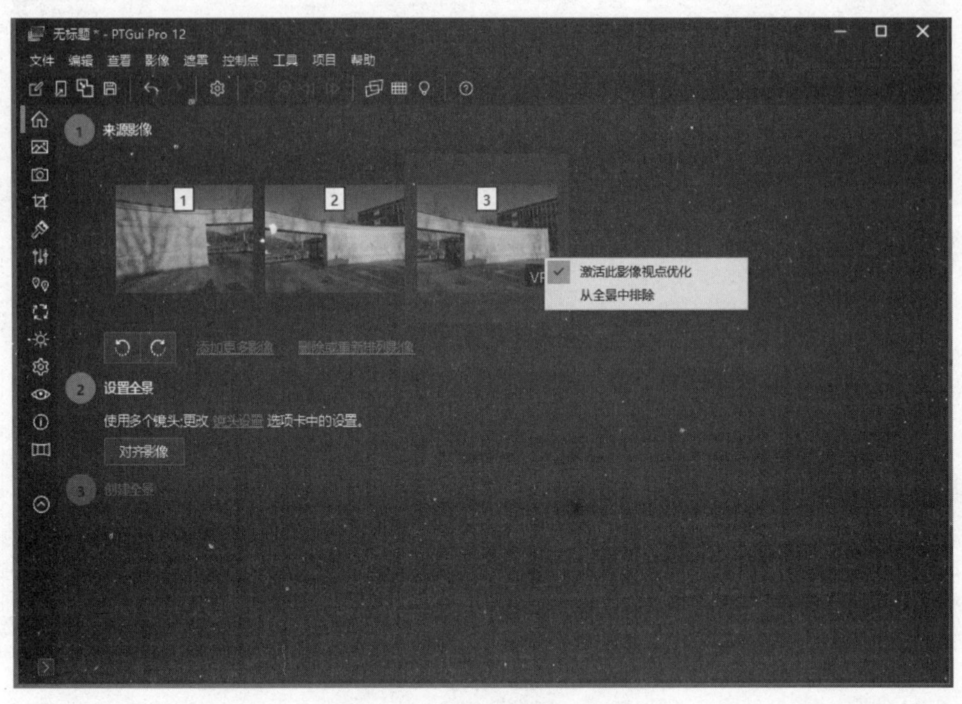

图 10-26　激活影像视点优化

(4) 左边选择第一张，右边选择倒数第二张，通过单击左图左下角的旋转选项来保证左图和右图的朝向一致，如图 10-27 所示。

图 10-27　调整图片方向设置

(5) 选择左侧菜单栏,单击“工程助理”,然后单击“对齐对象”等待软件运行,如图 10-28 所示。

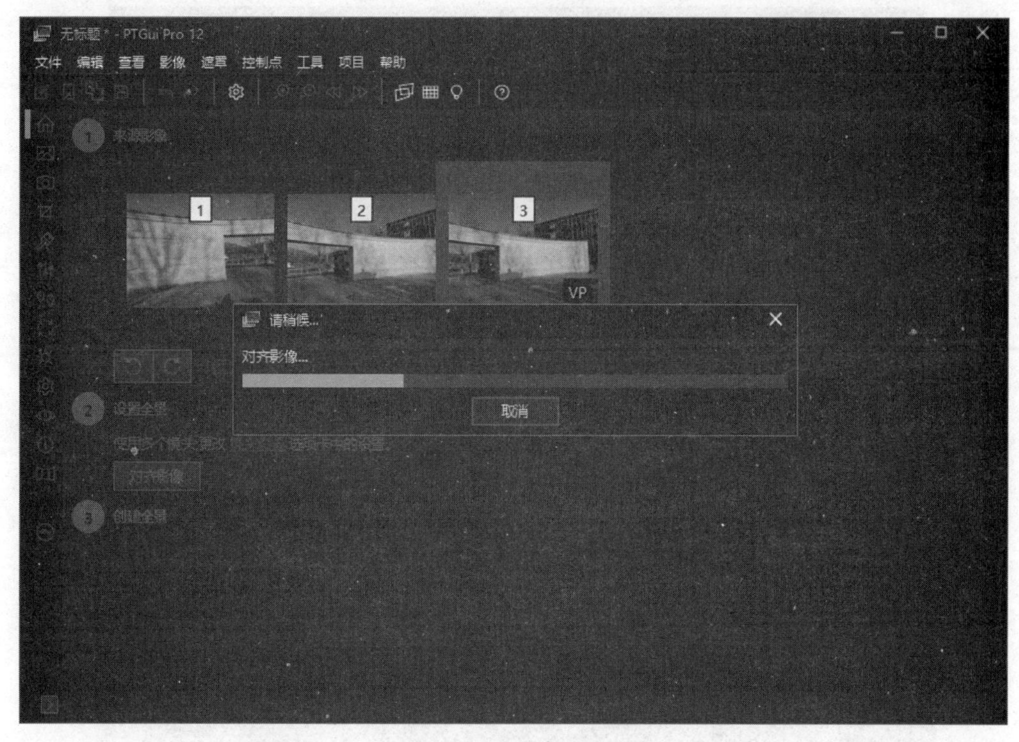

图 10-28　对齐影像设计

(6) 生成全景图,效果如图 10-29 所示。

图 10-29　生成全景图

2. Photoshop 制作 360°全景照片

【示例 10-4】 利用 Photoshop 制作 360°全景照片。

首先,用户要有 Photoshop 2015 以上的版本,本示例采用 Photoshop 2018 版。工作页面如图 10-30 所示。

把素材通过文件、打开操作放入 Photoshop 工作页面,如图 10-31 所示。

放入素材之后,需要设置图片的大小,在菜单栏单击图像,会弹出如图 10-32 所示修改图像大小的选项卡,单击设计图像大小命令,设置图像大小的具体参数,如图 10-33 所示。

其次,把图像大小修改成合适之后,需要对图像进行 180°旋转,如图 10-34 所示。

再单击菜单栏“滤镜”“扭曲”“极坐标”,如图 10-35 所示,选择第一个平面坐标到极坐标,如图 10-36 所示。

图 10-30　Photoshop 2018 版工作页面

图 10-31　Photoshop 工作页面放入的素材

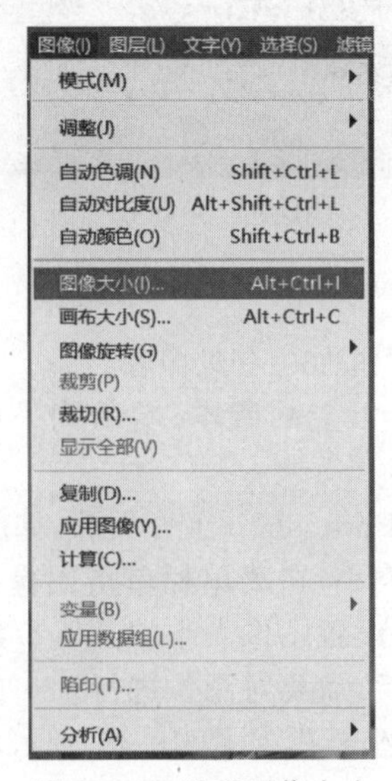

图 10-32　设置图像大小

图 10-33　设置图片大小选项卡

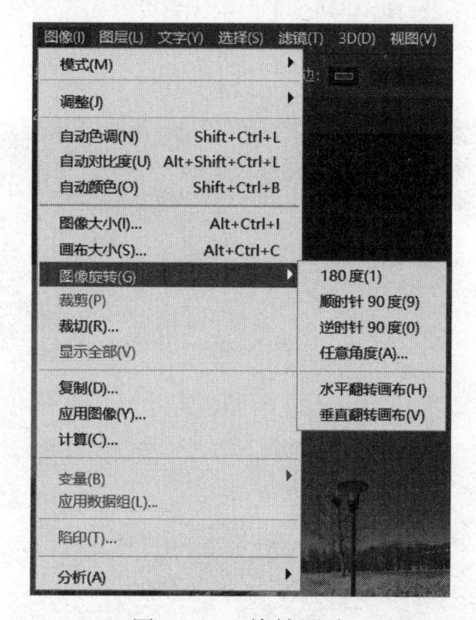

图 10-34　旋转图片

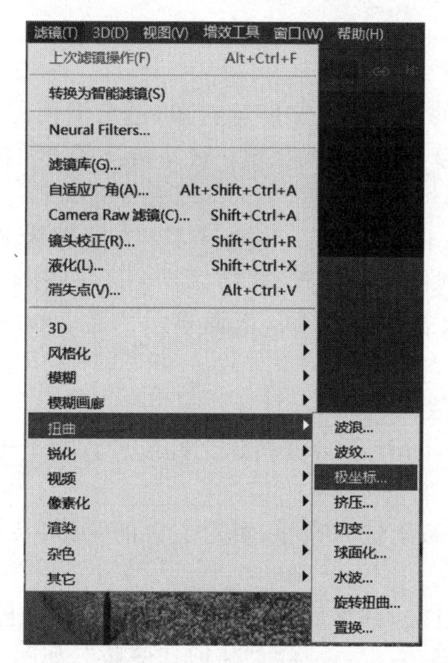

图 10-35　添加到极坐标

图 10-36　平面坐标到极坐标

最终的显示效果如图 10-37 所示。

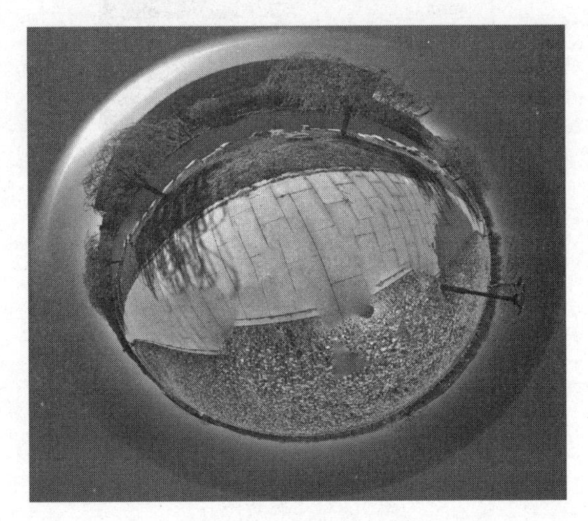

图 10-37　最终效果图

10.2.3　遮罩特效

遮罩就是通过遮罩图层中的图形或者文字等对象，透出下面图层中的内容。遮罩层好比黑夜中的手电筒，照在哪里(指被遮罩层)哪里就显现；它又是一张透明的纸，我们可以在这张纸上挖一个洞，当洞下面的物体运动运动经过洞口时，就产生了一个小动画。

使用遮罩，可以创造出很多非凡的效果，用户只需要在设置为遮罩图层的图层上右击，选择遮罩命令就可以了；若要取消遮罩图层的设置，同样只要在遮罩图层上右击，在弹出的快捷菜单中再次选择遮罩命令，取消其选中状态就可以了。下面显示的是 Photoshop 遮罩用法，这里我们以文字遮罩为例。

【示例 10-5】 怎么加遮罩效果

(1) 打开 Photoshop，按 Ctrl＋N 组合键新建文件或者直接单击新建，选择好尺寸，如图 10-38 所示。

(2) 选择文字工具“T”在画板上输入文字，可对文字的字体，字号，位置等进行设置，如图 10-39 所示。

(3) 把自己喜欢的照片拉进去，调整好尺寸，放在文字图层的上面，如图 10-40 所示。

(4) 选中拉进去的素材图层，右击，选择“创建剪切蒙版”，如图 10-41 所示。

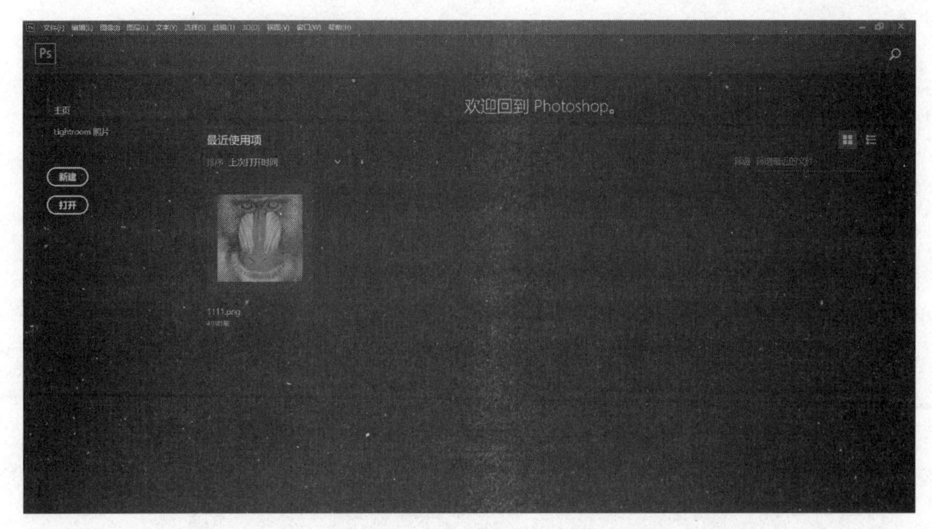

图 10-38　Photoshop 新建页面

图 10-39　文字工具“T”使用

图 10-40　将素材拉入 Photoshop

图 10-41　创建剪切蒙版

(5) 图 10-42 所示为简单的文字遮罩。

图 10-42　文字遮罩的最终效果

10.2.4　鱼眼特效

鱼眼特效是由“鱼眼镜头”产生的，“鱼眼镜头”是一种焦距在 6～16mm 的短焦距超广角摄影镜头的俗称。以适用于 135 画幅的单反相机的镜头为例，为了让镜头达到最大的摄影视角，这种摄影镜头的前镜片直径很短且呈抛物状向镜头前部凸出，和鱼的眼睛很相似，因此有了“鱼眼镜头”的说法。

鱼眼镜头最大的作用是视角范围大，视角一般可达到 220°或 230°，这为近距离拍摄大范围景物创造了条件；鱼眼镜头在接近被摄物拍摄时能造成非常强烈的透视效果，强调被摄物近大远小的对比，使所摄画面具有一种震撼人心的感染力；鱼眼镜头具有相当长的景深，有利于表现照片的长景深效果。鱼眼镜头的成像有两种，一种像其他镜头一样，成像充满画面；另一种成像为圆形。无论哪种成像，用鱼眼镜头所摄的像，变形相当严重，透视汇聚感强烈。所以它常被用作特殊效果镜头，一只伸向鱼眼镜头的手臂，会显得比原先长一倍。

【示例 10-6】　怎么在 Photoshop 中加鱼眼效果。

打开 Photoshop，按 Ctrl+N 组合键新建文件或者直接单击“新建”，选择好尺寸，如图 10-43 所示。

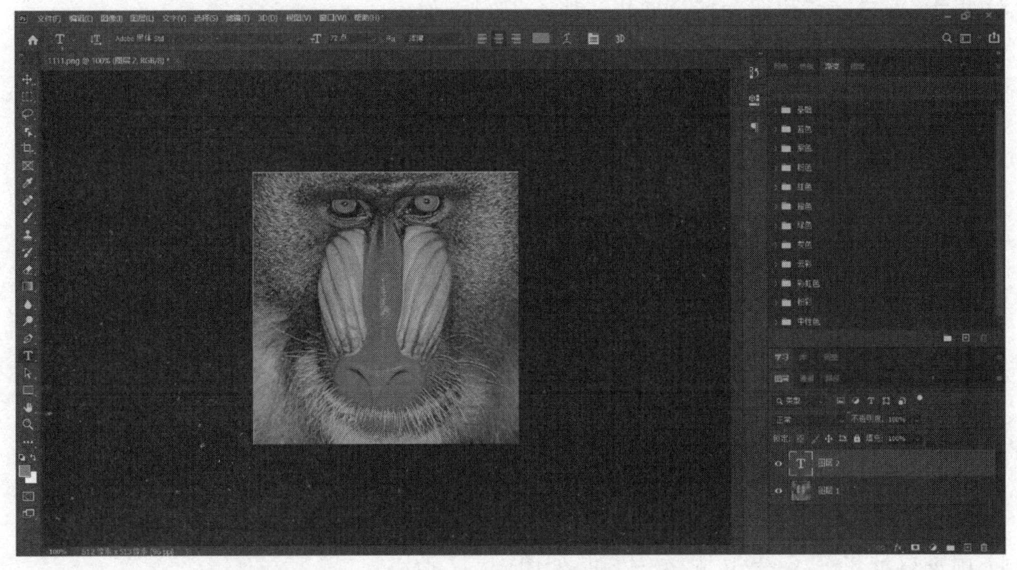

图 10-43 新建页面

(1) 选中一张图,然后在工具栏中选中椭圆选框工具,如图 10-44 所示。

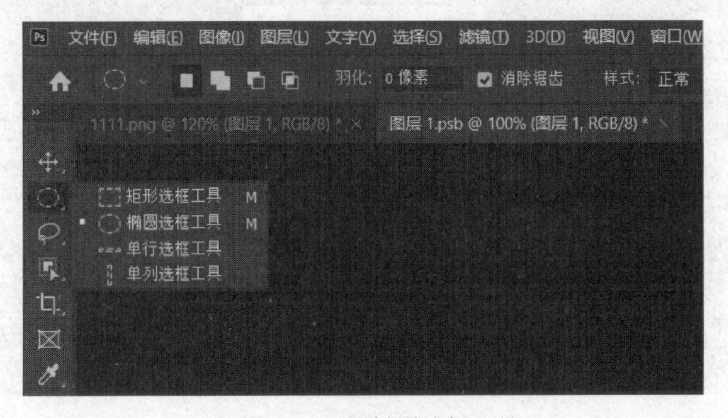

图 10-44 运用椭圆选框工具

(2) 框选出一个鱼眼的位置,然后按 Ctrl+J 组合键复制一个图层,如图 10-45 所示。

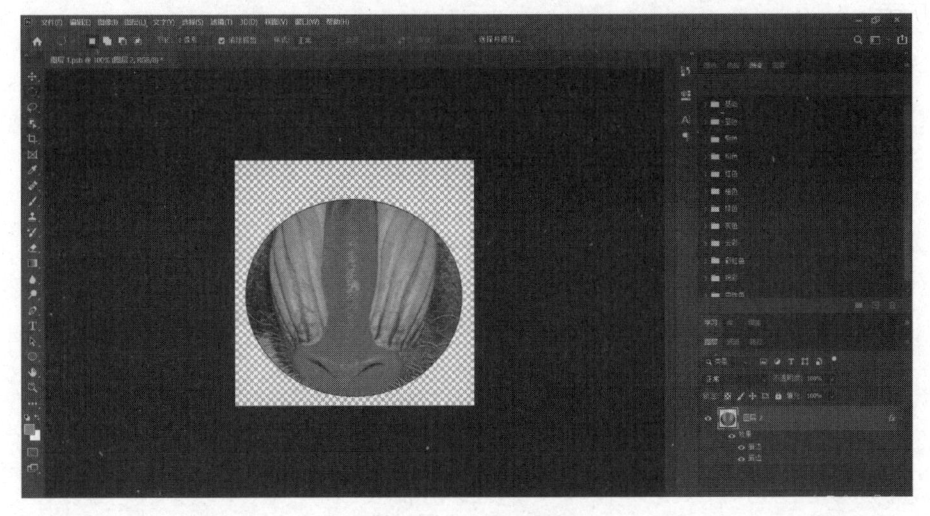

图 10-45 复制的图层

（3）单击“滤镜”→“扭曲”→“球面化”，如图 10-46 所示。

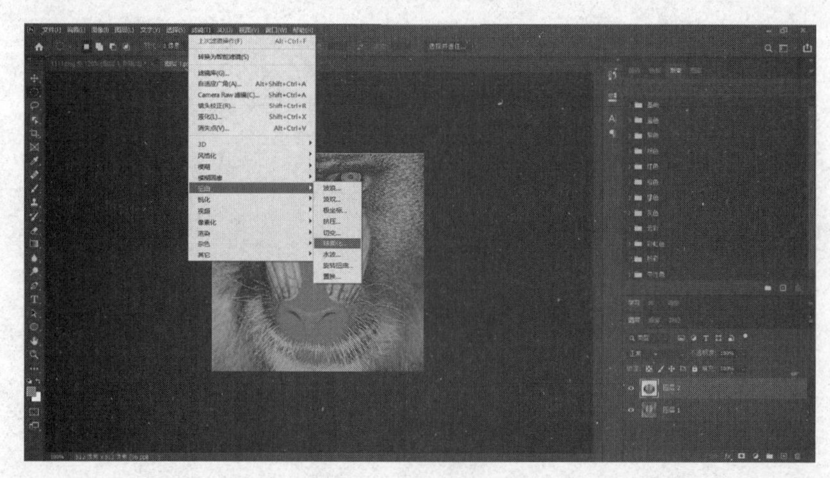

图 10-46　球面化的应用

（4）调整数量和模式，单击“确定”按钮，如图 10-47 所示。

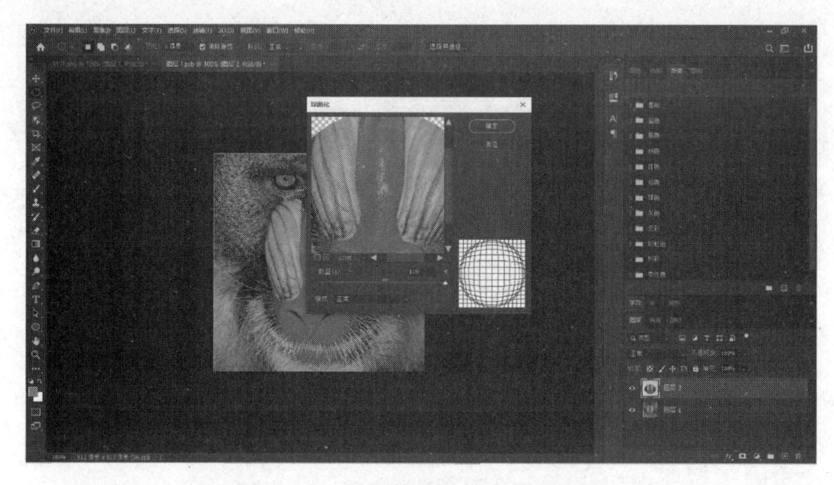

图 10-47　调整数量和模式后的效果

（5）右击选择图层单击混合选项，然后勾选描边，然后将像素输入为 1，单击“确定”按钮，如图 10-48 所示。

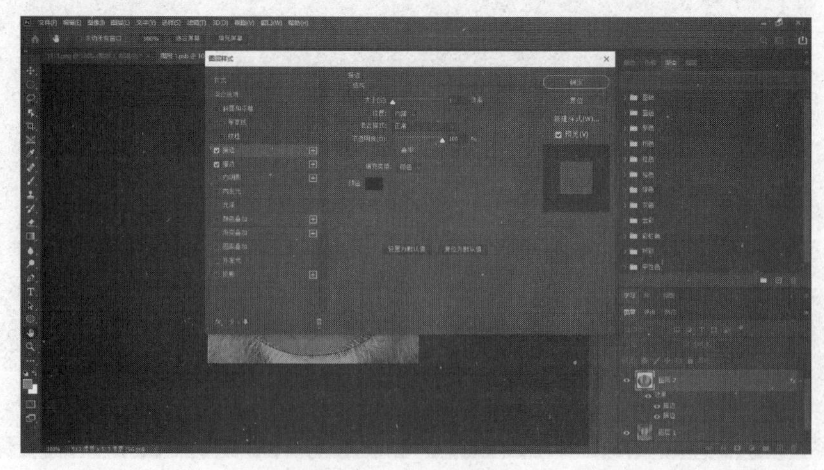

图 10-48　图层设置

（6）最终效果如图 10-49 所示。

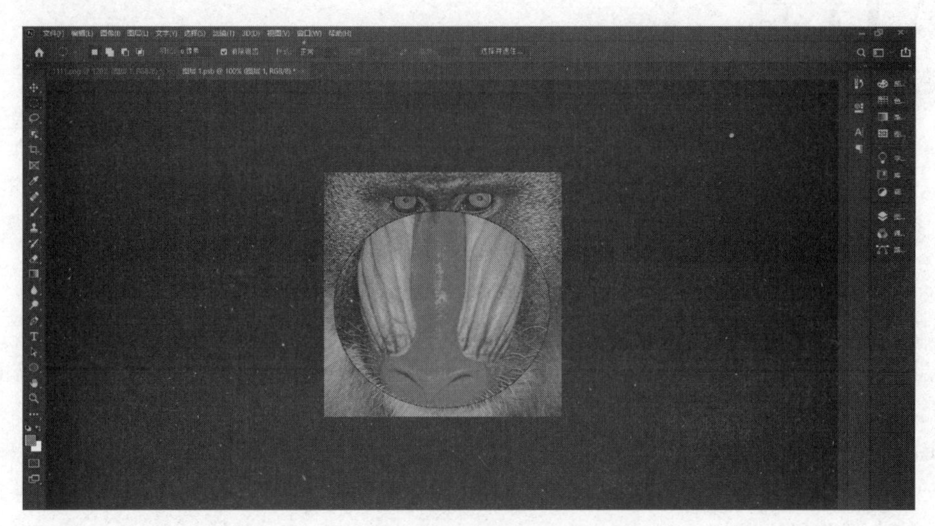

图 10-49 鱼眼特效

第11章

虚拟现实3D模型资源处理

虚拟现实技术(Virtual Reality,VR)是指运用计算机和一定的技术手段建造一个仿真的三维虚拟环境。VR通常具有以下特征。

- 沉浸感。沉浸感是指对象作为主角置身于虚幻世界中的逼真感受。
- 交互性。交互性是指参与者对模拟世界中物体的可干预性以及从虚拟环境中得到效果反馈的自然程度。
- 自主性。自主性强调VR技术应该拥有广阔的可幻想空间,能够拓展人类认知的领域,不仅可以逼真重现客观世界,还可以构建虚幻的,甚至是奇幻的世界状态。

随着5G通信技术的飞速发展和正式商用,我国已经于2019年11月1日正式进入"5G时代"(图11-1)。5G将会给很多领域带来变革性的创新,尤其是将会极大促进VR(虚拟现实)技术和AR(增强现实)技术的迅速发展,主要表现在以下几个方面。

(1) 更高清的VR视频画面。5G将会带来更广泛的无线电信道、载波聚合等。这将满足网络对信息的高要求。与4G相比,5G带宽更高,频谱效率更高。这对于提供高清视频和其他内容以及360°视频至关重要(图11-2)。

图11-1　5G通信技术

图11-2　5G技术助力高清视频传输

(2) 更丰富的情景化体验。5G更高的网络密度将促进物联网与智能城市的发展,在此基础上,VR技术会将这些技术用作传感器网络的一部分,从而创建更丰富、更具情景化的体验(图11-3)。

(3) 更低的时延。理论上,5G网络会把时延降到15ms左右,这意味着可以把VR互动性应用的眩晕感完全消除掉,使高保真内容更加的清晰,并使交互更加无缝快捷。

(4) 更低的能耗。当前像观看视频或电影对于电池消耗很大,长期使用会影响电池寿命。而5G则能提高能效,降低对电池的消耗(图11-4)。

(5) 借助5G技术,VR技术将对我们的工作和生活产生巨大的影响,我们每天用到的手机、计算机、电视以及各种屏幕,都有可能被一块玻璃取代。VR还可以帮助医生进行远程手术,并在手术前和手术过程中展示患者的血压、心率和其他重要指标(图11-5)。

此外,VR技术也将对零售业产生重大的影响。顾客可以在虚拟世界中逛街购物,试穿试戴,从而轻松选中适合自己的产品(图11-6)。有调查显示,通过VR技术购物的退货率比普通购物低22%。同样,VR电商还可以用来销售市场上被认为过于超前的高价商品。

图 11-3　5G 技术提升 VR 体验

图 11-4　5G 技术降低能耗

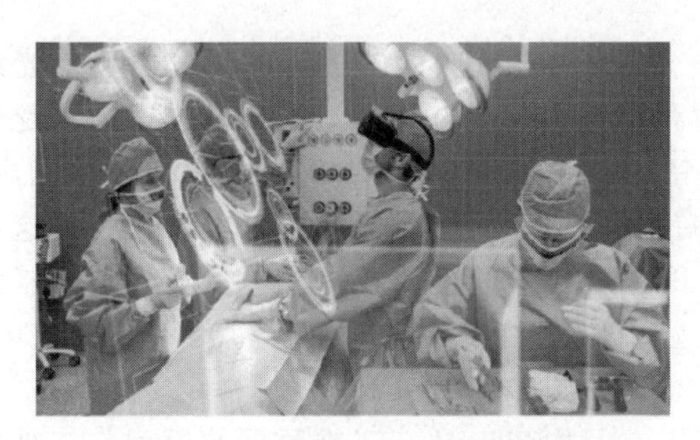

图 11-5　5G 技术助力 VR 远程医疗

图 11-6　5G 技术助力 VR 虚拟试穿

可以预见的是，随着 5G 技术的逐渐普及，未来将促进 VR 产业实现更多令人意想不到的革新和变化。

在虚拟现实的众多核心技术当中，三维建模技术是基础，发挥着至关重要的作用。如果没有专业 VR 建模工具提供支撑，VR 系统将很难成功建立。目前，复杂的虚拟现实场景大多是利用 3D 模型软件制作的，例如 3ds MAX、Maya、Unity 3D 等。

11.1　虚拟现实建模技术

虚拟现实技术是在虚拟的数字空间中模拟真实世界中的事物，这就需要一个逼真的数字模型，于是虚拟现实建模技术应运而生。虚拟现实与现实到底像不像，是与建模技术紧密相关的，所以建模技术的研究具有非常重要的意义。

虚拟现实建模是利用虚拟现实技术，在虚拟的数字空间中模拟真实世界中的事物，虚拟现实技术将数字图像处理、计算机图形学、多媒体技术、传感与测量技术、仿真与人工智能等多学科融于一体，为人们建立起一种逼真的、虚拟的、交互式的三维空间环境。

按照建模方式的不同，现有的建模技术主要可以分为几何造型、扫描、基于图像等几种方法。基于几何造型的建模技术需要专业的设计人员掌握相关三维软件创建出物体的三维模型，对设计人员要求高，而且效率不高。三维扫描仪以其高精度的优势而得到应用，但由于测量设备本身所占空间比较大，容易受到空间、地点等因素的限制，从而限制了其在某些特定情况下的使用范围，另外还需要进行一些后期的专业处理。基于数码照片的三维建模技术则可以根据物体的不同方位运用不同的视角来拍摄的数码照片，只要依据确定的数码相机的内外部参数来确定物体的特征点的空间方位。

11.1.1 3D 模型的基本原理

3D 是 Three-Dimensional 的缩写，即三维图形。在计算机里显示 3D 图形，就是在显示器屏幕的平面里显示三维图形。

与现实世界里的三维空间不同，计算机显示的 3D 图形并没有真实的距离空间。因此，利用计算机显示 3D 图形就是为了让人眼看上像真实的三维模型一样。

人眼在看物体时是有立体感的，这种立体感与人类的视觉系统密不可分。这是因为人的两个眼球通过之间的小小距离间隔，看到的是两幅有细微差别的画面，这种细微的差别让大脑能在视线消失方向换算出物体之间的一个个空间坐标，人类也就能通过这种感觉来区分出物体的远近和大小，从而形成了立体感。

计算机屏幕是一个二维平面，人眼观看屏幕上的画面之所以能感觉出实物般的三维立体效果，是因为显示在屏幕上的画面具有色彩灰度的不同，从而使人眼产生视觉上的错觉，将二维的画面感知为三维的立体图像。

依据色彩学理论，三维物体边缘的凸出部分一般显高亮度色，而凹下去的部分由于受光线的遮挡而显暗色，这就是三维图形的关键所在。这种利用色彩灰度差异的三维成像方法被广泛应用于计算机图形学中，例如应用程序界面上的 3D 按钮、3D 线条和 3D 文字等。如果想要绘制出 3D 文字，即在原始位置显示高亮度颜色，而在左下或右上等位置用低亮度颜色勾勒出其轮廓，这样在视觉上便会产生 3D 文字的效果。具体实现时，可用完全一样的字体在不同的位置分别绘制两个不同颜色的 2D 文字，只要使两个文字的坐标合适，就完全可以在视觉上产生出不同效果的 3D 文字。

3D 建模通常是利用三维制作软件通过虚拟三维空间构建出具有三维数据的模型。三维建模可分为几何建模（Geometric Modeling）、物理建模（Physical Modeling）、对象行为建模（Object Behavior Modeling）等。其中，几何建模是构建虚拟世界最高效的手段。

11.1.2 几何建模

几何建模就是将形体的描述和表达建立在几何信息和拓扑信息基础上的建模方法。物体对象的几何信息可以用几何建模（Geometric Modeling）来描述，虚幻世界中的各个对象都可由形状和外形两个要素来构成，而这两个要素又分别由对象的其他因素来综合确定。

通常，几何建模可以分为 Polygon（多边形）建模、NURBS（非均匀有理 B 样条曲线）建模和 Subdivision（细分曲面）建模三种。

1. Polygon（多边形）建模

Polygon（多边形）建模是基础建模技术，就是用比较少量的网格多边形进行编辑建模。通常，多边形包括 4 个基本元素：顶点、边、面、纹理坐标。

运用 Polygon 建模方法，需要先刻画一个基本的规则几何体，再根据需求进一步修改对象细节部分，最后通过各种手段技术来营建虚拟现实的场景和对象。例如，运用 Polygon 多边形建模技术制作的茶壶模型，如图 11-7 所示。多边形建模的缺点是不能够生成曲面，但其操作简单方便，而且时效性颇佳。Polygons 建模多用于游戏、动画等领域中。

图 11-7 Polygon 多边形建模制作的茶壶

2. NURBS（非均匀有理 B 样条曲线）建模

NURBS 是 Non-Uniform Rational B-Splines 的缩写，其中文含义是非均匀有理 B 样条。其名称的具体解释如下。

(1) Non-Uniform（非均匀性）：一个控制顶点的影响力的范围能够改变。当创建一个不规则曲面时这一点非常有用。同样，统一的曲线和曲面在透视投影下也不是无变化的，对于交互的 3D

建模来说这是一个严重的缺陷。

(2) Rational(有理)：每个 NURBS 物体都可以用有理多项式形式表达式来定义。

(3) B-Spline(B 样条)：用路线来构建一条曲线，在一个或更多的点之间以内插值替换的。

NURBS 由 Versprille 在其博士学位论文中提出，1991 年，国际标准化组织(ISO)颁布的工业产品数据交换标准 STEP 中，把 NURBS 作为定义工业产品几何形状的唯一数学方法。1992 年，国际标准化组织又将 NURBS 纳入规定独立于设备的交互图形编程接口的国际标准 PHIGS(程序员层次交互图形系统)中，作为 PHIGS Plus 的扩充部分。

NURBS 曲线和 NURBS 曲面在传统的制图领域是不存在的，是为使用计算机进行 3D 建模而专门建立的。在 3D 建模的内部空间用曲线和曲面来表现轮廓和外形。它们是用数学表达式构建的，NURBS 数学表达式是一种复合体。简单地说，NURBS 就是专门做曲面物体的一种造型方法。NURBS 造型总是由曲线和曲面来定义的，所以要在 NURBS 表面里生成一条有棱角的边是很困难的。就是因为这一特点，我们可以用它做出各种复杂的曲面造型和表现特殊的效果，如人的皮肤、面貌或流线型的跑车等(图 11-8)。

3. Subdivision(细分曲面)建模

细分曲面(Subdivision surface)又称子分曲面，在计算机图形学中用于从任意网格创建光滑曲面，也可以看成是一个无穷细化过程的极限，即通过反复细化初始的多边形网格，可以产生一系列网格趋向于最终的细分曲面。每个新的细分步骤产生一个新的有更多多边形元素并且更光滑的网格。

细分曲面建模技术主要应用于动画角色的原型设计以及工业设计领域的原型设计。在动画角色设计方面，最经典的莫过于 1997 年美国迪士尼出品的动画短片电影 *Geri's Game*(《棋逢敌手》)了。该部动画电影讲述了一个清晨的公园里，老人格里慢慢地铺开棋盘，把棋子一个一个的放上去，“对弈”就这样开始了，如图 11-9 所示。这部动画片里人物造型采用的就是细分曲面建模技术。

图 11-8　NURBS 建模制作的跑车

图 11-9　采用细分曲面建模技术的动画电影 *Geri's Game*

应用细分曲面技术构造三维模型是非常方便的，通常只需要两步：先创建出模型的大致轮廓，然后设置需要切割的点线面。

例如构造一个桌子的三维模型，可以先创建出它的轮廓模型，然后设置需要切割的点线面，如图 11-10 所示。

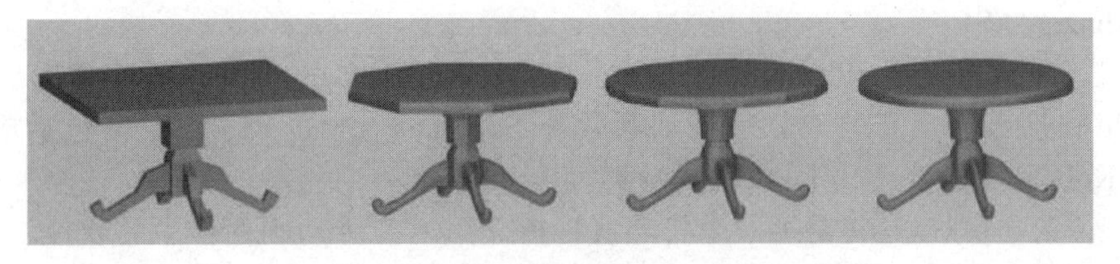

图 11-10　利用细分曲面建模技术构造桌子模型

细分曲面建模的关键是细分规则。不同的细分规则，生成的细分曲面外形是有区别的。常见的细分规则有 Catmull-Clark 细分、Doo-Sabin 细分、Loop 细分等。

另外，在计算机显卡上也有细分曲面的应用。例如由于实时性的要求，在游戏场景中网格的面片数量要求要尽量的低。然而，由于网格少了，就会造成模型的细节也降低了。为了尽可能提升网格的数量，显卡渲染流水线中加入 Tessellation 模块，这个模块直接在硬件上对网格进行了细分，细分过程产生的网格不仅非常规则，而且数据量非常小，很适合网络传输。

11.2 3D 模型的基本格式

11.2.1 常用 3D 建模软件

1. 3D Studio Max

3D Studio Max，常简称为 3ds Max 或 MAX，是 Autodesk 公司开发的基于 PC 系统的三维动画渲染和制作软件，如图 11-11 所示。其前身是基于 DOS 操作系统的 3D Studio 系列软件，最新版本是 3D Studio Max 2021。在 Windows NT 出现以前，工业级的 CG 制作被 SGI 图形工作站所垄断。3D Studio Max＋Windows NT 组合的出现一下子降低了 CG 制作的门槛，首先开始运用在计算机游戏中的动画制作，后更进一步开始参与影视片的特效制作，例如，《X 战警Ⅱ》《最后的武士》等。

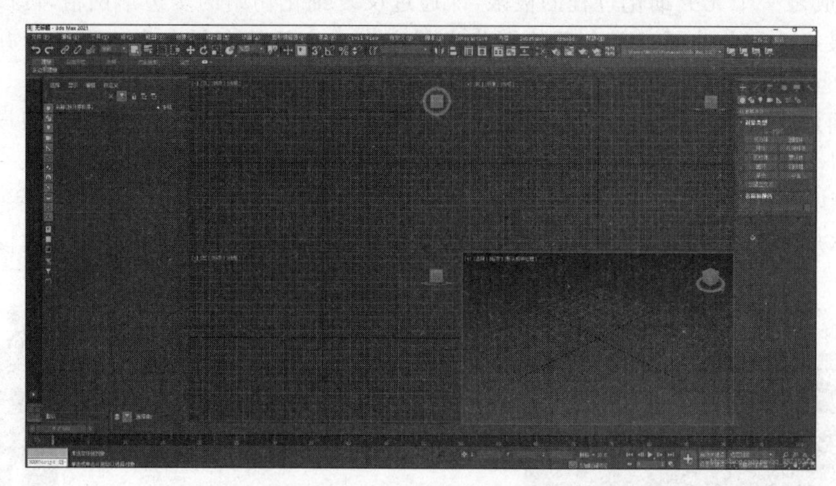

图 11-11 3D Studio Max 界面

2. Maya

Maya 是美国 Autodesk 公司出品的世界顶级的三维动画软件，应用对象是专业的影视广告、角色动画、电影特技等。Maya 功能完善，工作灵活，易学易用，制作效率极高，渲染真实感极强，是电影级别的高端制作软件，如图 11-12 所示。

Maya 集成了 Alias/Wavefront 最先进的动画及数字效果技术。它不仅包括一般三维和视觉效果制作的功能，还与最先进的建模、数字化布料模拟、毛发渲染、运动匹配技术相结合。Maya 可在 Windows、MacOS X、Linux 与 SGI IRIX 操作系统上运行。在市场上用来进行数字和三维制作的工具中，Maya 是首选解决方案。

3. Softimage|XSI

全球最著名的数字媒体开发、生产企业——AVID 公司于 1998 年并购了 SOFTIMAGE 以后，于 1999 年年底推出了全新的一款三维动画软件 Softimage|XSI。Softimage 包括旗下的 XSI、CAT、Face Robert 已经被 AutoDesk 公司收购。

Softimage 公司声称，这将是第一个将非线性概念引入三维动画创作中的软件。它将完全改变现有的动画制作流程，极大地提高创作人员的效力。Softimage 第一代版本的代码名是

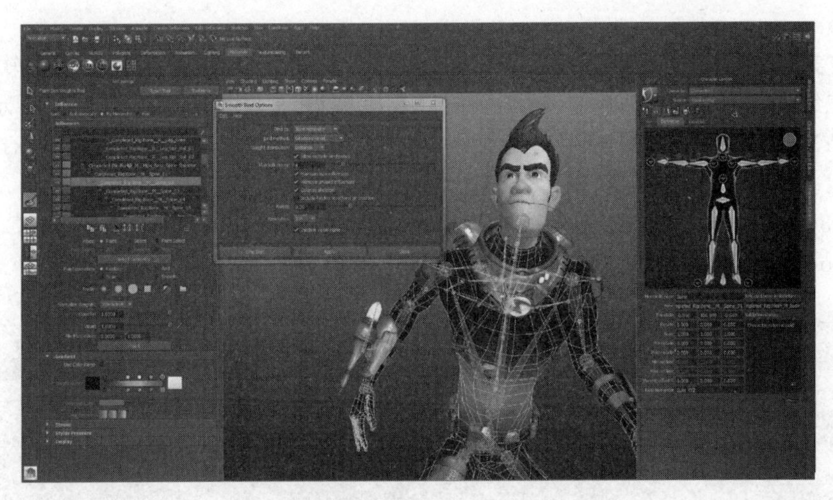

图 11-12　Maya 界面

Sumatra。Softimage 是由加拿大国家电影理事会制片人 Daniel Langlois 于 1986 年创建的，致力于一套由艺术家自己开发设计的三维动画系统，其基本内容就是如何在业内创建视觉特效，并产生一批新的视觉效果艺术家和动画师。Softimage 至今已有 20 多年的历史，是全球最著名的三维动画软件之一，曾经长时间垄断好莱坞电影特效的制作，在业界一直以其优秀的角色动画系统而闻名，如图 11-13 所示。1999 年年底推出的全新一代三维动画软件 Softimage|XSI，由于其非线性动画的特色及大量的技术改进，使业界再次的刮目相看。

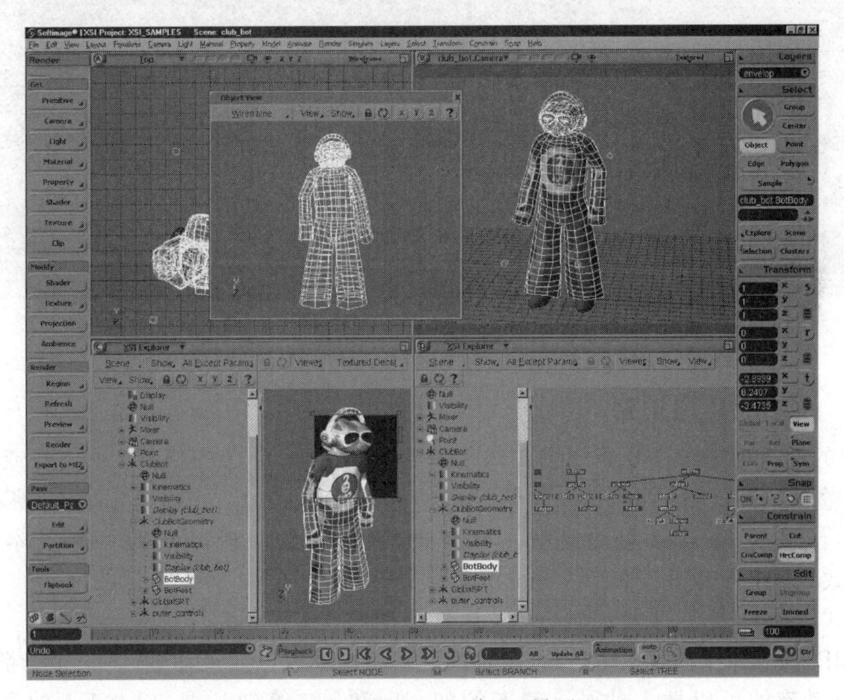

图 11-13　Softimage|XSI 界面

Softimage|XSI 最知名的部分之一是它的 Mental Ray 超级渲染器。Mental Ray 图像渲染软件由于有丰富的算法，图像质量优良，成为业界的主流，而只有 XSI 和 Mental Ray 是无缝集成在一起，别的软件就算能通过接口模块转换，Preview(预调)所见却不是最终 Rendering 所得，只有选择 XSI 作为主平台才能解决此问题。

4. Rhino

Rhino 是美国 Robert McNeel & Assoc. 开发的 PC 上功能强大的专业 3D 造型软件，它可以广泛地应用于三维动画制作、工业制造、科学研究以及机械设计等领域，如图 11-14 所示。它能轻易整合 3DS MAX 与 Softimage 的模型功能部分，对要求精细、弹性与复杂的 3D NURBS 模型，有点石成金的效能。能输出 obj、DXF、IGES、STL、3dm 等不同格式，并适用于几乎所有 3D 软件，尤其对增加整个 3D 工作团队的模型生产力有明显效果，故使用 3D MAX、AutoCAD、MAYA、Softimage、Houdini、Lightwave 等 3D 设计人员不可不学习使用。

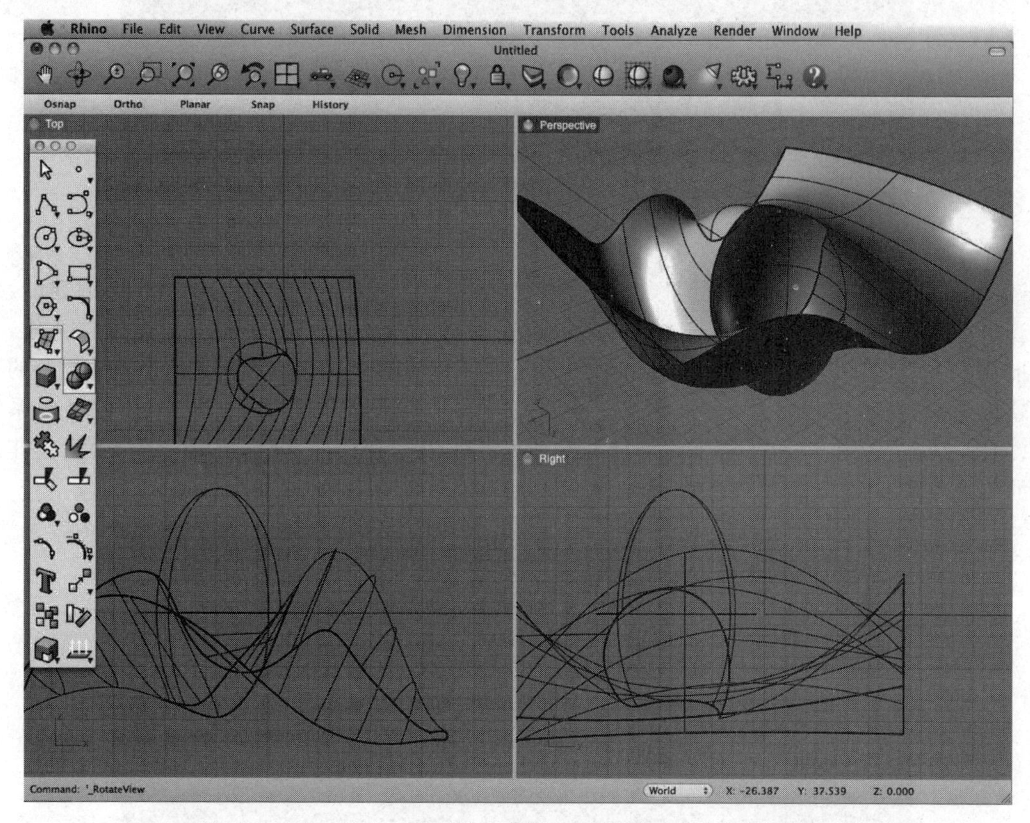

图 11-14 Rhino 界面

11.2.2 常用 3D 模型格式

3D 模型的格式有很多，每个公司或软件都可以设定其自己的格式，或公开或不公开。如 max、obj、x(微软)、fbx(被 Autodesk 收购)、dae、md2(Quake2)、ms3d(MilkShap3D)、mdl(魔兽 3)等。其中，md2 是 Quake2 里的模型文件格式，带有顶点动画；obj 是一种文本格式存储的模型文件格式，只能存储静态模型；ms3d 模型文件格式，全称 MilkShape3D，是一种带骨骼动画的模型格式。md3 是关键帧动画，md5 是骨骼动画。

常用的 3D 模型有静态的和动态的，区别就是静态的不可以插入动画(无论是骨骼动画还是关键帧动画)，而动态的可以插入动画。静态的如 3ds 和 obj 等，3ds 是 3ds Max 的最早版本格式(Autodesk 公司)，也是比较通用的格式，几乎所有的 3D 软件都可以使用；现在已经被废弃了，取而代之的是 max 格式(3ds Max 专用格式)，max 文件可以包含动画，被其他软件或游戏引擎(Uinty 3D)直接支持。在 openGL 下导入 3ds 模型很方便，如果用户不愿写导入文件，可以通过 lib3ds 寻找，这是专门读取 3ds 模型的标准类库。

fbx 模型格式是一种通用模型格式，支持所有主要的三维数据元素以及二维、音频和视频媒体元素。Autodesk fbx 是 Autodesk 公司出品的一款用于跨平台的免费三维创作与交换格式的软件，通过 fbx 格式，用户能访问大多数三维供应商的三维模型文件。

obj 文件是一种标准的 3D 模型文件格式，由 Alias|Wavefront 公司为 3D 建模和动画软件 Advanced Visualizer 开发的一种标准，适合用于 3D 软件模型之间的互导，也可以通过 Maya 软件读写。因此，obj 格式很适合用于 3D 软件模型之间的互导。比如用户在 3ds Max 或 LightWave 中建了一个模型，想把它调到 Maya 里面渲染或动画，导出 obj 文件就是一种很好的选择。目前常用的 3D 软件都支持 obj 文件的读写，不过很多软件需要通过插件才能做到。obj 文件本身虽然不能包含颜色信息，但它可以引用材质库。在 maya 导出 obj 时，如果导出材质，maya 会同时生成一个名为.mtl 的文件，这个文件包含着模型的颜色信息。也可以认为，obj 是可以包含材质和贴图信息的，这一点和 makehuman 是一样的，如果选择导出 obj 格式的模型，就会输出三个文件，而其中两个就是 obj 和 mtl。而 fbx 格式和 ms3d 格式，则是带有骨骼动画的模型格式。

11.2.3 3D 模型格式的导入与导出

由前面的介绍可知，常用的 3D 模型文件格式有 obj、fbx 等。尤其是 fbx 和 obj 格式都是三维通用模型格式，可以在几乎所有目前主流的三维软件中使用，并根据需要进行导入和导出操作。本小节利用 fbx 格式和 obj 格式，通过示例介绍如何在 3D Studio Max 2019 与 Maya 2019 之间实现三维模型的导入与导出。

【示例 11-1】 三维模型从 3D Studio Max 软件导入 Maya 中。

首先，打开 3D Studio Max 软件，单击“文件”菜单，然后将鼠标指向“导入”选项后会看一系列的界面，如图 11-15 所示。

在导入里面找到“合并”的选项，单击打开，然后在弹出的窗口里选择已有的模型文件，如图 11-16 所示。

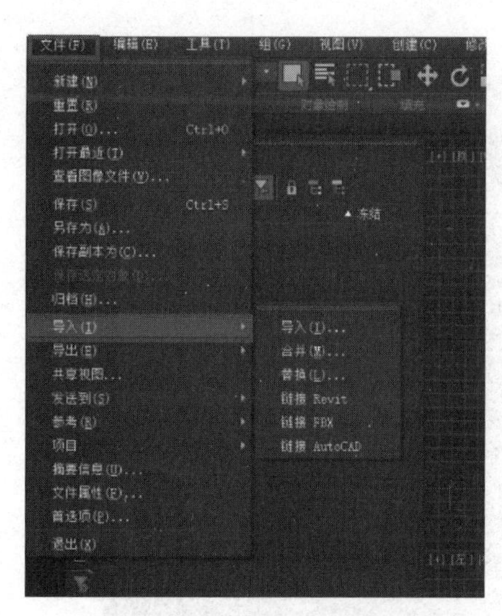

图 11-15 选择导入对象

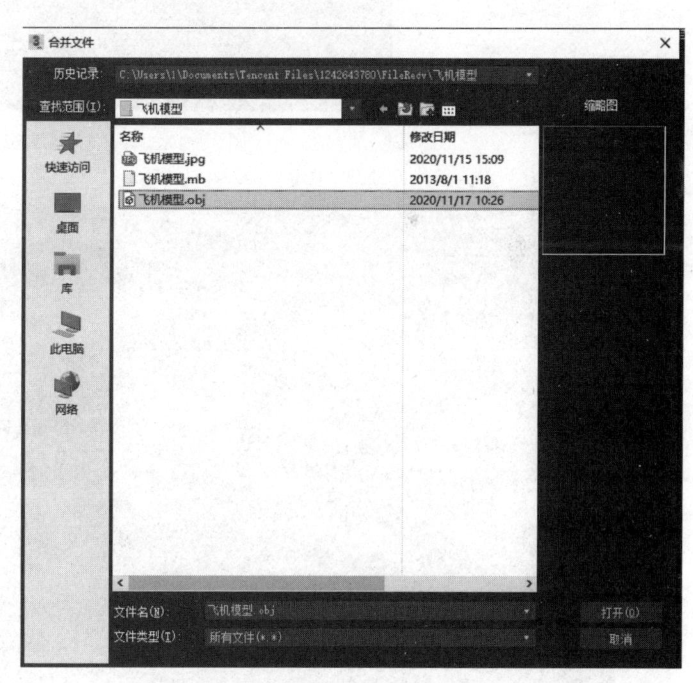

图 11-16 模型导入

选中导入的模型，然后单击“导入”，如图 11-17 所示。

成功导入后，便可以显示出 3D 模型的各个视图，如图 11-18 所示。

接下来，还可以利用 3ds Max 将模型导出。单击“文件”→“导出”按钮，如图 11-19 所示。

选择导出文件格式为 fbx，然后选择导出目录，输入名字后单击“保存”即可，如图 11-20 所示。

在弹出的对话框中单击“确定”按钮，文件导出成功后，如图 11-21 所示。

图 11-17　导入模型编辑

图 11-18　导入成功后显示的三维模型视图

接下来，运行并打开 Maya 应用程序，单击“文件”菜单，然后选中“导入”，如图 11-22 所示。找到刚刚从 3D Studio Max 中导出的文件，选中并导入，如图 11-23 所示。

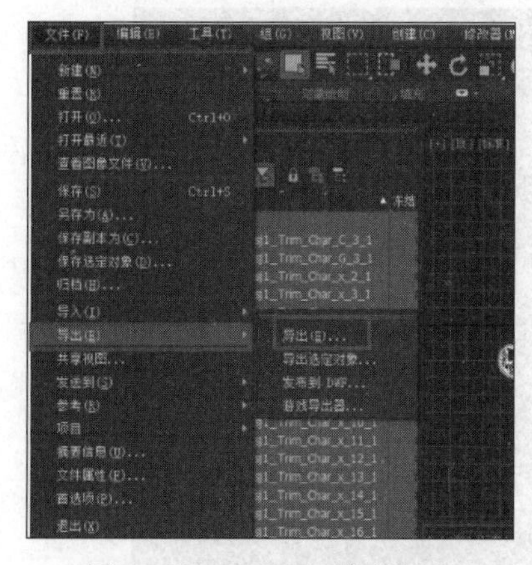

图 11-19 3D Max 模型导出

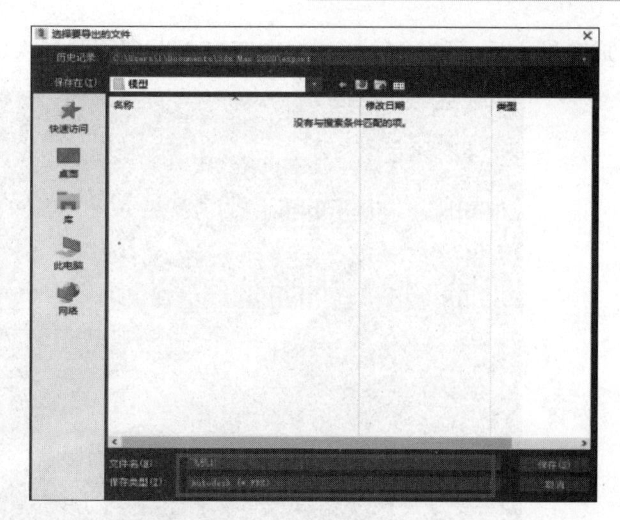

图 11-20 选择文件导出格式

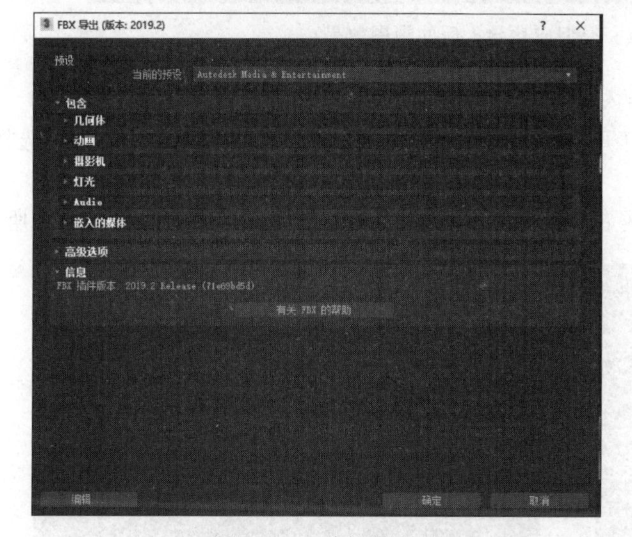

图 11-21 确认导出

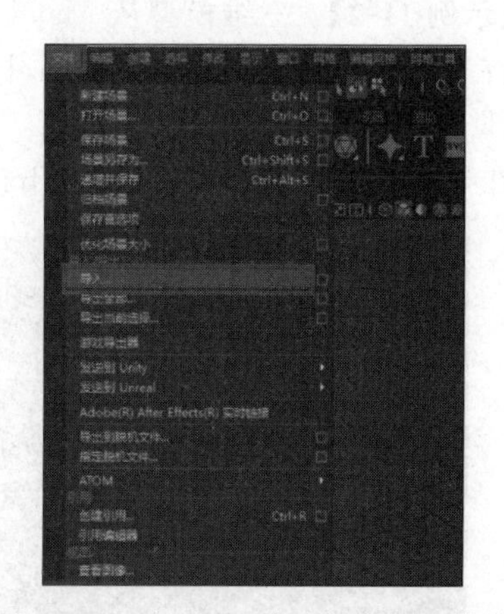

图 11-22 在 Maya 中选择“导入”菜单

图 11-23 选择模型文件

成功导入后，可在 Maya 的视图窗口中看到刚刚导入的模型，如图 11-24 所示。

图 11-24　模型成功导入后的视图效果

【示例 11-2】　三维模型从 Maya 导入 3D Studio Max 中。

首先打开 Maya 软件，在 Maya 中打开模型场景，选中需要的模型，然后单击“文件”，选择“导出全部...”选项，如图 11-25 所示。

在导出全部中选择文件格式，fbx 或者 obj 都可以，完成后单击“导出全部”，如图 11-26 所示。

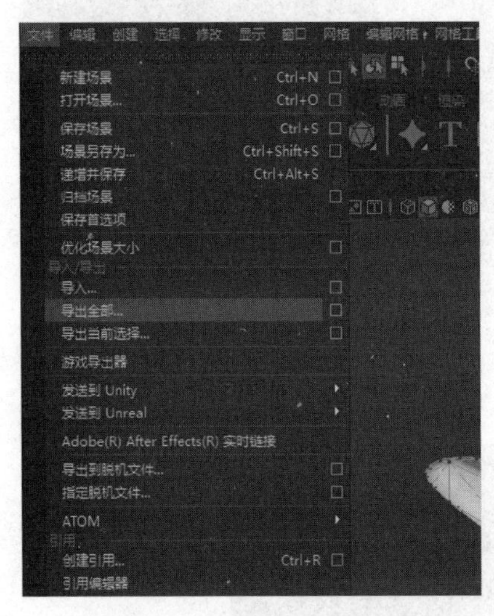

图 11-25　Maya 模型导出

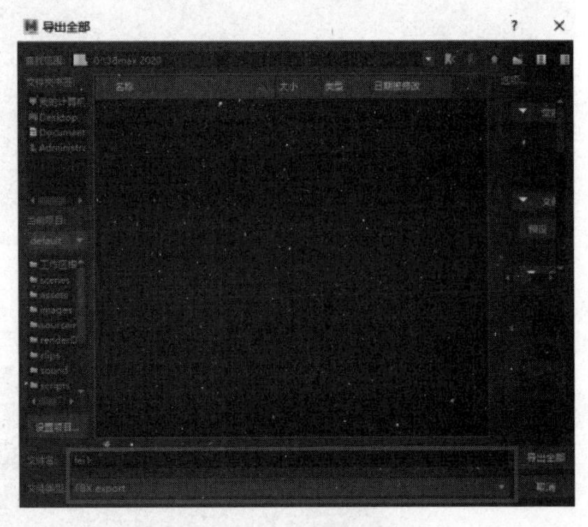

图 11-26　选择导出格式

接下来打开 3D Max 软件，单击“文件”，然后将鼠标指向“导入”选项后会看到一系列的界面，如图 11-27 所示。

选中刚刚在 Maya 中导出的文件，选中“打开”，如图 11-28 所示。

在弹出的对话框中单击“确定”，使模型导入至 3D Max 中，如图 11-29 所示。

此时，3D Max 就开始导入了，在视图中可看到模型文件已成功导入，如图 11-30 所示。

11.2.4　3D 模型格式的转换

不同格式的 3D 模型文件除了可以通过上一小节介绍的 3DMax、Maya 等三维软件导入导出之外，还可以利用专门的 3D 模型格式软件进行转换。常用的 3D 模型格式转换软件有很多，其中比较知名的当属 3D Object Converter。

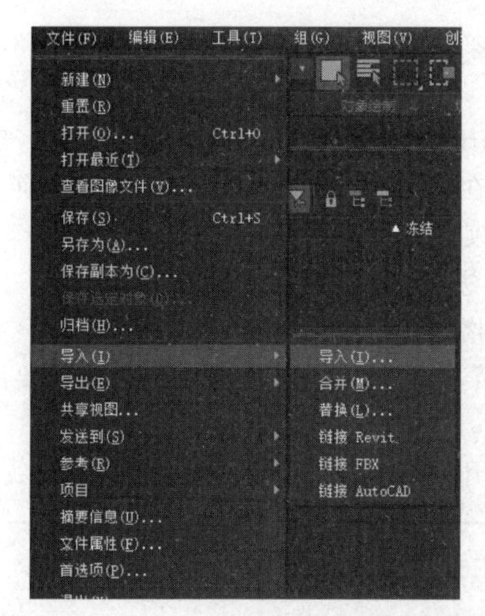

图 11-27　Maya 模型导入 3D Studio Max

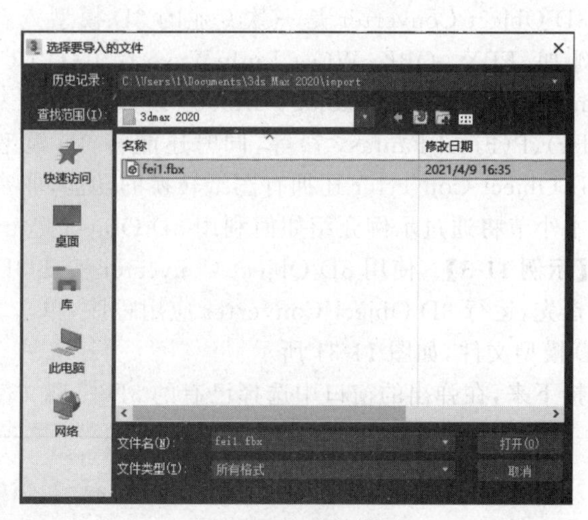

图 11-28　选择模型

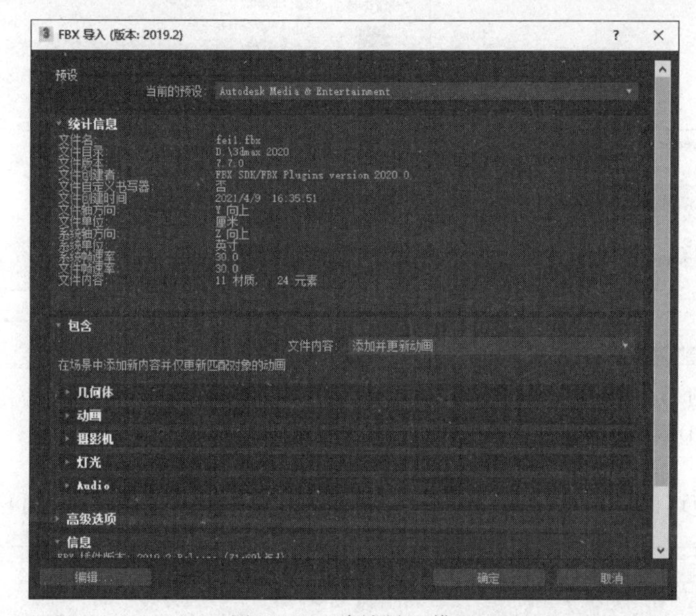

图 11-29　确认导入模型

图 11-30　三维模型成功导入后的显示效果

3D Object Converter 是一款专业的 3D 模型查看和转换应用程序，支持浏览大部分的 3D 格式，例如 FBX、OBJ、WO（LightWave）、C4D（Cinema 4D）、XSI（Softimage XSI）、3DM（Rhinoceros）、LXO（Luxology Modo）以及 MDX（Warcraft Ⅲ）、MD3（Quake Ⅲ）、3DO（3DO Builder）、P(Final Fantasy 7)等，同时还能将 3D 模型文件在各种主流的格式之间进行转换。此外，3D Object Converter 还拥有图纸转换的功能，非常方便实用。

本小节将通过示例介绍如何利用 3D Object Converter 进行 3D 模型格式转换。

【示例 11-3】 使用 3D Object Converter 实现 3D 模型格式的转换。

首先，运行 3D Object Converter 应用程序，单击“File”菜单，然后单击“Open...”选项需要添加的 3D 模型文件，如图 11-31 所示。

接下来，在弹出的窗口中选择已有的 3D 模型文件并打开，如图 11-32 所示。

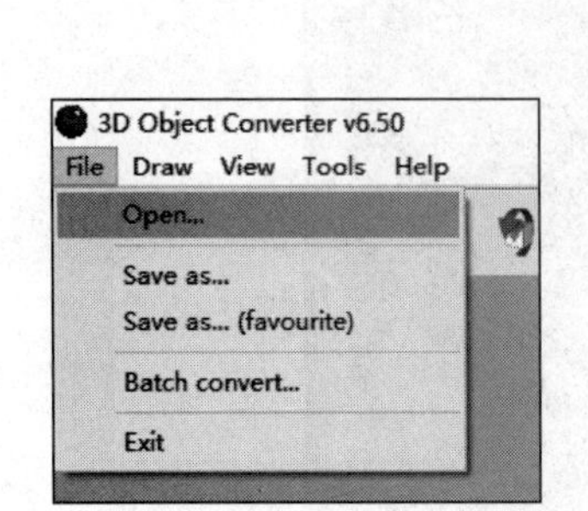

图 11-31 通过 Open 菜单选择添加的 3D 模型文件

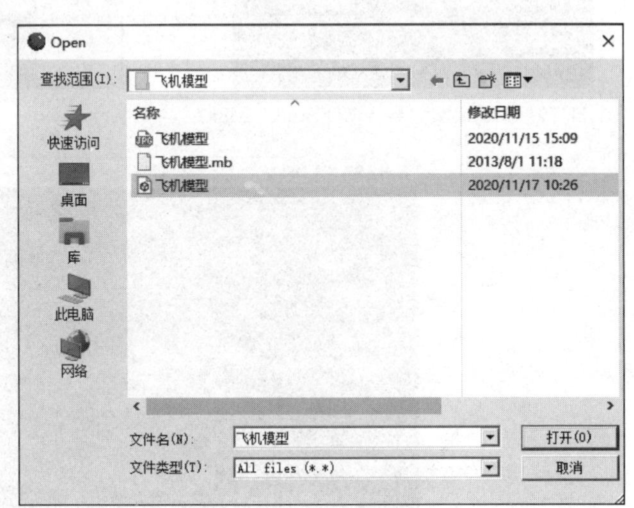

图 11-32 模型导入

打开模型后，便可以显示出视图，使用鼠标拖动就可看到模型全貌，如图 11-33 所示。

图 11-33 模型打开后的视图效果

然后，单击“File”并选择“Save as...”即可另存为其他的格式，如图 11-34 所示。

在弹出的“另存为”窗口中选择导出目录，输入新的文件名，如图 11-35 所示。

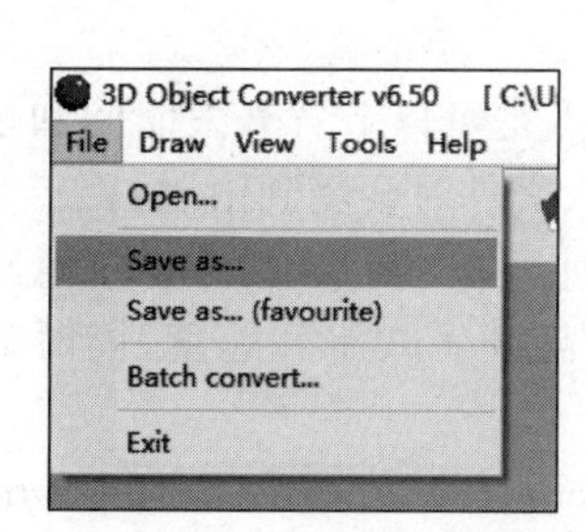

图 11-34　文件“另存为”

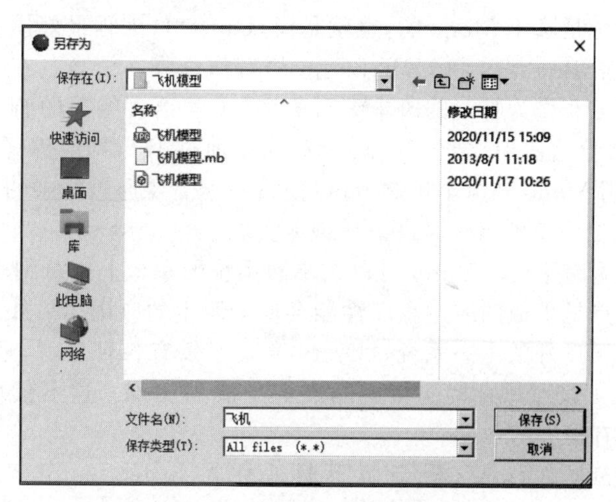

图 11-35　选择文件导出路径

选择文件保存类型，3D Object Converter 软件可以按照目前绝大多数主流 3D 格式保存 3D 模型。根据实际应用情况，选择所需的保存类型，单击“保存”按钮即可导出文件，如图 11-36 所示。

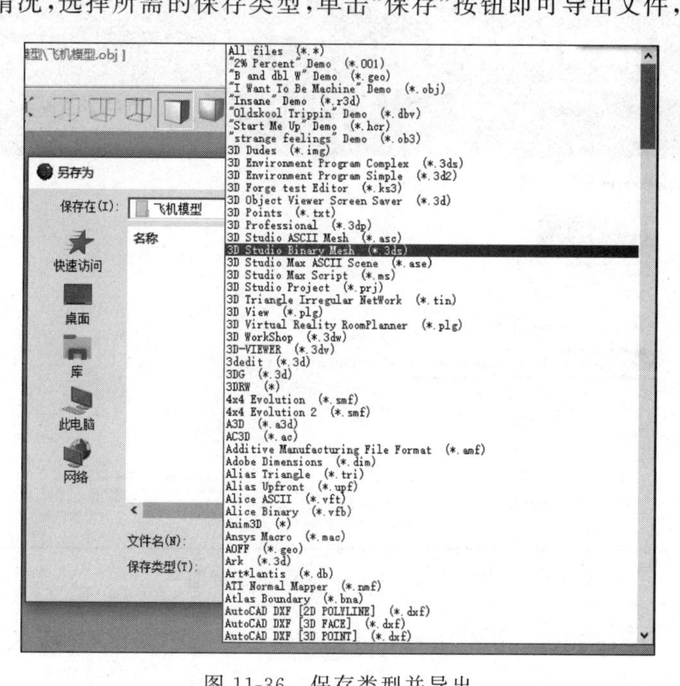

图 11-36　保存类型并导出

11.3　Unity 的使用

11.3.1　Unity 的安装

Unity 是由 Unity Technologies 开发的一个让用户轻松创建诸如三维建筑可视化、实时三维动画等类型互动内容的多平台的综合型开发工具。Unity 类似于 Director、Blender game engine、Virtools 和 Torque Game Builder 等利用交互的图形化开发环境为首要方式的软件。其编辑器运行在 Windows 和 Mac OS X 下，可发布创建的作品至 Windows、Mac、Wii、iPhone、WebGL(需要 HTML5)、Windows Phone 8 和 Android 平台。Unity 的主要特点如下。

（1）基于 Mono：Mono 是一个由 Xamarin 公司所主持的自由开发源代码项目。Mono 项目不仅可以运行于 Windows 系统上，还可以运行于 Linux、FreeBSD、UNIK、OS X 和 Solaris 等系统。Unity3D 是基于 Mono 的，也就是说，Unity3D 编程最好用 C＃。Unity2017 之前的版本，可以使用 C＃语言、Boo 语言和 UnityScript 语言作为脚本语言。在 Unity2017 版本后，Unity Technologies 只保留 C＃作为唯一的脚本编写语言。C＃语言编写的脚本首先通过 Mono 被编译成 IL（中间语言），接着这些 IL 会在 Mono 运行时中通过 JIT（即时编译）进一步被编译成原生代码并执行。因此，利用 Mono 和脚本机制，可以使得原本需要通过复杂的 C 或 C++编写代码实现的功能，也可以通过更加简单的 C＃语言编写脚本实现。

（2）跨平台。Unity 可以在不同系统的平台上进行编辑。优点是可以节省开发时间和学习成本；缺点是生成的应用程序性能会低于源生的应用。另外，在写入文件时会受到限制。

（3）良好的生态系统。Unity 商城不仅有各种资源，还有各种模板、例子、插件。这意味着不少开发可以通过直接购买成品或者半成品实现。这不仅可以提高开发效率和速度，同时对学习 Unity 有很大的帮助。

Unity Personal 最新版下载地址为 https://store. unity. com/download? ref＝update 如图 11-37 所示。

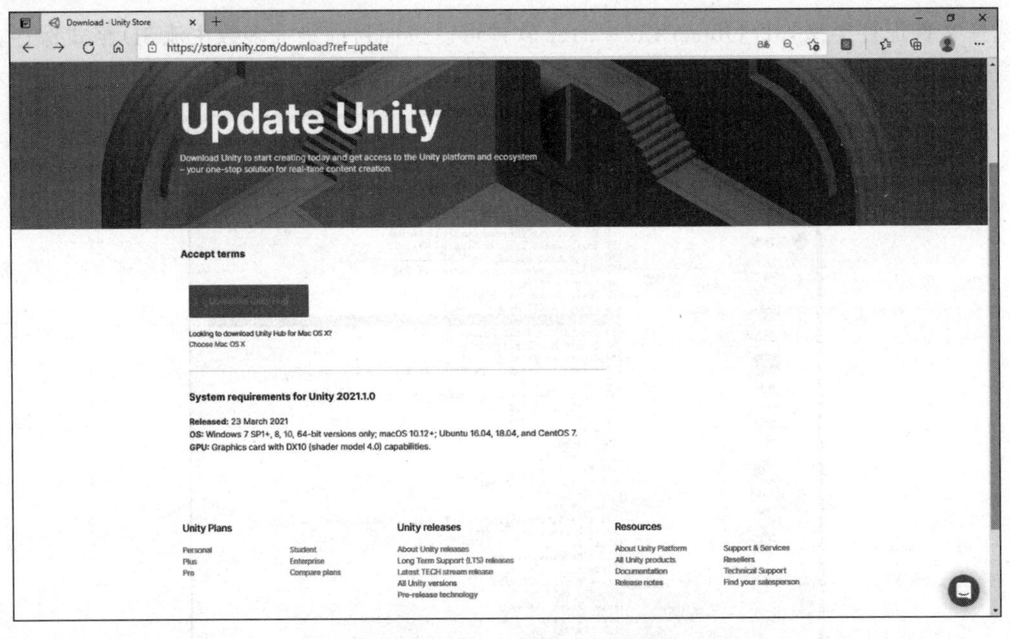

图 11-37　Unity 下载向导页面

单击图 11-37 中 Unity Plans 中的 Personal 超链接，弹出如图 11-38 所示的页面，单击其中的 Get started 按钮即可下载。

这种方式下载的并不是完整的安装包，只是引导安装包，在安装时，还需要联网下载所需要的其他安装组件。安装步骤如下。

双击打开下载的 Unity 安装文件，在弹出的界面中选择“我同意”，如图 11-39 所示。

选择安装目录，单击“浏览”按钮即可更改安装目录，如图 11-40 所示。

单击“安装”等待完成即可，如图 11-41 所示。

安装完成后，将显示如图 11-42 所示的界面。

安装完成，勾选“运行 Unity Hub beta”即可运行 Unity Hub 应用程序，弹出如图 11-43 所示的界面。

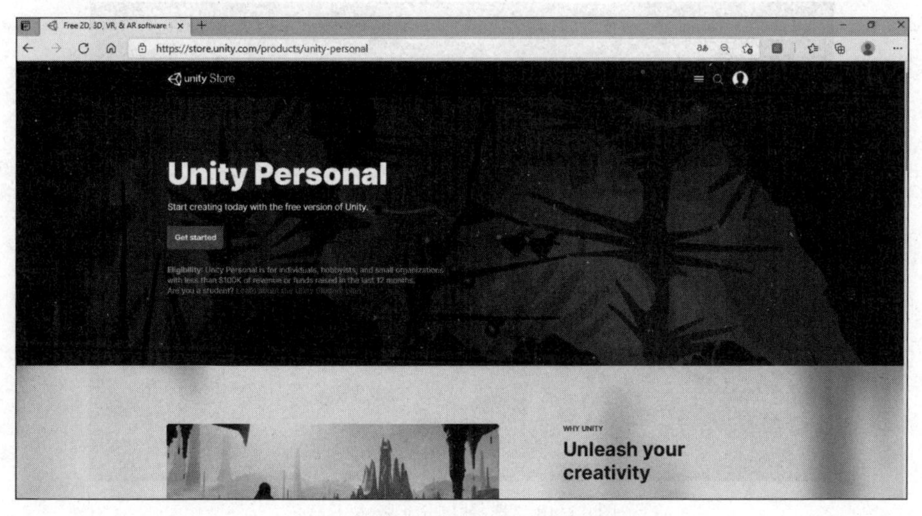

图 11-38　Unity 引导安装包下载

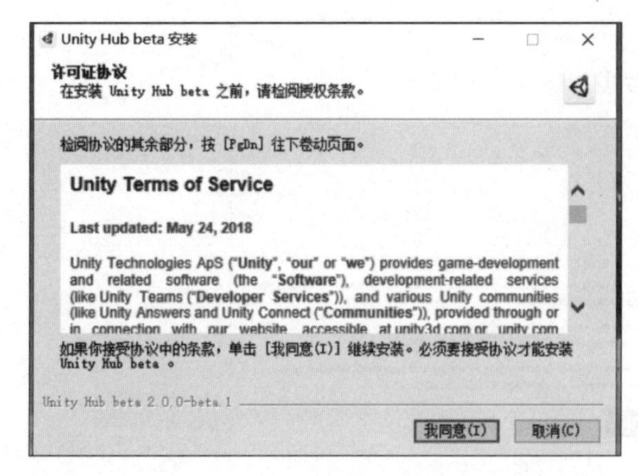

图 11-39　同意许可证协议

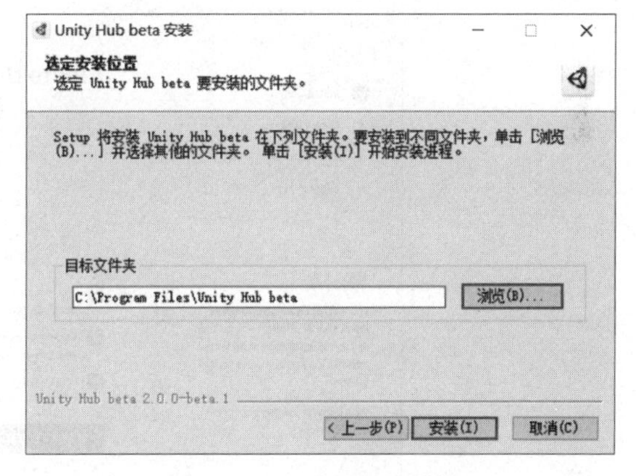

图 11-40　选择安装位置

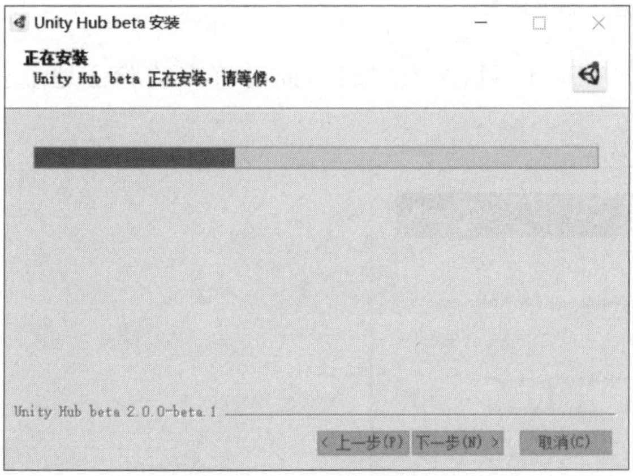

图 11-41　安装进度显示

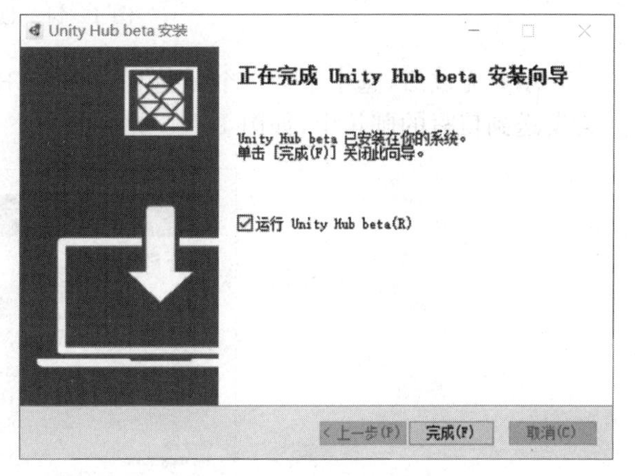

图 11-42　安装完成界面

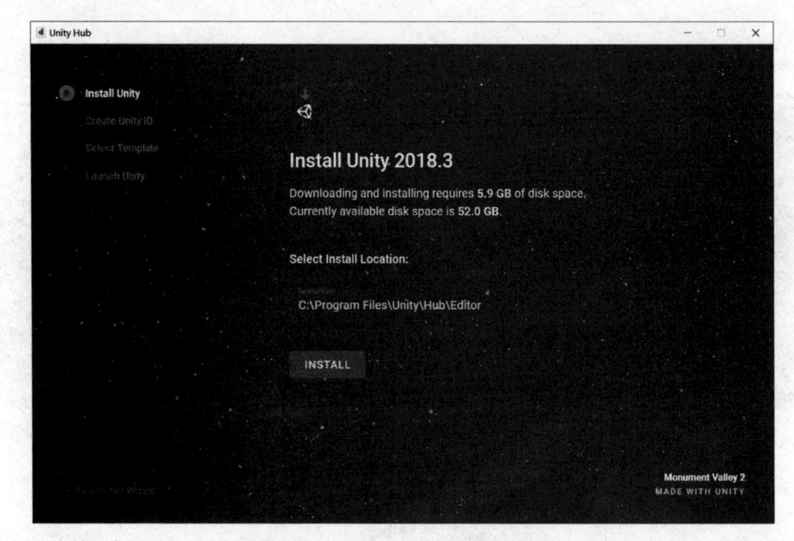

图 11-43　选择 Unity 版本下载

单击“安装”,进行注册安装 Unity,按照提示填写即可,如图 11-44 所示。

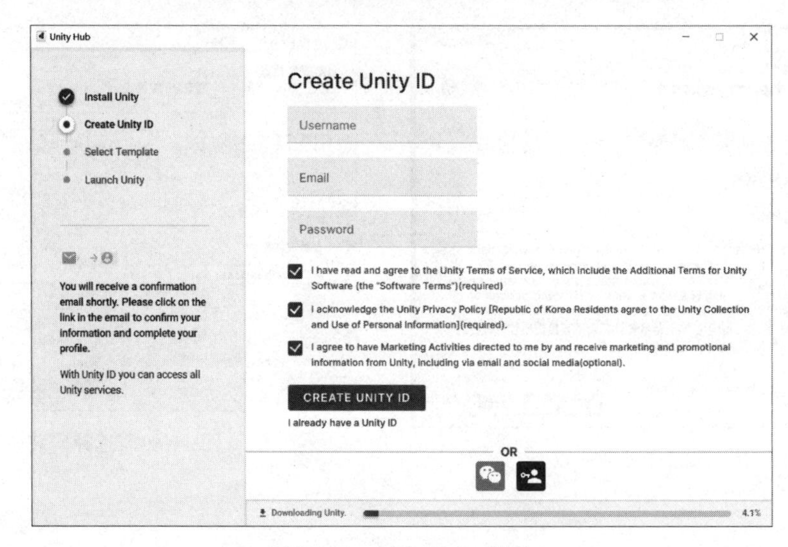

图 11-44　创建 Unity 账号

填写完成后,选中下面三个复选框,单击 CREATE UNITY ID 按钮,此时官方的验证地址就会发送到填写的邮箱中,如图 11-45 所示。

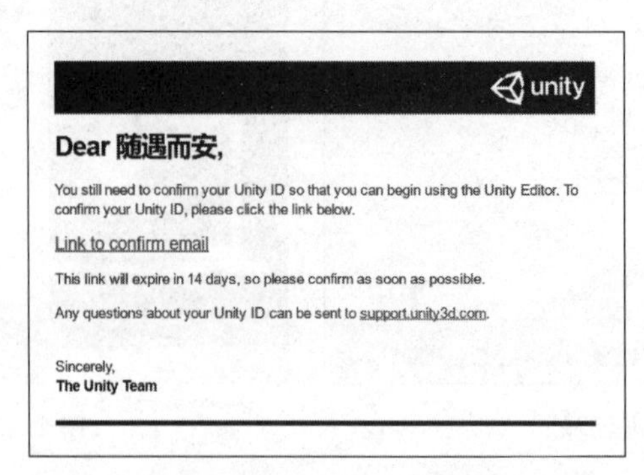

图 11-45　邮箱验证 Unity

单击 Link to confirm email 进入到如图 11-46 所示页面，勾选“进行人机身份验证”。

填入用户手机号获取验证码，如图 11-47 所示。

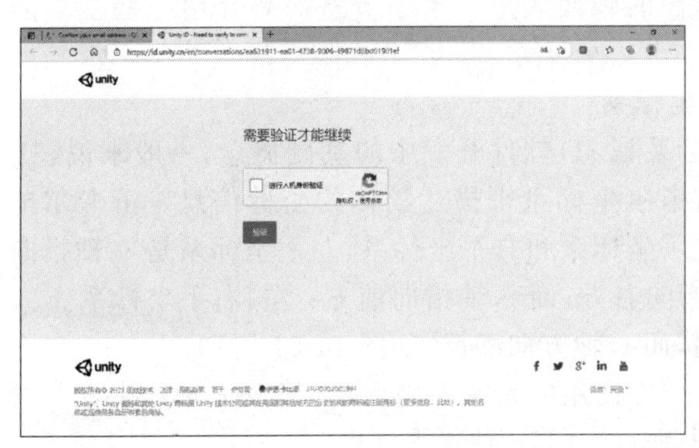

图 11-46　验证界面

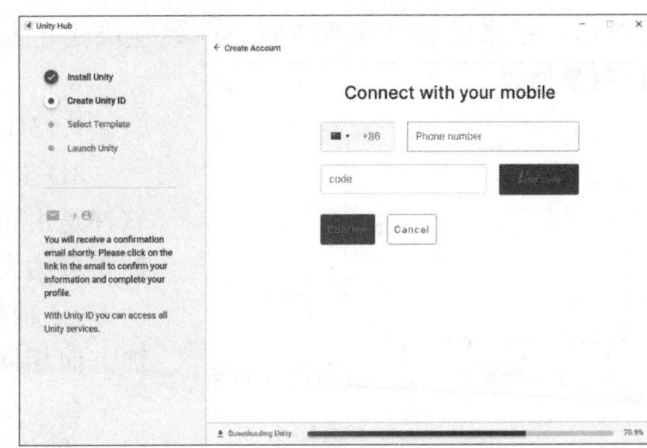

图 11-47　获取用户验证码

验证码输入之后，单击 Confirm 会弹出选择模板界面。可根据用户需求选择不同的模板，单击 CONTINUE 会弹出 11-48 所示的界面。

然后等待下载完成即可。双击桌面上的 Unity 图标（若桌面没有，可单击“开始”菜单中的 Unity 菜单）即可运行程序，初始界面如图 11-49 所示。

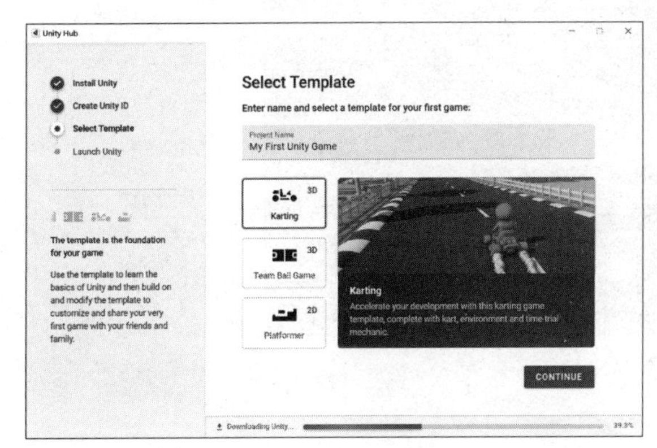

图 11-48　选择模板

图 11-49　创建项目界面

接下来，就可以根据实际需要创建新的项目。单击“打开”会弹出如图 11-50 所示的操作界面。

这样，Unity 的下载、安装、新建项目的基本操作步骤就都介绍完毕了。后面，用户就可以在 Unity 中开启奇妙的 3D 建模之旅了。

图 11-50　Unity 编辑界面

11.3.2 3D 数学基础

3D 数学在 Unity 的应用中占据着重要的地位。在 3D 世界里，正是由于有了数学的支撑，才能给用户带来更加逼真的体验，3D 数学决定了制作的画面效果。本小节将简要介绍一些基本的 3D 数学概念。

1. 3D 坐标系

3D 坐标系是 3D 软件开发中的基础概念，一般来说，3D 软件是由笛卡尔坐标系来描述物体的坐标信息。笛卡尔坐标系分为左手坐标系和右手坐标系，左手坐标系是 y 轴指向上方，x 轴指向右方，而 z 轴指向前方；左、右手坐标系 x、y 轴方向相同，而 z 轴方向相反，如图 11-51 所示。

在 Unity 中使用的是左手坐标系，其中 x 轴代表水平方向，y 轴代表垂直方向，z 轴代表深度。

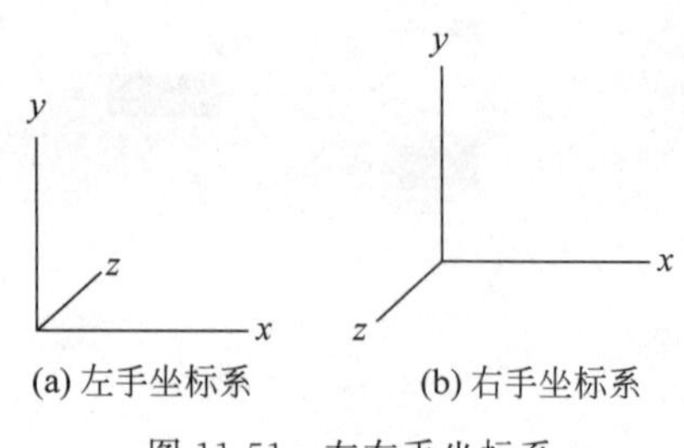

(a) 左手坐标系　(b) 右手坐标系

图 11-51　左右手坐标系

1）全局坐标系

全局坐标系（也称世界坐标系）是用于描述场景内所有物体位置和方向的基准。在 Unity 场景中创建的物体都是以全局坐标系中的坐标原点（0，0，0）来确定各自的位置的。在图 11-52 新建一个 Cube 形状，在 Hierarchy 视图中设置 Position 属性为（2，3，4），表示它距离全局坐标系原点在 x 轴方向上有 2 个单位的长度，在 y 轴方向上有 2 个单位的长度，在 z 轴方向上有 3 个单位的长度。

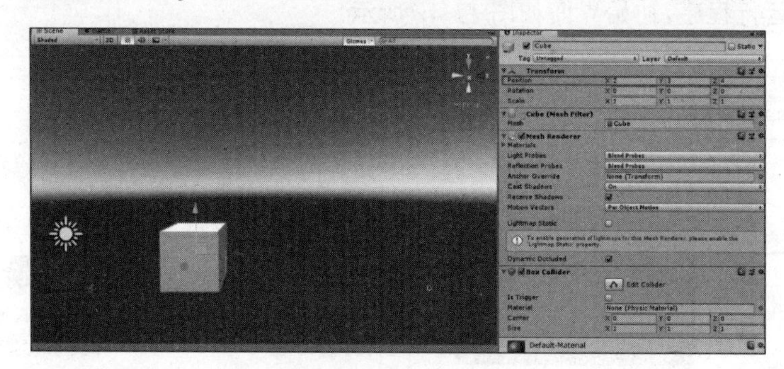

图 11-52　全局坐标系

2）局部坐标系

每个物体都有其地理的物体坐标系，并且随物体进行移动或者旋转，这就是局部坐标系，也称模型坐标系或者物体坐标系。模型 mesh 保存的顶点坐标均为局部坐标系下的坐标。

在工具栏中单击 Global 可以切换全局坐标系和局部坐标系，如图 11-53 和图 11-54 所示。

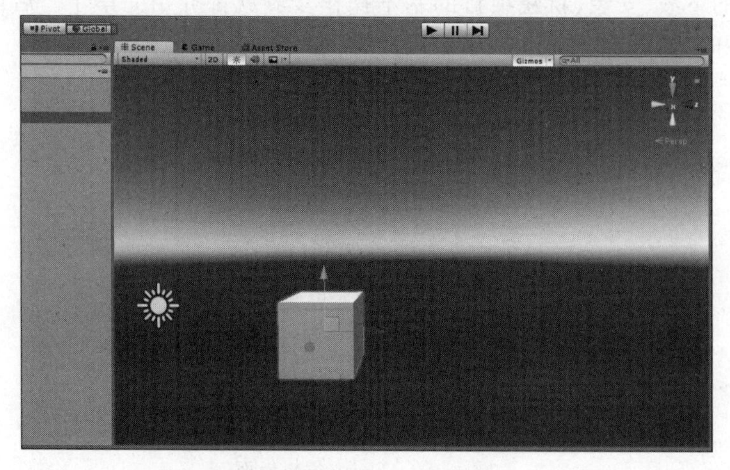

图 11-53　新建 Cube 形状

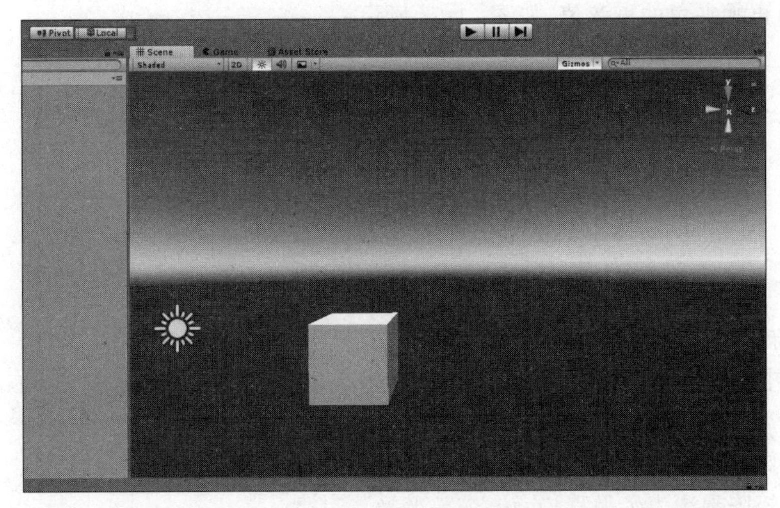

图 11-54 局部坐标系

3）相机坐标系

根据观察位置和方向建立的坐标系。使用该坐标系可以方便地判断物体是否在相机的前方以及物体之间的先后遮挡顺序等。

4）屏幕坐标系

建立在屏幕上的二维坐标系，用来描述像素在屏幕上的位置。其中原点位置（0，0）在屏幕的左下角，最大坐标在屏幕右上角。

2. 向量

向量是用来描述具有大小和方向两个属性的物理量，如物体运动的速度、加速度、摄像机观察方向、刚体受到的力等都是向量。

在数学中，既有大小又有方向的量就是向量。在几何学中，向量可以用一段有方向的线段来表示，如图 11-55 所示。向量的运算法则如下。

（1）加减：向量的加法（减法）为各分量分别相加（相减），如图 11-56 所示，在物理上可以用来计算两个力的合力，或者几个速度分量的叠加。

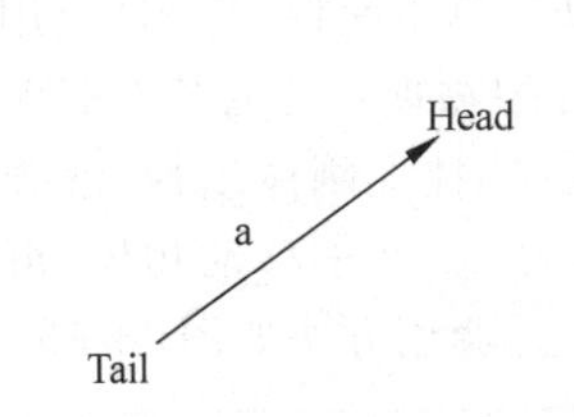

图 11-55 向量的表示方法

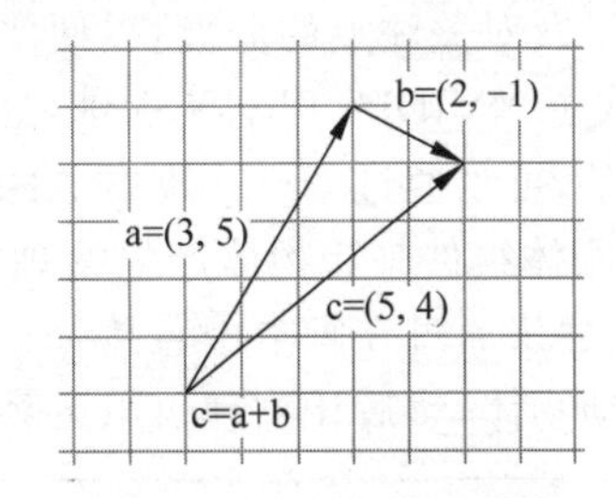

图 11-56 向量加法运算

（2）数乘：向量与一个标量相乘称为数乘。数乘可以对向量的长度进行缩放，如果标量大于 0，那么向量的方向不变；若标量小于 0，则向量的方向会变成反方向。

（3）点乘：两个向量点乘得到一个标量，数值等于两个向量长度相乘后再乘以二者夹角的余弦值，如图 11-57 所示。

通过两个向量点乘结果的符号可以快速地判断两个向量的夹角情况。

若 u×v＝0，则向量 u、v 互相垂直。

若 u×v＞0，则向量 u，v 夹角小于 90°。

若 u×v＜0，则向量 u，v 夹角大于 90°。

叉乘：两个向量的叉乘得到一个新的向量。新向量垂直于原来的两个向量，并且长度等于原向量长度相乘后再乘夹角的正弦值，如图 11-58 所示。

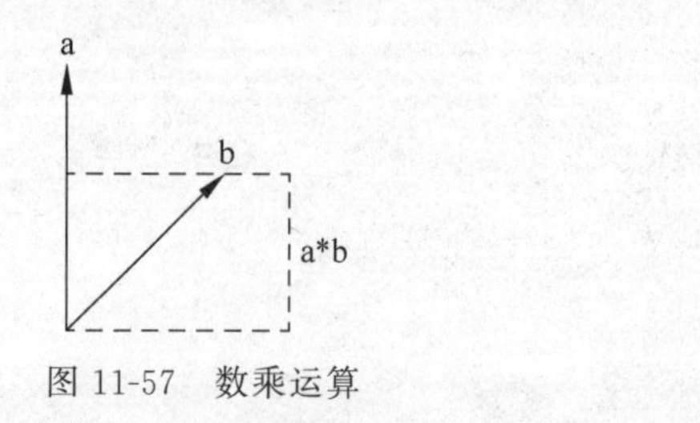

图 11-57　数乘运算

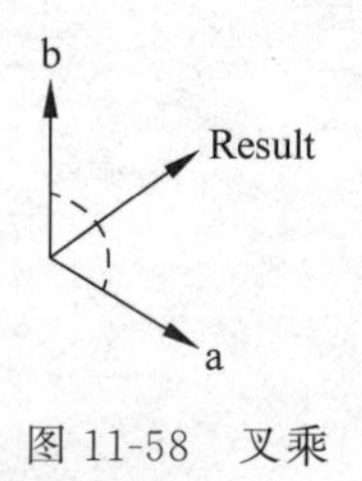

图 11-58　叉乘

3. 齐次坐标

在 3D 数学中，齐次坐标就是将原本三维的向量(x, y, z)用四维向量$(\omega_x, \omega_y, \omega_z, \omega)$来表示。引入齐次坐标有如下目的。

（1）更好地区分向量和点。

（2）统一用矩阵乘法表示平移、旋转、缩放变换。

（3）当分量 $\omega=0$ 时可以用来表示无穷远的点。

11.3.3　物理系统和粒子系统

为了使动画效果逼真、漂亮、真实、有代入感的体验，仅仅凭借着画面效果是远远不够的，逼真的物理效果也是不可或缺的支撑部分。Unity 有着良好的物理表现功能，因为其内置物理引擎提供了处理物理模拟问题的组件。通过调整参数，制作对象就可以表现出与现实相似的各种行为。在 Unity 中有两个独立的物理引擎，即 3D 物理引擎和 2D 物理引擎。两个物理引擎之间的主要概念是相同的，不同之处就是它们使用不同的组件实现。有关物理系统的选项包括以下几个。

① Rigidbody：使物体能够在物理引擎的控制下运动，接受力和扭矩以实际方式移动。

② Collider：定义用于计算与其他对象的碰撞的近似形状。

③ Physic Materia：定义碰撞对象的摩擦和反弹效果。

④ Physic Manager：3D 项目的物理全局设置。

从根本上说，本文中的物理是由影响物体的位置和旋转的作用力定义的，比如摩擦力、动量、重力以及与其他物体碰撞产生的力。并不需要完美地模拟真实世界中的物理属性，因为这是对性能进行的优化以及对关注点的分离，以便实现动画效果。

Unity 集成了 NVIDIA PhysX 引擎，这是一个实时的物理计算中间件，为 3D 应用程序实现了经典的牛顿力学，可以通过 Unity 脚本 API 访问它。接下来介绍物理系统的基本概念。

① 刚体：刚体组件是让物体产生物理行为的主要组件，物体挂上刚体组件，就会立即受到力的影响，这时不建议通过在脚本中直接修改该物体的 Transform 属性来移动物体，可以通过对刚体施加力来推动物体，然后让物理引擎运算并产生相应的结果。调用方法如图 11-59 所示。

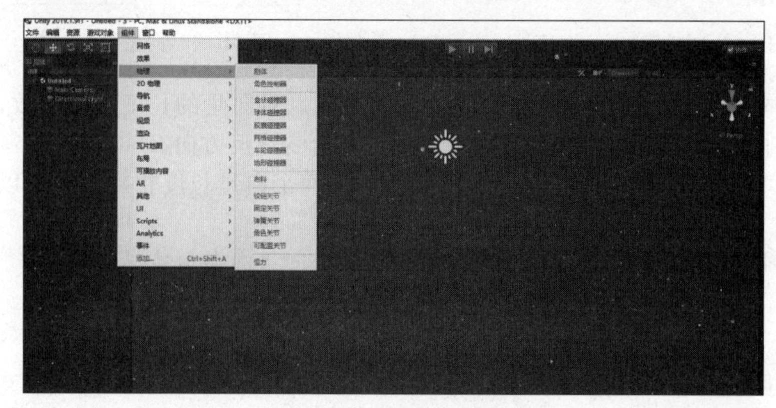

图 11-59　调用物理系统

② 碰撞体：碰撞体组件定义了物体的物理形状。碰撞体本身是隐形的，不一定要和物体的外形完全一致(对 3D 物体来说外形就是网络 Mesh)，而且实际上，在制作时我们更多的会使用近似的物理形状而不是物体的精确外形，从而提升运行效率。最简单的碰撞体是一系列基本碰撞体，在 3D 系统中，它们是盒子碰撞体、球形碰撞体和胶囊碰撞体。一个物体上可以同时挂载多个碰撞体，这就形成了组合碰撞体。通过仔细调节碰撞体的位置和大小，组合碰撞体可以更精确地接近物体的实际形状，同时依然保证了较小的处理器开销。

③ 碰撞 n 与脚本行为：当碰撞发生时，所有挂载在该物体上的脚本中的具有特定名称的方法都会被物理引擎调用。可以在这些函数中编写任意的代码，以针对碰撞事件做出反馈。例如，在车辆发生碰撞时可以播放碰撞的音效。OnCollisionEnter 函数会在碰撞初次被检测到时被调用，OnCollisionEnter 函数会在碰撞持续过程中多次被调用，而 OnCollisionEnter 函数被调用则表示碰撞事件结束了。与碰撞体相似，触发器则会调用对应的 OnCollisionEnter、OnTriggerStay 和 OnTriggerExit 方法，有关这些方法的详细信息可参考 Unity 脚本参考手册中的 MonoBehavior 类。

Unity 使用一个组件来实现粒子系统的创建，创建粒子系统的方法可以是直接创建粒子对象(依次单击菜单栏中的 GameObject、Effects、Particle、System)或者将该组件添加到现有对象中(依次单击菜单栏中的 Component、Effects、Particle、System)。由于粒子系统组件相当复杂，因此在 Inspector 视图中会分成许多可折叠的子部分或者模块，每个部分或模块都包含一组相关的属性。可以使用单独的编辑器窗口编辑一个或同时编辑多个粒子系统，该窗口通过单击 Inspectors 视图中的“Open Editor...”按钮打开。调用粒子系统的方法如图 11-60 所示。

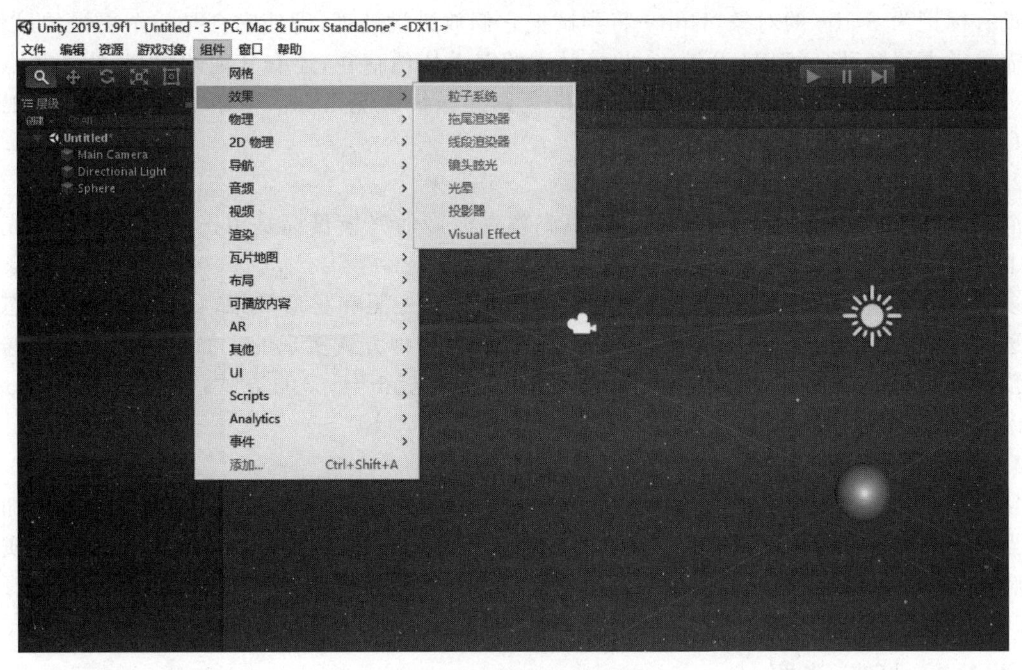

图 11-60　调用粒子系统

11.3.4　渲染

渲染是最终使图像符合 3D 场景的一个阶段，简单来说是把前期做好的各种模型、效果或动画的片段结合在一起，在这些过程中必然会涉及复杂的特技和效果。以目前的计算机运算能力很难达到实时显示，所以要在编辑完图像后，通过修改得到我们所需要的最终效果并进行输出，这就是渲染。在 Unity 中用户通过 Shader 来调用渲染，Shader 的四大渲染模式如下。

- opaque(不透明)作用：用于渲染所有不透明的物体。

- cutout(镂空)作用：用于渲染有镂空的物体。
- fade(隐现)作用：用于渲染实现物体的渐隐和渐现。
- transparent(透明)作用：用于渲染有透明效果的物体。

还有很多针对 Unity 如何执行其渲染的重要的性能需要考虑，其中的某些性能可能对于任何图形引擎都适用。

1. 批量处理

Unity 中最重要的功能是将不同的网格归类到一个单独的批处理中，这个批处理会被立即放进图形软件。这比单独发送网格快很多。网格实际上先被编译进一个 OpenGL 顶点缓存对象或一个 VBO(详情请登录 http://en.wikipedia.org/wiki/Vertex_Buffer_Object)。

每一个批处理调用一次绘制，在一个场景中减少调用绘制的次数比减少顶点或三角形的实际数量的效果更有意义。

Unity 中共有两种类型的批处理：静态批处理和动态批处理。首先，确认在 Player Stings 中启用 Static Batching 和 Dynamie Batching。对于静态批处理，简单地通过在 Unity 的 Inspector 中为场景内的每个对象勾选 Static 复选框以标记对象为静态。把一个对象标记为静态的是告诉它将永远不能移动、动画或缩放。Unity 将自动把这些共享相同材质网格放在一起形成一个大网格。需要说明的是，共享相同材质的网格。所有这样的网格在一个批处理中必须有相同的材质设置：相同的纹理、着色器、着色器参数以及材质的指针对象。

当用脚本管理纹理时，使用 Renderer.shareMaterial 而不是 Renderer.material 以避免创建重复的材质。对象接收一个重复的材质将退出这个批处理。动态批处理与静态批处理类似。对于那些没有标记为 Static 的对象，Unity 将尝试把它们放进批处理，即使它会是一个更慢的过程，因为它需要考虑逐帧动画(CPU 开销)。共享材质的需求依然存在，还有其他的限制，比如顶点个数(小于 300 个顶点)和统一的 Transform Scale 规则。详情参见 http://docs.unity3d.com/Manual/DrawCallBatching.html。

2. 多通道像素填充

渲染流水线中的另一个关注点是像素填充率。渲染的终极目标是用正确的颜色值填充显示设备上的每个像素。

多通道像素填充就是某些高级渲染器的工作方式。光照和材质效果，比如多光照、动态阴影以及透明度(Transparent 和 Fade Render 模式)都是以这种方式实现的。如果用户使用烘焙光照贴图预计算光照和阴影，多通道是可以避免的。这是 Unity4.x 的方式，使用 LegacyShaders/Lightmapped/Diffuse。

3. 其他渲染技巧

Nick Pittom 建议应该创建 2048 分辨率的纹理并导入默认的 1024 的设置，这样可以加速渲染。当讨论 GearVR 时另一个来自 Darshan Shankar 的技巧是，当用户针对无阴影使用高质量的设置渲染到 Android 时，用户需要切换目标平台到 PC，使用高分辨率烘烙光照并开启硬阴影和软阴影，再切换回 Android。

11.3.5 灯光、光照

灯光决定了一个物体的阴影和它投射的阴影，Unity 提供了以下 4 种类型的光源，在合理设置的基础上可以模拟自然界中任何光源。

1. Directional light(方向光源)

该类型光源可以被放置在无穷远的位置，可以影响场景中的一切对象，类似于自然界中的日光的照明效果。方向光源是最不耗费图形处理器资源的光源类型，如图 11-61 所示。

2. Point light(点光源)

点光源是从一个位置向四面八方发出光线的光源，影响其范围内的所有对象，类似电灯的照明效果。点光源是较耗费图形处理器资源的光源类型，如图 11-62 所示。

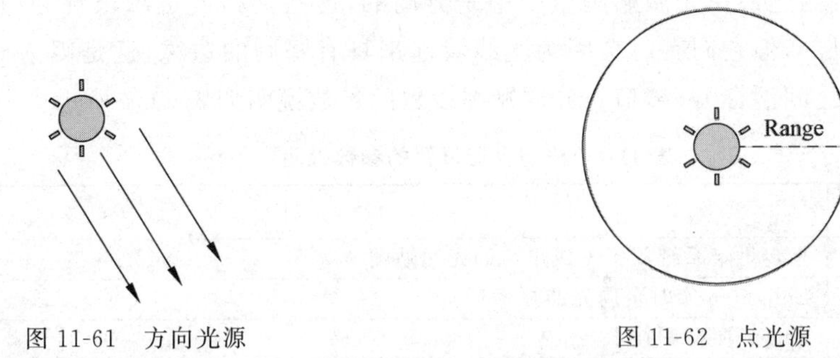

图 11-61　方向光源　　　　图 11-62　点光源

3. Spot light（聚灯光）

聚光灯灯光从一点发出，在一个方向上按照一个锥形的范围进行照射，处于锥形区域内的对象会受到光线的照射，类似射灯的照明效果。聚光灯是较耗费图形处理器资源的光源类型，如图 11-63 所示。

4. Area light（区域光/面光源）

该类型光源无法应用于实时光照，仅适用于光照贴图烘焙，如图 11-64 所示。

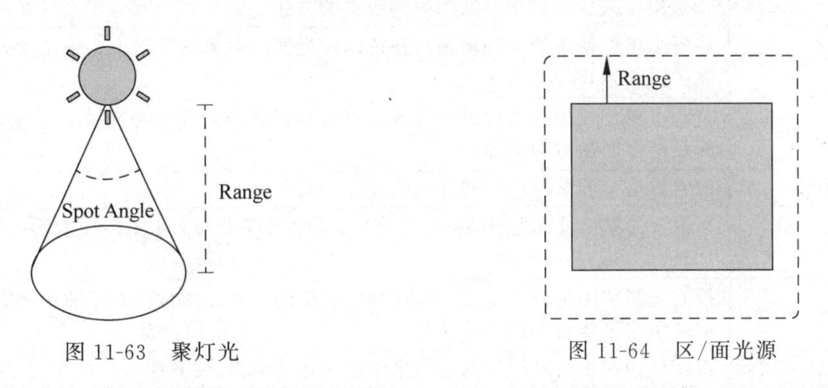

图 11-63　聚灯光　　　　图 11-64　区/面光源

全局光照简称 GI，是一个用来模拟光的互动和反弹等复杂行为的算法。要精确地仿真全局光照非常有难度，付出的代价也高，正因为如此，在制作动画时会一定程度上预先处理这些计算。Unity 的全局光照系统分为 Enlighten 和 Progressive Lightmapper，两者之间可以通过 Lighting 窗口（依次单击菜单栏中的 Window-Lighting-Setting 打开）的 Lightmapper 进行切换。

（1）Enlighten。Unity 在图形仿真和关照特效方面不再局限于烘焙好的光照贴图，而是融入了行业领先的实时光照技术 Enlighten。Enlighten 实时全局光照技术采用 Globa Ilumination（GI）算法为动态效果提供了一套很好的解决方案，不仅能够模拟光线直接照射到物体表面（直接光照）的效果，还可以模拟光线从一个物体表面弹射到其他物体表面（间接光照）的效果。直接光照加上间接光照的模拟效果，可以使制作的场景看起来更加具有真实性、连贯性和立体感。

（2）Progressive Lightmapper。Progressive Lightmapper（渐进光照贴图）技术是一种无偏移的蒙特卡洛方法路径追踪器，它可以于 Unity 编辑器中的全局光照配合使用来烘焙光照贴图，极大地改善了场景光照烘焙的工作流程。

（3）Lightmap seam stitching。Lightmap seam stitching（光照贴图缝合）是一种技术，可平滑烘焙光照贴图渲染的 GameObject 中不需要的硬边缘。Seam stitching 与 Progressive Lightmapper 一起用于光照贴图烘焙。缝线拼接仅适用于单个 GameObjects，多个 GameObjects 无法顺利缝合在一起。

光照贴图涉及 Unity 将 3D GameObjects 展开到平面关照贴图上。Unity 会识别彼此靠近但彼此分离的网格面，因为它们在光照贴图空间中是分离的，这些网格的边缘被称为"接缝"。理想情况下，接缝是不可见的，但它们有时会因为光线看起来具有坚硬的边缘，这是因为 GPU 不能在光照贴图中分离图表之间混合 texel 值。光照贴图设置的参数说明如表 11-1 所示。

表 11-1 光照贴图设置的参数说明

参　数	说　明
Lightmapper	指定烘焙系统用于生成烘焙的光照贴图
Enlighten	Enlighten 实时全局光照技术
Progressive(preview)	渐进光照贴图技术
Prioritize view	指定光照贴图是否应该优先烘焙场景视图中的对象。禁用时，场景视图外的对象将具有与场景视图中的对象相同的优先级
Direct samples	控制烘焙系统将使用直接光照计算的样本数量。增加这个值可能会提高光照贴图的质量，但是烘焙所需的时间也会增加
Indirect samples	控制烘焙系统将使用间接光照计算的样本数量。增加这个值可能会提高光照贴图的质量，但是烘焙所需的时间也会增加
Bounces	控制烘焙系统间接光照计算的最大反弹次数
Filtering	指定用于减少烘焙光照贴图中的噪点的方法
Indirect resolution	将每个单位使用的纹理设置为通过间接光照的对象的分辨率。值越大，烘焙光照所需要的时间越长
Lightmap resolution	将每个单位使用的纹理设置为通过烘焙全局光照对象的分辨率。较大的值将导致计算烘焙照明的时间增加
Lightmap padding	设置烘焙光照贴图中形状之间的纹理的间隔
Lightmap size	以像素为单位设置光照贴图的分辨率。值按平方计算，例如 1024 表示分辨率为 1024×1024
Compress lightmaps	控制光照贴图是否被压缩，当启用时，烘焙的光照贴图被压缩以减少所需的存储空间，但是压缩可能会存在一些伪像
Ambient occlusion	指定是否在烘焙光照贴图的结果中包含环境遮挡，使其能够模拟在其中反射的软阴影
Final gather	指定全局光照计算的最终光照反弹是否以与烘焙光照贴图相同的分辨率被计算。当启用时，以增加光照所需要的额外时间为代价来提高视觉质量
Directional mode	控制烘焙和实时光照贴图是否存储光照环境中的定向光照信息。选项是定向和无方向性的
Indirect intensity	控制实时存储的间接光的亮度和烘焙的光照贴图。超过 1.0 的值将增加间接光的强度，而小于 1.0 的值将降低间接光的强度
Albedo boost	通过加强场景中材料的反照率来控制表面之间反射的光量。增加这种方式将反照率值绘制为白色，用于间接光的计算。默认值为物理准确
Lightmap parameters	允许调整影响使用全局光照生成对象的光照贴图的高级参数

11.3.6 Prefabs 预设体

Prefabs，其含义为预设体，可以理解为一个设计对象及其组件的集合，目的是设计对象及资源能够被重复使用。相同的对象可以通过一个预设体来创建，此过程可以理解为实例化。

预设体作为一个资源，可应用在整个项目的不同场景或者关卡中。当拖动预设体到场景中(在 Hierarchy)就创建了一个实例。该实例与其原始预设体是相关联的。对预设体进行更改，实例也将被同步修改。这样的操作，除了可以提高资源的利用率，还可以提高开发的效率。理论上需要多次使用的对象都可以制作成 Prefabs。

【示例 11-4】 创建和摆放 Prefabs。创建一个文件夹管理 Prefabs。命名为 Prefabs，如图 11-65

所示。

创建好 Pretab 文件，单击左上角“创建”选择需要设置为预设体的图像，如图 11-66 所示。

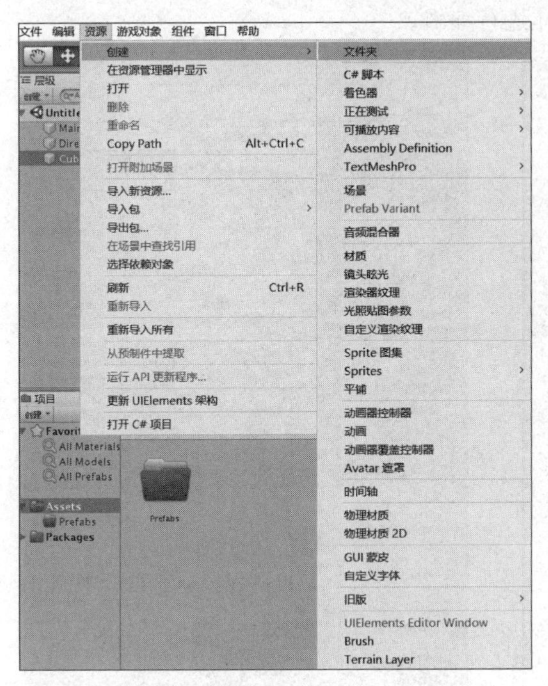

图 11-65 创建 Pretab 文件夹

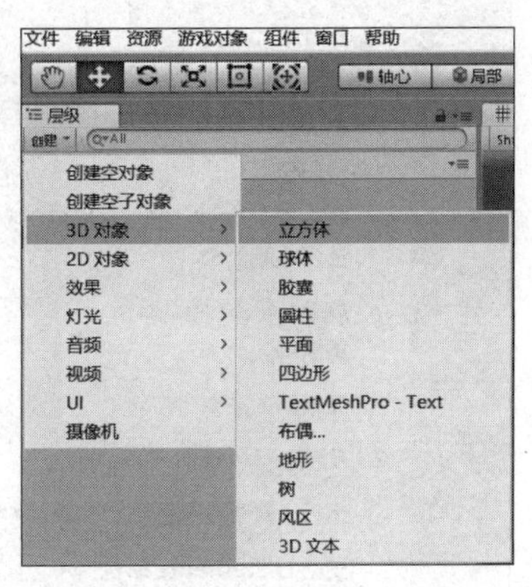

图 11-66 设置预设体图像

选好之后左侧菜单栏会弹出一个文件夹名称为 Cude，创建预设体的第一种方法是直接拖到所建文件夹 Pretab 下，如图 11-67 所示；第二种方法是单击文件 Cude，如图 11-68 所示。

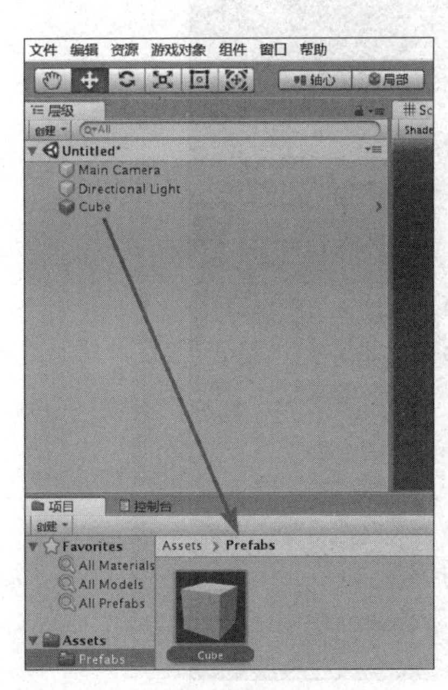

图 11-67 第一种预设体制作方法

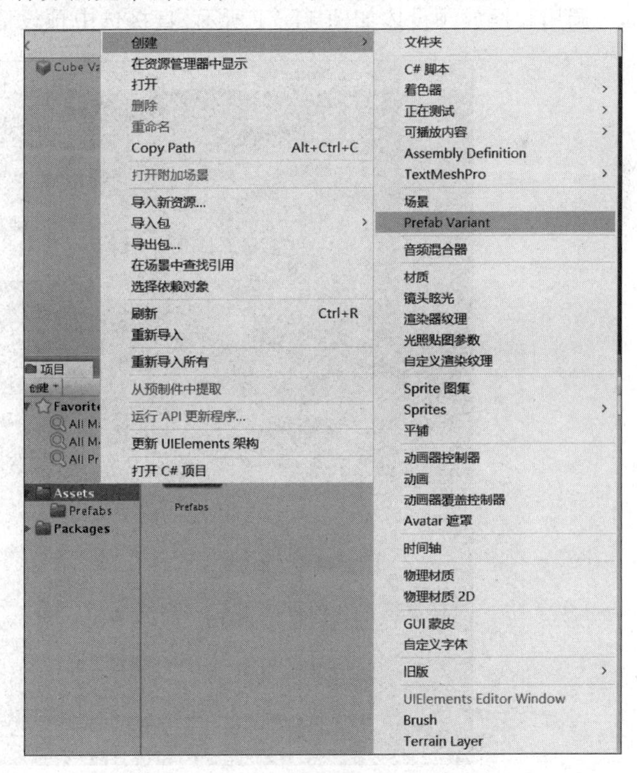

图 11-68 第二种预设体制作方法

为预设体添加合适的“外衣”，单击 Assets 文件，在弹出的对话框种单击导入新资源，选择预先文件，如图 11-69 所示。

同时也可以通过如图 11-70 所示，对预设体进行编辑。

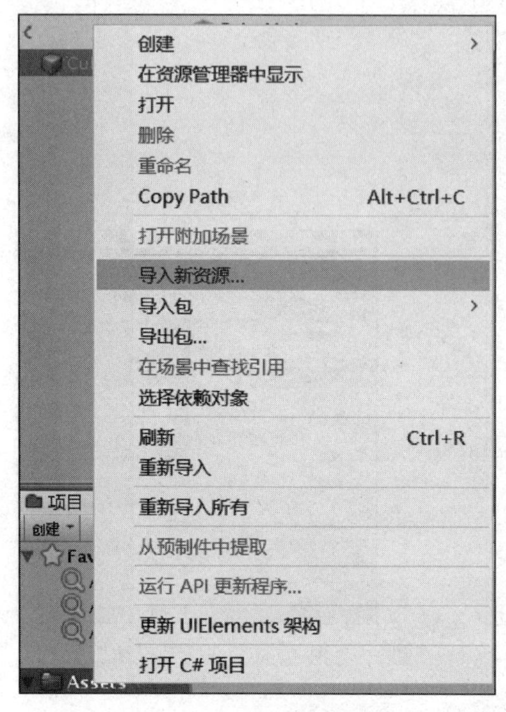

图 11-69　设置预设体属性

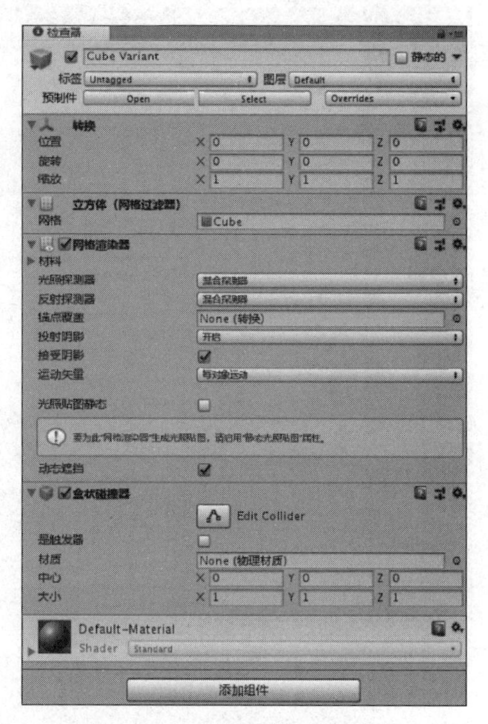

图 11-70　对预设体图形的编辑

调用和摆放预设体如图 11-71 所示，直接选中预设体拖入编辑区即可。

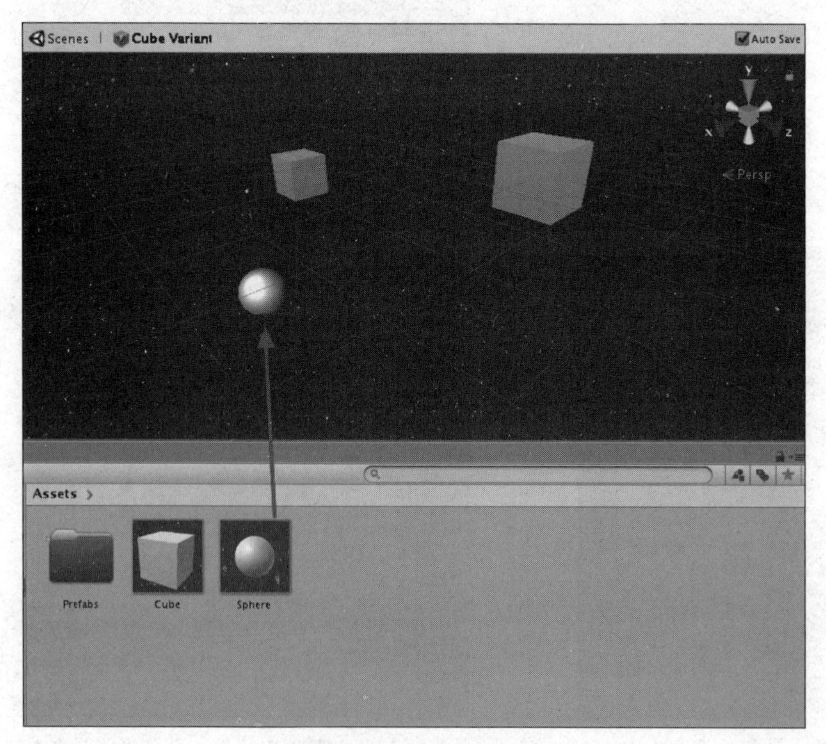

图 11-71　预设体的调用

11.3.7 3D场景

场景包含了游戏环境、角色和UI元素，可以将每个场景看作一个独立的关卡。在每个场景中，都可以放置环境、障碍物和装饰（如花、草、树木），在设计游戏时，可以将游戏划分为多个场景来分别实现。

【示例11-5】 创建基本的3D场景。

（1）启动Unity应用程序，在弹出的对话框中单击New Project按钮，然后修改项目工程名称为3D Game，更改项目路径为C:\3D Game，单击对话框的3D选项切换到3D工作环境，然后单击Create Project按钮新建项目，如图11-72所示。

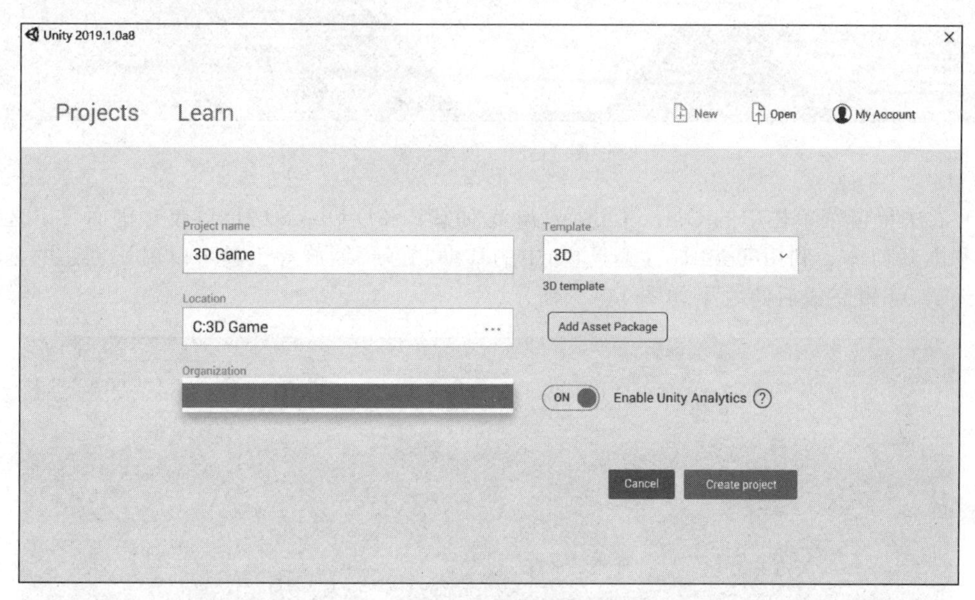

图11-72 新建项目

（2）Unity会自动创建一个空的项目工程，其中自带了一个名为Main Camera的摄像机对象和一个Diretional Light方向光以及一个默认的天空盒。在Hierarchy视图中选择该摄像机，在Scene视图中的右下角会弹出Camera Preview（摄像机预览）缩略图，如图11-73所示。

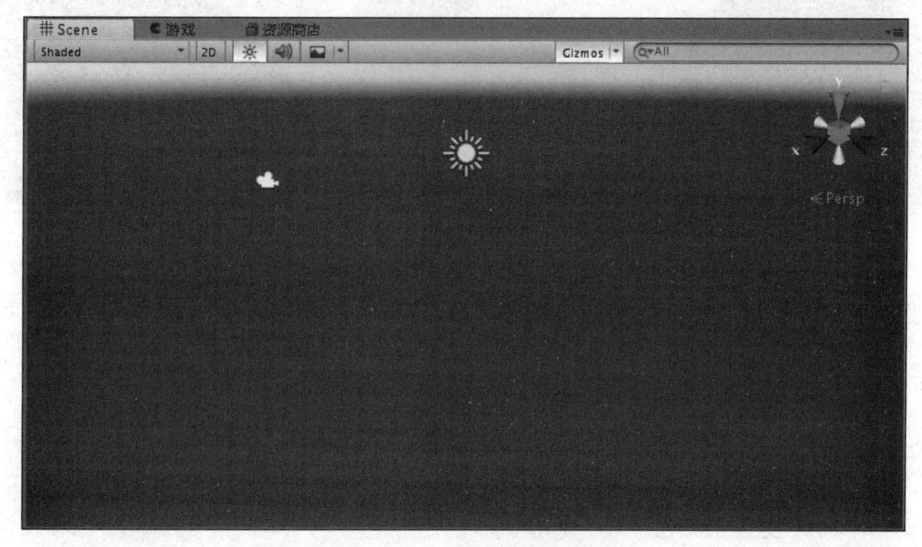

图11-73 摄像机预览缩略图

（3）依次单击菜单栏中的 Game Object（游戏对象）→3D Object（3D 对象）→Plane（平面），在场景中添加一个平面。然后在 Plane 的 Inspector 视图中，将 Transform 组件的 Position 属性值设置为(0,0,0)，如图 11-74 所示。

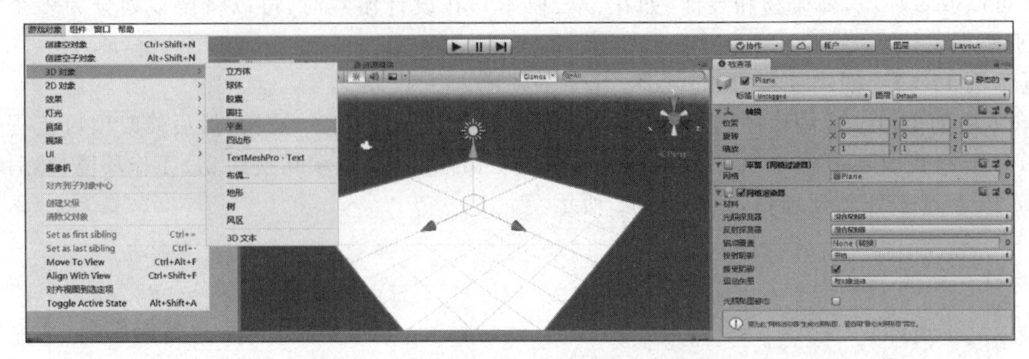

图 11-74　创建对象

（4）依次单击菜单栏中的 Game Object（游戏对象）→3D Object（3D 对象），进而可以选择想要创建的基本几何体。利用 Toolbar（工具栏）中的移动、旋转、缩放等工具可以对所创建的基本几何体进行编辑，编辑完成后的效果如图 11-75 所示。

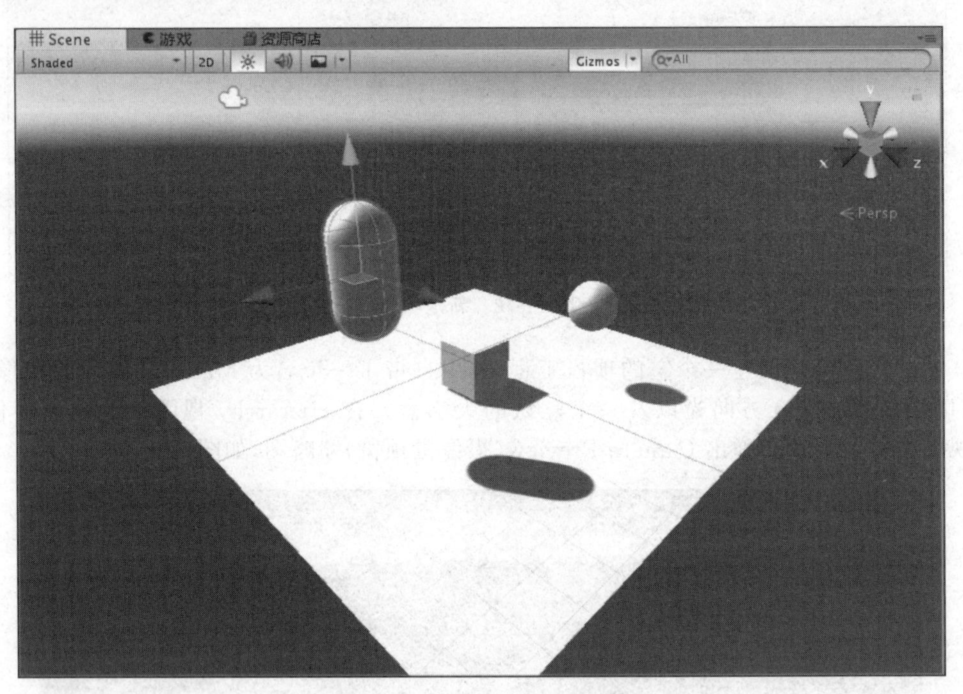

图 11-75　集合体图形的编辑

（5）依次单击菜单栏中的 File（文件）→Save Scene（保存），或者直接按 Ctrl＋S 组合键，将场景保存。首次保存时需要为场景命名，将场景命名为 Scene 01，此时在 Project 视图中的 Assets 文件夹下，可以看到保存的 Scene 01 场景文件，如图 11-76 所示。

11.3.8　Unity 3D 模型的导入导出

Unity 3D 支持多种外部导入的模型格式，这里列出了它支持的外部模型的属性，并且以 3ds Max 为例，导出 FBX 文件给 Unity 3D 使用。

Unity 3D 支持多种外部导入的模型格式，但它并不是对每一种外部模型的属性都支持。具体的支持参数，您可以对照如表 11-2 所示。

图 11-76　场景的保存

表 11-2　Unity 支持的导入模型格式

种　　类	网络	材质	动画	骨骼
Maya 的. mb 和. mal 格式	√	√	√	√
3D Studio Max 的. maxl 格式	√	√	√	√
Cheetah 3D 的. jasl 格式	√	√	√	√
Cinema 4D 的. c4dl 2 格式	√	√	√	√
Blender 的. blendl 格式	√	√	√	√
Carraral	√	√	√	√
COLLADA	√	√	√	√
Lightwavel	√	√	√	√
Autodesk FBX 的. dae 格式	√	√	√	√
XSI 5 的. xl 格式	√	√	√	√
SketchUp Prol	√	√		
Wings 3Dl	√	√		
3D Studio 的. 3ds 格式	√			
Wavefront 的. obj 格式	√			
Drawing InterchangeFiles 的. dxf 格式	√			

主流的三维软件包括 Maya、3ds Max 等，Unity 系统默认单位为“米”三维软件的单位与 Unity 的单位的比例关系非常重要。在三维软件中应尽量使用米制单位，以便于适配 Unity，具体参照表 11-3 所示。表中标明了三维软件系统单位为米制单位的情况下与 Unity 系统单位的比例关系。

表 11-3　三维软件与 Unity 之间系统单位的比例关系

三维软件	三维软件内部米制尺寸/m	默认设置导入 Unity 的尺寸/m	与 Unity 单位的比例关系
Maya	1	100	1∶100
3ds Max	1	0.01	100∶1
Cinema 4D	1	100	1∶100
Lightwave	1	0.01	100∶1

Unity 支持多种多媒体资源类型，包括视频、音频、图片以及文本等。Unity 对主流多媒体资源的支持情况如表 11-4 所示。

表 11-4 Unity 支持的多媒体资源类型

图像格式			音频格式		视频格式		文本格式	
.psd	.jpg	.png	.pm3	.ogg	.mov	.avi	.txt	.htm
.gif	.bmp	.tga	.aiff	.wav	.mp4	.mpg	.html	.xml
.tiff	.iff	.pict	.mod	.it	.meg	.asf	.bytes	
.dds			.sm3					

在 Unity 中，常用的项目工程导入资源的方法有 4 种。Unity 支持的所有资源都可以通过以下 4 种方式进行导入。

（1）直接将资源拖动到 Project 视图中的 Assets 文件夹或旗下的文件夹中，如图 11-77 所示。

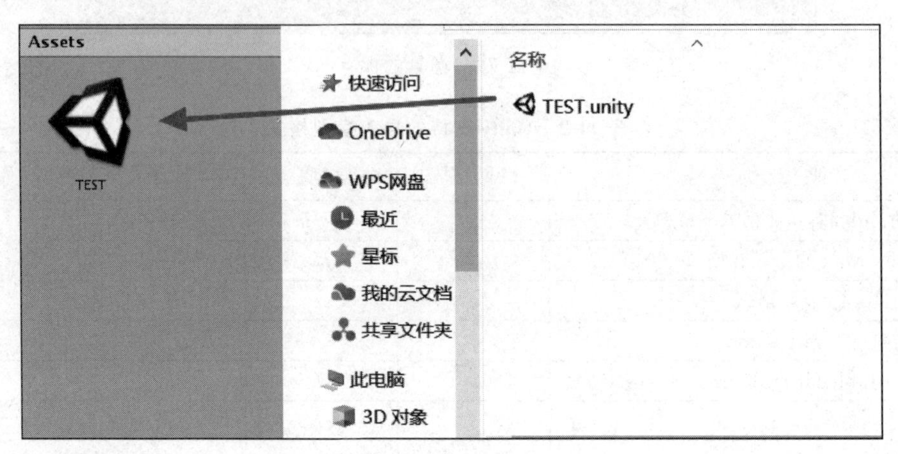

图 11-77 编辑对象导入的第一种方法

（2）直接将资源复制到项目文件夹下面的 Assets 文件目录下，如图 11-78 所示。

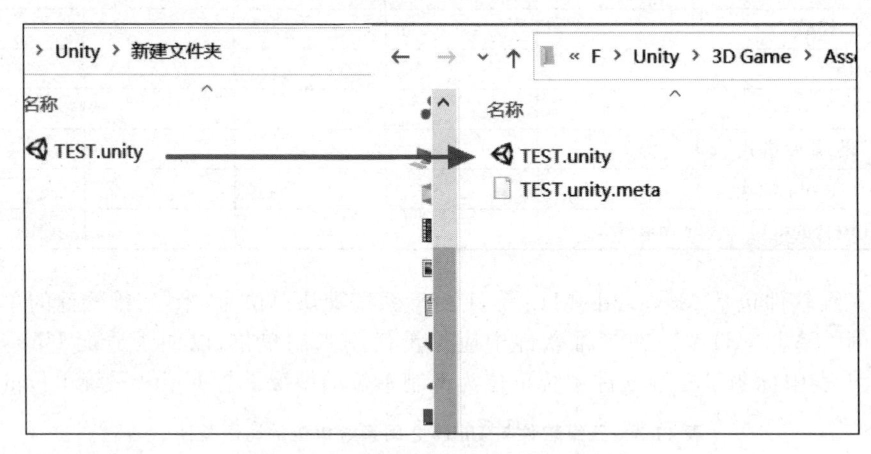

图 11-78 编辑对象导入的第二种方法

（3）依次单击菜单栏的“资源”→“导入新资源”项将资源导入当前的项目中，如图 11-79 所示。

（4）在资源列表窗口空白处右击，在弹出的面板中通过单击“导入新资源”进行外部资源导入，如图 11-80 所示。

【示例 11-6】 3D 模型的导入。运行 Unity 应用程序，代开或新建一个项目工程。在 Project 视图中单击“创建”按钮或者在“资源”文件夹上单击鼠标右键，依据提示创建一个“文件夹”，用来放置将要导入的资源，以便于管理，如图 11-81 所示。

将 3d 模型导入 Model 文件夹，如图 11-82 所示。

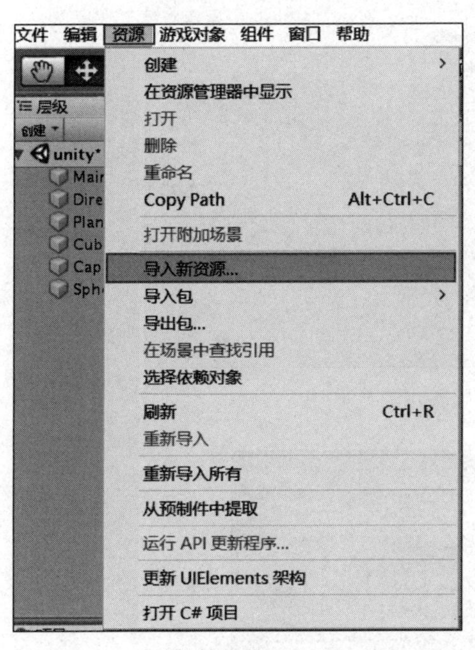

图 11-79　编辑对象导入的第三种方法

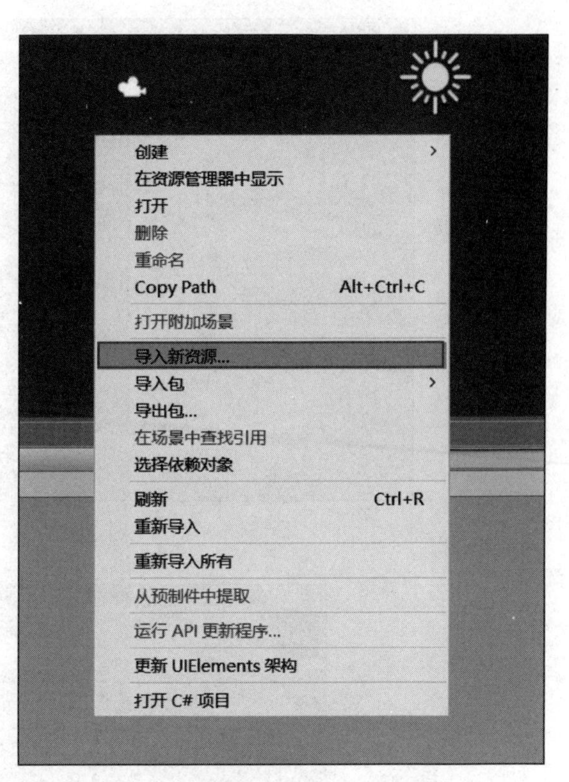

图 11-80　编辑对象导入的第四种方法

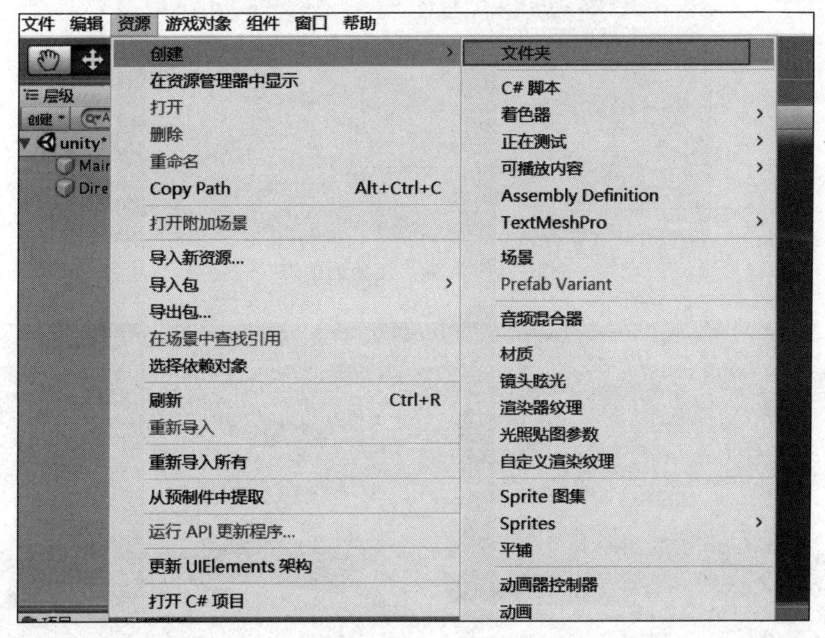

图 11-81　创建项目文件夹

选中导入的模型，在其检测器视图中可以看到模型对象是白色的，模型的纹理材质还没有。此视图在其 Materials 选项卡中将其位置设置“使用外部材料”(旧版)，然后单击“应用”按钮，如图 11-83 所示。

应用完成后，在 Project 视图里会自动解压出模型的材质和贴图，分别放在两个文件夹中，此时模型的材质和纹理都可以显示出来，如图 11-84 所示。

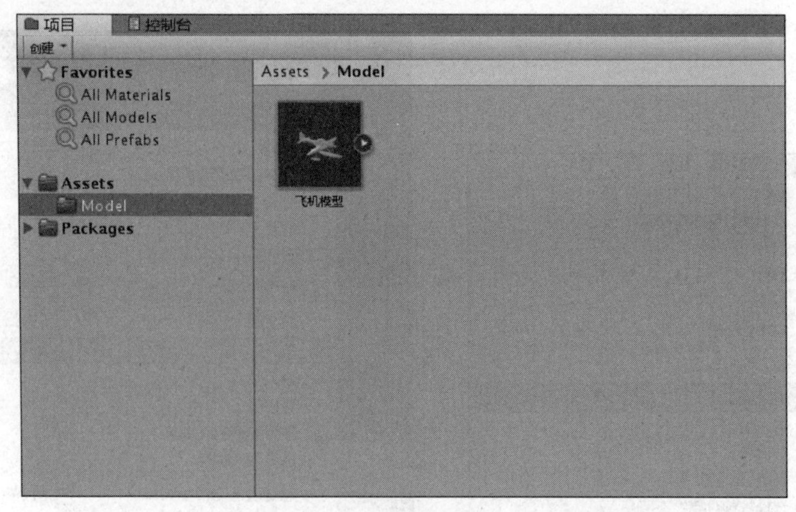

图 11-82 模型导入

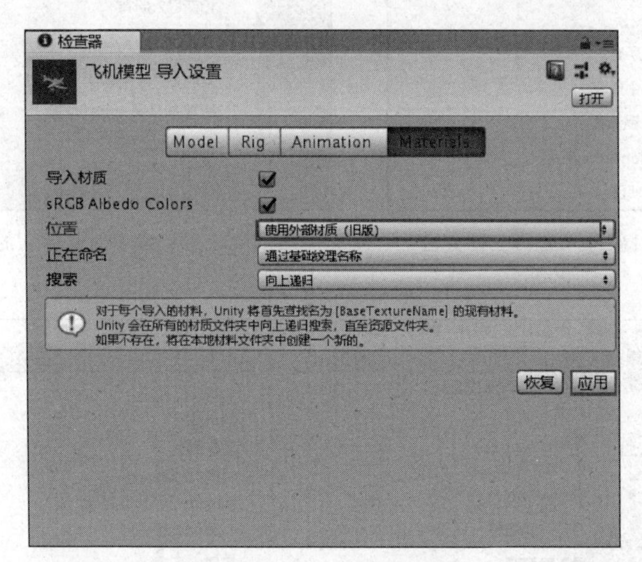

图 11-83 导入模型的编辑

图 11-84 模型编辑的显示效果

3DMax、Maya 等软件绘制的 3D 模型导出到 Unity 需保存后者所支持的格式。

【示例 11-7】 Maya 文件导入 Unity 场景。用 Maya 打开模型场景，如图 11-85 所示。

图 11-85　Maya 视图效果

然后单击“文件”→“导出全部”，也可以选中需要的模型，单击“文件”→“导出当前选择”导出，如图 11-86 所示。

图 11-86　Maya 模型的导出

选择导出文件格式，选择 FBX export，然后选择导出目录，输入名字后单击导出全部即可，如

图 11-87 所示。

图 11-87　选择导出文件格式

打开 Unity，在文件夹栏右击，选择“导入新资源”导出的文件，如图 11-88 所示。找到导出的文件，单击导入，然后软件会开始导入，如图 11-89 所示。

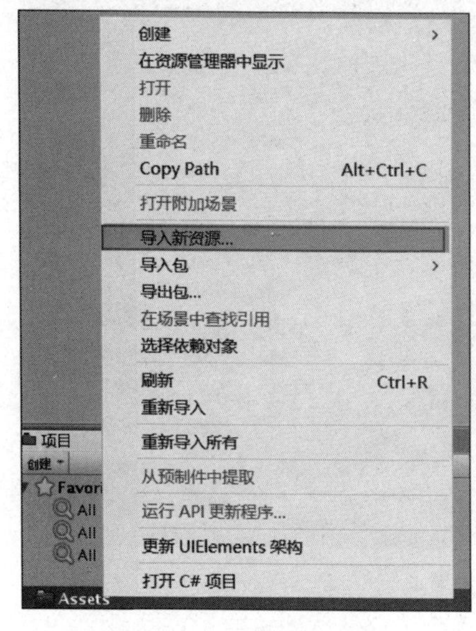

图 11-88　选择导入对象

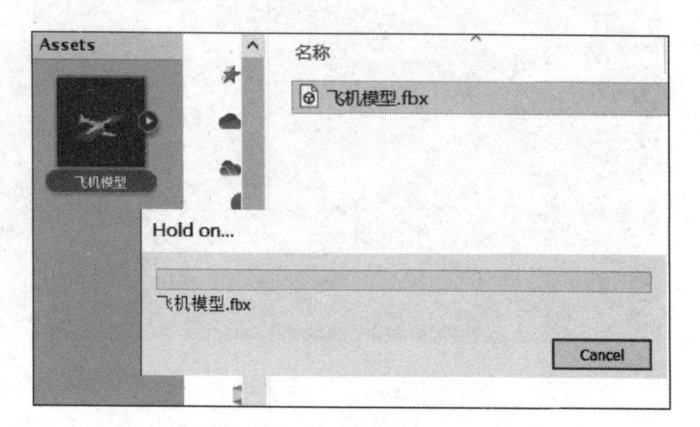

图 11-89　模型导入 Unity

拖拽总场景到 Unity 即可，如图 11-90 所示。

图 11-90　模型导入显示效果

材质有时候需要在 Unity 里面重建，直接导入的材质可能效果不太好，所以需要慢慢调节。

【示例 11-8】 3ds Max 模型导入 Unity3d。

(1) 在 3ds Max 里设置单位"自定义"→"单位设置"然后将显示单位和系统单位比例都设置成厘米，然后确定，如图 11-91 所示。

图 11-91　导入前的预处理

(2) 将模型导出成 FBX 格式，并把它保存在 Unity3d 工程文件夹下的 Assets 文件夹下，导出设置时需要在嵌入的媒体下勾选嵌入的媒体，如图 11-92 所示。

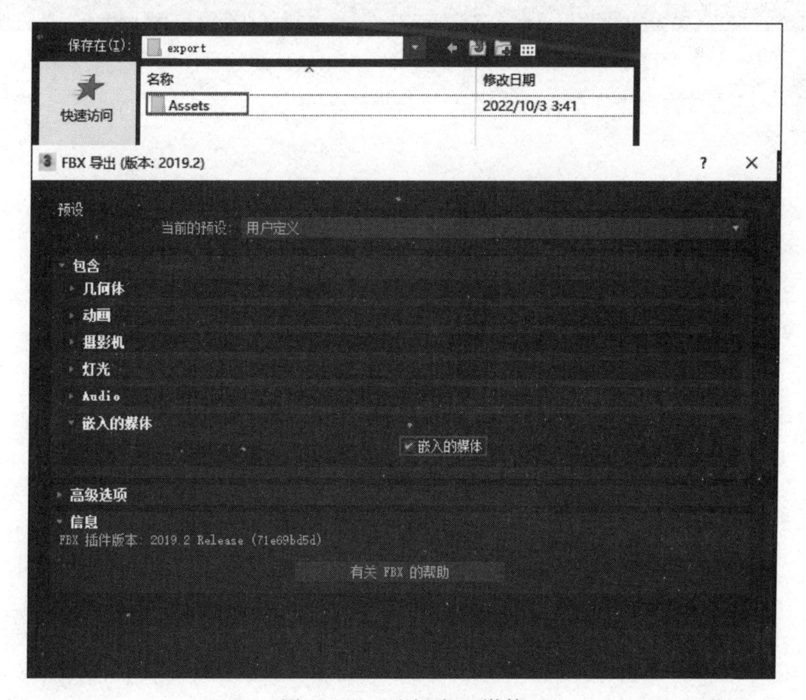

图 11-92　选择嵌入媒体

(3) 在 Unity3d 中就有这个模型了，如图 11-93 所示。

图 11-93　3DMax 模型导入 Unity 页面

(4) 将模型拖入场景中就可以使用了，如图 11-94 所示。

图 11-94　3DMax 模型导入 Unity 页面效果图

参考文献

[1] Adam Freeman. HTML5 权威指南(图灵程序设计丛书)[M]. 谢廷晟，牛化成，刘美英，译. 北京：人民邮电出版社，2014.

[2] 新视角文化行. Div+CSS3.0 网页布局实战从入门到精通[M]. 2 版. 北京：人民邮电出版社，2018.

[3] Matt Frisbie. JavaScript 高级程序设计[M]. 4 版. 北京：人民邮电出版社，2020.

[4] 未来科技. JavaScript 从入门到精通[M]. 2 版. 北京：中国水利水电出版社，2019.

[5] Marijn Haverbeke. JavaScript 编程精解[M]. 3 版. 北京：机械工业出版社，2020.

[6] 周爱民. JavaScript 语言精髓与编程实践[M]. 3 版. 北京：电子工业出版社，2020.

[7] 未来科技. jQuery Mobile 从入门到精通[M]. 北京：中国水利水电出版社，2017.

[8] 陆明. jQuery Mobile 开发指南[M]. 北京：人民邮电出版社，2014.

[9] Ralph Steyer. jQuery 应用开发实践指南[M]. 北京：机械工业出版社，2014.

[10] 陶国荣. jQuery Mobile 从入门到实战[M]. 北京：清华大学出版社，2021.

[11] 时合生，刘华贞. HTML5+CSS3+jQuery Mobile 移动网站与 APP 开发实战[M]. 北京：清华大学出版社，2020.

[12] 黑马程序员. 微信小程序开发实战[M]. 北京：人民邮电出版社，2019.

[13] 刘刚. 微信小程序开发图解案例教程[M]. 北京：人民邮电出版社，2021.

[14] 倪红军. 微信小程序案例开发[M]. 北京：清华大学出版社，2020.

[15] 李睿琦，梁博. 微信小程序开发从入门到实战(微课视频版)[M]. 北京：中国水利水电出版社，2020.

[16] 孟祥磊. 微信公众平台开发实例教程[M]. 北京：人民邮电出版社，2017.

[17] 张剑明. 微信公众平台与小程序开发从零搭建整套系统[M]. 2 版. 北京：人民邮电出版社，2019.

[18] 方倍工作室. 微信公众平台开发从零基础到 ThinkPHP5 高性能框架实践[M]. 北京：机械工业出版社，2017.

[19] 丁慧. 音视频处理[M]. 北京：机械工业出版社，2018.

[20] 马遥，陈虹松，林凡超. Unity3D 完全自学教程[M]. 北京：电子工业出版社，2019.